SolidWorks 2018 中文版 基础教程

潘春祥 李香 陈淑清 编著

人民邮电出版社
北京

图书在版编目（CIP）数据

SolidWorks 2018中文版基础教程 / 潘春祥，李香，陈淑清编著. -- 北京 : 人民邮电出版社，2019.2
ISBN 978-7-115-50052-6

Ⅰ. ①S… Ⅱ. ①潘… ②李… ③陈… Ⅲ. ①计算机辅助设计－应用软件－教材 Ⅳ. ①TP391.72

中国版本图书馆CIP数据核字(2018)第249744号

内 容 提 要

SolidWorks 是法国达索公司旗下的一款基于 Windows 平台开发的三维 CAD 系统，SolidWorks 2018 是目前的最新版本。SolidWorks 2018 在整体性能方面，比以前的版本有显著提升，包括增强了大装配处理能力、复杂曲面设计能力等。

本书从软件的基本应用方法及行业知识入手，以 SolidWorks 2018 软件的模块和插件程序的应用为主线，以实例为引导，按照由浅入深、循序渐进的方式，讲解 SolidWorks 2018 的新特性和操作方法，帮助读者快速掌握 SolidWorks 的使用方法。

本书可以作为高等院校机械 CAD、产品设计等专业的教材，也可以作为对制造行业有兴趣的读者的自学教程。

◆ 编　　著　潘春祥　李　香　陈淑清
　责任编辑　李永涛
　责任印制　马振武

◆ 人民邮电出版社出版发行　　北京市丰台区成寿寺路 11 号
　邮编　100164　　电子邮件　315@ptpress.com.cn
　网址　http://www.ptpress.com.cn
　三河市君旺印务有限公司印刷

◆ 开本：787×1092　1/16
　印张：19.25
　字数：525 千字　　　2019 年 2 月第 1 版
　印数：1 – 2 600 册　　　2019 年 2 月河北第 1 次印刷

定价：59.80 元

读者服务热线：(010) 81055410　印装质量热线：(010) 81055316
反盗版热线：(010) 81055315
广告经营许可证：京东工商广登字 20170147 号

前 言
PREFACE

现代设计已经逐渐从传统的二维设计向三维设计过渡，设计者采用的设计工具也从传统的丁字尺、画图板，经历 AutoCAD，过渡到 SolidWorks 等三维设计分析软件。SolidWorks 自问世以来，得到了广大设计者的青睐，其功能也随着新版本的推出而逐渐提高和完善。

初学者希望能快速掌握软件，从而更好地使用 SolidWorks 软件进行设计，但贪多图快，追求高难度、花哨造型等对于从事设计工作来说并不是一件好事。做设计，从基础做起！只有掌握基本的建模技巧和各个知识点，才能真正融会贯通，并逐渐成长为软件和专业高手。

“万丈高楼平地起”，只有学好基础知识，并多加练习，熟能生巧，才能逐渐成长为 SolidWorks 软件高手。

本书内容

本书主要针对 SolidWorks 2018 软件进行讲解，注重基础知识、删繁就简、贴近工程实际，把产品设计的专业基础知识和软件技巧有机地融合到各个章节内容中。

全书共分为 10 章，遵循从软件基础操作到制作工程图，由基本知识到实战案例的编排顺序。书中包含大量实例，供读者巩固练习之用，具体内容如下。

第 1 章：主要内容包括 SolidWorks 2018 的工作界面、文件管理方法、录制与执行宏、环境配置等。

第 2 章：主要内容包括 SolidWorks 视图的操作、对象的选择技巧、键鼠应用技巧、三重轴的应用技巧、创建参考几何体等。

第 3 章：内容包括草图环境简介、草图基本曲线绘制、高级曲线绘制等。

第 4 章：主要内容包括草图约束概述、草图捕捉、草图几何约束、草图尺寸约束、插入和添加尺寸等。

第 5 章：主要内容包括特征建模方法分析、加材料的凸台 / 基体工具、减材料的凸台 / 基体工具等。

第 6 章：主要内容包括工程特征和形变特征等。

第 7 章：主要内容包括阵列工具、复制类工具、数据迁移工具及其他类型的修改工具等。

第 8 章：主要内容包括曲面概述、基本草图的曲面工具、基于曲面的曲面工具等。

第 9 章：主要内容包括装配概述、开始装配体、控制装配体、布局草图、装配体检测、爆炸视图等。

第 10 章：主要内容包括工程图概述、标准工程视图、派生的工程视图、工程图标注等。

本书特色

本书从软件的基本应用方法及行业知识入手，以 SolidWorks 2018 软件的模块和插件系统的应用为主线，以实例为引导，按照由浅入深、循序渐进的方式，讲解软件的新特性和软件操作方法，使读者能快速掌握 SolidWorks 的应用技巧。

对于 SolidWorks 2018 软件的基础应用，本书内容讲解得非常详细。通过实例和软件操作方法的有机统一，使本书内容既有操作上的针对性，也有方法上的普遍性。本书的实例叙述实用而不浮泛，能够使读者开拓思路，提高读者的阅读兴趣和综合运用知识的能力。

作者信息

本书由空军航空大学的潘春祥、李香和陈淑清老师合作编写。

感谢您选择了本书，希望我们的努力对您的工作和学习能有所帮助，也希望您把对本书的意见和建议告诉我们（作者：shejizhimen@163.com；责任编辑：liyongtao@ptpress.com.cn）。

编　者

2018.8

目录
CONTENTS

第1章 SolidWorks 2018 入门 …… 1

1.1 SolidWorks 2018 软件简介 …… 2

1.1.1 建模术语 …… 2

1.1.2 SolidWorks 2018 的用户工作界面 …… 2

1.2 SolidWorks 2018 文件管理 …… 3

上机操作——新建文件 …… 4

上机操作——打开文件 …… 5

上机操作——保存文件 …… 7

1.3 录制与执行宏 …… 8

上机操作——宏的录制与执行 …… 9

1.4 环境配置 …… 10

上机操作——选项设置 …… 10

上机操作——管理功能区 …… 11

第2章 视图与模型基本操作 …… 13

2.1 SolidWorks 视图的操作 …… 14

上机操作——视图操作 …… 14

2.2 对象的选择技巧 …… 20

上机操作——选中并显示对象 …… 20

上机操作——其他的对象选择方法 …… 21

2.3 键鼠应用技巧 …… 26

2.3.1 键鼠快捷键 …… 26

2.3.2 自定义快捷键 …… 26

上机操作——定义快捷键 …… 27

2.3.3 使用鼠标笔势 …… 27

上机操作——使用鼠标笔势绘制草图 …… 28

2.4 三重轴的应用技巧 …… 31

2.4.1 三重轴的定义 …… 31

2.4.2 参考三重轴 …………………………………………………33
上机操作——使用三重轴复制特征 ……………………………33
2.5 创建参考几何体 ……………………………………………36
2.5.1 基准面 ……………………………………………………36
上机操作——创建基准面 ………………………………………38
2.5.2 基准轴 ……………………………………………………39
上机操作——创建基准轴 ………………………………………41
2.5.3 坐标系 ……………………………………………………42
2.5.4 创建点 ……………………………………………………43
第3章 二维草图绘制 ……………………………………………44
3.1 SolidWorks 2018 草图概述 …………………………………45
3.1.1 SolidWorks 2018 的草图环境界面 …………………………45
3.1.2 草图绘制方法 ……………………………………………45
3.1.3 草图约束信息 ……………………………………………47
3.2 草图曲线绘制工具 …………………………………………49
上机操作——绘制垫片草图 ……………………………………65
3.3 草图曲线编辑工具 …………………………………………68
3.3.1 剪裁实体 …………………………………………………68
3.3.2 延伸实体 …………………………………………………69
3.3.3 等距实体 …………………………………………………69
3.3.4 镜像实体 …………………………………………………70
3.3.5 草图阵列 …………………………………………………71
上机操作——绘制摇柄草图 ……………………………………73
第4章 草图约束 …………………………………………………77
4.1 草图约束概述 ………………………………………………78
4.1.1 什么是“约束” …………………………………………78
4.1.2 为什么要对草图进行约束 ………………………………78
4.1.3 不进行约束对草图有影响吗 ……………………………78
4.2 草图捕捉 ……………………………………………………79
4.2.1 草图捕捉设置 ……………………………………………79
4.2.2 快速捕捉 …………………………………………………80
4.3 草图几何约束 ………………………………………………80
4.3.1 几何约束类型 ……………………………………………80

4.3.2 添加几何关系 ……81
4.3.3 显示 / 删除几何关系 ……82
4.3.4 完全定义草图 ……83
上机操作——绘制草图时使用几何约束 ……85
4.4 草图尺寸约束 ……87
4.4.1 草图尺寸设置 ……89
4.4.2 尺寸修改 ……90
上机操作——绘制草图时使用尺寸约束 ……90
4.5 插入和添加尺寸 ……92
4.5.1 草图数字输入 ……92
4.5.2 添加尺寸 ……93
4.6 草图实战案例 ……94
4.6.1 案例一：绘制手柄支架草图 ……94
4.6.1 案例二：绘制连接片草图 ……100

第 5 章 创建凸台 / 基体特征 ……105

5.1 特征建模方法分析 ……106
5.1.1 特征建模分析 ……106
5.1.2 建模注意事项 ……107
5.2 加材料的凸台 / 基体工具 ……108
5.2.1 拉伸凸台 / 基体 ……109
5.2.2 旋转凸台 / 基体 ……113
上机操作——创建【封闭轮廓】的旋转特征 ……113
上机操作——创建【开放轮廓】的旋转薄壁特征 ……115
5.2.3 扫描 ……116
上机操作——使用【扫描】工具创建麻花绳 ……117
5.2.4 放样凸台 / 基体 ……118
上机操作——使用【放样】工具创建扁瓶 ……119
5.2.5 边界凸台 / 基体 ……121
上机操作——使用【边界凸台 / 基体】工具创建边界凸台 ……121
5.3 减材料的凸台 / 基体工具 ……123
5.3.1 减材料特征工具 ……123
上机操作——机床工作台建模 ……123
5.3.2 异型孔向导 ……126
上机操作——使用【异型孔向导】创建螺纹孔 ……127
5.4 实战案例——机械零件建模 ……128

第 6 章　创建附加特征 ······ 133

6.1　工程特征 ······ 134
6.1.1　圆角 ······ 134
上机操作——凸轮零件设计 ······ 139
6.1.2　倒角 ······ 141
上机操作——螺母零件设计 ······ 141
6.1.3　筋 ······ 144
6.1.4　拔模 ······ 145
6.1.5　抽壳 ······ 145
6.2　形变特征 ······ 146
6.2.1　自由形 ······ 146
6.2.2　变形 ······ 147
6.2.3　弯曲 ······ 147
上机操作——制作麻花钻头 ······ 151
6.2.4　包覆 ······ 155
6.2.5　圆顶 ······ 156
上机操作——滑轮设计 ······ 157
6.3　实战案例——飞行器造型 ······ 159

第 7 章　特征变换与修改 ······ 164

7.1　特征的阵列 ······ 165
7.1.1　线性阵列 ······ 165
上机操作——线性阵列 ······ 165
7.1.2　圆周阵列 ······ 166
上机操作——圆周阵列 ······ 167
7.1.3　曲线驱动的阵列 ······ 169
上机操作——曲线驱动的阵列操作 ······ 169
7.1.4　草图驱动的阵列 ······ 171
7.1.5　表格驱动的阵列 ······ 172
上机操作——表格驱动的阵列操作 ······ 172
7.1.6　填充阵列 ······ 173
上机操作——填充阵列操作 ······ 173
7.2　镜像与复制 ······ 175
7.2.1　镜像 ······ 175
上机操作——镜像 ······ 176

7.2.2 移动 / 复制实体 …… 178
7.3 数据迁移工具 …… 179
7.3.1 识别特征 …… 180
上机操作——识别特征 …… 180
7.3.2 分割 …… 181
7.3.3 移动面 …… 182
7.3.4 删除面 …… 183
7.3.5 替换面 …… 184
上机操作——替换面 …… 185
7.4 其他修改实体工具 …… 185
7.4.1 删除 / 保留实体 …… 185
7.4.2 使用 Instant3D 编辑特征 …… 186
上机操作——使用 Instant3D 编辑实体 …… 189
7.5 实战案例——十字改刀建模 …… 191

第 8 章 曲面造型设计 …… 196

8.1 基于草图的曲面工具 …… 197
8.1.1 常规曲面工具 …… 197
8.1.2 平面区域工具 …… 200
上机操作——田螺造型 …… 200
8.2 基于曲面的曲面工具 …… 204
8.2.1 填充曲面 …… 204
上机操作——修补产品破孔 …… 206
8.2.2 等距曲面 …… 207
8.2.3 直纹曲面 …… 208
上机操作——金属汤勺造型 …… 212
8.2.4 中面 …… 218
8.2.5 延展曲面 …… 219
上机操作——创建产品模具分型面 …… 219
8.2.6 延伸曲面 …… 221
8.2.7 缝合曲面 …… 222
8.3 实战案例：烟斗造型 …… 222

第 9 章 零件装配设计 …… 231

9.1 装配概述 …… 232
9.1.1 计算机辅助装配 …… 232

9.1.2 装配环境的进入 …… 233
9.2 开始装配体 …… 234
9.2.1 插入零部件 …… 234
9.2.2 配合 …… 236
9.3 控制装配体 …… 241
9.3.1 零部件的阵列 …… 241
9.3.2 零部件的镜像 …… 243
9.3.3 移动或旋转零部件 …… 244
9.4 布局草图 …… 245
9.4.1 布局草图的功能 …… 245
9.4.2 布局草图的建立 …… 245
9.4.3 基于布局草图的装配体设计 …… 246
9.5 装配体检测 …… 247
9.5.1 间隙验证 …… 247
9.5.2 干涉检查 …… 248
9.5.3 孔对齐 …… 249
9.6 爆炸视图 …… 249
9.6.1 生成或编辑爆炸视图 …… 250
9.6.2 添加爆炸直线 …… 251
9.7 综合实战 …… 252
9.7.1 自上而下——脚轮装配设计 …… 252
9.7.2 自下而上——台虎钳装配设计 …… 259

第10章 机械工程图设计 …… 267

10.1 工程图概述 …… 268
10.1.1 设置工程图选项 …… 268
10.1.2 建立工程图文件 …… 269
10.2 标准工程视图 …… 271
10.2.1 标准三视图 …… 272
10.2.2 模型视图 …… 273
10.3 派生视图 …… 274
10.3.1 投影视图 …… 274
10.3.2 剖面视图 …… 274
10.3.3 辅助视图与剪裁视图 …… 278
10.4 标注图纸 …… 279
10.4.1 标注尺寸 …… 280

10.4.2 公差标注 …… 282
10.4.3 注解的标注 …… 283
10.4.4 材料明细表 …… 284
10.5 实战案例：阶梯轴工程图 …… 288

Chapter 1

第1章 SolidWorks 2018 入门

很多初学者在学习 SolidWorks 软件之初，都有过这样的疑问：怎样学好这款软件？从哪里开始学？其实在买教程学习软件之前，读者都知道 SolidWorks 是三维软件，是用来干什么事情的。只是笔者想说的是，学好软件得有一定的基本功，包括相关行业基础知识、二维绘图及图纸概念等。如果没有这些基础知识，那能不能学好呢？答案是中性的，有基础知识的读者，学习起来当然就领悟得快些，没有基础的读者，学习起来相对吃力一些，不过从本章开始一步一个脚印踏实地走下去，学好软件很容易。

本章从 SolidWorks 2018 软件的基础及行业背景开始，让零基础的读者迈出学好 SolidWorks 的第一步。

知识要点

- SolidWorks 2018 软件简介
- SolidWorks 2018 文件管理
- 录制与执行宏
- 环境配置

1.1 SolidWorks 2018 软件简介

SolidWorks 软件是一种机械设计自动化应用系统，设计师使用它能快速地按照其设计思想绘制草图，尝试运用各种特征与不同尺寸，生成模型和制作详细的工程图。

1.1.1 建模术语

SolidWorks 软件中常常会有一些让初学者不能理解的名词或术语，这给大家增加了学习难度，下面将这些术语一一列举出来（图解见图 1-1）。

- 原点：显示为两个蓝色箭头，代表模型的（0，0，0）坐标。当草图为激活状态时，草图原点显示为红色，代表草图的（0，0，0）坐标。用户可以为模型原点添加尺寸和几何关系，但对于草图原点则不能添加。
- 基准面：平的构造几何体。例如，可以使用基准面来添加 2D 草图、模型的剖面视图和拔模特征中的中性面等。
- 轴：用于生成模型几何体、特征或阵列的直线。可以使用多种不同方法来生成轴，包括两个基准面相交。SolidWorks 应用系统会以隐含方式为模型中的每个圆锥面或圆柱面生成临时轴。
- 面：帮助定义模型形状或曲面形状的边界。面是模型或曲面上可以选择的区域（平面的或非平面的）。例如，长方体有六个面。
- 边线：两个或多个面相交并且连接在一起的位置。例如，可以在绘制草图和标注尺寸时选择边线。
- 顶点：两条或多条线或边线相交的点。例如，可以在绘制草图和标注尺寸时选择顶点。

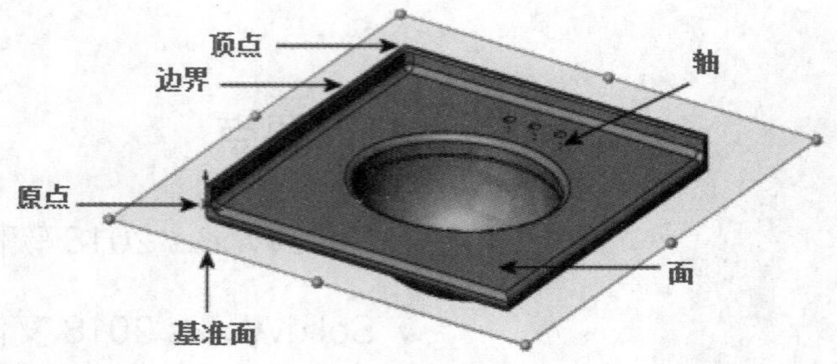

图 1–1 SolidWorks 的建模术语图解

1.1.2 SolidWorks 2018 的用户工作界面

SolidWorks 软件是法国达索公司旗下的一款世界上第一个基于 Windows 平台开发的三维 CAD 系统。下面就 SolidWorks 2018 在机械行业中的应用做简要介绍。

SolidWorks 2018 是目前最新的版本。经过重新设计，SolidWorks 2018 极大地使用了空间。虽然功能增加不少，但整体界面并没有多大变化，基本上与 SolidWorks 2018 以前的版本保持一致，图 1-2 所示为 SolidWorks 2018 的用户工作界面。

SolidWorks 2018 的用户工作界面中包含菜单栏、【标准】工具栏、功能区、设计树、过滤器、图形区、状态栏、前导视图工具栏、任务窗格及弹出式帮助菜单等内容。

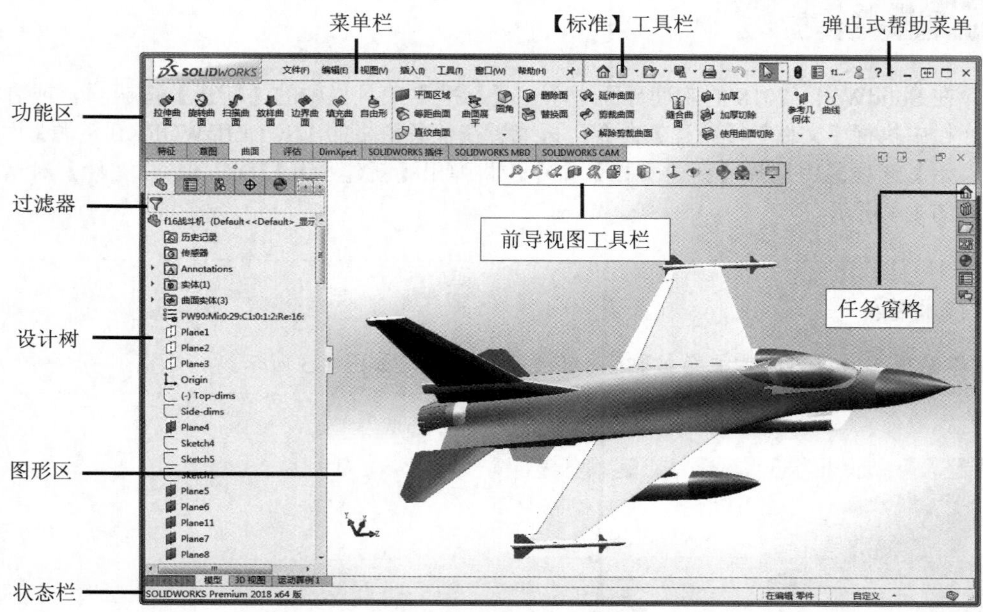

图 1-2　SolidWorks 2018 的用户工作界面

1.2 SolidWorks 2018 文件管理

管理文件是设计者进入软件建模界面、保存模型文件及关闭模型文件的重要工作。下面介绍 SolidWorks 2018 管理文件的几个重要内容，如新建文件、打开文件、保存文件和退出文件。

启动 SolidWorks 2018 会弹出欢迎界面，如图 1-3 所示。在欢迎界面可以通过在顶部的【文件】菜单栏和【标准】工具栏中执行相应的命令来管理文件，也可以在界面右侧的【SolidWorks 资源】管理面板中管理文件。

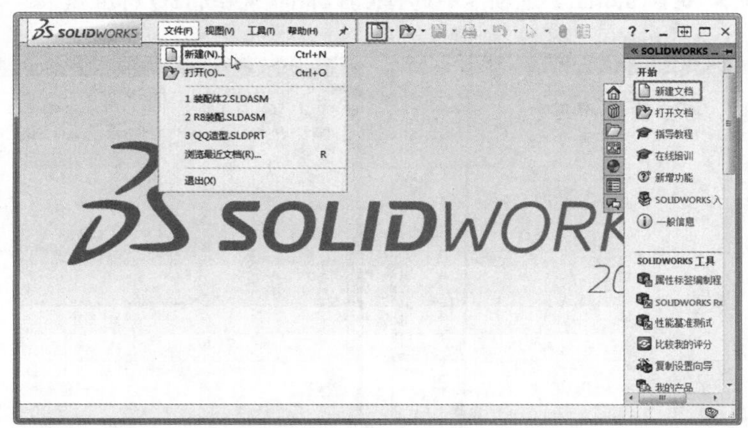

图 1-3　SolidWorks 2018 的欢迎界面

下面使用上机操作的方式讲解 SolidWorks 2018 文件管理的方法。

上机操作——新建文件

01 在 SolidWorks 2018 的欢迎界面中单击【标准】工具栏中的【新建】按钮，或者在菜单栏中执行【文件】/【新建】命令，再或者在任务窗格的【SOLLIDWORKS 资源】面板【开始】选项区中选择【新建文档】命令，将弹出【新建 SOLLIDWORKS 文件】对话框，如图 1-4 所示。

技术要点

在界面顶部通过单击右三角按钮，可展开菜单栏，如图 1-5 所示。

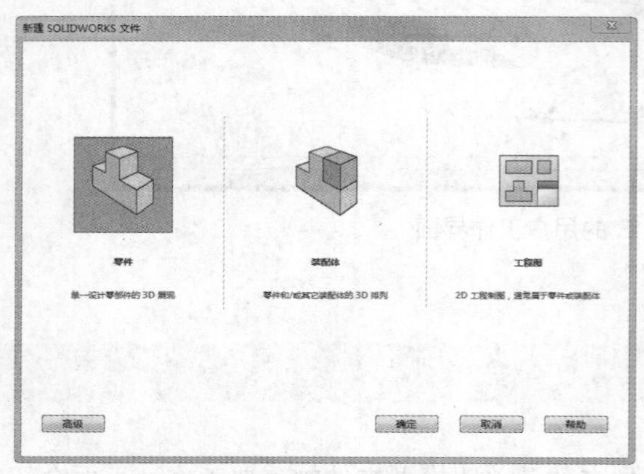

图 1-4 【新建 SOLLIDWORKS 文件】对话框

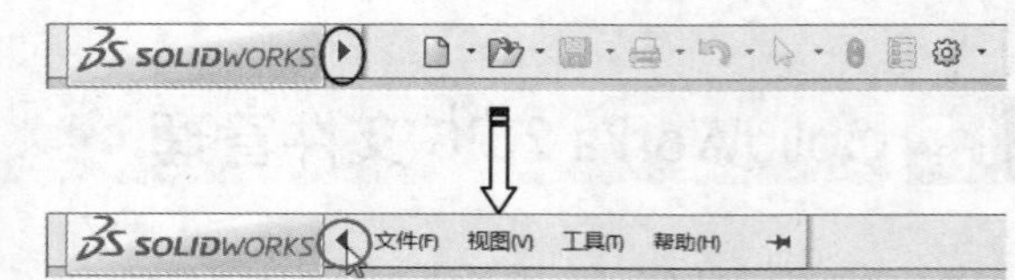

图 1-5 展开菜单栏

02 【新建 SOLIDWORKS 文件】对话框中有进入零件、装配体和工程图环境的入口。单击【零件】按钮，再单击【确定】按钮，可进入零件设计环境中。

03 若单击【新建 SOLIDWORKS 文件】对话框左下角的【高级】按钮，可以在随后弹出的【模板】选项卡和【Tutorial】选项卡中选择 GB 标准模板或 ISO 标准模板，如图 1-6 所示。

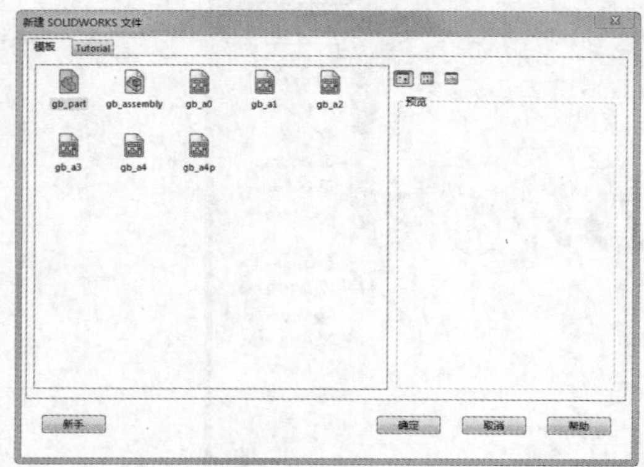

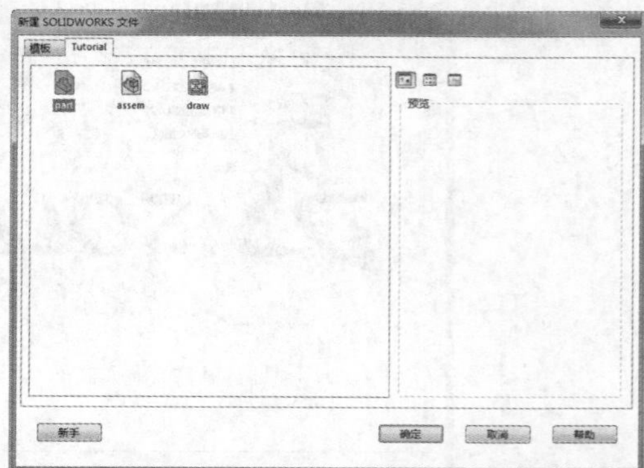

图 1-6 显示 GB 标准模板文件和 ISO 标准模板文件

技术要点

在进入零件环境时，默认使用的是 ISO 标准模板。

- 【模板】选项卡：显示的是 GB 标准的模板文件。
- 【Tutorial】选项卡：显示的是 ISO 标准的通用模板文件。

04 选择一个模板文件后，单击【确定】按钮即可进入相应的设计环境，如选择【模板】选项卡下的【gb_part】模板文件，将进入到 SolidWorks 零件设计环境中。

技术要点

除了使用 SolidWorks 提供的标准模板，用户还可以通过系统选项设置来定义模板，并将设置后的模板另存为零件模板（.prtdot）、装配模板（.asmdot）或工程图模板（.drwdot）。

上机操作——打开文件

打开文件的方式有以下几种。

01 在用户计算机中直接双击打开 SolidWorks 格式的文件（包括零件文件、装配文件和工程图文件）。

02 在 SolidWorks 2018 的欢迎界面中，在菜单栏中执行【文件】/【打开】命令，弹出【打开】对话框。通过该对话框打开 SolidWorks 文件。

03 在【标准】工具栏中单击【打开】按钮，弹出【打开】对话框。在对话框中勾选【缩略图】复选框，找到文件所在的文件夹，通过预览功能选择要打开的文件，然后单击【打开】按钮可打开文件，如图 1-7 所示。

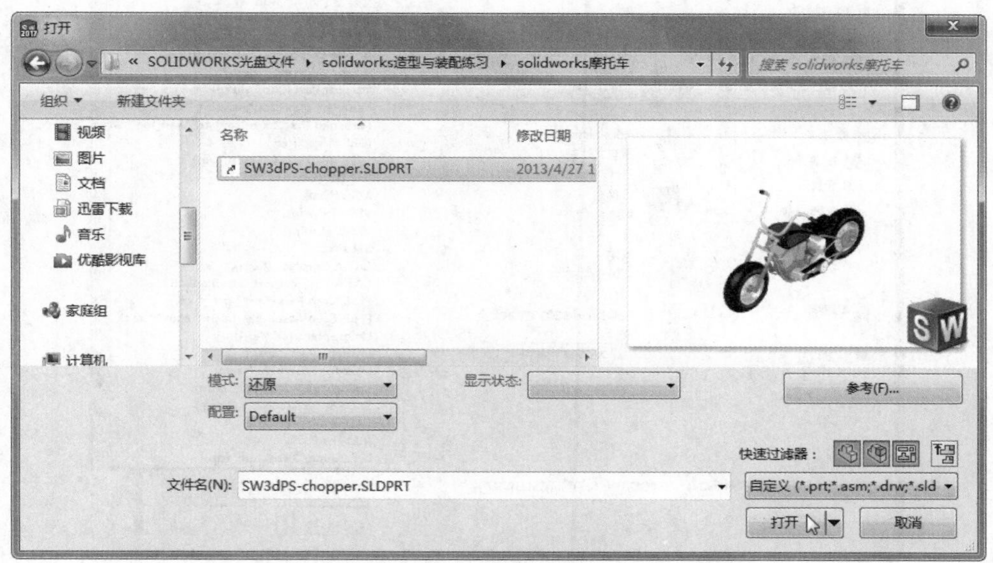

图 1-7 【打开】对话框

技术要点

SolidWorks 可以打开属性为“只读”的文件，也可将“只读”文件插入到装配体中并建立几何关系，但不能保存“只读”文件。

04 若要打开最近查看过的文档，可在【标准】工具栏中选择【浏览最近文档】命令，随后弹出【最近文档】面板，如图 1-8 所示。用户可以从【最近文档】面板中选择最近打开过的文档。用户也可以在菜单栏的【文件】下拉菜单中直接选择先前打开过的文档。

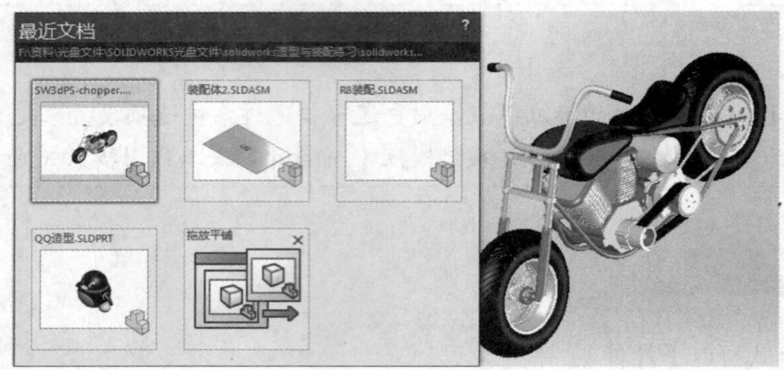

图 1–8 【最近文档】面板

05 利用 SolidWorks 可以打开其他软件格式的文件，如 UG、CATIA、Pro/E 及 Creo、Rhino、STL、DWG 等，如图 1-9 所示。

图 1–9 打开其他软件格式的文件

技术要点

SolidWorks 有修复其他软件格式文件的功能。通常，不同格式文件，在转换时可能会因不同的公差而产生模型修复问题。如图 1-10 所示，打开 CATIA 格式文件后，SolidWorks 将自动诊断与修复。

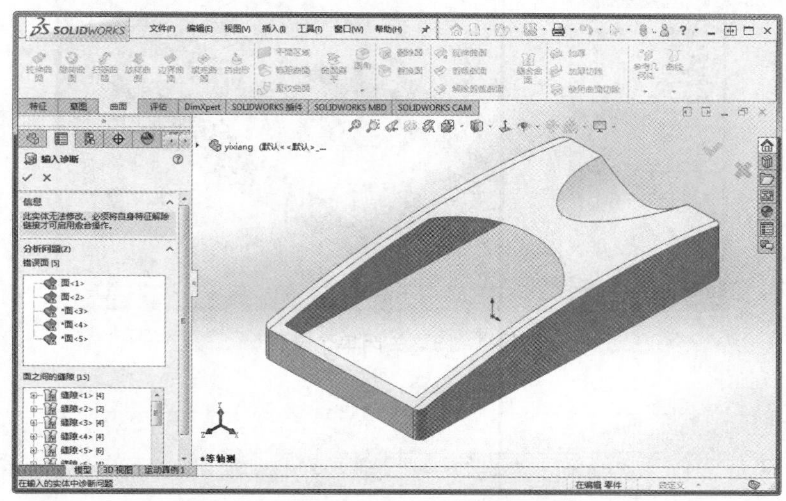

图 1–10　打开 CATIA 格式文件后的诊断与修复

上机操作——保存文件

SolidWorks 提供了 4 种文件保存方法：保存、另存为、保存所有和发布到 eDrawings。

01　初次保存文件，系统会弹出图 1-11 所示的【另存为】对话框。用户可以更改文件名，也可以沿用原有名称。

02　单击 **发布到 eDrawings** 按钮，可以通过 SolidWorks eDrawings 窗口显示模型，如图 1-12 所示，然后将文件保存为 eDrawings 文件。

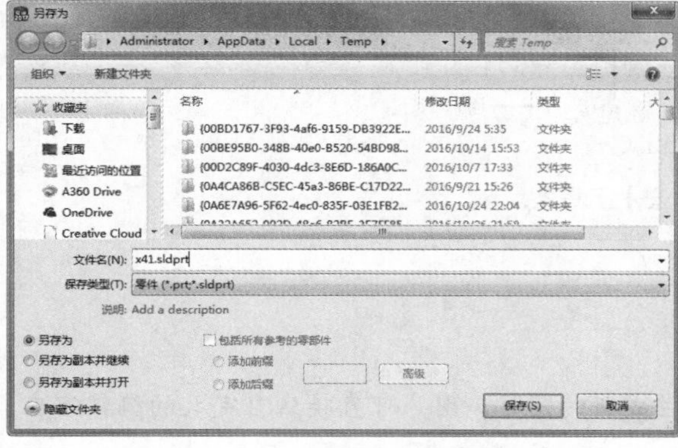

图 1–11 【另存为】对话框

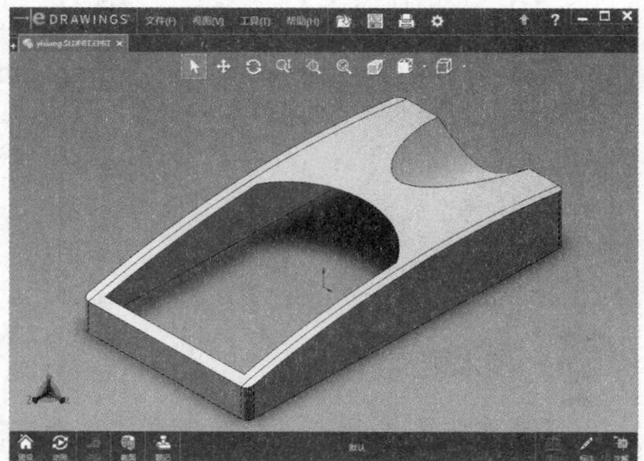

图 1–12　打开 eDrawings 文件并保存

03 关闭文件。要退出（或关闭）单个文件，在 SolidWorks 设计窗口（也称工作区域）的右上方单击【关闭】按钮即可，如图 1-13 所示。要同时关闭多个文件，可以在菜单栏中执行【窗口】/【关闭所有】命令。关闭文件后，最终退回到 SolidWorks 初始界面状态。

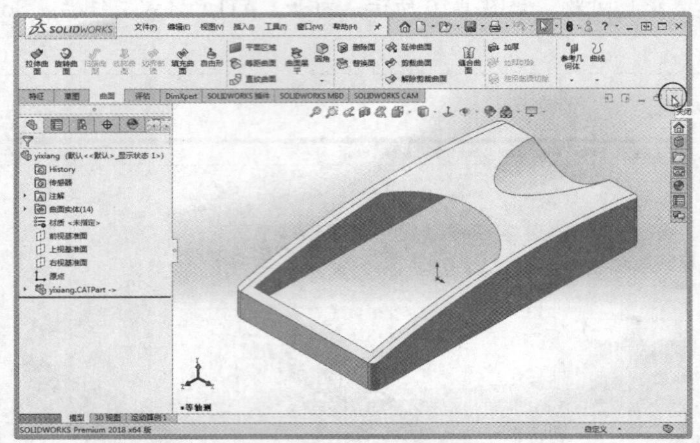

图 1–13　关闭单个文件

技术要点

SolidWorks 软件界面右上方的【关闭】按钮是关闭软件界面的命令按钮。

1.3 录制与执行宏

宏是记录用户执行命令的一种便捷方式，也是执行用户操作命令后的结果。对于初学者来说，最好使用录制宏来解决日常工作中的重复操作。SolidWorks 向用户提供了宏工具，图 1-14 所示为【宏】工具条。

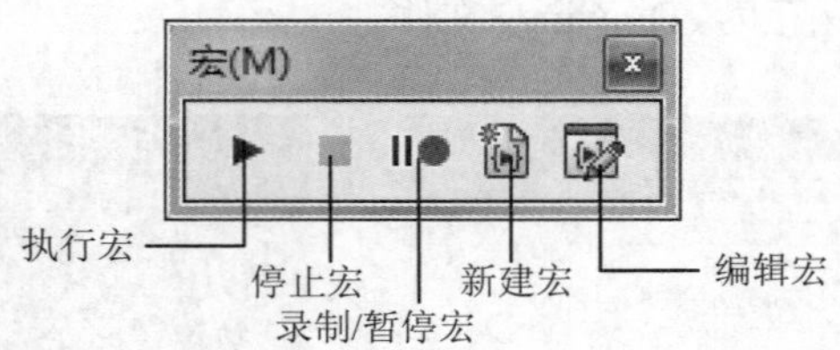

图 1–14 【宏】工具条

技术要点

【新建宏】工具可以帮助用户建立新宏。当生成新的宏时，用户可直接从自定义的编辑宏应用系统（如 Microsoft Visual Basic）中编程宏。

上机操作——宏的录制与执行

01 在【宏】工具条中单击【新建宏】按钮，系统将弹出【另存为】对话框，通过该对话框可将新建的宏文件保存在指定的位置，如图 1-15 所示。

技术要点

通过使用【录制 / 暂停宏】工具，用户可以将 SolidWorks 工作界面中所执行的操作录制下来。宏会记录所有鼠标单击的位置、菜单的选项及键盘所输入的值或字母，以便日后执行。

02 在【宏】工具条中单击【录制 / 暂停宏】按钮，系统随后进入录制用户执行 SolidWorks 命令的过程，在此过程中可再次单击【录制 / 暂停宏】按钮暂停录制操作。

03 录制完成后，单击【宏】工具条中的【停止宏】按钮，然后将录制的宏保存。

04 录制宏后，可以为宏定制自定义的快捷键和菜单。在菜单栏中执行【工具】/【自定义】命令打开【自定义】对话框。在对话框的【键盘】选项卡中选择【宏】类别，并在下面的宏列表中激活【快捷键】选项，此时用户可根据键盘操作习惯来设置快捷键，然后单击对话框中的【确定】按钮，即可完成宏快捷键的定义，如图 1-16 所示。

图 1–15 保存宏文件

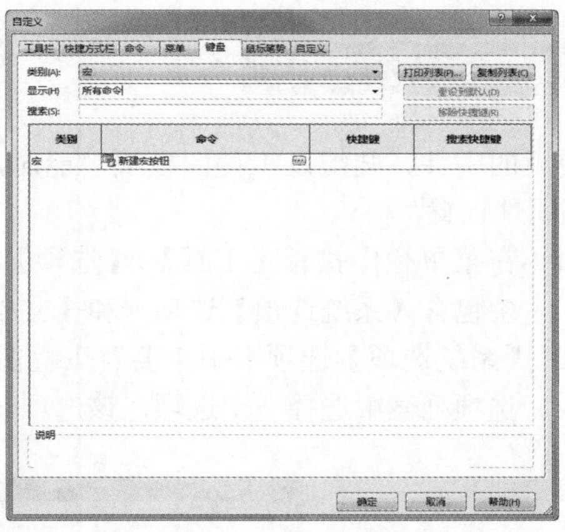

图 1–16 为“宏”定义快捷键

技术要点

同理，用户也可按上述方法在【自定义】对话框的【菜单】选项卡中为宏指定新的参数项目。

05 在【宏】工具条中单击【执行宏】按钮，系统随即运行宏。

06 录制宏后，使用【编辑宏】工具对宏进行编辑或调试。在【宏】工具条中单击【编辑宏】按钮，随后通过打开的【编辑宏】对话框，双击打开保存的宏文件，然后弹出【Misrosoft Visual Basic】系统窗口，如图 1-17 所示。

07 通过该系统窗口，使用 VB 系统语言对宏进行自定义编辑，编辑完成后单击窗口中的【保存】按钮并关闭该窗口。

图 1–17 【Misrosoft Visual Basic】系统窗口

1.4 环境配置

尽管在前面介绍了一些常用的界面及工具命令，但对于 SolidWorks 这个功能十分强大的三维 CAD 软件来说，不可能所有的功能都一一罗列在界面上供用户调用。这就需要在特定情况下，通过对 SolidWorks 的环境配置选项进行设置来满足用户设计需求。

上机操作——选项设置

使用的零件、装配及工程图模块功能时，可以对软件系统环境进行设置，包括系统选项设置和文档属性设置。

01 在菜单栏中执行【工具】/【选项】命令，系统弹出【系统选项 - 普通】对话框，对话框中包含【系统选项】选项卡和【文档属性】选项卡。

02 【系统选项】选项卡中主要有工程图、颜色、草图、显示 / 选择等系列选项，用户在左边选项列表中选择一个选项，该选项名将在对话框顶端显示，如图 1-18 所示。

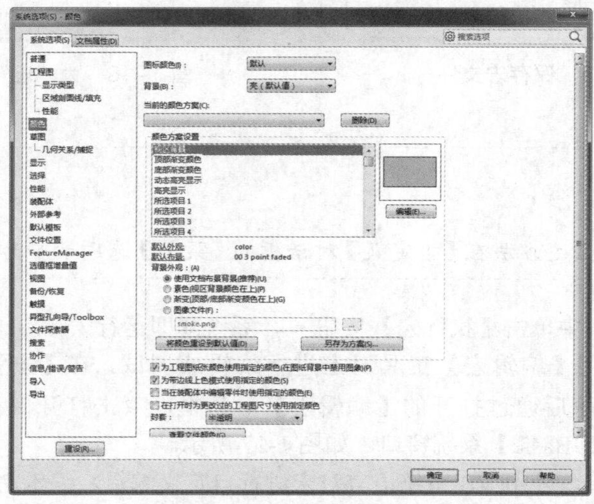

图 1–18 【系统选项】选项卡

03　同理，若单击【文档属性】选项卡，对话框顶部将显示“文档属性”名称，短横线后显示的是选项列表框中所选择的设置项目名称，如图 1-19 所示。

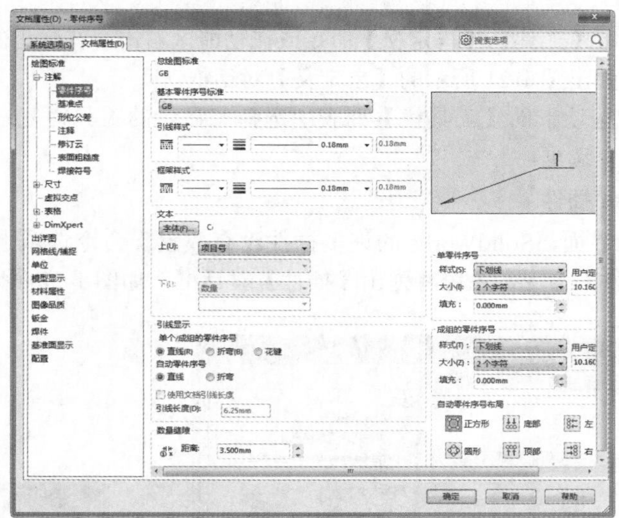

图 1–19 【文档属性】选项卡

SolidWorks 功能区包含了绝大部分菜单命令的快捷方式。使用功能区，可以大大提高设计效率，用户可根据个人习惯来自定义功能区。

上机操作——管理功能区

1. 定义功能区

合理使用功能区设置，既可以使操作方便快捷，也不会使操作界面过于复杂。

01　在功能区的选项卡名称位置右击弹出右键菜单，菜单栏中显示了功能区中所有的选项卡，如图 1-20 所示。

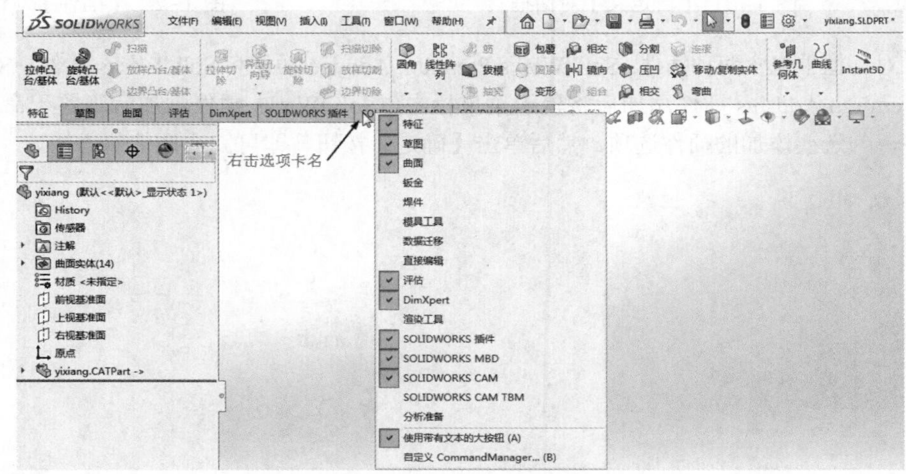

图 1–20　显示选项卡的右键快捷菜单

02 右键快捷菜单中已经勾选的选项，是目前在功能区中显示的选项卡，没有被勾选的选项，表示在功能区中不显示选项卡。

2. 定义工具栏

01 在菜单栏中执行【工具】/【自定义】命令或在功能区右击，在弹出的快捷菜单中选择【自定义】命令，弹出图 1-21 所示的【自定义】对话框。

02 在【工具栏】选项卡的【工具栏】列表中选择想显示的工具栏复选框，同时消除选择想隐藏的工具栏复选框。

3. 使用 SolidWorks 插件

01 为了简化操作界面，SolidWorks 的许多插件没有放置于命令选项卡中。在菜单栏中执行【工具】/【插件】命令，系统将弹出【插件】对话框，如图 1-22 所示。

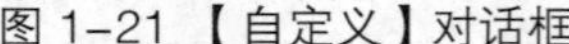
图 1-21 【自定义】对话框

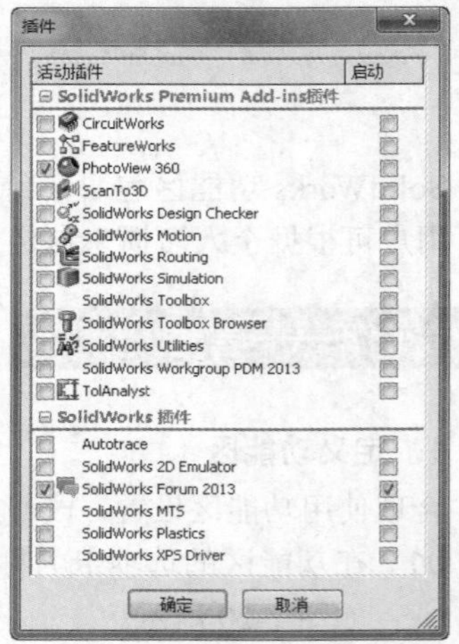

图 1-22 【插件】对话框

02 该对话框中包含两种插件：SolidWorks Premium Add-ins 插件和 SolidWorks 插件。SolidWorks Premium Add-ins 插件添加后将置于菜单栏中，SolidWorks 插件添加后则置于命令选项卡中。勾选要添加的插件选项，然后单击【确定】按钮，即可完成插件的添加。

Chapter 2

第2章 视图与模型基本操作

对于初学者来说，熟悉及熟练地操作 SolidWorks 2018，能极大地提高设计效率。SolidWorks 2018 的基本操作包括对象的选择、视图的操控、键鼠的结合应用及建模界面中的元素操作等。

知识要点

- SolidWorks 视图的操作方法
- 对象的选择技巧
- 键鼠应用技巧
- 三重轴的应用技巧
- 创建参考几何体

2.1 SolidWorks 视图的操作

在应用 SolidWorks 建模时，用户可以使用前导视图工具栏中的各项命令进行视图显示或隐藏的控制和操作，前导视图工具栏如图 2-1 所示。

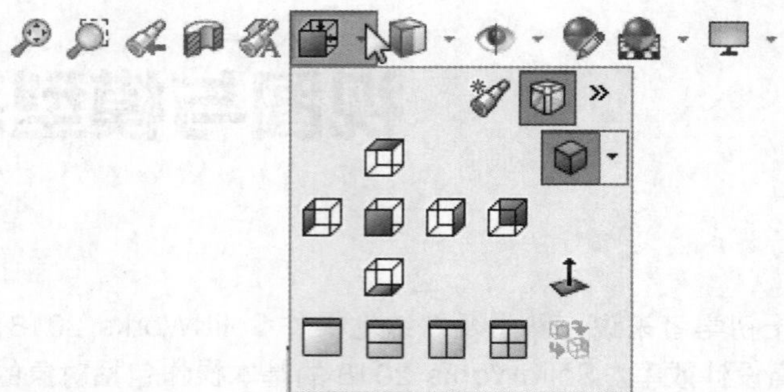

图 2-1　前导视图工具栏

还可以通过在功能区空白区域单击右键调出【视图】工具条，在此工具条中选择视图工具进行操作，如图 2-2 所示。

图 2-2 【视图】工具条

上机操作——视图操作

在设计过程中，需要经常改变视角或创建剖面来观察模型。

01　打开本例练习模型“2-1.sldprt”。

02　单击【整屏显示全图】按钮，将重新调整模型的大小，将绘图区内的所有模型调整到合适的大小和位置，如图 2-3 所示。

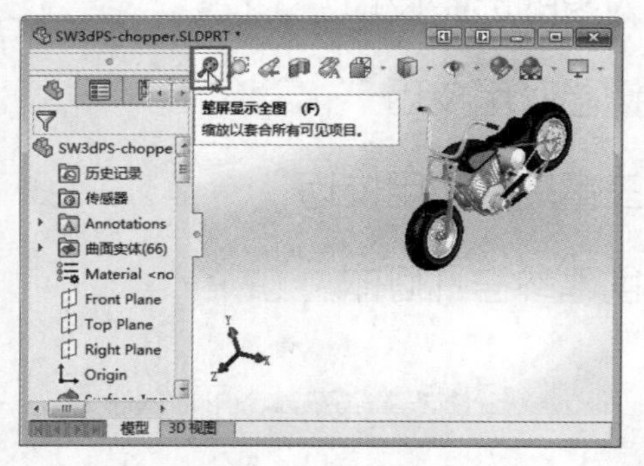

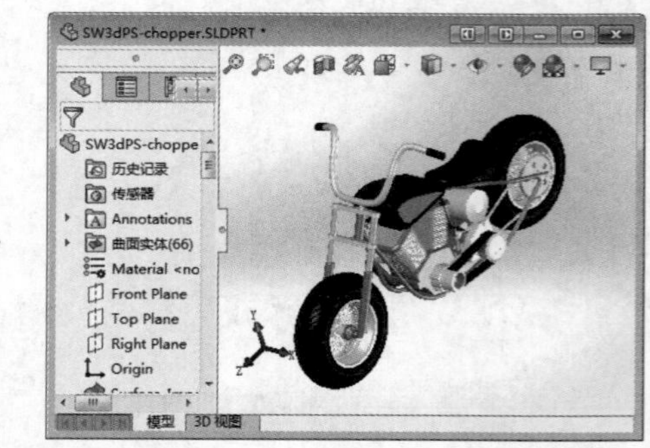

图 2-3　整屏显示全图

03　单击【局部放大】按钮，将放大所选的局部范围。在绘图区内确定放大的矩形范围，即可将矩形范围内的模型放大为全屏显示，如图 2-4 所示。

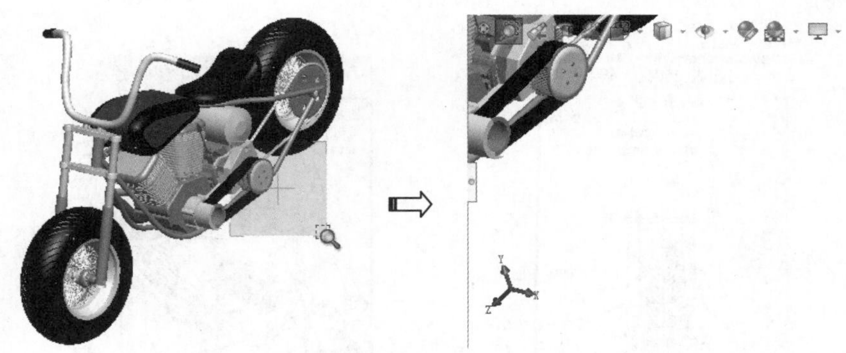

图 2–4　局部放大

04　单击【上一视图】按钮，会返回到上一视图状态。例如，新的视图状态如图 2-5 左图所示，单击【上一视图】按钮后返回到上一视图，如图 2-5 右图所示。

新视图状态　　上一视图状态

图 2–5　返回到上一视图

05　当进入工程图环境以后，可以单击【缩放图纸】按钮，对图纸进行缩放操作，如图 2-6 所示。

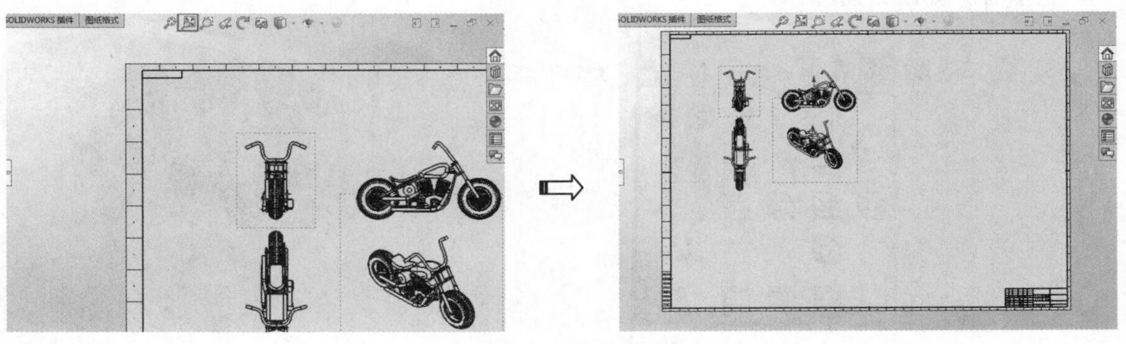

图 2–6　缩放图纸

06 单击【3D 工程图视图】按钮，在工程图环境下可以将 3 个基本视图转换成其他视图。例如，将图 2-7 所示的主视图转换成等轴测视图。

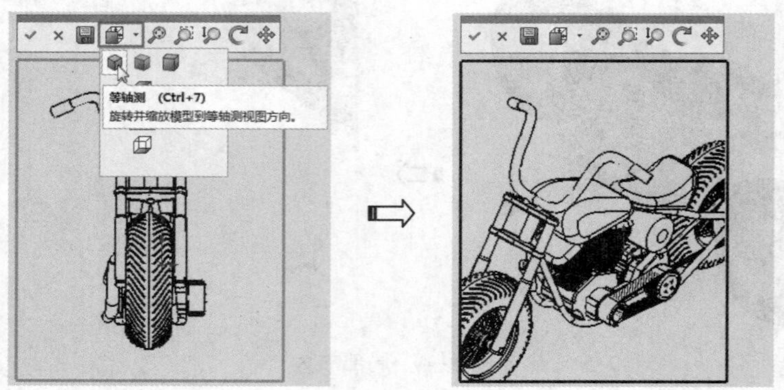

图 2–7 转换 3D 工程图视图

07 单击【剖面视图】按钮，可以创建基于默认的 3 个基准平面，或者是用户创建 / 指定的平面的剖面视图，可以将平面进行角度变换，如图 2-8 所示。

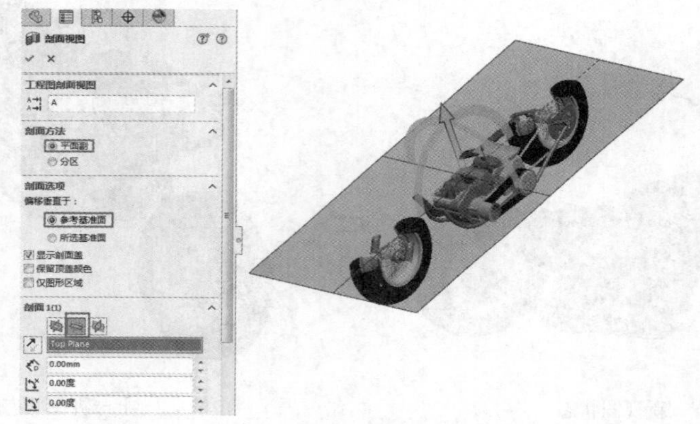

图 2–8 创建剖面视图

08 在设计过程中，通过改变视图的定向可以方便地观察模型。在前导视图工具栏中单击【视图定向】按钮，弹出定向视图命令下拉菜单，如图 2-9 所示。同时会默认使用视图选择器，如图 2-10 所示。

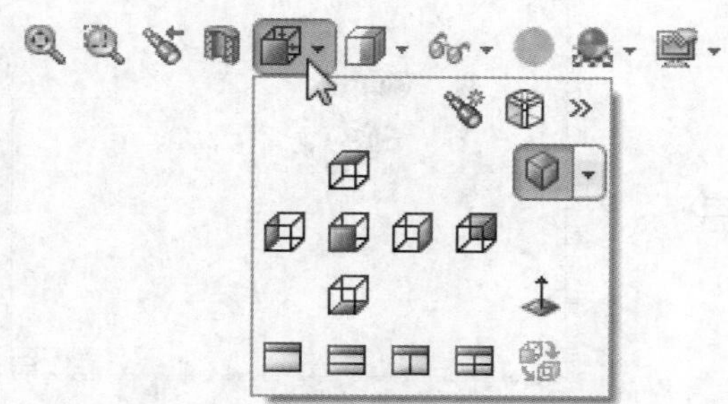

图 2–9 定向视图下拉菜单

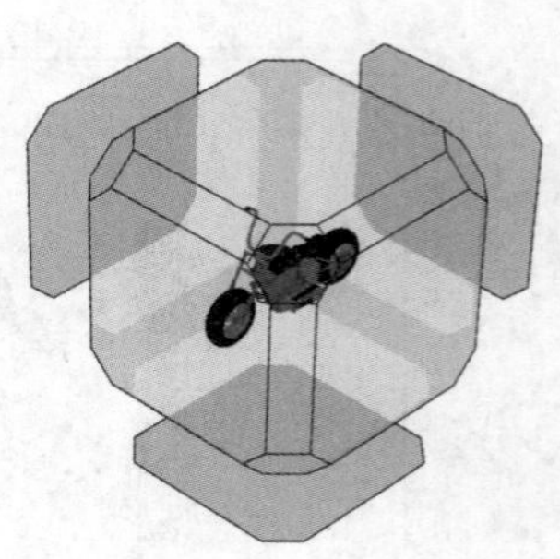

图 2–10 视图选择器

09　单击定向视图下拉菜单中的【新视图】按钮，可创建自定义视图名称的定向视图，如图 2-11 所示。

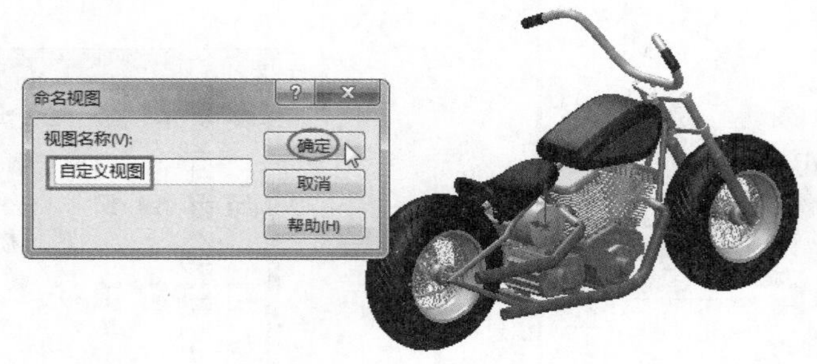

图 2–11　自定义视图

10　定向视图菜单中的其他视图工具的使用方法及说明如表 2-1 所示。

表 2-1　定向视图命令的使用方法及说明

图标与说明	图解	图标与说明	图解
前视。将零件模型以前视图显示	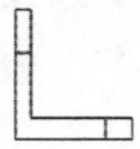	上视。将零件模型以上视图显示	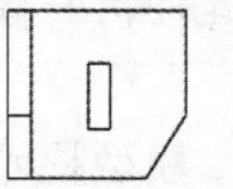
后视。将零件模型以后视图显示	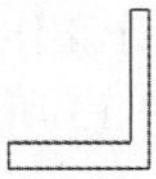	下视。将零件模型以下视图显示	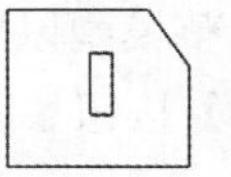
左视。将零件模型以左视图显示	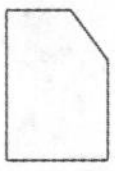	等轴测。将零件模型以等轴测图显示	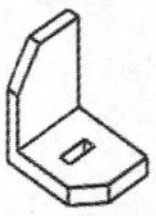
右视。将零件模型以右视图显示	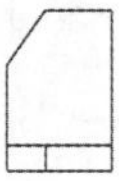	上下二等角轴测。将零件模型以上下二等角轴测图显示	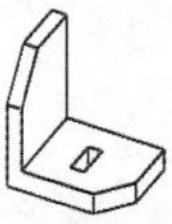
左右二等角轴测。将零件模型以左右二等角轴测图显示		正视于。正视于所选的任何面或基准面	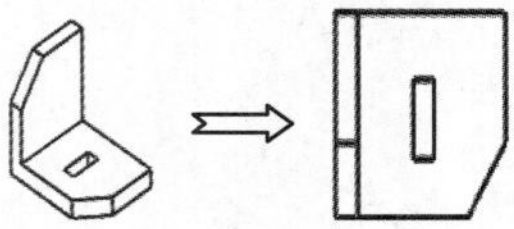
单一视图。以单一视图窗口显示零件模型		二视图 - 水平。以前视图和上视图显示零件模型	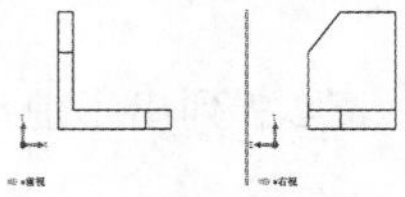
二视图 - 垂直。以前视图和右视图显示零件模型	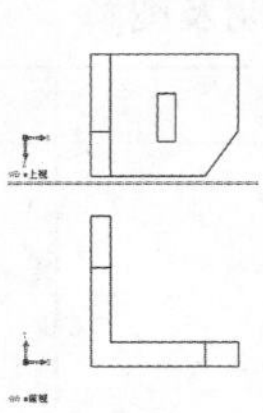	四视图。以第一角投影和第三角度投影显示零件模型	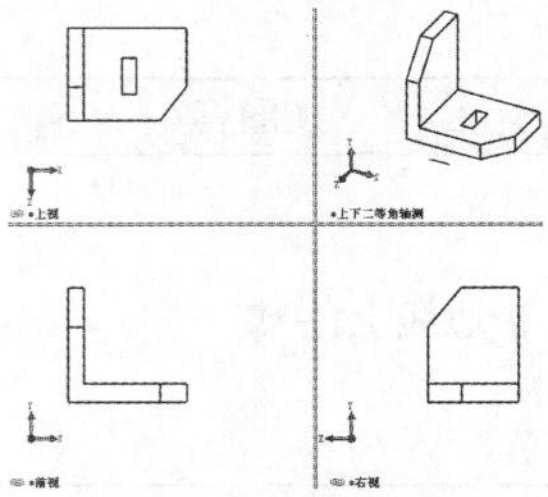

11 还可以使用视图定向的更多选项功能来定义视图方向、更新视图或重设视图。在前导视图工具栏中单击【视图定向】按钮，显示图 2-12 所示的视图方向面板。再单击面板右侧的展开按钮，展开更多的视图选项。

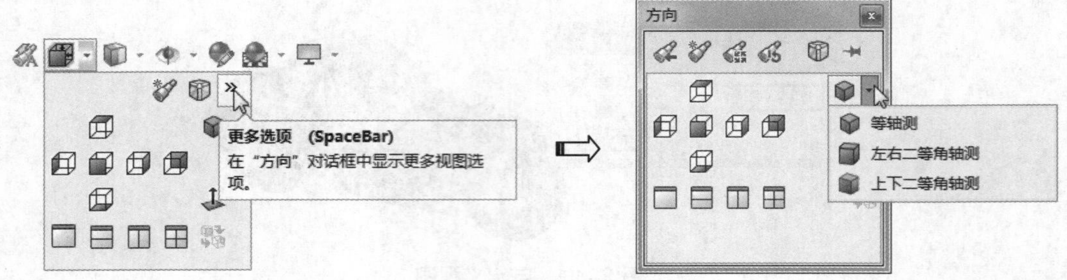

图 2-12 展开更多的视图选项

技术要点

在任何时候均可以按空格键，在弹出的【方向】对话框中方便、快捷地改变视角来进行操作。

1. 模型显示样式

调整模型以线框图或着色图来显示有利于模型分析和设计操作。在前导视图工具栏中单击【显示样式】按钮，弹出视图显示样式命令下拉菜单，如图 2-13 所示。

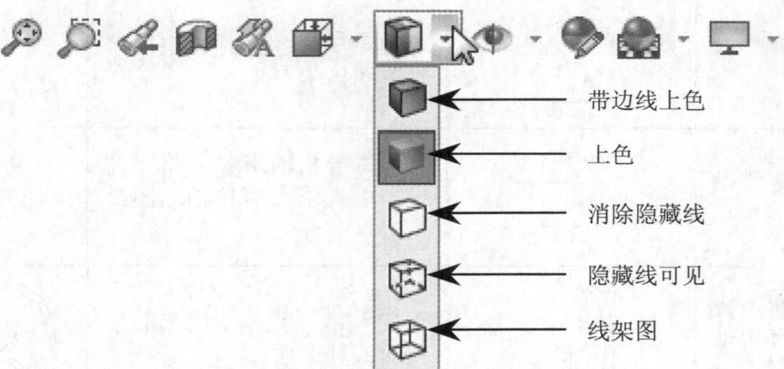

图 2-13 视图显示样式命令下拉菜单

表 2-2 列出了前导视图工具栏中的模型显示样式菜单命令的说明及图解。

表 2-2 模型显示工具的说明及图解

图标	说明	图解
带边线上色	对模型零件进行带边线上色	

续表

图标	说明	图解
上色	对模型零件进行上色	
消除隐藏线	模型零件的隐藏线不可见	
隐藏线可见	模型零件的隐藏线以细虚线表示	
线架图	模型零件的所有边线可见	

2. 隐藏 / 显示项目

前导视图工具栏中的【隐藏所有类型】工具，可以用来更改图形区中项目的显示状态。单击【隐藏所有类型】按钮，弹出图 2-14 所示的下拉菜单。

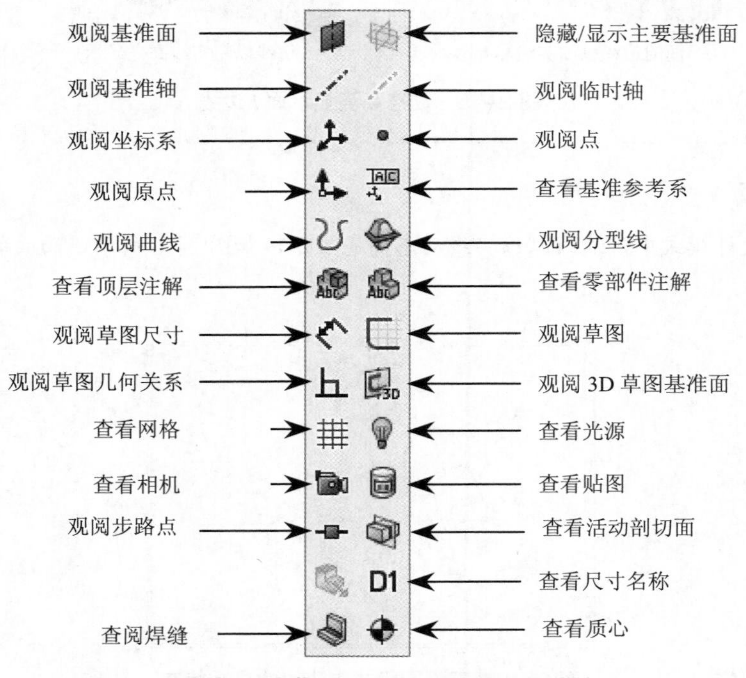

图 2-14　隐藏 / 显示项目工具的下拉菜单

2.2 对象的选择技巧

在默认情况下，退出命令后 SolidWorks 中的箭头指针始终处于选择激活状态。当选择模式激活时，可使用指针在图形区域或在 FeatureManager（特征管理器）设计树中选择图形元素。

上机操作——选中并显示对象

图形区域中的模型或单个特征在用户进行选取时或将指针移到特征上面时动态高亮显示。

技术要点

用户可以通过在菜单栏中执行【工具】/【选项】命令，在弹出的【系统选项 - 普通】对话框中选择【颜色】选项来设置高亮显示。

01 动态高亮显示对象。首先打开本例源文件“2-2.sldprt”。

02 将指针动态移动到模型的某个边线或面上时，边线以粗实线高亮显示，面的边线则以细实线高亮显示，如图 2-15 所示。

图 2-15 动态高亮显示面 / 边线

技术要点

在工程图设计模式中，边线以细实线动态高亮显示，如图 2-16 所示，而面的边线则以细虚线动态高亮显示。

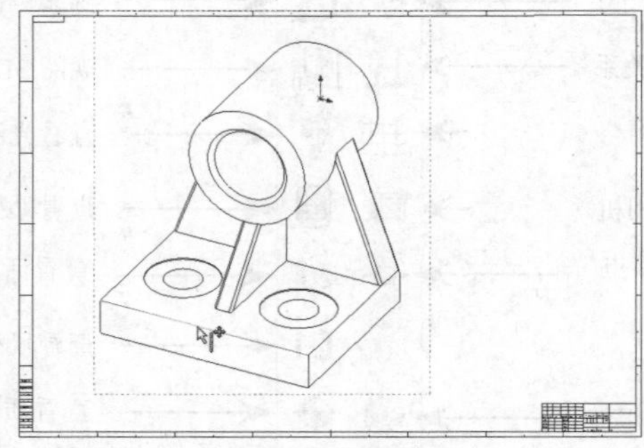

图 2-16 工程图模式中边线的显示状态

03　高亮显示提示。当有端点、中点及顶点之类的几何约束在指针接近时高亮显示，然后在指针将之选择时而更改颜色，如图 2-17 所示。

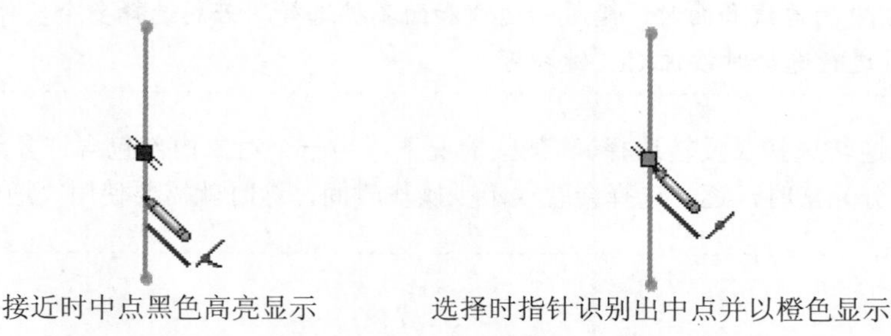

图 2–17　几何约束的高亮显示提示

上机操作——其他的对象选择方法

01　方法一。框选择。“框选择”是将指针从左到右拖动，完全位于矩形框内的独立项目被选择，如图 2-18 所示。在默认情况下，框中选类型只能选择零件模式下的边线，装配体模式下的零部件，以及工程图模式下的草图实体、尺寸和注解等。

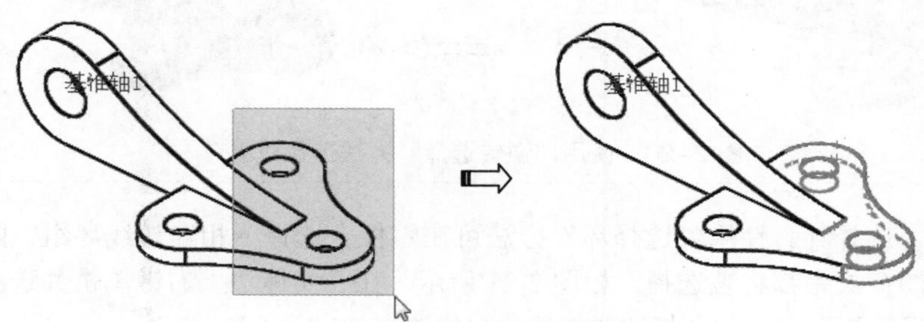

图 2–18　框选择方法

技术要点

“框选择”方法仅选取框中独立的特征——如点、线及面，非独立的特征不包括在内。

02　方法二。相交选择。此方法适合在草图中使用。“相交选择”是将指针从右到左拖动，除了矩形框中的对象外，穿越框中边界的对象也会被选定，如图 2-19 所示。

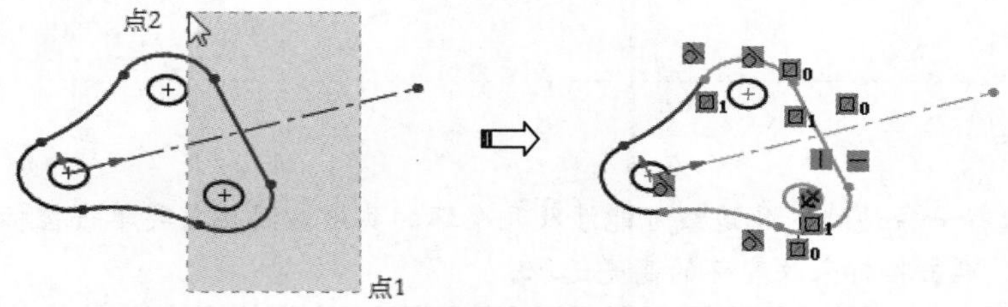

图 2–19　使用“相交选择”方法选择对象

技术要点

当选择工程图中的边线和面时，隐藏的边线和面不被选择。若想选择多个实体，在第一个实体对象选择后再进行选择时按住 Ctrl 键即可。

03 方法三。逆转选择（反转选择）。某些情况下，当一个对象内部包含许多元素，且需选择其中大部分元素时，逐一选择会耽误不少操作时间，这时就需要使用“逆转选择”方法。

技术要点

逆转选择的方法如下。

（1）先选择少数不需要的元素。

（2）在【选择过滤器】工具条中单击【逆转选择】按钮。

（3）随后即可将需要选择的多数元素选中，如图 2-20 所示。

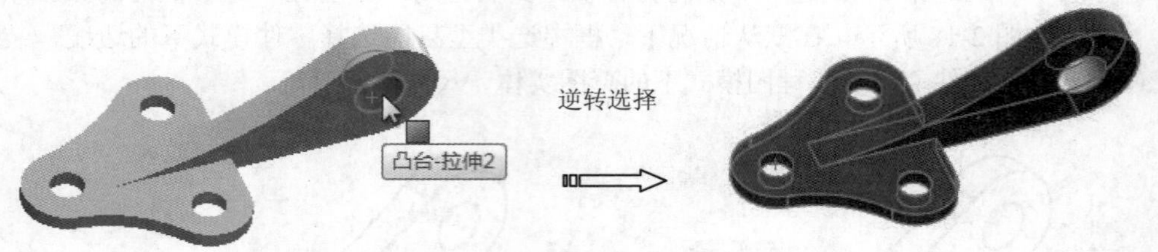

图 2-20 使用“逆转选择”方法选择对象

04 方法四。选择环。使用“选择环”方法可在零件上选择一相连边线环组，隐藏的边线在所有视图模式中都将被选择。如图 2-21 所示，在一实体边上右键单击并选择快捷菜单中的【选择环】命令，与之相切或相邻的实体边则被自动选取。

图 2-21 使用“选择环”方法选择实体边

技术要点

在模型中选择一条边线，此边线可能涉及几个环的共用。因此需要单击控标更改环选择，如图 2-22 所示，单击控标来改变环的高亮选取。

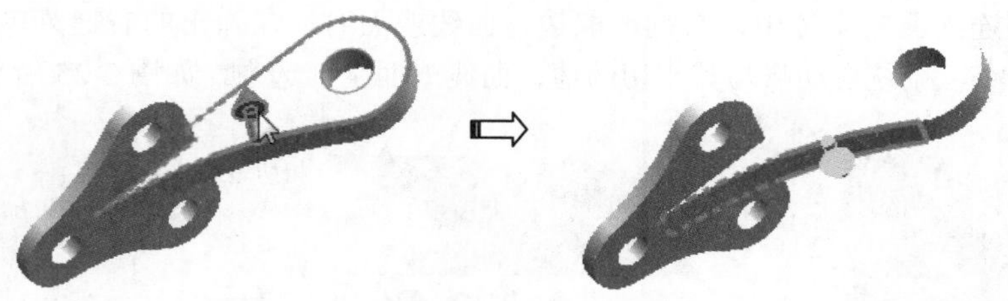

图 2–22　更改环选取

05　方法五。选择链。此方法适用于草图。“选择链”方法与选择环方法近似，所不同的是“选择链”方法仅针对草图曲线，如图 2-23 所示。而“选择环”方法也仅在模型实体中适用。

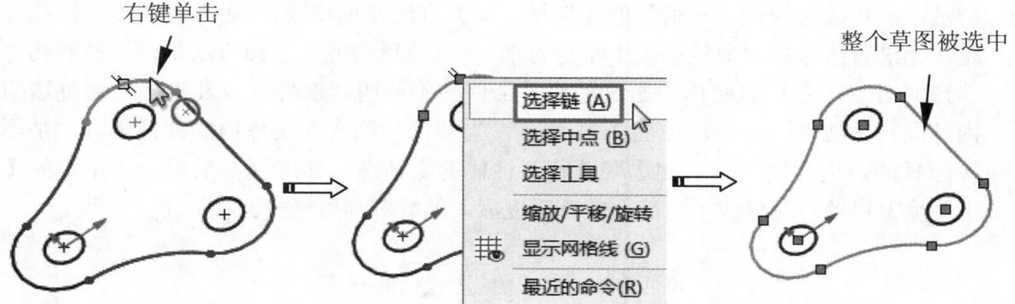

图 2–23　使用“选择链”方法选择草图曲线

技术要点

在零件设计模式下使用曲线工具创建的曲线，是不能以选择环与选择链方法来进行选择的。

06　方法六。选择其他。当模型中要进行选择的对象元素被遮挡或隐藏后，可使用“选择其他”方法进行选择。在零件或装配体中，在图形区域中用右键单击模型然后选择快捷菜单中的【选择其他】命令，随后弹出【选择其他】对话框，该对话框中列出模型中指针欲选范围的项目，同时鼠标指针由变成形状，如图 2-24 所示。

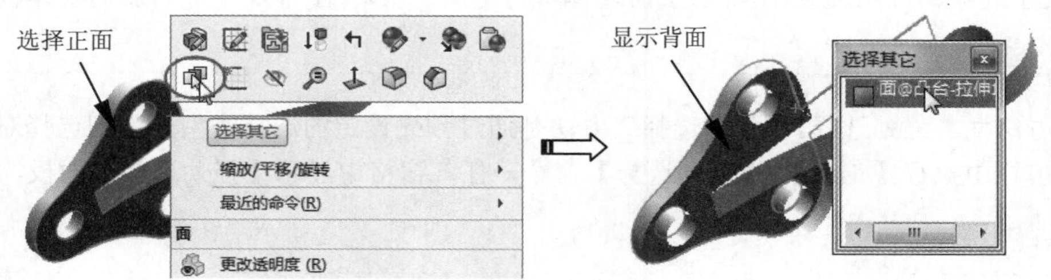

图 2–24　使用“选择其他”方法选择背面遮挡的对象

07　方法七。选择相切。使用选择相切方法，可选择一组相切曲线、边线或面，然后将诸如圆角或倒角之类的特征应用于所选项目，隐藏的边线在所有视图模式中都被选择。在具有相切连续面的实体中，右键选取边、曲线或面时，在弹出的右键菜单中选择【选择相切】命令，系统自动将与其相切的边、曲线或面全部选中，如图 2-25 所示。

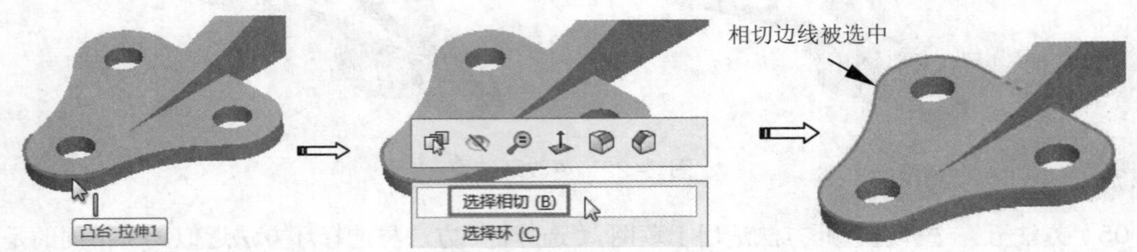

图 2-25　使用“选择相切”方法选择对象

08　方法八。更改透明度。与前面的【选择其他】方法原理相通，“更改透明度”选择方法也是在无法直接选择对象的情况下来进行的。“更改透明度”选择方法是透过透明物体选择非透明对象，包括装配体中通过透明零部件的不透明零部件，以及零件中通过透明面的内部面、边线及顶点等。如图 2-26 所示，当要选择隐含在实体内的圆柱体时，是不能直接选择的，这时就可以右键选取遮蔽圆柱体的实体面，并选择右键快捷菜单中的【更改透明度】命令，在修改了遮蔽面的透明度后，就能顺利地选择圆柱体了。

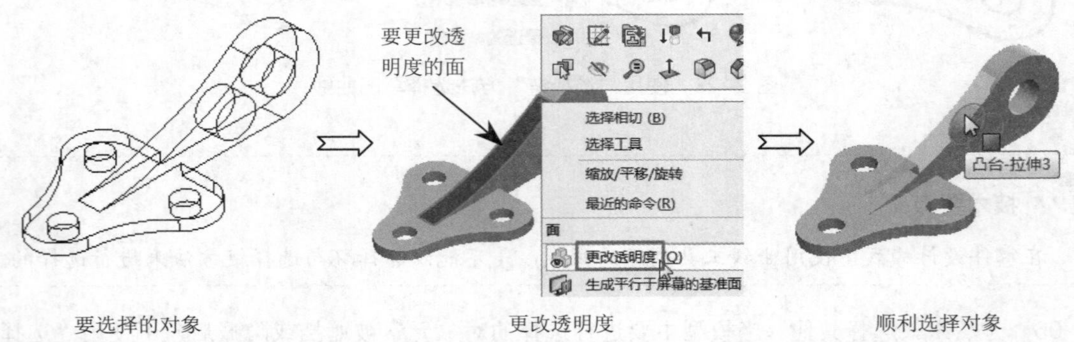

图 2-26　使用“更改透明度”方法选择对象

技术要点

为便于选择，透明度在 10% 以上的实体视为透明，具有 10% 以下透明度的实体被视为不透明。

09　方法九。强劲选择。“强劲选择”方法是通过预先设定的选择类型来强制选择对象。在菜单栏中执行【工具】/【强劲选择】命令，任务窗格中显示【强劲选择】面板，如图 2-27 所示。

技术要点

如果零件中存在多个独立的实体特征，【强劲选择】工具将不能使用。例如，当使用“更改透明度”选择方法选择对象后，就必须先删除透明度设置，才能使用【强劲选择】工具。

图 2–27　打开【强劲选择】面板

在【强劲选择】面板的【选择什么】选项组中勾选要选择的实体选项，再通过【过滤器与参数】选项列表中的过滤选项过滤出符合条件的对象。当单击【搜寻】按钮后，系统会将自动搜索出的对象列表于下面的【结果】列表框中，且【搜寻】按钮变成【新搜索】按钮。如要重新搜索对象，可单击【新搜索】按钮重新选择实体类型即可。

例如，在勾选【边线凸形】选项及【凸起边线】选项后，再单击【搜寻】按钮，在图形区中会高亮显示所有符合条件的对象，如图 2-28 所示。【搜寻】按钮则自动变为【新搜索】按钮。

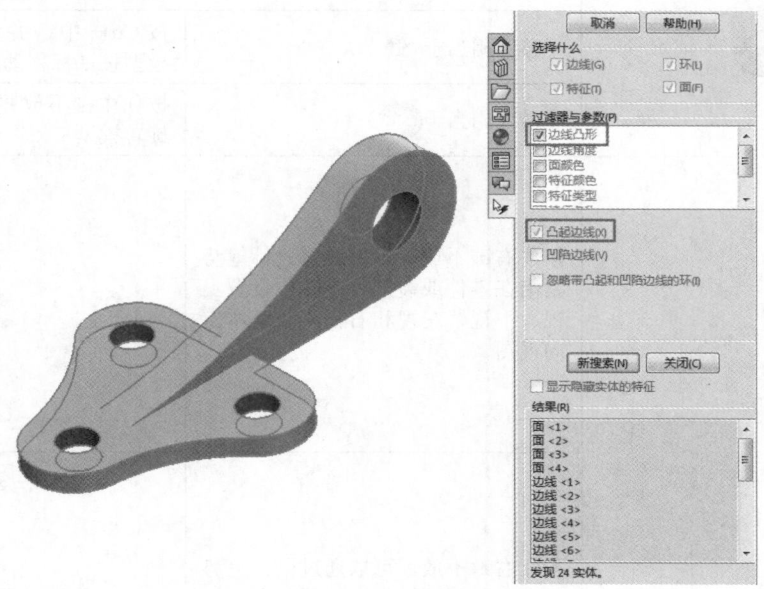

图 2–28　强劲选择对象

技术要点

要使用“强劲选择”方法来选择对象，必须在【强劲选择】面板的【选择什么】选项组和【过滤器与参数】选项组中至少勾选一个选项，否则系统会弹出信息提示对话框，提示“请选择至少一个过滤器或实体选项”。

2.3 键鼠应用技巧

鼠标和键盘按键在 SolidWorks 软件中的应用频率非常高，可以用其实现平移、缩放、旋转、绘制几何图素及创建特征等操作。

2.3.1 键鼠快捷键

基于 SolidWorks 系统的特点，建议读者使用三键滚轮鼠标，在设计时可以有效地提高设计效率。表 2-3 列出了三键滚轮鼠标的使用方法。

表 2-3 三键滚轮鼠标的使用方法

鼠标按键	作用	操作说明
左键	用于选择命令、单击按钮执行命令及绘制几何图元等	单击或双击鼠标左键，可执行不同的操作
中键（滚轮）	放大或缩小视图（相当于）	按 Shift+ 中键并上下移动鼠标，可以放大或缩小视图。直接滚动滚轮，也可放大或缩小视图
	平移（相当于）	按 Ctrl+ 中键并移动鼠标，可将模型按鼠标移动的方向平移
	旋转（相当于）	按住中键不放并移动鼠标，即可旋转模型
右键	按住右键不放，可以通过鼠标笔势指南在零件或装配体模式中设置上视、下视、左视和右视 4 个基本定向视图	零件
	按住右键不放，可以通过鼠标笔势指南在工程图模式中使用 4 个工程图指南	工程图

2.3.2 自定义快捷键

设计者根据自己的习惯创建自定义快捷键后，可以方便快速地在键盘上操作来激活所设置的常用命令。

上机操作——定义快捷键

01　启动 SolidWorks 2018，依次选择【工具】/【自定义】命令，打开【自定义】对话框。

02　单击【键盘】选项卡进入自定义键盘设置界面，如图 2-29 所示。

03　在【搜索】文本框中内输入“测量”，输入完毕后，系统自动列出【测量】选项，在快捷键一栏中输入字母 M，单击【确定】按钮设置键盘的字母 M 为【测量】命令的快捷键，如图 2-30 所示。

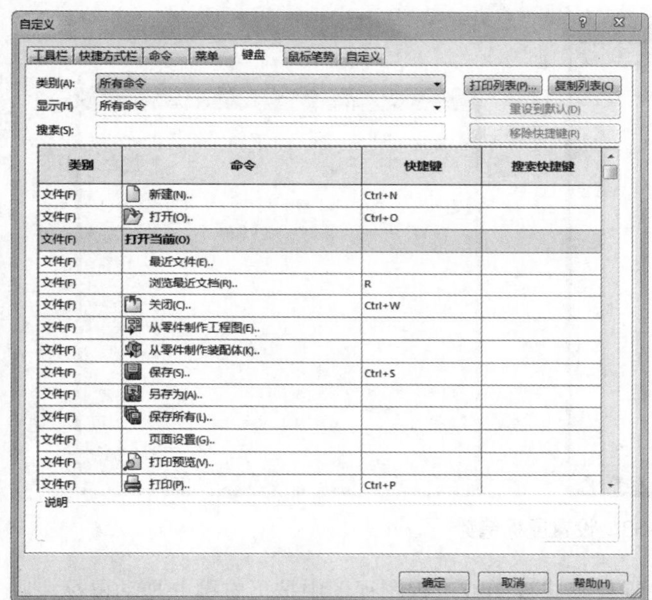

图 2–29 【键盘】选项卡

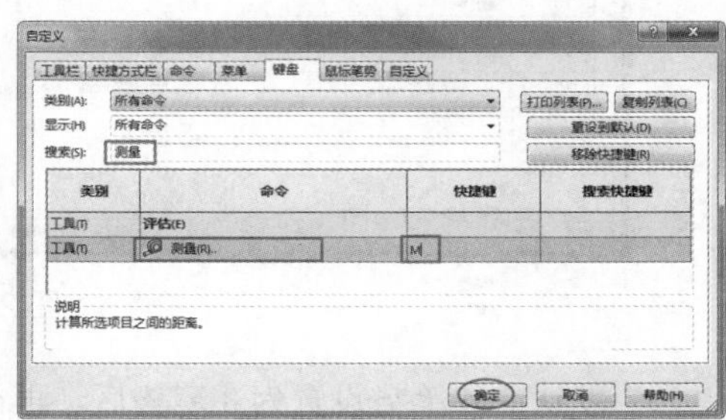

图 2–30　自定义快捷键

04　同样的方法，可设置【配合参考】命令、【横向平铺】命令及【纵向平铺】命令的快捷键分别为 Q、W 及 H。用户还可以根据自己的习惯和实际需要设置新的快捷键。

05　设置完毕后，单击【确定】按钮退出键盘快捷键设置界面，完成快捷键的设置。

2.3.3　使用鼠标笔势

使用鼠标笔势作为执行命令的一个快捷键，类似于键盘快捷键。按文件模式的不同，按下鼠标右键并拖动可弹出不同的鼠标笔势。

在零件装配体模式中，当用户按下右键并拖动鼠标时，会弹出图 2-31 所示的包含 4 种定向视图的笔势指南。当鼠标移动至一个方向的命令映射时，指南会高亮显示即将选取的命令。

图 2-32 所示为在工程图模式中，按鼠标右键并拖动时弹出的包含 4 种工程图命令的笔势指南。

用户还可以为笔势指南添加其余笔势。通过执行自定义命令，在【自定义】对话框的【鼠标笔势】选项卡中单击【8 笔势】单选选项按钮即可，如图 2-33 所示。

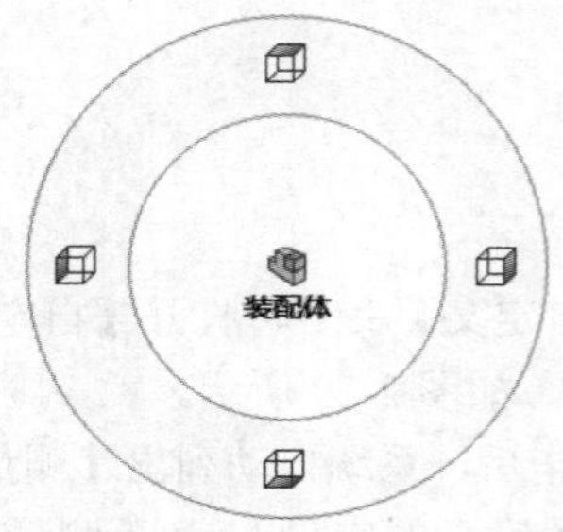

图 2-31　零件或装配体模式的 4 种笔势指南

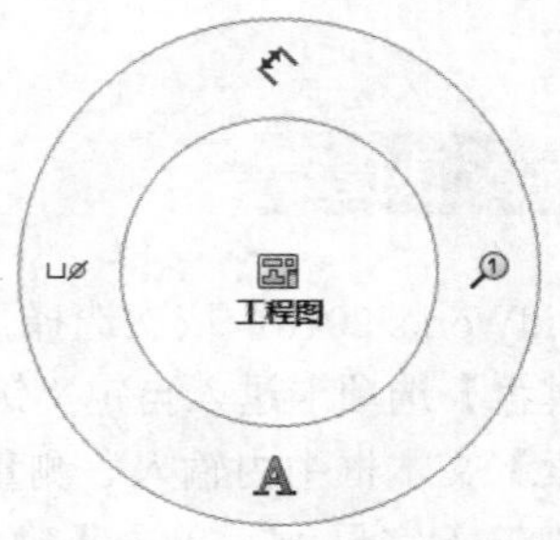

图 2-32　工程图模式下的 4 种笔势指南

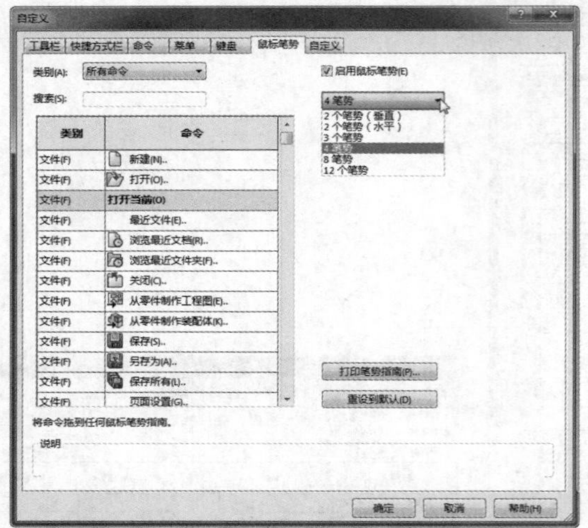

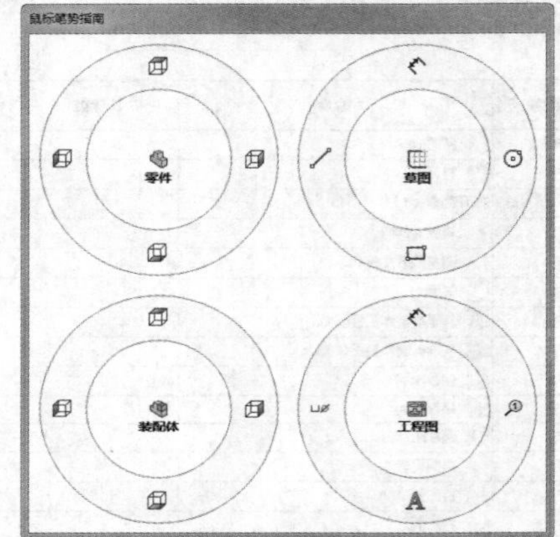

图 2-33　设置鼠标笔势

当默认的 4 笔势设置为 8 笔势后，再在零件模式视图或工程图视图中按下右键并拖动鼠标，则会弹出图 2-34 所示的 8 笔势指南。

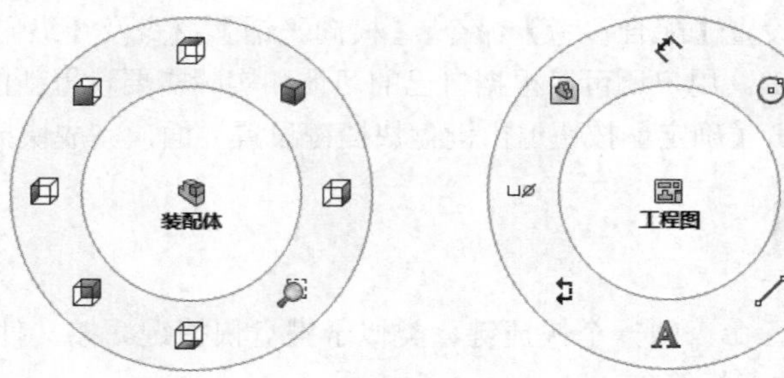

图 2-34　8 笔势指南

上机操作——使用鼠标笔势绘制草图

下面介绍如何使用鼠标笔势的功能来辅助作图。本实训的任务是绘制图 2-35 所示的零件草图。

01　新建 SolidWorks 零件文件，如图 2-36 所示。

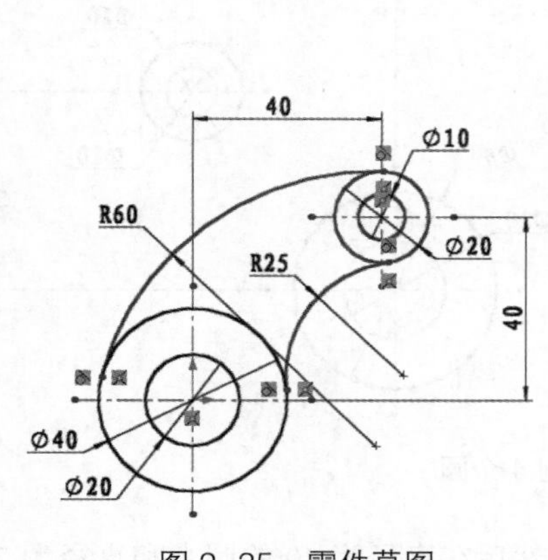

图 2–35　零件草图

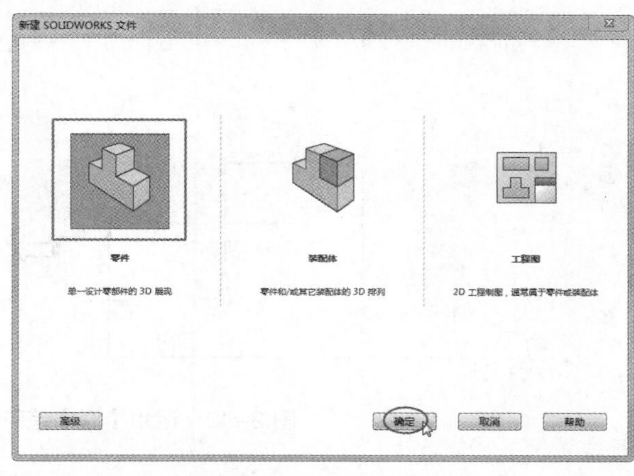

图 2–36　新建零件文件

02　在菜单栏中执行【工具】/【自定义】命令，打开【自定义】对话框。在【鼠标笔势】选项卡中设置鼠标笔势为“8 笔势”。

03　在功能区的【草图】选项卡中单击【草图绘制】按钮，选择上视基准平面作为草图平面，并进入草图模式，如图 2-37 所示。

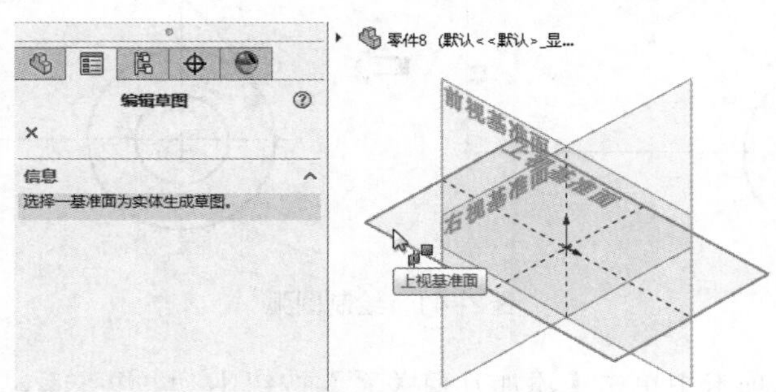

图 2–37　指定草图平面

04　在图形区单击右键显示鼠标笔势并滑至【绘制直线】笔势上，如图 2-38 所示。

05　绘制草图的定位中心线，如图 2-39 所示。

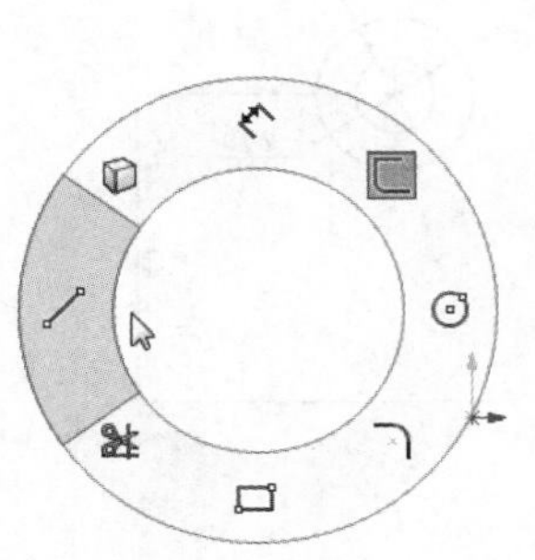

图 2–38　运用鼠标笔势

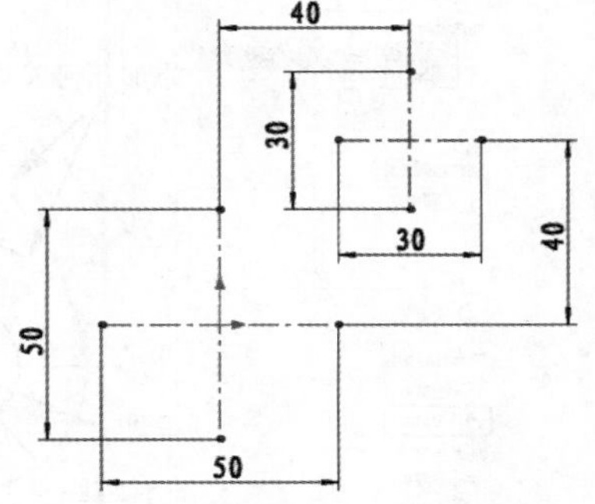

图 2–39　绘制定位中心线

06　单击右键滑至【圆】的笔势上，然后绘制图 2-40 所示的 4 个圆。

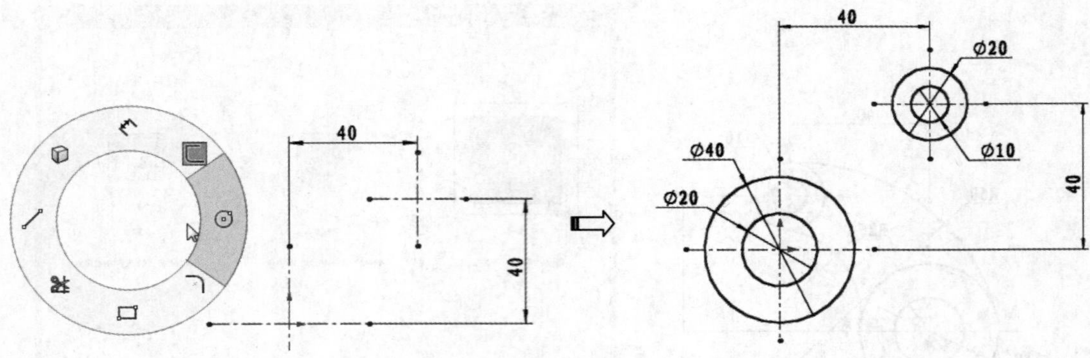

图 2-40　运用【圆】笔势绘制 4 个圆

07　单击【草图】选项卡中的【3 点圆弧】按钮，然后在直径为 40 的圆上和直径为 20 的圆上分别取点，绘制半径圆弧，如图 2-41 所示。

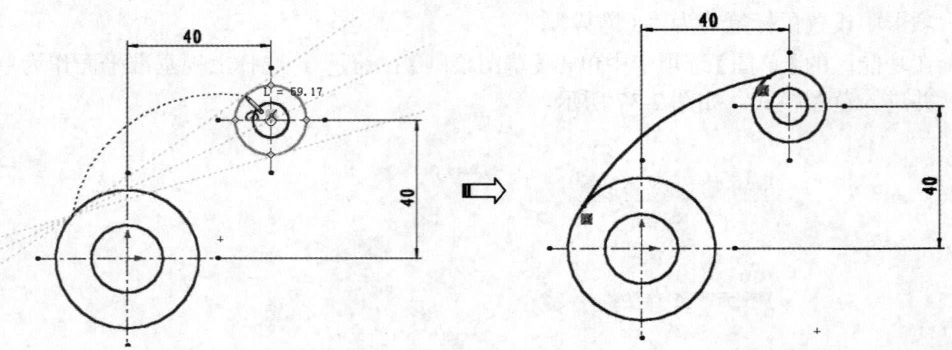

图 2-41　绘制圆弧

08　在【草图】选项卡中单击【添加几何关系】按钮 添加几何关系，打开【添加几何关系】属性面板。选择圆弧和直径为 40 的圆进行几何约束，设置约束关系为“相切”，如图 2-42 所示。

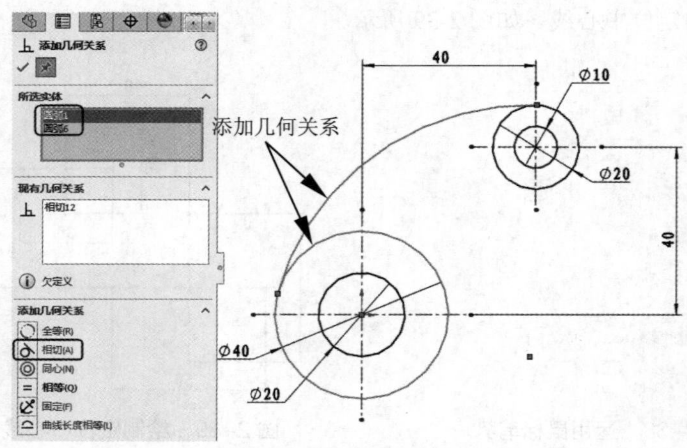

图 2-42　添加几何关系

09　同理，对圆弧与直径为 20 的圆也添加相切约束。

10　运用【智能尺寸】笔势，尺寸约束圆弧，半径取值为 20，如图 2-43 所示。

11　同理，绘制另一个圆弧，并且进行几何约束和尺寸约束，如图 2-44 所示。

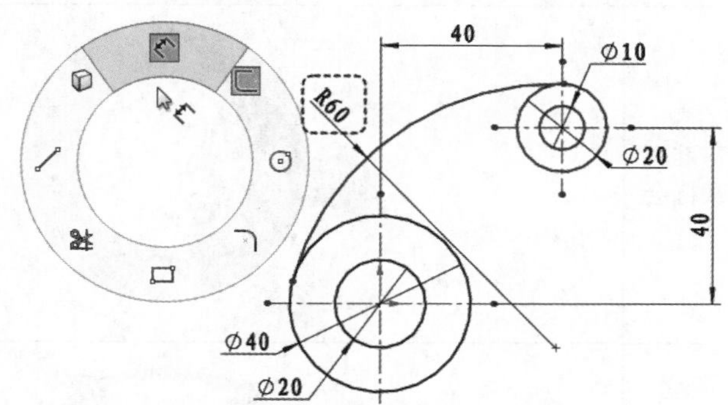

图 2–43　运用鼠标笔势尺寸约束圆弧

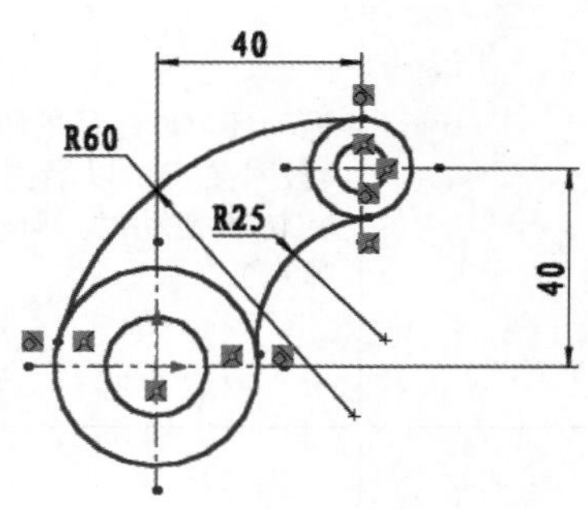

图 2–44　绘制另一个圆弧

12　至此，运用鼠标笔势完成了草图的绘制。

2.4 三重轴的应用技巧

在 SolidWorks 中，使用三重轴便于操纵各个对象，如 3D 草图、零件、某些特征及装配体中的零部件。三重轴可用于模型的控制和属性的修改。

2.4.1 三重轴的定义

三重轴包括环、中心球、轴和侧翼等元素。在零件模式下显示的三重轴如图 2-45 所示。

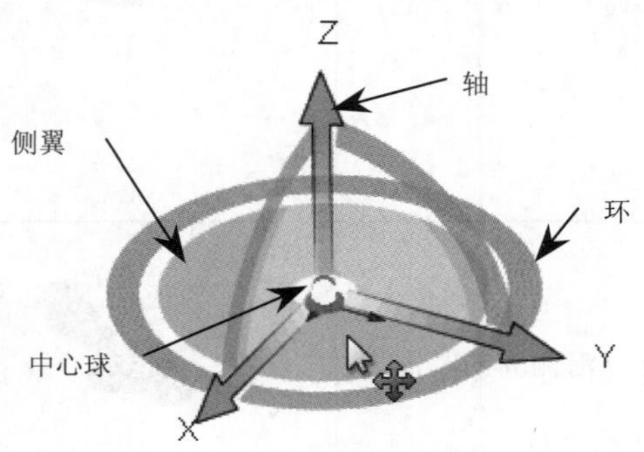

图 2–45　三重轴的图解

要使用三重轴，须满足下列条件。

- 在装配体中，右键单击可移动零部件并选择【以三重轴移动】命令。
- 在装配体爆炸图编辑过程中，选择要移动的零部件。
- 在零件模式下，在属性管理器的【移动 / 复制实体】面板中单击【平移 / 旋转】按钮。
- 在 3D 草图中，右键单击实体并选择【显示草图系统三重轴】命令。

表 2-4 中列出了三重轴的操作方法。

表 2-4　三重轴的操作方法

三重轴	操作方法	图解
环	拖动环可以绕环的轴旋转对象（技术要点：以沿侧翼的基准面旋转和拖动时，环和侧翼将会显示）	
中心球	拖动中心球可以自由移动对象	
	按 Alt 键并拖动中心球可以自由地拖动三重轴但不移动对象	
轴	拖动轴可以朝 *X*、*Y* 或 *Z* 方向自由地平移对象	
侧翼	拖动侧翼可以沿侧翼的基准面拖动对象	

技术要点

如果要精确移动三重轴，可以右键单击三重轴的中心球并选择【移动到选择】命令，然后选择一个精确位置即可。

2.4.2 参考三重轴

参考三重轴出现在零件和装配体文件中以帮助用户在查看模型时导向。用户也可用其更改视图方向。

参考三重轴默认情况下在图形区的左下角。可在菜单栏中执行【工具】/【选项】命令，在弹出的【系统选项 - 普通】对话框中选择【显示】项目，然后勾选或取消勾选【显示参考三重轴】复选框，即可打开或关闭参考三重轴的显示。

表 2-5 中列出了参考三重轴的操作方法。

表 2-5　参考三重轴的操作方法

操作	操作结果	图解
选择一个轴	查看相对于屏幕的正视图	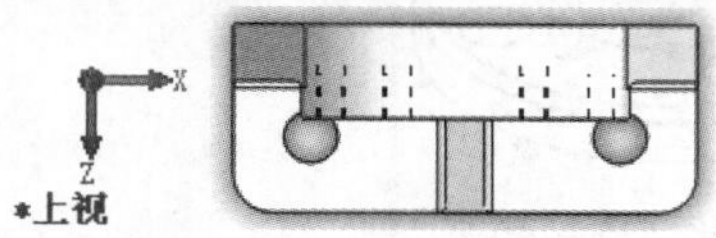 X Z *上视
选择垂直于屏幕的轴	将视图方向旋转 90°	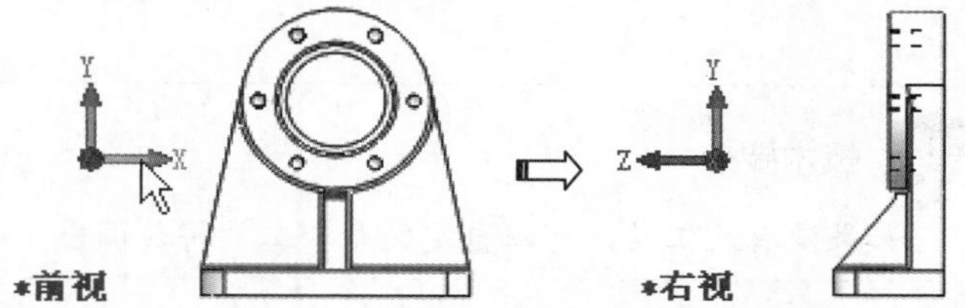 Y X *前视 Y Z *右视
按 Shift 键 + 选择轴	绕该轴旋转 90°	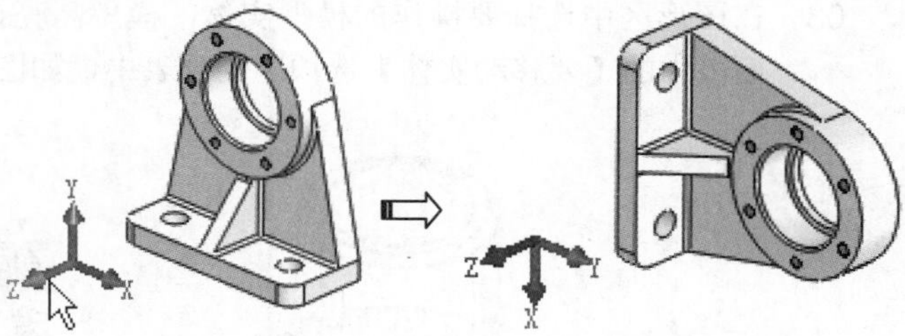 Y Z X Z Y X
按 Shift+Ctrl 键 + 选择轴	反方向绕该轴旋转 90°	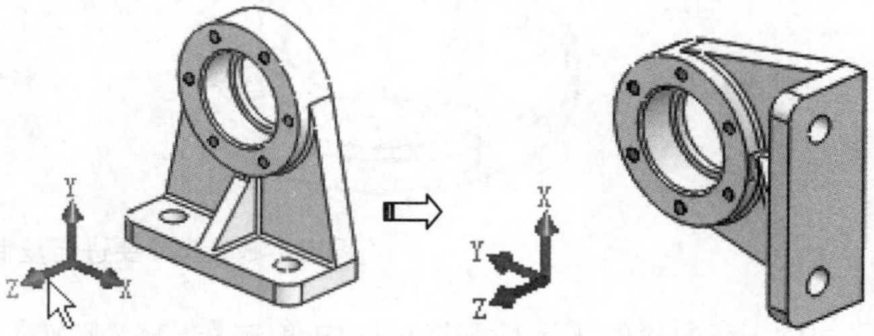 Y Z X X Y Z

上机操作——使用三重轴复制特征

三重轴主要用于 3D 模型的控制和属性的修改。在本例中，将通过对三重轴的操作来移动、旋转模型。练习模型如图 2-46 所示。

01　打开本例素材文件“2-3.prt”。

02　在【特征】选项卡中单击【移动 / 复制实体】按钮，属性管理器中显示【移动 / 复制实体】

面板，如图 2-47 所示。

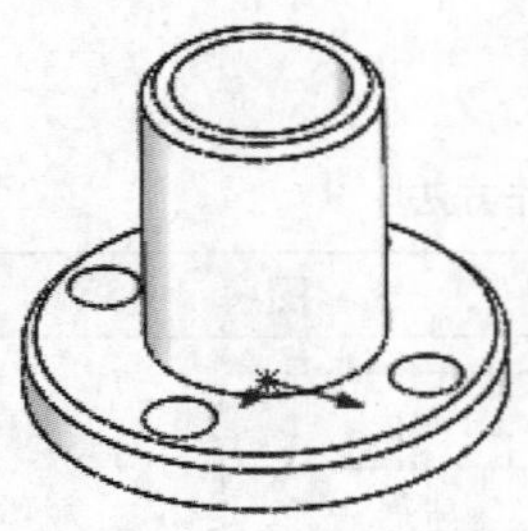

图 2-46 练习模型

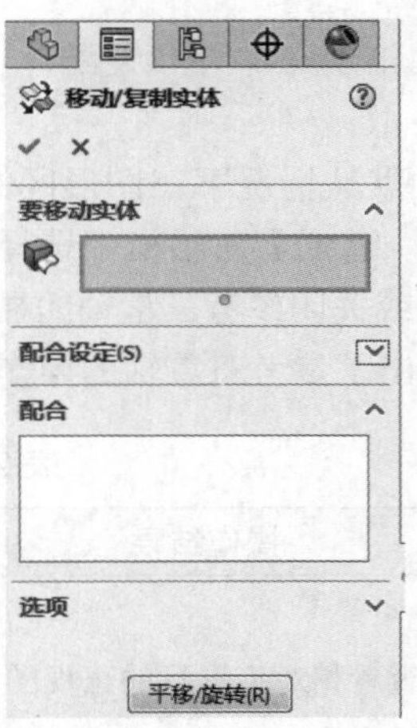

图 2-47 【移动 / 复制实体】面板

技术要点

如果没有此工具，可以自定义命令工具将其调出。

03 在图形区中选择要操作的模型实体，模型高亮显示，系统自动将选择的模型实体添加至面板中的【要移动实体】选项区的列表中，如图 2-48 所示。

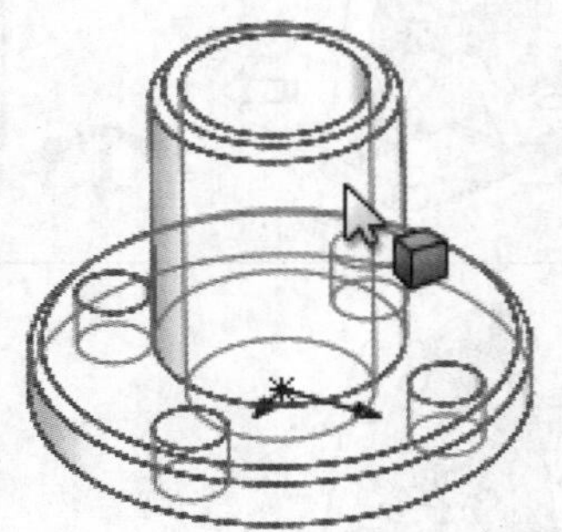

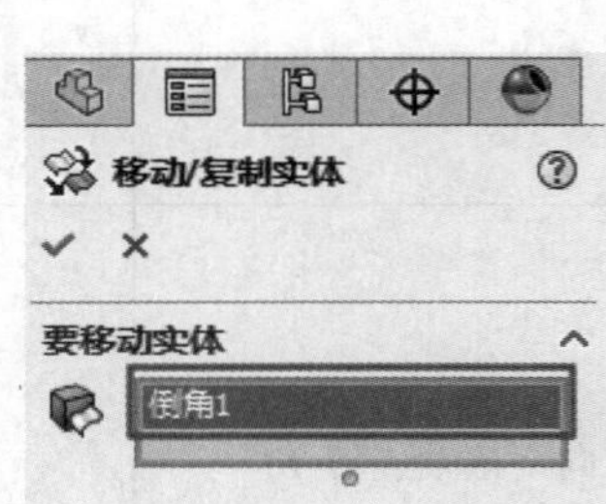

图 2-48 选择要进行复制的实体

04 在面板的【选项】选项区中单击【平移 / 旋转】按钮，图形区中显示三重轴。且三重轴重合于所选实体的质量中心，如图 2-49 所示。

技术要点

可以将三重轴的中心球拖动到图形区的任意位置。这样，对模型进行旋转或平移操作后，将根据拖动后的位置作为模型新位置，如图 2-50 所示。若按 Alt 键 + 拖动中心球，只能自由地拖动三重轴，而模型却不跟随移动。

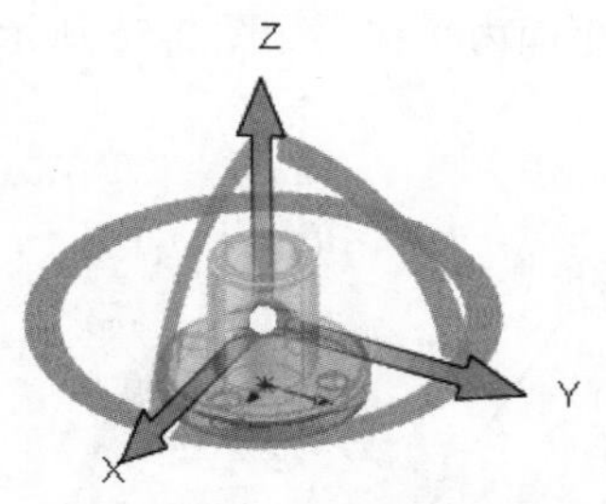

图 2-49　显示三重轴

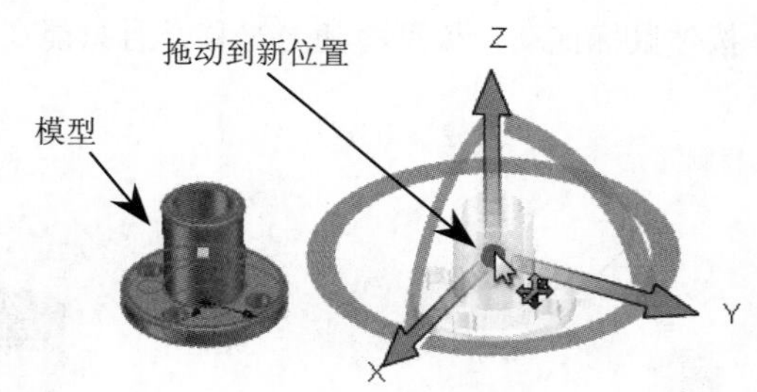

图 2-50　拖动三重轴的中心球

05　选中三重轴 *Y* 方向的环，其余两环将灰显，如图 2-51 所示。

06　选中环并按住鼠标不放，拖动指针绕坐标系的 *X* 轴旋转一定角度，如图 2-52 所示。

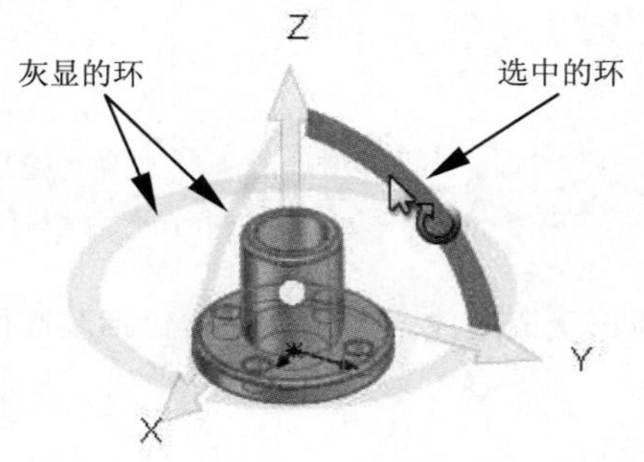

图 2-51　选中要旋转的环

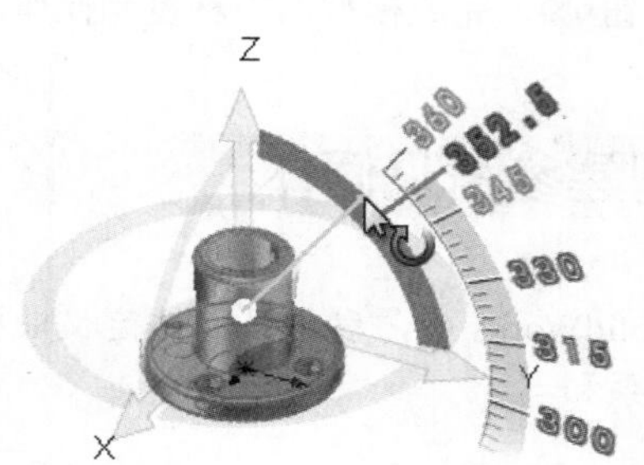

图 2-52　拖动指针旋转环

07　旋转环后放开鼠标，再次选中环则显示其余环。

08　选中坐标系 *Y* 轴方向的轴（三重轴的轴），然后按住鼠标拖动指针至一定距离，如图 2-53 所示。

09　松开鼠标后，再单击该轴将显示平移后的预览，如图 2-54 所示。

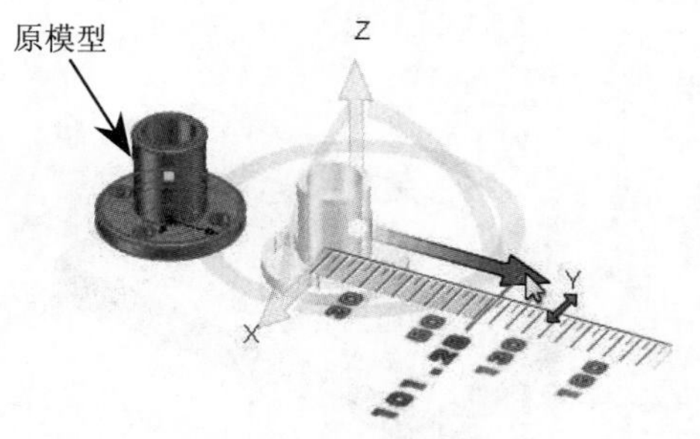

图 2-53　拖动指针平移模型

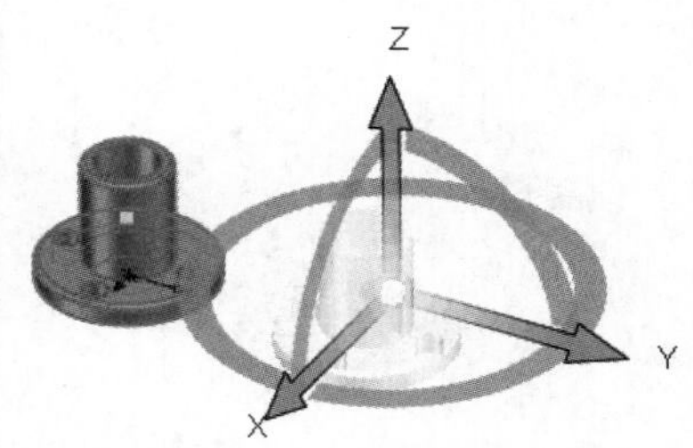

图 2-54　显示平移的预览

技术要点

选择一个三重轴的轴后，用户将只能在该轴上进行正反方向平移。

10　选择三重轴的侧翼（与 *XY* 基准平面重合的侧翼），其他侧翼及轴与环都将灰显，如图 2-55 所示。

11　按住鼠标拖动，模型将随之平移，且只能在 *XY* 基准平面内平移，如图 2-56 所示。

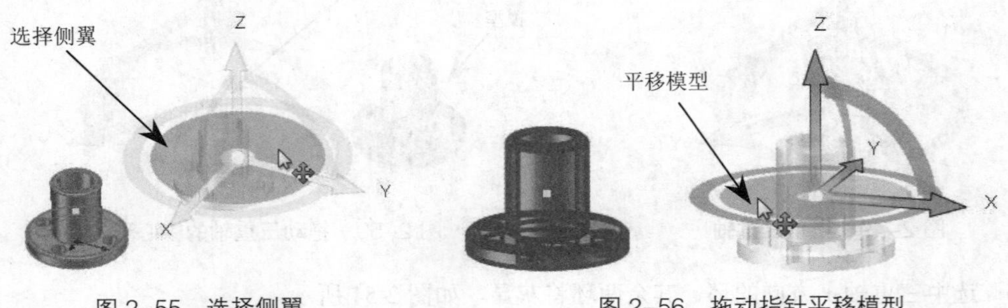

图 2–55　选择侧翼　　　图 2–56　拖动指针平移模型

12　放开鼠标并单击侧翼，显示平移后的预览。最后勾选【复制】复选框，单击【确定】按钮✔，完成模型的平移复制操作。

2.5 创建参考几何体

在 SolidWorks 中，参考几何体定义曲面或实体的形状或组成。参考几何体包括基准面、基准轴、坐标系和点。

2.5.1　基准面

基准面是用于草绘曲线、创建特征的参照平面。SolidWorks 向用户提供了 3 个默认基准面——前视基准面、右视基准面和上视基准面，如图 2-57 所示。

除了使用 SolidWorks 系统提供的 3 个基准面来绘制草图外，还可以在零件或装配体文档中生成基准面，图 2-58 所示为以零件表面为参考来创建的新基准面。

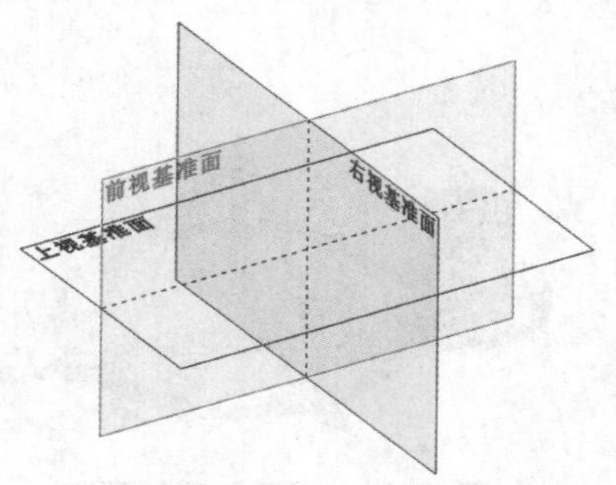

图 2–57　SolidWorks 的 3 个基准面

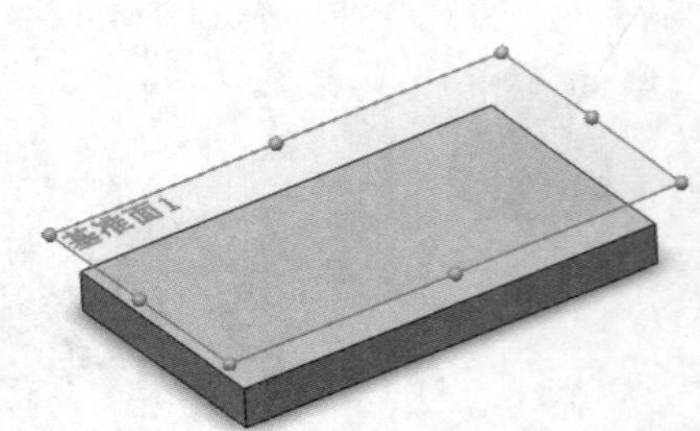

图 2–58　以零件表面为参考创建的基准面

技术要点

一般情况下，系统默认提供的 3 个基准面呈隐藏状态，要想显示基准面，在特征设计树中右键选中基准面并在弹出的右键快捷菜单中单击【显示】按钮即可，如图 2-59 所示。

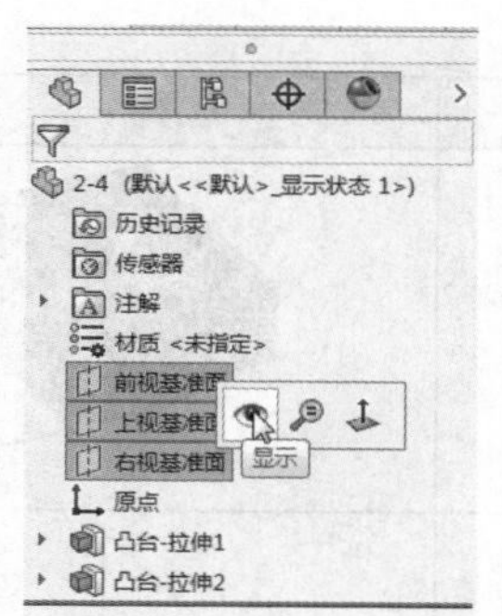

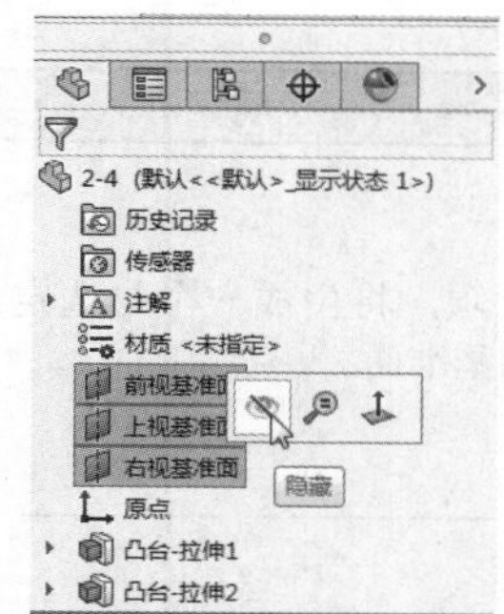

图 2–59　显示或隐藏基准面

在【特征】选项卡的【参考几何体】下拉菜单中选择【基准面】命令 基准面，在设计树的属性管理器中显示【基准面】属性面板，如图 2-60 所示。

当选择的参考为平面时，【第一参考】选项区将显示图 2-61 所示的约束选项。当选择的参考为实体圆弧表面时，【第一参考】选项区将显示图 2-62 所示的约束选项。

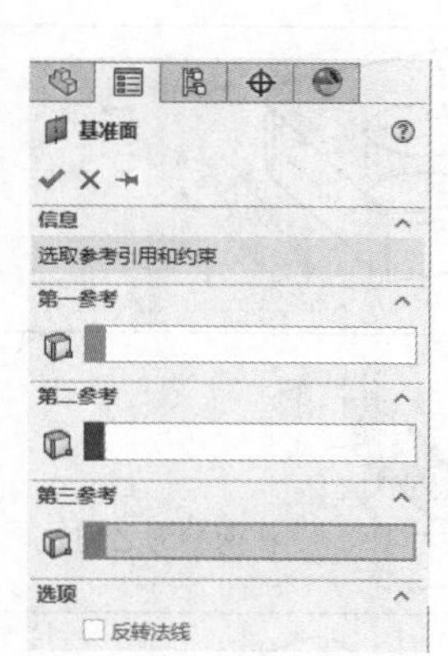

图 2–60 【基准面】面板

图 2–61　平面参考的约束选项

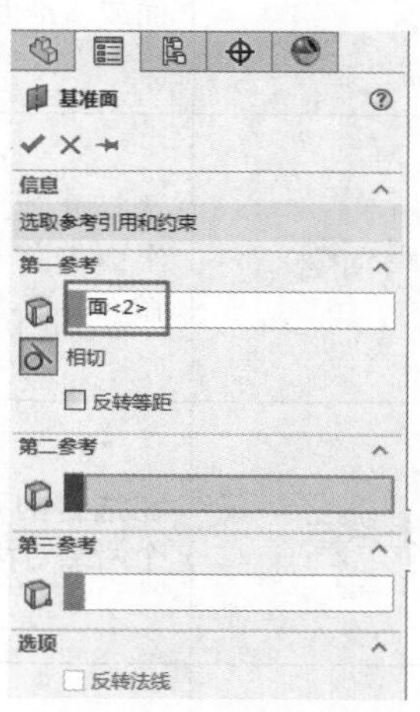

图 2–62　圆弧参考的约束选项

【第一参考】选项区中各约束选项的含义如表 2-6 所示。

表 2-6　基准面约束选项的含义

图标	说明	图解
第一参考	在图形区中为创建基准面来选择平面参考	第一参考
平行	选择此项，将生成一个与选定参考平面平行的基准面	与参考平行

续表

图标	说明	图解
垂直	选择此项，将生成一个与选定参考垂直的基准面	与参考垂直
重合	选择此项，将生成一个穿过选定参考的基准面	与参考重合
两面夹角	选择此项，将生成一个通过一条边线、轴线或草图线，并与一个圆柱面或基准面成一定角度的基准面	通过此边
偏移距离	选择此项，将生成一个从选定参考平面偏移一定距离的基准面。通过输入面数，来生成多个基准面	
两侧对称	在选定的两个参考平面之间生成一个两侧对称的基准面	在两参考之间
相切	选择此项，将生成一个与所选圆弧面相切的基准面	与圆弧相切

注：在【基准面】属性面板中勾选【反转等距】选项，可在相反的位置生成基准面。

技术要点

【第二参考】选项区与【第三参考】选项区包含了与【第一参考】选项区中相同的选项，具体情况取决于用户的选择和模型几何体。根据需要设置这两个参考来生成所需的基准面。

上机操作——创建基准面

01 打开本例素材文件“2-4.sldprt”。

02　在【特征】选项卡的【参考几何体】下拉菜单中选择【基准面】命令，属性管理器中显示【基准面】面板，如图 2-63 所示。

03　在图形区中选择图 2-64 所示的模型表面作为第一参考。随后面板中显示平面约束选项，如图 2-65 所示。

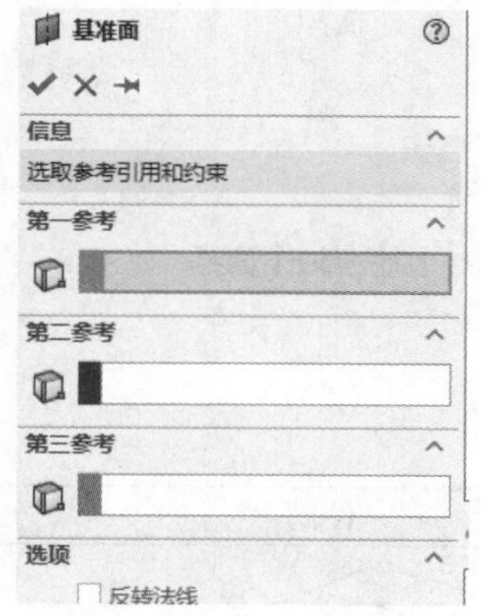

图 2–63 【基准面】面板

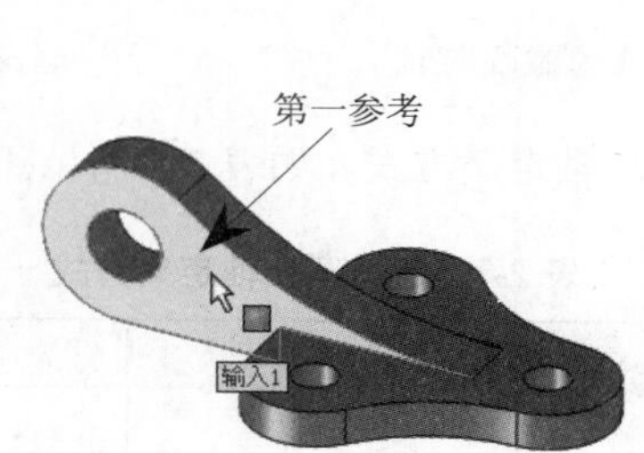

图 2–64　选择第一参考

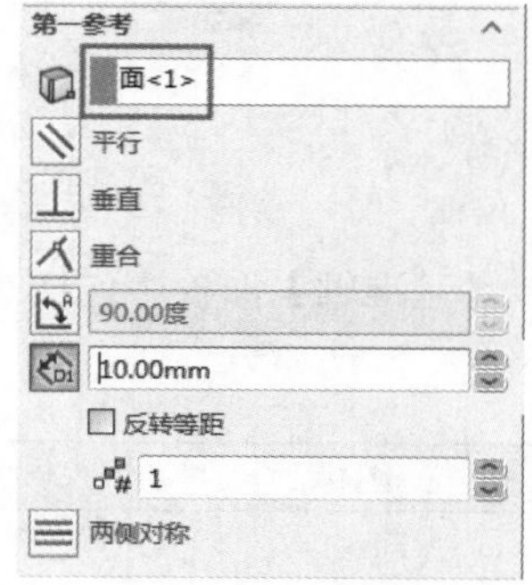

图 2–65　显示平面约束选项

04　选择参考后，图形区中自动显示基准面的预览，如图 2-66 所示。

05　在【第一参考】选项区的【偏移距离】文本框中输入值 50，然后单击【确定】按钮✔，完成新基准面的创建，如图 2-67 所示。

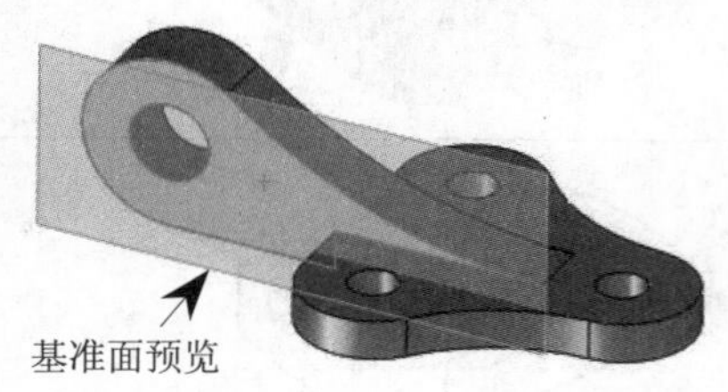

图 2–66　显示基准面预览

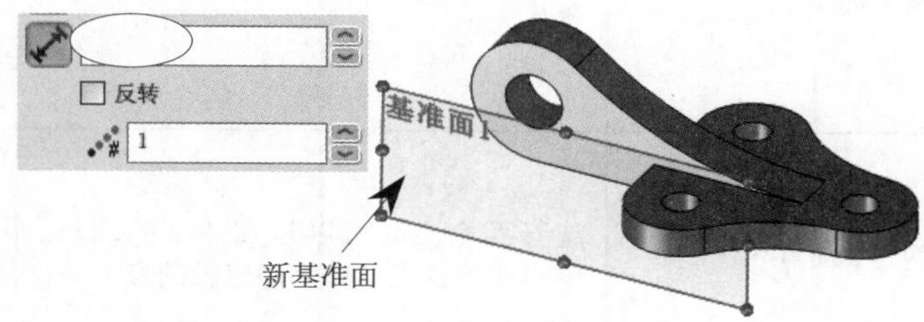

图 2–67　输入偏移距离并完成基准面的创建

技术要点

当输入偏移距离值后，可以按 Enter 键查看基准面的生成预览。

2.5.2　基准轴

通常在创建几何体或创建阵列特征时会使用基准轴。当用户创建旋转特征或孔特征后，系统会自动在其中心显示临时轴，如图 2-68 所示。在菜单栏中执行【视图】/【临时轴】命令，或者在前导视图工具栏的【隐藏类型】下拉菜单中单击【观阅临时轴】按钮，可以即时显示或隐藏临时轴。

用户还可以创建参考轴（也称构造轴）。在【特征】选项卡的【参考几何体】下拉菜单中选择【基准轴】命令，在属性管理器中显示【基准轴】面板，如图 2-69 所示。

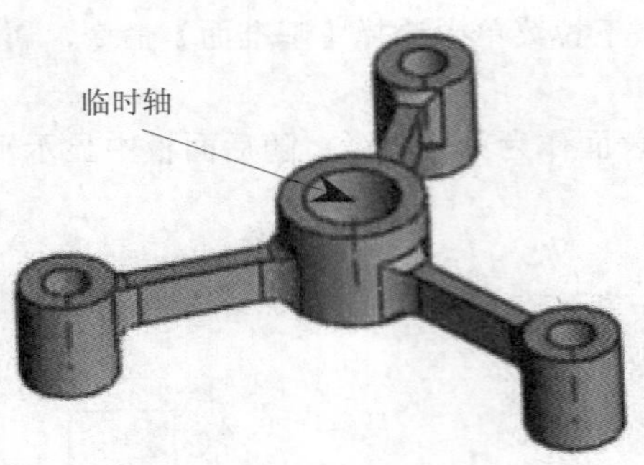

图 2-68　显示或隐藏临时轴

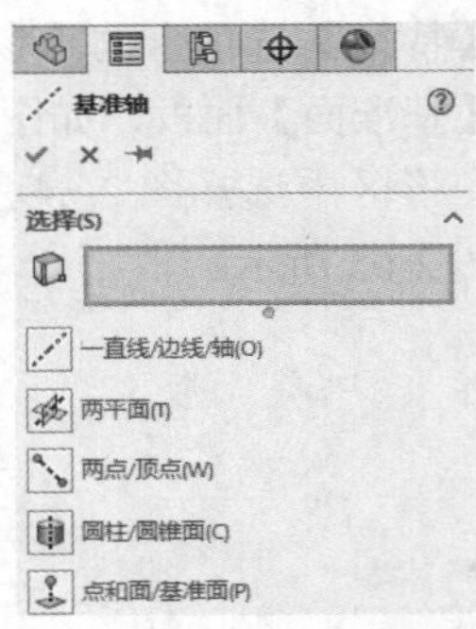

图 2-69 【基准轴】面板

【基准轴】面板中包括 5 种基准轴定义方式，如表 2-7 所示。

表 2-7　5 种基准轴定义方式

图标	说明	图解
一直线 / 边线 / 轴	选择草图直线、边线，或选择视图、临时轴来创建基准轴	边线
两平面	选择两个参考平面，两平面的相交线将作为轴	面1　轴　面2
两点 / 顶点	选择两个点（可以是实体上的顶点、中点或任意点）作为确定轴的参考	点2　点1　轴
圆柱 / 圆锥面	选择圆柱或圆锥面，则将该面的圆心线（或旋转中心线）作为轴	轴　圆柱面
点和面 / 基准面	选择曲面或基准面及顶点或中点。所产生的轴通过所选顶点、点或中点而垂直于所选曲面或基准面。如果曲面为非平面，点必须位于曲面上	平面　轴　点

技术要点

在【基准轴】面板的【参考实体】激活框中，若用户选择的参考对象错误需要重新选择，可执行右键菜单中的【删除】命令将其删除，如图 2-70 所示。

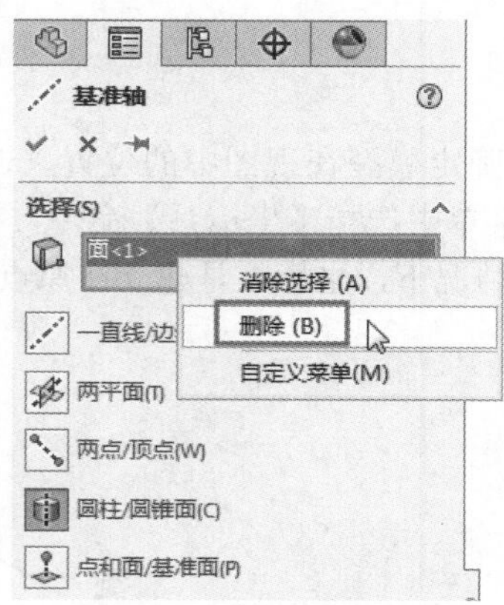

图 2-70　删除参考对象

上机操作——创建基准轴

01　在【特征】选项卡的【参考几何体】下拉菜单中选择【基准轴】命令，属性管理器中显示【基准轴】面板。接着在【选择】选项区中单击【圆柱 / 圆锥面】按钮，如图 2-71 所示。

02　在图形区中选择图 2-72 所示的圆柱孔表面作为参考实体。

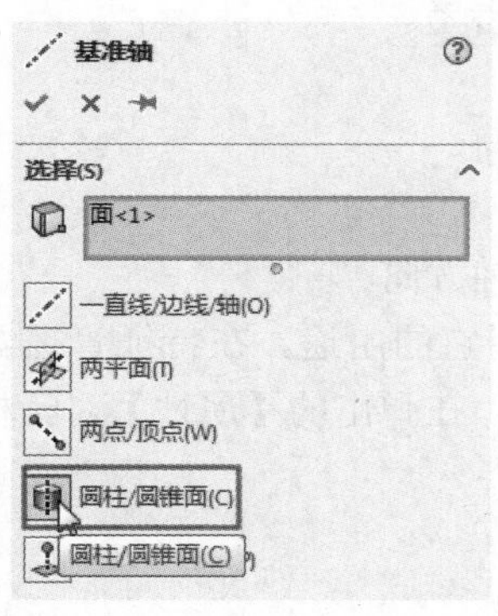

图 2-71 【基准轴】面板

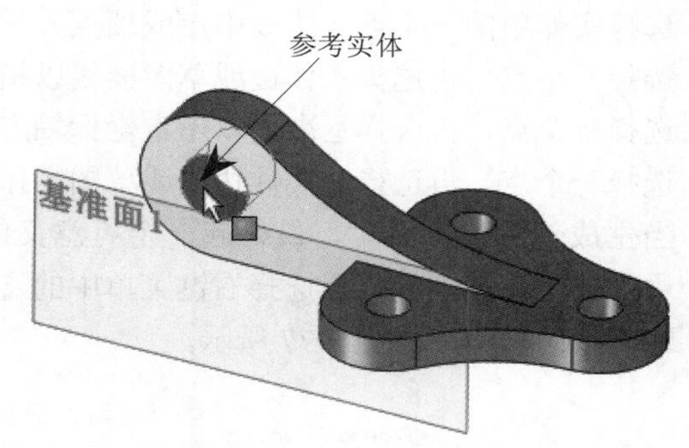

图 2-72　选择参考实体

03　随后模型圆柱孔中心显示基准轴预览，如图 2-73 所示。

04　单击【基准轴】面板中的【确定】按钮，完成基准轴的创建，如图 2-74 所示。

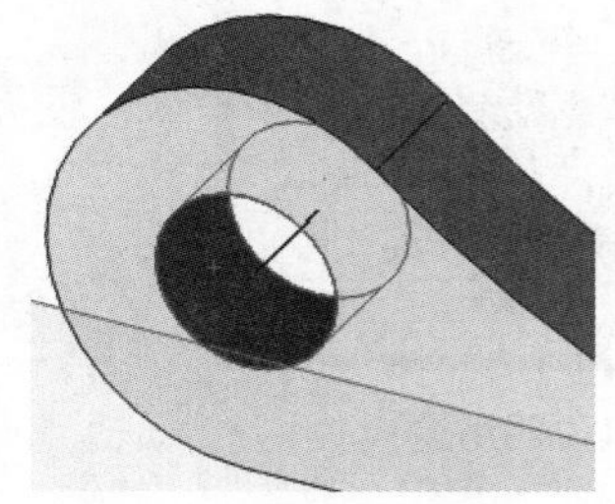

图 2-73　显示基准轴预览

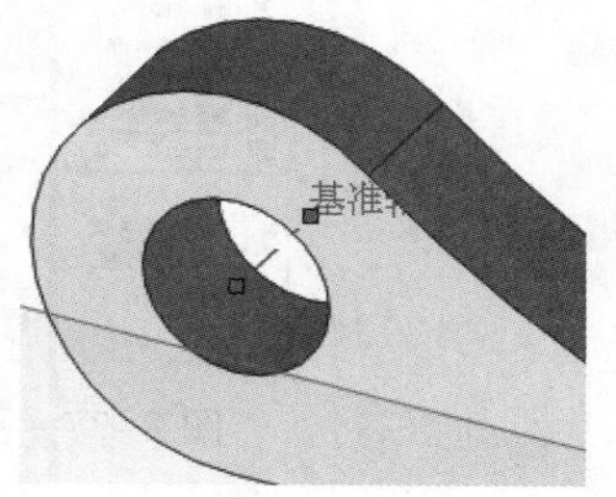

图 2-74　创建基准轴

2.5.3 坐标系

在 SolidWorks 中，坐标系用于确定模型在视图中的位置，以及定义实体的坐标参数。在【特征】选项卡的【参考几何体】下拉菜单中选择【坐标系】命令，在设计树的属性管理器中显示【坐标系】面板，如图 2-75 所示。默认情况下，坐标系是建立在原点的，如图 2-76 所示。

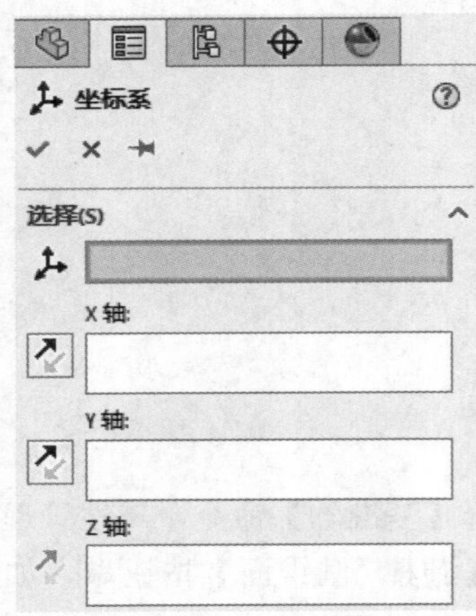

图 2–75 【坐标系】面板

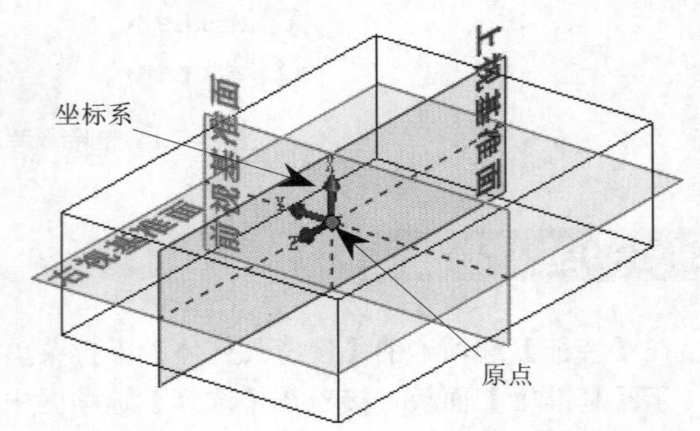

图 2–76 在原点处默认建立的坐标系

若用户要定义零件或装配体的坐标系，可以按以下方法选择参考。

- 选择实体中的一个点（边线中点或顶点）。
- 选择一个点，再选择实体边或草图曲线以指定坐标轴方向。
- 选择一个点，再选择基准面以指定坐标轴方向。
- 选择一个点，再选择非线性边线或草图实体以指定坐标轴方向。
- 当生成新的坐标系时，最好起一个有意义的名称以说明它的用途。在特征管理器设计树中，在坐标系图标位置选择右键菜单中的【属性】命令，在弹出的【属性】对话框中可以输入新的名称，如图 2-77 所示。

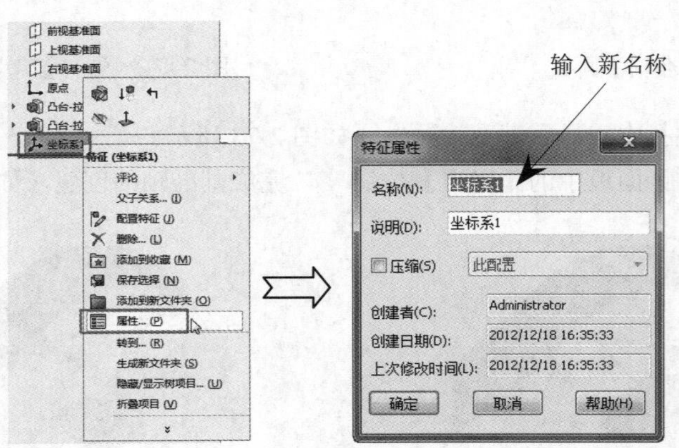

图 2–77 更改坐标系名称以说明用途

2.5.4 创建点

SolidWorks 参考点可以用作构造对象，如用作直线起点、标注参考位置、测量参考位置等。

用户可以通过多种方法来创建点。在【特征】选项卡的【参考几何体】下拉菜单中选择【点】命令，在设计树的属性管理器中将显示【点】面板，如图 2-78 所示。

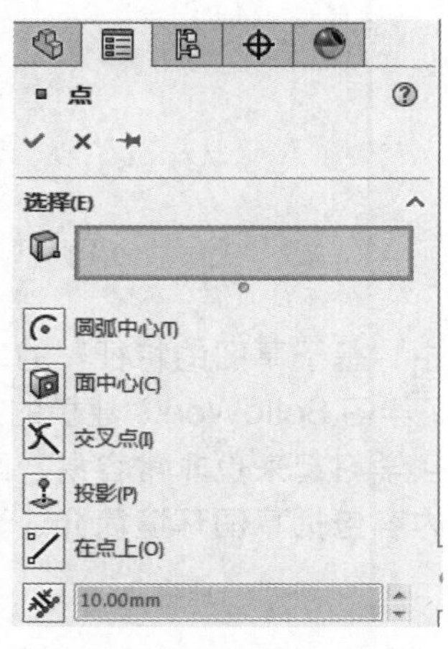

图 2-78 【点】面板

Chapter 3

第 3 章

二维草图绘制

草图是三维建模中"基于草图的特征"的二维截面轮廓，学好草图的绘制，就迈出了学习 SolidWorks 建模的第二步。SolidWorks 草图功能十分强大，且学习起来也非常容易，配合键鼠绘制操作也方便。本章要学习的内容包括草图环境简介、草图绘制工具、草图编辑工具等。

知识要点

- SolidWorks 2018 草图概述
- 草图绘制工具
- 草图编辑工具

3.1 SolidWorks 2018 草图概述

草图是由直线、圆弧等基本几何元素构成的几何实体，它构成了特征的截面轮廓或路径，并由此生成特征。

草图绘制工具是三维建模软件为用户提供的一种十分方便的绘图工具。用户可以首先按照自己的设计意图，迅速勾画出零件的粗略二维轮廓，然后使用草图环境中的尺寸约束工具和几何约束工具精确确定二维轮廓曲线的尺寸、形状和相互位置，图 3-1 所示为 SolidWorks 的二维草图与三维模型。

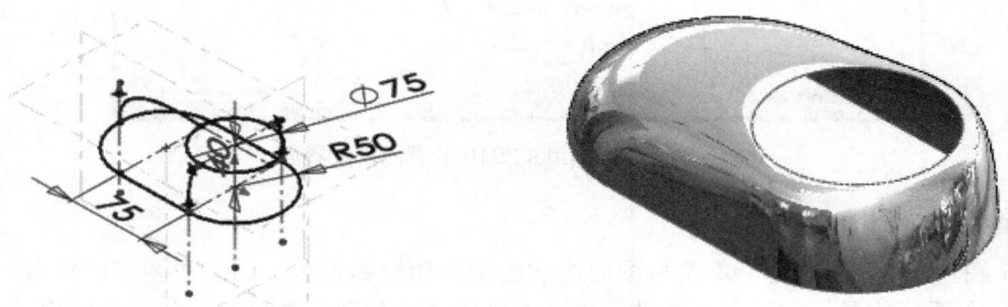

图 3–1　SolidWorks 草图与模型

SolidWorks 的草图表现形式有两种——二维草图和三维草图，如图 3-2 所示。

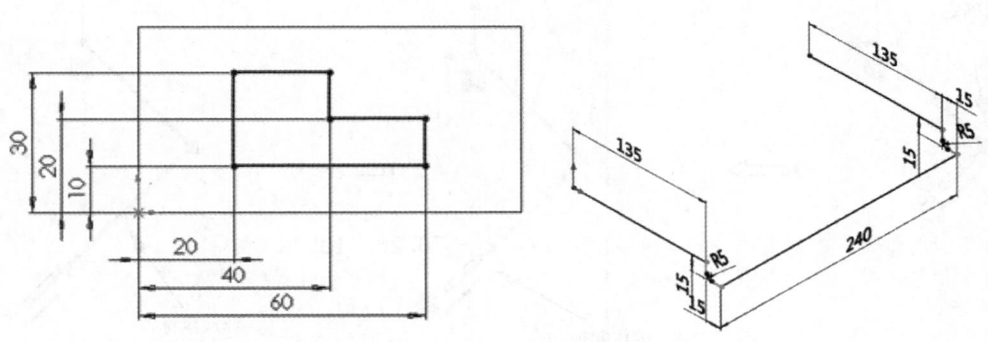

图 3–2　二维草图和三维草图

3.1.1 SolidWorks 2018 的草图环境界面

SolidWorks 2018 向用户提供了直观、便捷的草图工作环境。在草图环境中，可以使用草图绘制工具绘制曲线，可以选择已绘制的曲线进行编辑，可以对草图几何体进行尺寸约束和几何约束，还可以修复草图等。SolidWorks 2018 的草图环境界面如图 3-3 所示。

3.1.2 草图绘制方法

在 SolidWorks 中绘制二维草图时通常有两种绘制方法：“单击 - 拖动”方法和“单击 - 单击”方法。

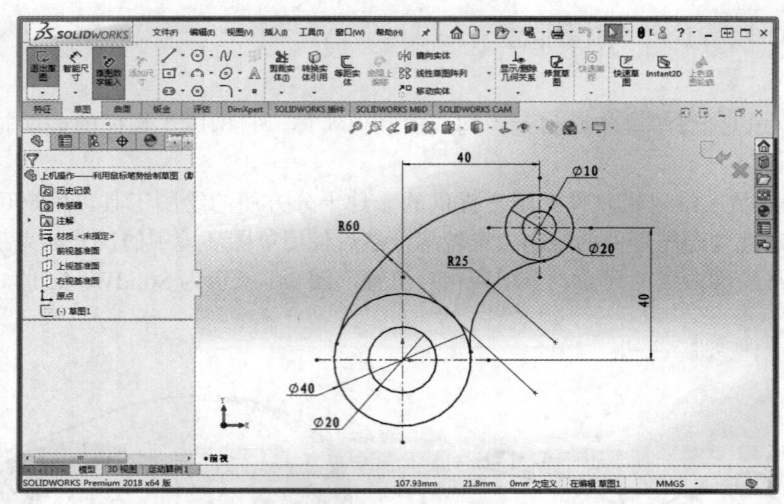

图 3-3　SolidWorks 2018 的草图环境界面

1. “单击 - 拖动”方法

“单击 - 拖动”方法适用于单条草图曲线的绘制，如绘制直线、圆。在图形区单击一位置作为起点后，在不释放鼠标的情况下拖动，直至在直线终点位置释放鼠标，就会绘制出一条直线，如图 3-4 所示。

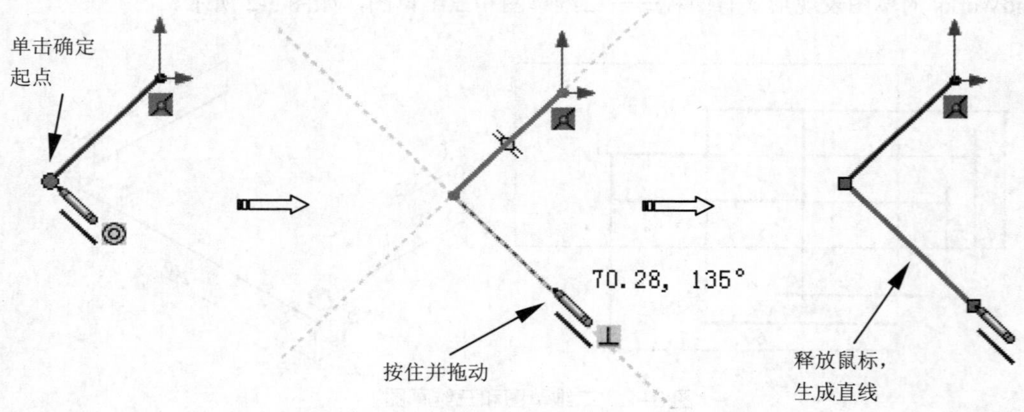

图 3-4　使用“单击 – 拖动”方法绘制直线

技术要点

使用“单击 - 拖动”方法绘制草图后，草图工具仍然处于激活状态，但不会连续绘制。绘制圆时可以采用任意绘制方法。

2. “单击 - 单击”方法

单击第一个点并释放鼠标，是应用了“单击 - 单击”的绘制方法。当绘制直线和圆弧并处于“单击 - 单击”模式下时，单击时会生成连续的线段（链）。

例如，绘制两条直线时，在图形区单击一位置作为直线 1 的起点，释放鼠标后在另一位置单击（此位置是第 1 条直线的终点，也是第 2 条直线的起点），完成直线 1 的绘制。然后在直线工具仍然激活状态下，再在其他位置单击鼠标（此位置为第 2 条直线的终点），以此绘制出第 2 条直线，如图 3-5 所示。

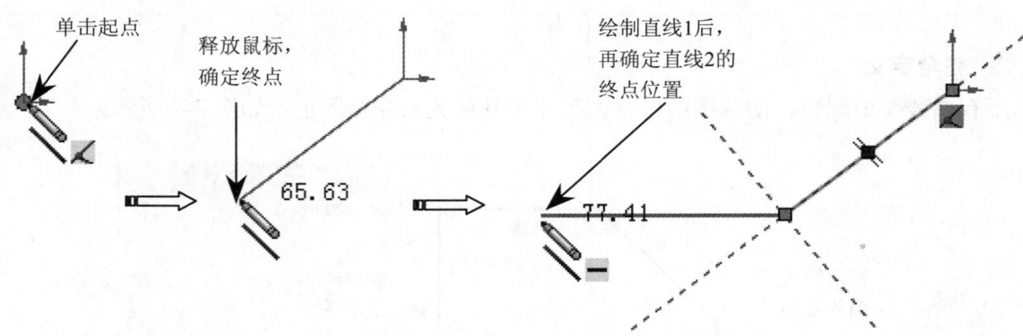

图 3–5　使用“单击 – 单击”方法绘制直线

同理，按此方法可以连续绘制出首尾相连的多条直线。要退出“单击 - 单击”模式，双击鼠标即可。

技术要点

当用户使用“单击 - 单击”方法绘制草图曲线，并在现有曲线的端点处结束直线或圆弧绘制时，该工具仍然处于激活状态，可继续绘制连续曲线。

3.1.3　草图约束信息

在进入草图模式绘制草图时，可能因操作错误而出现草图约束信息。默认情况下，草图的约束信息显示在属性管理器中，有的也会显示在状态栏中。在草绘过程中，用户可能会遇见以下几种草图欠约束的情况之一。

1. 欠定义

草图中有些尺寸未定义，欠定义的草图曲线呈蓝色，此时草图的形状会随着指针的拖动而改变，同时属性管理器的面板中显示欠定义符号，如图 3-6 所示。

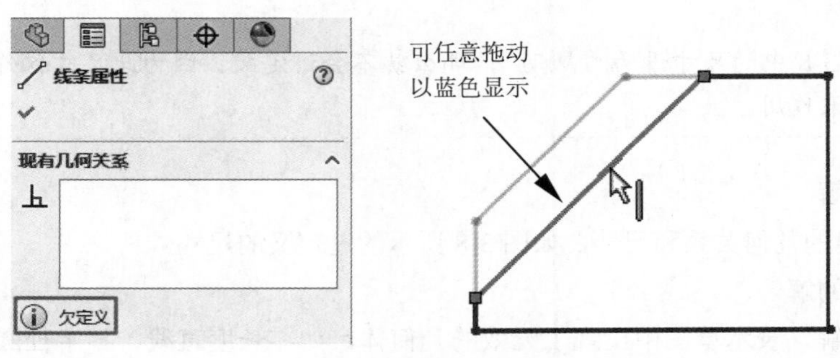

图 3–6　欠定义的草图

技术要点

解决“欠定义”情况的方法是——为草图添加尺寸约束和几何约束，使草图变为“完全定义”，但不要“过定义”。

2. 完全定义

所有曲线变成黑色，即草图的位置由尺寸和几何关系完全固定，如图 3-7 所示。

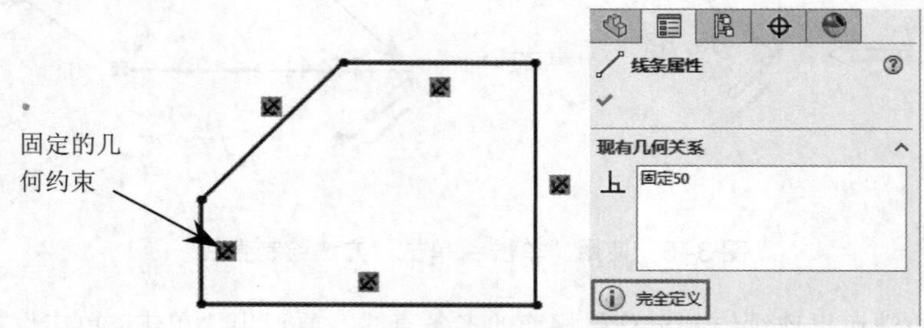

图 3–7　完全定义的草图

3. 过定义

如果对完全定义的草图再进行尺寸标注，系统会弹出【将尺寸设为从动？】对话框，选择【保留此尺寸为驱动】选项，此时的草图即是过定义的草图，约束信息在状态栏中显示，如图 3-8 所示。

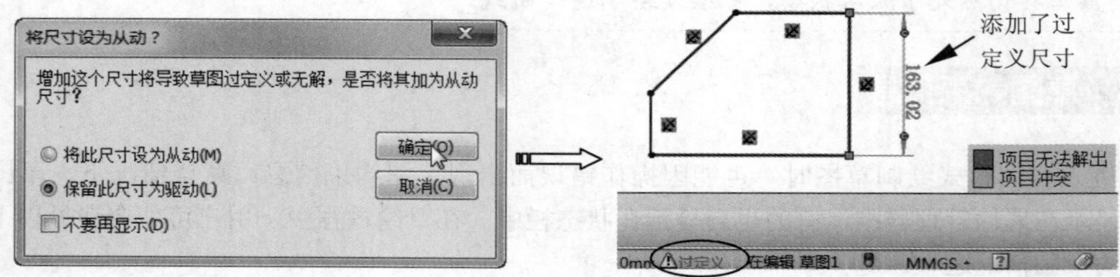

图 3–8　过定义的草图

技术要点

如果是将图 3-8 中的尺寸设为“从动”，那么就不会过定义。因为此尺寸仅作为参考使用，没有起到尺寸约束作用。

4. 没有找到解

草图无法解出的几何关系和尺寸，如图 3-8 所示的过定义的尺寸。

5. 发现无效的解

“发现无效的解”表示草图中出现了无效的几何体，如零长度直线、零半径圆弧或自相相交的样条曲线，图 3-9 所示为产生自相交的样条曲线。

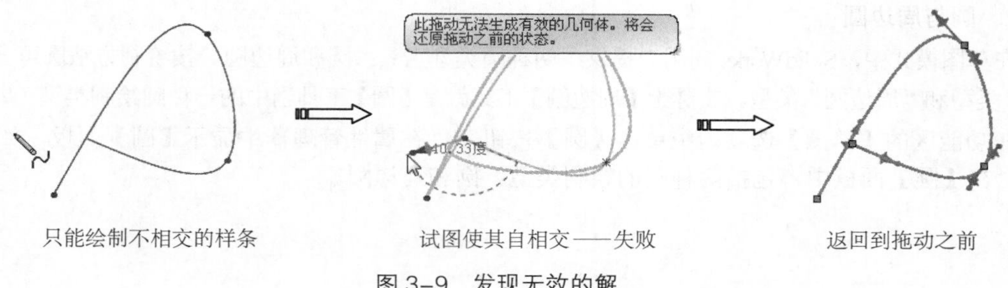

图 3-9　发现无效的解

SolidWorks 中不允许样条曲线自相交，在绘制样条时系统会自动控制用户不要产生自相交，当编辑拖动样条的端点意图使其自相交时，就会显示警告信息。

技术要点

在使用草图生成特征前，可以不完全标注或定义草图，但在零件完成之前，应该完全定义草图。

3.2 草图曲线绘制工具

SolidWorks 中的草图是生成特征的基础。完整的草图包括草图曲线、尺寸约束和几何约束。本节主要介绍草图曲线的绘制工具，如直线、矩形、圆、圆弧、样条曲线工具等。

1. 直线与中心线

在所有的图形实体中，直线与中心线是最基本的图形实体。这里的“直线”实则为有端点的直线段，使用【直线】工具和【中心线】工具绘制的草图如图 3-10 所示。

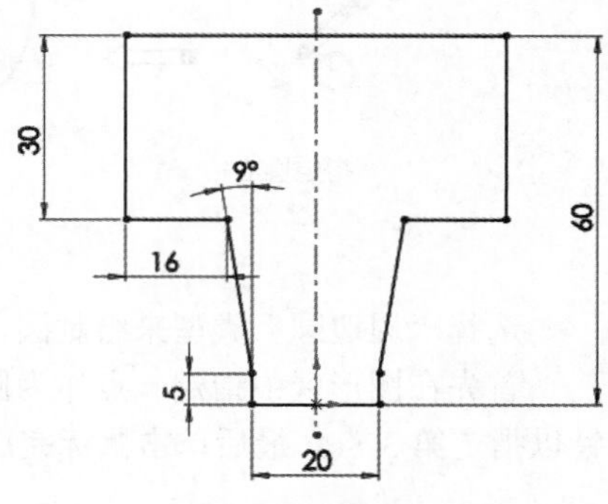

图 3-10　绘制的草图

默认情况下直线的绘制是连续进行的，如果要中止绘制，按 Esc 键即可。使用【直线】工具除了能绘制连续直线外，还能绘制出连续的相切弧。

例如，在绘制第一段直线后，且保持在连续绘制的状态下，拖动指针返回到第一段直线的终点位置（不单击），此时笔形指针右下角会显示◎符号，再拖动指针离开直线终点位置，即可绘制相切弧，如图 3-11 所示。

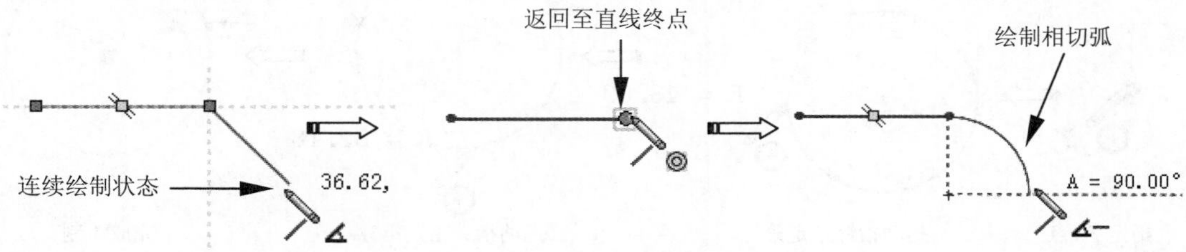

图 3-11　绘制相切弧

2. 圆与周边圆

在草图模式中，SolidWorks 向用户提供了两种圆类型工具：圆和周边圆。按绘制方法圆可分为“中心圆”类型和“周边圆”类型。实际上【周边圆】工具就是【圆】工具当中的一种圆绘制类型（周边圆）。

在功能区的【草图】选项卡中单击【圆】按钮，在属性管理器中显示【圆】面板，如图 3-12 所示。在【圆】面板中，包括两种圆的绘制类型：圆和周边圆。

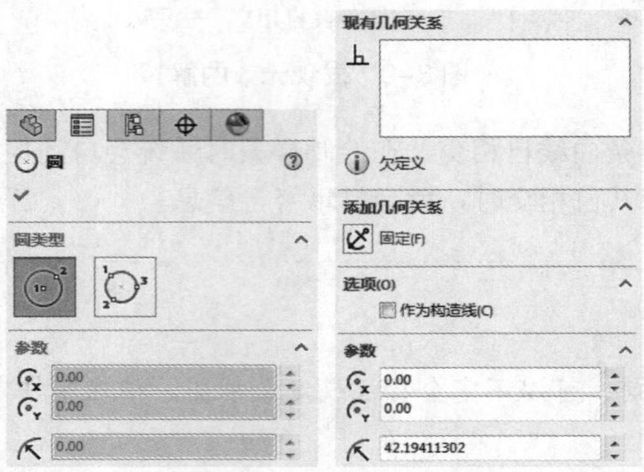

图 3-12 【圆】面板

选择“圆”类型来绘制圆，首先指定圆心位置，然后拖动指针来指定圆的半径，当选择一个位置定位圆上一点时，圆绘制完成，如图 3-13 所示。在【圆】面板没有关闭的情况下，用户可继续绘制圆。

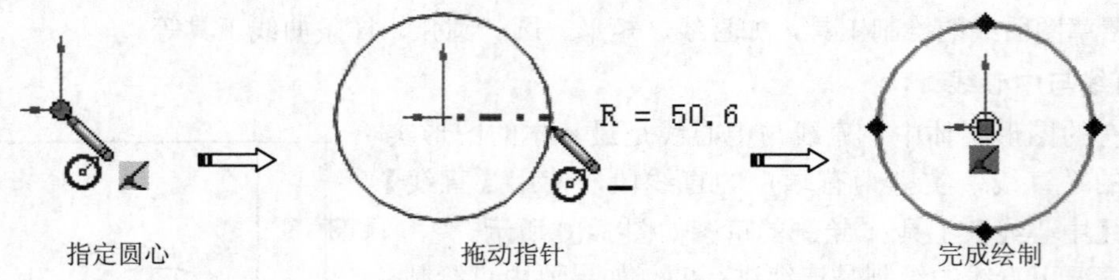

图 3-13 圆的绘制过程

选择“周边圆”类型来绘制圆，是通过设定圆上的 3 个点位置或坐标来绘制的。

首先在图形区中指定一点作为圆上第 1 点，拖动指针以指定圆上第 2 点，单击鼠标后再拖动指针以指定第 3 点，最后单击鼠标完成圆的绘制，其过程如图 3-14 所示。

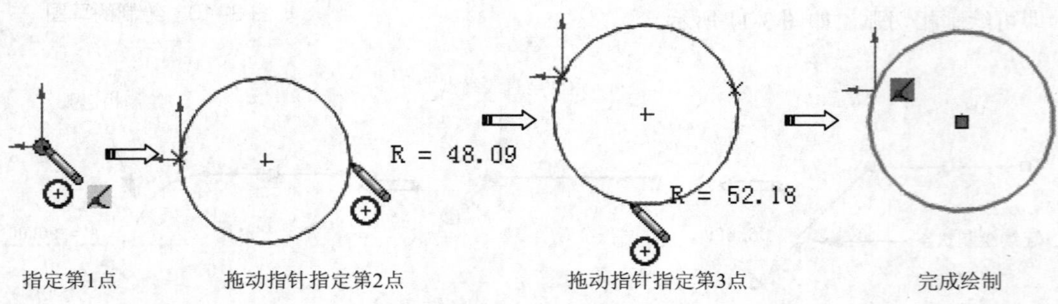

图 3-14 绘制周边圆的过程

3. 圆弧

圆弧为圆上的一段弧，SolidWorks 向用户提供了 3 种圆弧绘制方法：圆心 / 起 / 终点画弧、切线弧和 3 点圆弧。

在功能区的【草图】选项卡中单击【圆心 / 起 / 终点画弧】按钮，在属性管理器中显示【圆弧】面板，如图 3-15 所示。

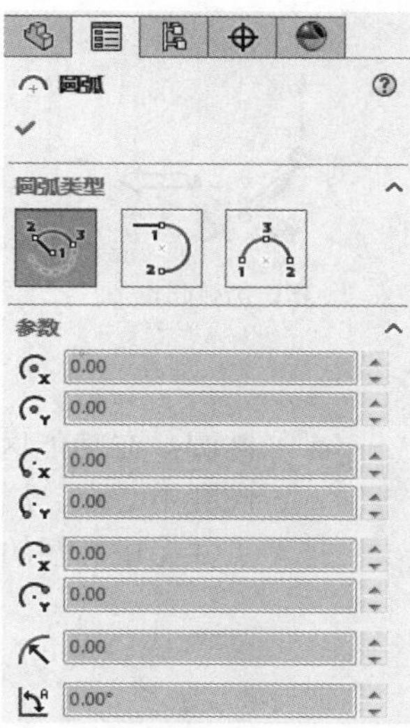

图 3–15 【圆弧】面板

在【圆弧】面板中，包括 3 种圆的绘制类型：圆心 / 起 / 终点画弧、切线弧和 3 点圆弧，分别介绍如下。

- 圆心 / 起 / 终点画弧：“圆心 / 起 / 终点画弧”类型是以圆心、起点和终点方式来绘制圆弧。如果圆弧不受几何关系的约束，用户可在【参数】选项区中指定圆弧的坐标及半径参数。选择“圆心 / 起 / 终点画弧”类型来绘制圆弧的过程，如图 3-16 所示。
- 切线弧：“切线弧”类型的选项与“圆心 / 起 / 终点画弧”类型的选项相同，切线弧是与直线、圆弧、椭圆或样条曲线相切的圆弧。绘制切线弧的过程如图 3-17 所示。

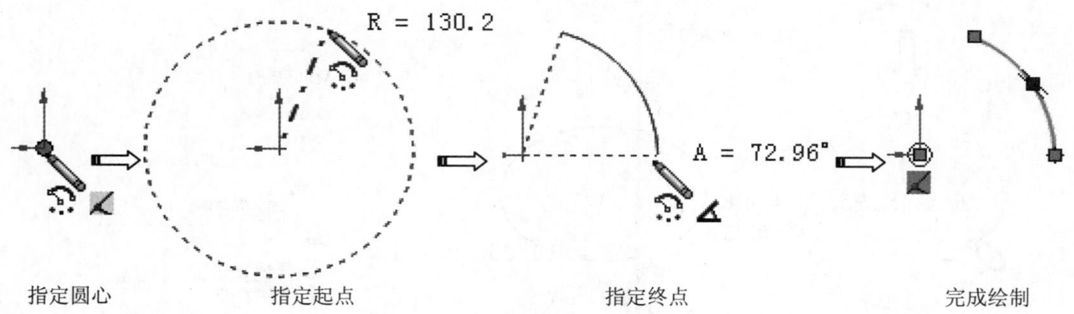

图 3–16　圆弧的绘制过程

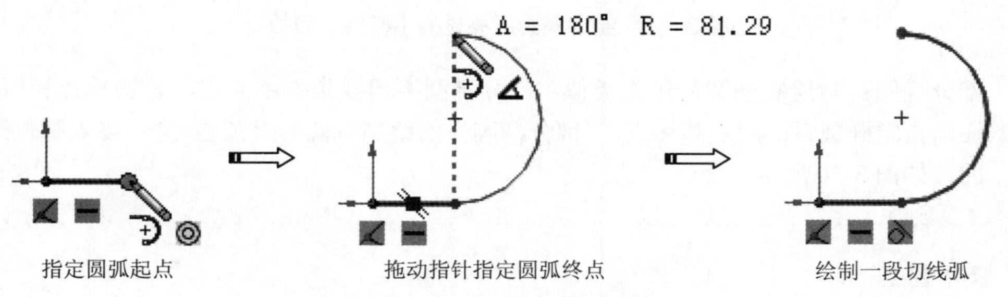

图 3–17　绘制一段切线弧的过程

- 3 点圆弧：“3 点圆弧”类型也具有与“圆心 / 起 / 终点画弧”类型相同的选项设置，“3 点圆弧”类型是以指定圆弧的起点、终点和中点的方式绘制圆弧。绘制 3 点圆弧的过程如图 3-18 所示。

4. 椭圆与部分椭圆

椭圆或椭圆弧是由两个轴和一个中心点定义的，椭圆的形状和位置由 3 个因素决定：中心点、长轴、短轴。椭圆轴决定了椭圆的方向，中心点决定了椭圆的位置。

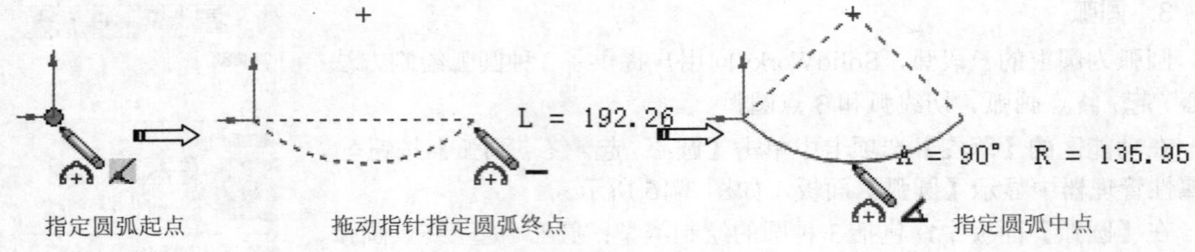

图 3-18 绘制 3 点圆弧的过程

- 椭圆：在功能区的【草图】选项卡中单击【椭圆】按钮，然后在图形区指定一点作为椭圆中心点，属性管理器中灰显【椭圆】面板，直至在图形区依次指定长轴端点和短轴端点并完成椭圆的绘制后，【椭圆】面板才亮显，如图 3-19 所示。

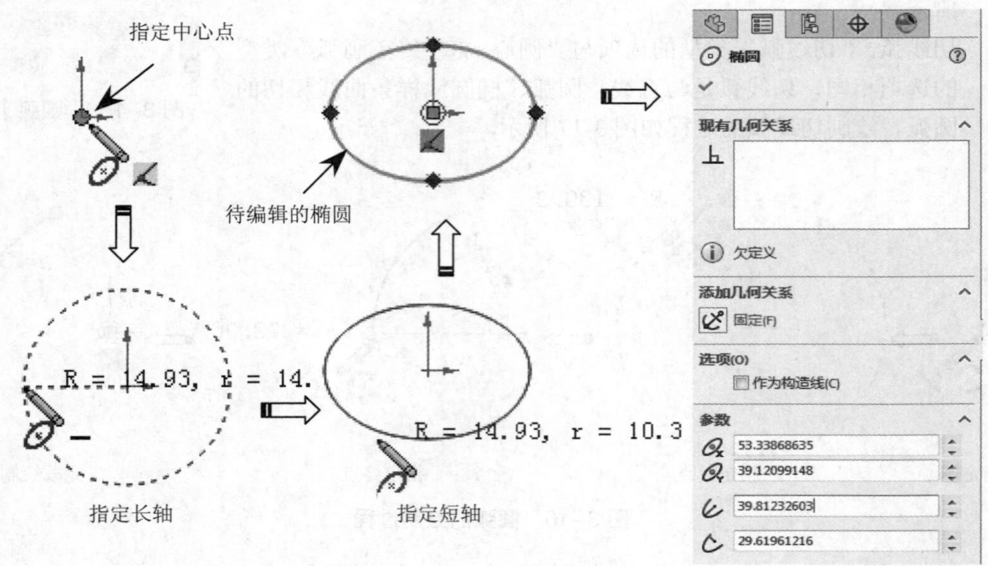

图 3-19 绘制椭圆后亮显的【椭圆】面板

- 部分椭圆：与绘制椭圆的过程类似，部分椭圆不但要指定中心点、长轴端点和短轴端点，还需指定椭圆弧的起点和终点。“部分椭圆”的绘制方法与“圆心 / 起 / 终点画弧”是相同的，如图 3-20 所示。

技术要点

在指定椭圆弧的起点和终点时，无论指针是否在椭圆轨迹上，都将产生弧的起点与终点。这是因为起点和终点是按中心点至指针的连线与椭圆相交而产生的，如图 3-21 所示。

5. 抛物线与圆锥双曲线

抛物线与圆、椭圆及双曲线在数学方程中同为二次曲线。二次曲线是由截面截取圆锥所形成的截线，二次曲线的形状由截面与圆锥的角度而定，同时在平行于上视基准面、右视基准面上由设定的点来定位。一般二次曲线（圆、椭圆、抛物线和双曲线）的截面示意图如图 3-22 所示。

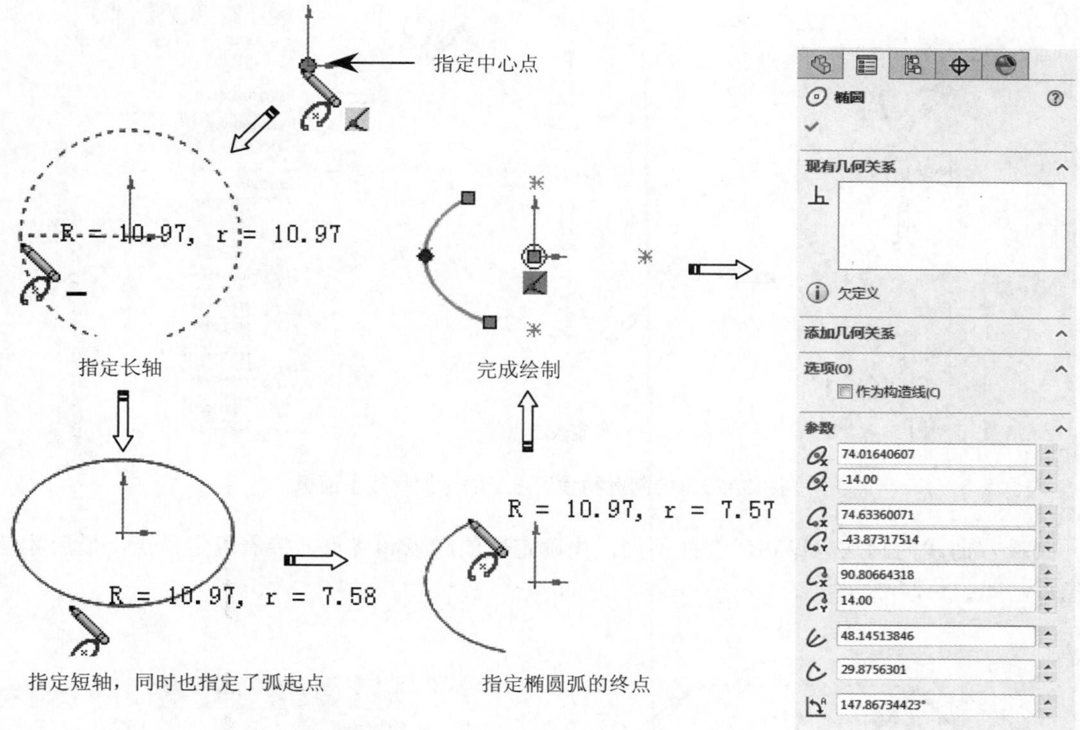

图 3-20　绘制部分椭圆后显示的【椭圆】面板

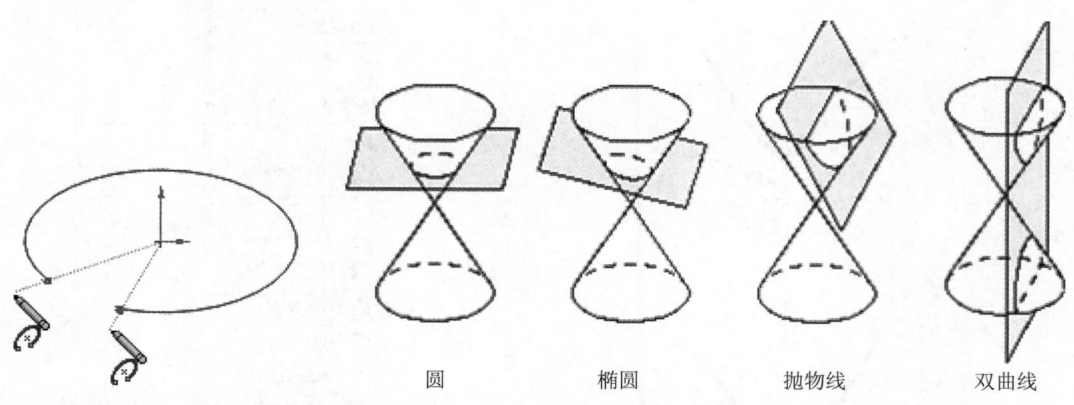

图 3-21　椭圆弧起点和终点的指定　　　　图 3-22　一般二次曲线的截面示意图

用户可通过以下命令执行方式来执行【抛物线】命令。

- 在功能区的【草图】选项卡中单击【抛物线】按钮。
- 在【草图】工具条上单击【抛物线】按钮。
- 在菜单栏中执行【工具】/【草图绘制实体】/【抛物线】命令。

当用户执行【抛物线】命令后，在图形区首先指定抛物线的焦点，接着拖动指针指定抛物线的顶点，指定顶点后将显示抛物线的轨迹，此时用户可根据轨迹来截取需要的抛物线段，截取的线段就是绘制完成的抛物线。完成抛物线的绘制后，在属性管理器中将显示【抛物线】面板，如图 3-23 所示。

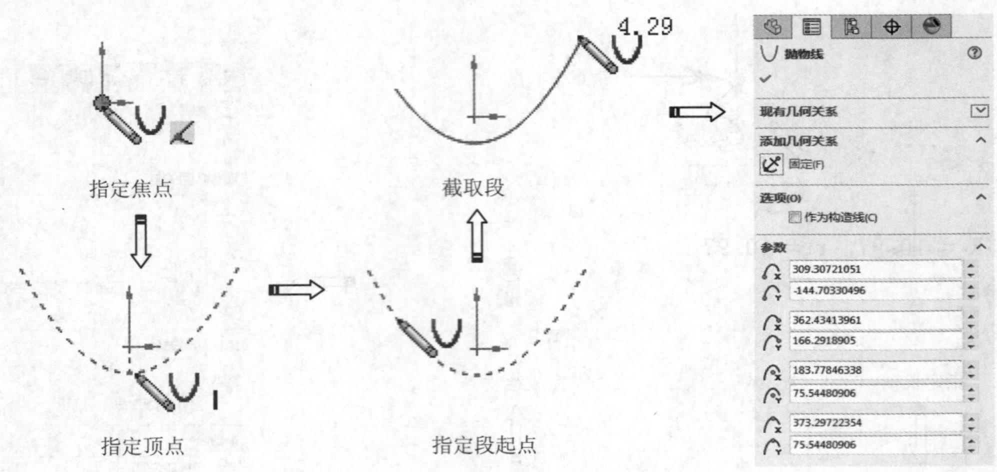

图 3-23　绘制抛物线后显示的【抛物线】面板

圆锥双曲线的画法与抛物线有些不同，先确定段的起点和终点，接着确定顶点，最后才是确定焦点，如图 3-24 所示。

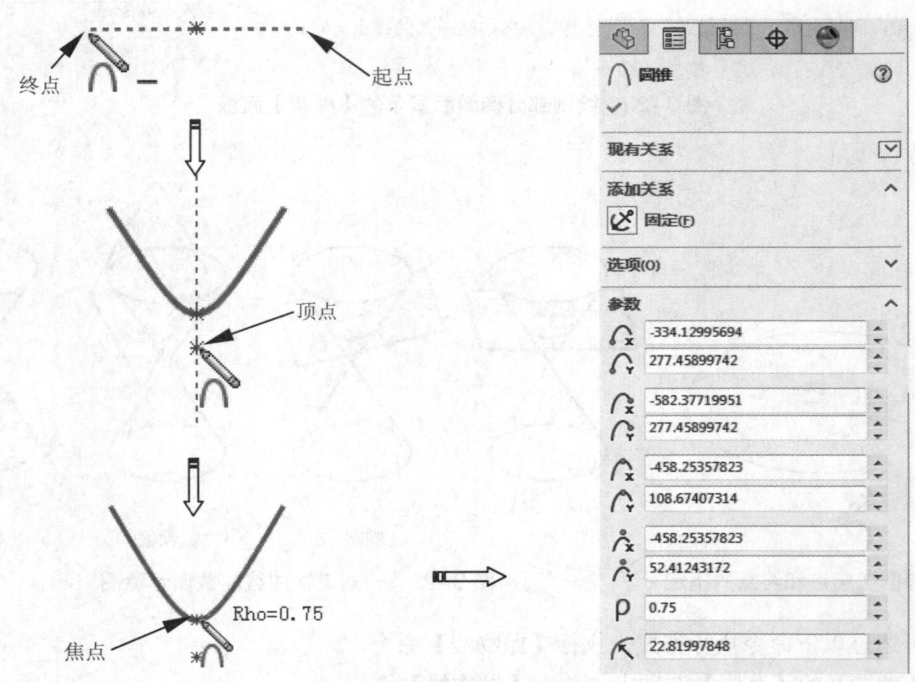

图 3-24　绘制圆锥双曲线

6. 矩形

SolidWorks 向用户提供了 5 种矩形绘制类型，包括边角矩形、中心矩形、3 点边角矩形、3 点中心矩形和平行四边形。

在功能区的【草图】选项卡中单击【边角矩形】按钮▭，在属性管理器中显示【边角矩形】面板，但该面板【参数】选项区灰显，当绘制矩形后面板才完全亮显，如图 3-25 所示。

通过该面板可以为绘制的矩形添加几何关系，【添加几何关系】选项区的选项如图 3-26 所示。还可以通过参数设置对矩形重新定义，【参数】选项区的选项如图 3-27 所示。

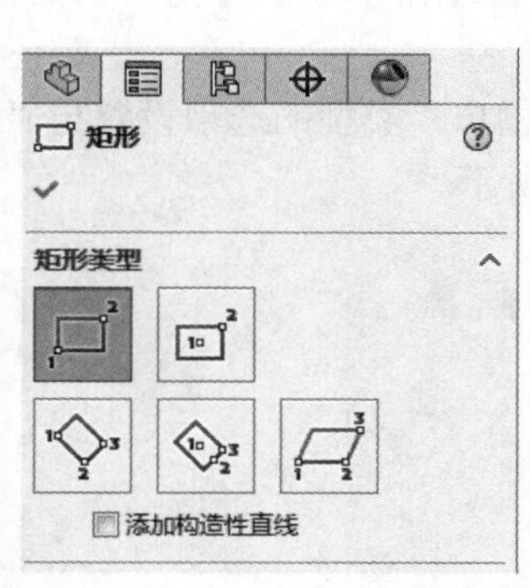

图 3–25 【边角矩形】面板

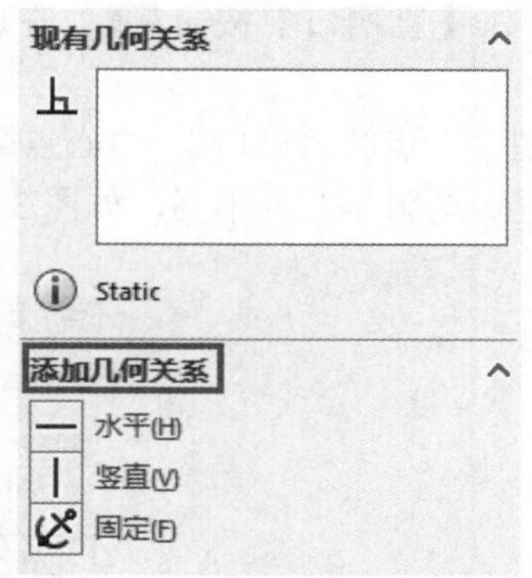

图 3–26 【添加几何关系】选项区

图 3–27 【参数】选项区

在【边角矩形】面板的【矩形类型】选项区包含 5 种矩形绘制类型，见表 3-1。

表 3-1　5 种矩形的绘制类型

类型	图解	说明
边角矩形		“边角矩形”类型是指定矩形对角点来绘制标准矩形。在图形区指定一位置以放置矩形的第一个角点，拖动指针在矩形的大小和形状都确定时单击以指定第二个角点，完成边角矩形的绘制
中心矩形		“中心矩形”类型是以指定中心点和一个角点的方法来绘制矩形。在图形区指定一位置以放置矩形中心点，拖动指针使矩形的大小和形状都确定时再单击以指定矩形的一个角点，完成边角矩形的绘制
3 点边角矩形		“3 点边角矩形”类型是以 3 个角点来确定矩形的方式。其绘制过程是，在图形区指定一位置作为第 1 角点，拖动指针指定第 2 角点，再拖动指针指定第 3 角点，3 个角点指定后立即生成矩形
3 点中心矩形		“3 点中心矩形”类型是以所选的角度绘制带有中心点的矩形。其绘制过程是，在图形区指定一位置作为中心点，拖动指针在矩形平分线上指定中点，然后再拖动指针以一定角度移动来指定矩形角点
平行四边形		“平行四边形”类型是以指定 3 个角度的方法来绘制 4 条边两两平行且不相互垂直的平行四边形。平行四边形的绘制过程是，首先在图形区指定一位置作为第 1 角点，拖动指针指定第 2 角点，然后再拖动指针以一定角度移动来指定第 3 角点，完成绘制

7. 槽口曲线

槽口曲线工具用来绘制机械零件中键槽特征的草图。SolidWorks 向用户提供了 4 种槽口曲线绘制类型，包括直槽口、中心点槽口、3 点圆弧槽口和中心点圆弧槽口等。

在功能区的【草图】选项卡中单击【直槽口】按钮，在属性管理器中显示【槽口】面板，如图 3-28 所示。

【槽口】面板中包含 4 种槽口类型，“3 点圆弧槽口”“中心点圆弧槽口”类型的选项设置与“直槽口”“中心点槽口”类型的选项设置（见图 3-28）不同，如图 3-29 所示。

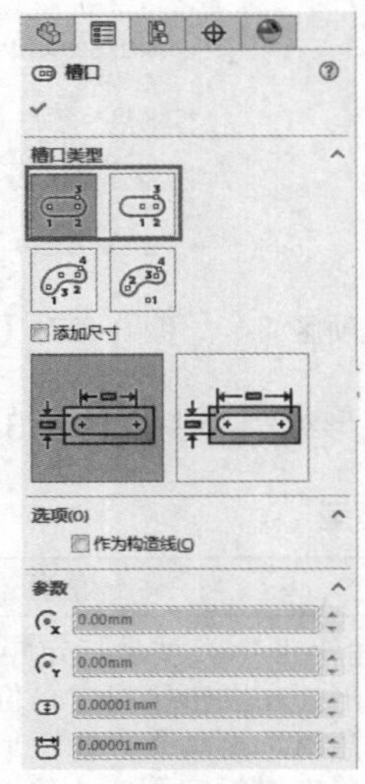

图 3-28 【槽口】面板

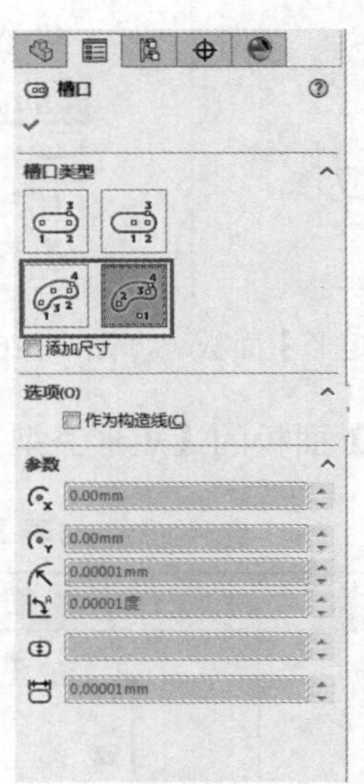

图 3-29 “中心点圆弧槽口”类型选项设置

- 直槽口：“直槽口”类型是以两个端点来绘制槽。绘制过程如图 3-30 所示。

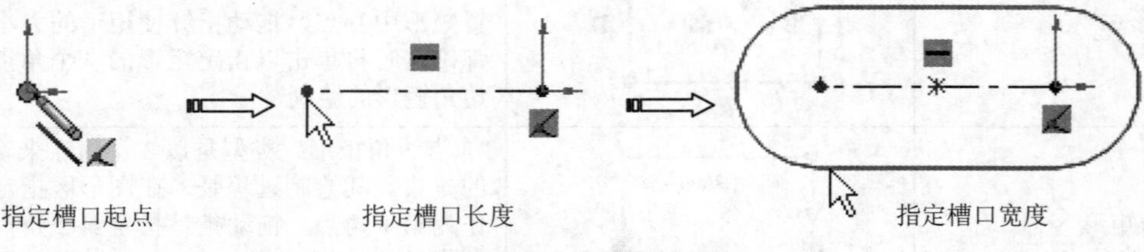

图 3-30 绘制直槽口

- 中心点槽口：“中心点槽口”类型是指定中心点和槽口的一个端点来绘制槽。绘制方法是，在图形区中指定某位置作为槽口的中心点，然后移动指针确定槽口的另一端点，单击确定端点后再移动指针指定槽口宽度，再次单击完成槽口曲线的绘制，如图 3-31 所示。

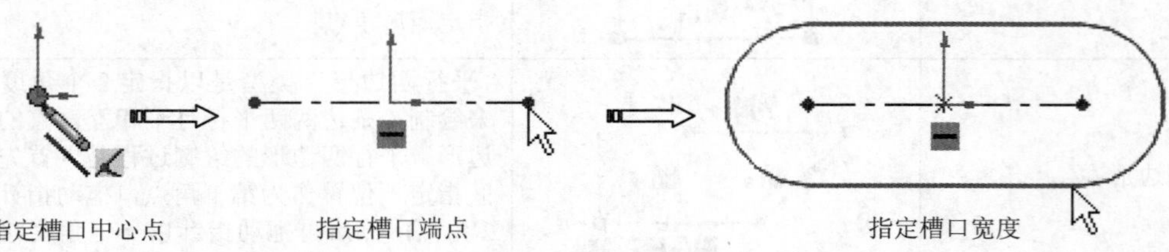

图 3-31 绘制中心点槽口

技术要点

在指定槽口宽度时，指针无须在槽口曲线上，也可以是离槽口曲线很远的位置（只要是在宽度水平延伸线上即可）。

- 3 点圆弧槽口：“3 点圆弧槽口”类型是在圆弧上用三个点绘制圆弧槽口。其绘制方法是，在图形区单击以指定圆弧的起点，通过移动指针确定圆弧的终点位置并单击，接着又移动指针确定圆弧的第三点位置再单击，最后移动指针指定槽口宽度后并单击，完成槽口曲线的绘制，如图 3-32 所示。

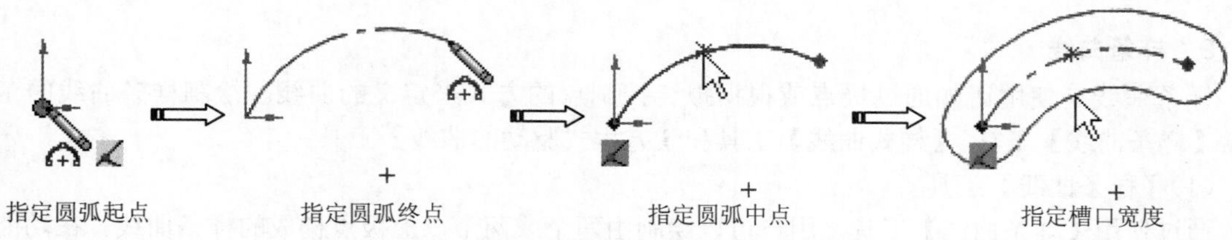

图 3–32　绘制 3 点圆弧槽口

- 中心点圆弧槽口：“中心点圆弧槽口”类型是用圆弧半径的中心点和两个端点绘制圆弧槽口。其绘制方法是，在图形区单击以指定圆弧的中心点，通过移动指针并单击以此确定圆弧的半径和起点，接着移动指针指定槽口长度并单击，再移动指针指定槽口宽度并单击以生成槽口，如图 3-33 所示。

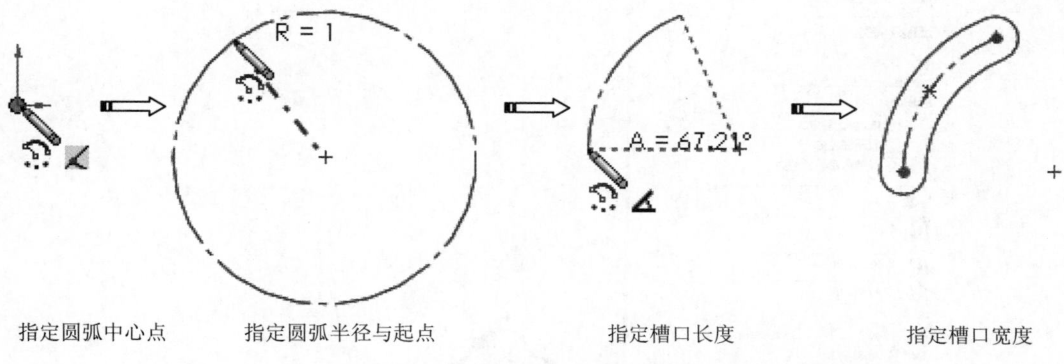

图 3–33　绘制中心点圆弧槽口

8. 多边形

【草图】选项卡中的【多边形】工具，用来绘制圆的内切或外接正多边形，边数为 3 ～ 40。

在功能区的【草图】选项卡中单击【多边形】按钮，指针由箭头变成，且在属性管理器中显示【多边形】面板，如图 3-34 所示。

绘制多边形，需要指定 3 个参数：中心点、圆直径和角度。例如，要绘制一个正三角形，首先在图形区指定正三角形的中心点，然后拖动指针指定圆的直径，旋转正三角形使其符合要求，如图 3-35 所示。

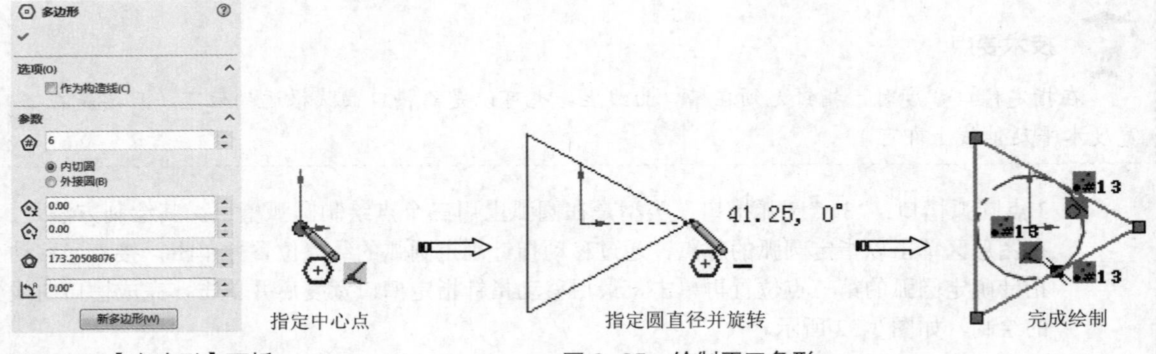

图 3-34 【多边形】面板　　　　图 3-35　绘制正三角形

9. 样条曲线

样条曲线是使用诸如通过极点或根据拟合控制点的方式来定义的曲线。绘制样条曲线的工具包括【样条曲线】工具、【样式曲线】工具和【方程式驱动的曲线】工具。

(1)【样条曲线】工具

通过使用【样条曲线】工具，用户可以绘制由两个或两个以上极点构成的样条曲线。在功能区的【草图】选项卡中单击【样条曲线】按钮，在图形区中绘制样条曲线并双击鼠标后，属性管理器中才显示【样条曲线】面板，如图 3-36 所示。

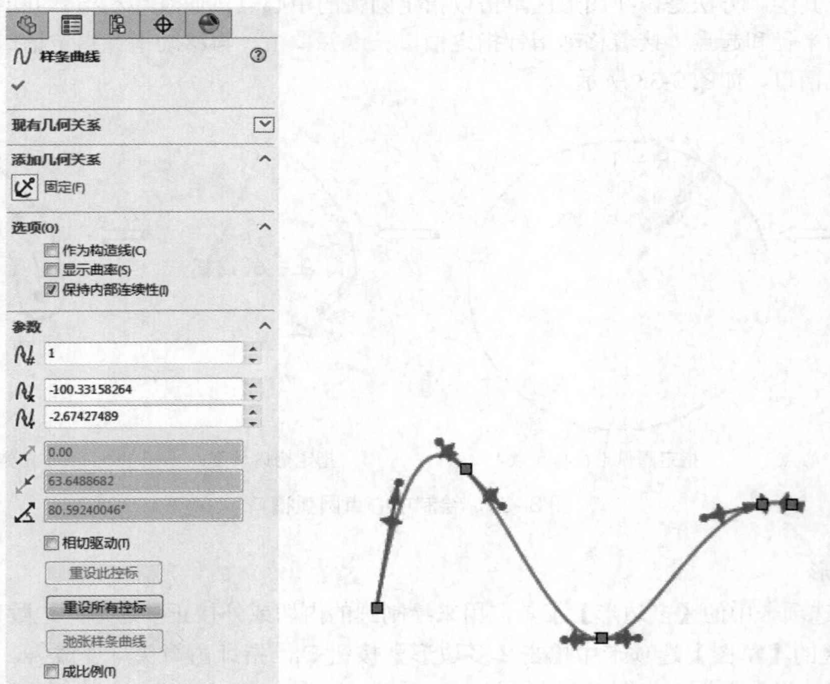

图 3-36 【样条曲线】面板

(2)【样式曲线】工具

使用【样式曲线】工具，可以创建通过拟合控制点来控制形状的样条曲线，如图 3-37 所示。绘制样式曲线后，可以在显示的【插入样式曲线】面板中修改样条曲线类型，如图 3-38 所示。

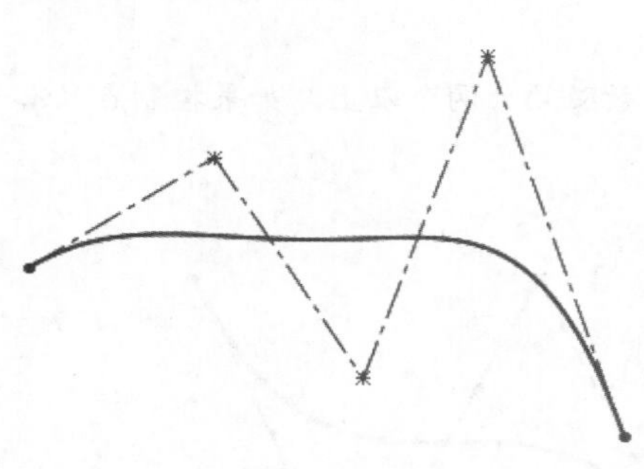

图 3–37　样式曲线

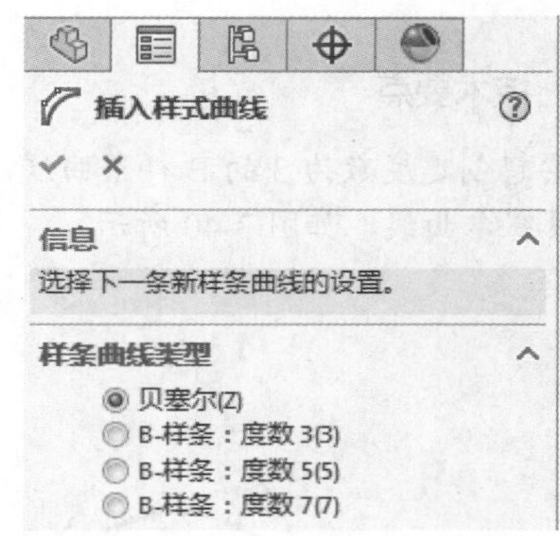

图 3–38 【插入样式曲线】面板

技术要点

很多软件中都会有 NURBS 曲线、贝塞尔曲线和 B 样条曲线。接下来简单介绍下三者之间的联系。贝塞尔曲线是法国数学家贝塞尔在 1962 年构造的一种以逼近为基础的用控制多边形定义曲线和曲面的方法，由于贝塞尔曲线有一个明显的缺陷就是当阶次越高时，控制点对曲线的控制能力明显减弱，所以直到 1972 年 Gordon、Riesenfeld 和 Forrest 等人拓广了贝塞尔曲线而构造了 B 样条曲线，B 样条曲线是一种分段连续曲线。B 样条曲线包括均匀 B 样条曲线、准均匀 B 样条曲线、分段贝塞尔曲线和非均匀 B 样条曲线（NURBS 曲线），如图 3-39 所示。综上所述，想必大家都清楚了贝塞尔曲线、B 样条曲线和 NURBS 曲线相互之间的关系了吧。

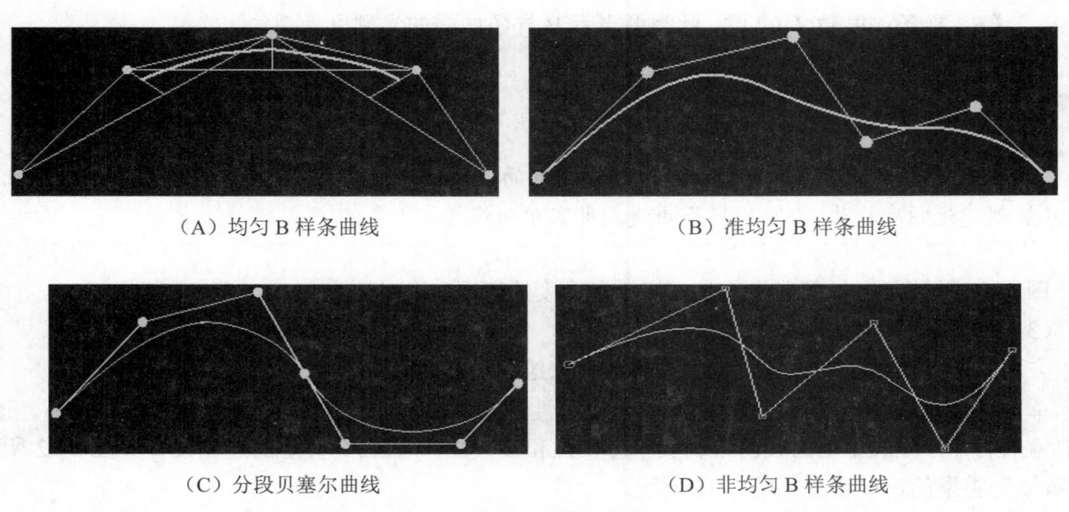

图 3–39　B 样条曲线

- 【贝塞尔】：又称贝兹曲线。是应用于二维图形应用的数学曲线。一般的矢量图形软件通过它来精确画出曲线，贝兹曲线由线段和节点组成，节点是可拖动的支点，线段像可伸缩的皮筋，我们在绘图工具上看到的钢笔工具就是来做这种矢量曲线的。
- 【B - 样条：度数 3（3）】：此类型表示 B 样条曲线的光顺度为 3。

技术要点

要想创建度数为 3 的 B 样条曲线，其控制点的个数必须为两个以上。如果控制点只有一个，就是贝塞尔曲线，如图 3-40 所示。

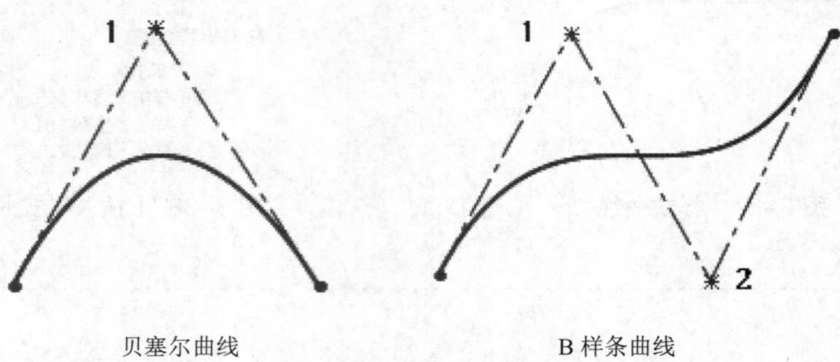

图 3-40　控制点决定了样条曲线类型

- 【B - 样条：度数 5（5）】：此类型表示 B 样条曲线的光顺度为 5。

技术要点

要想创建度数为 5 的 B 样条曲线，其控制点的个数必须为 4 个，3 个或 3 个以下的控制点则只能创建光顺度数为 3 的样条曲线或贝塞尔曲线。

- 【B - 样条：度数 7（7）】：此类型表示 B 样条曲线的光顺度为 7。

技术要点

要想创建度数为 7 的 B 样条曲线，其控制点的个数必须为 6 个，5 个或 5 个以下的控制点则只能创建光顺度数为 3、5 的样条曲线或贝塞尔曲线。

图 3-41 所示为 B 样条曲线的 3、5、7 光顺度的表现。

（3）【方程式驱动的曲线】工具

方程式驱动曲线是通过定义曲线的方程式来绘制的曲线。

单击【方程式驱动的曲线】按钮，在属性管理器中显示【方程式驱动的曲线】面板。该面板中包括两种方程式驱动曲线的绘制类型：显性和参数性。“显性”类型的选项设置如图 3-42 所示。“参数性”类型的选项设置如图 3-43 所示。

- “显性”类型：“显性”类型是通过为范围的起点和终点定义 X 值，Y 值沿 X 值的范围而计算。“显性”类型方程主要包括正弦函数、一次函数和二次函数。例如，在方程式文本框中输入“2*sin（3*x+pi/2）”，然后在 x_1 文本框中输入“-pi/2”，在 x_2 文本框中输入“pi/2”，单击【确定】按钮后生成正弦函数的方程式曲线，如图 3-44 所示。

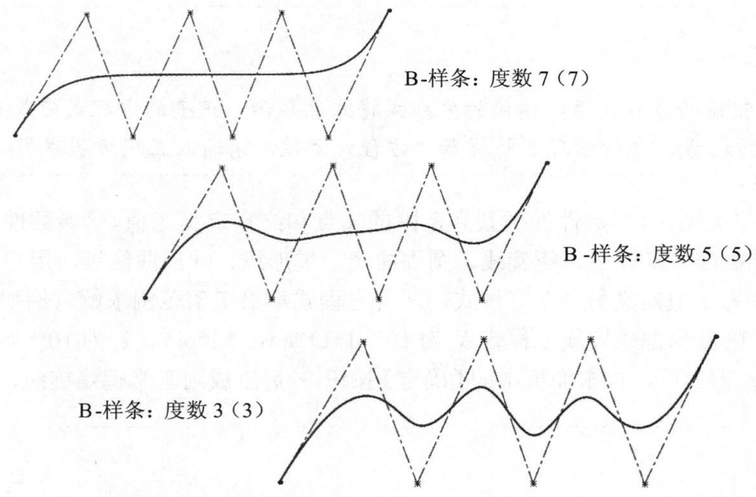

图 3–41　光顺度分别为 3、5、7 的 B 样条曲线

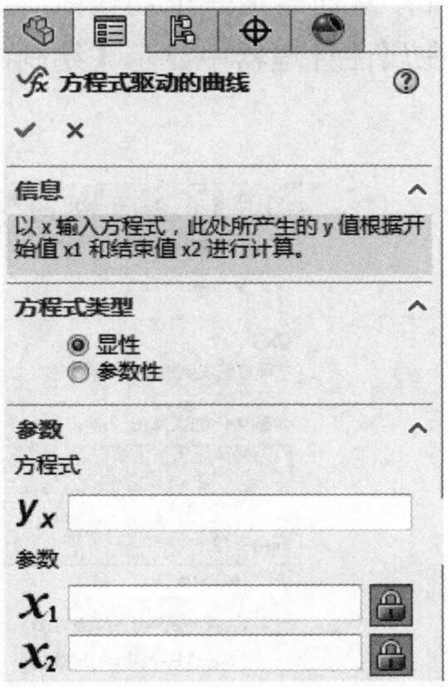

图 3–42　“显性”类型的选项设置

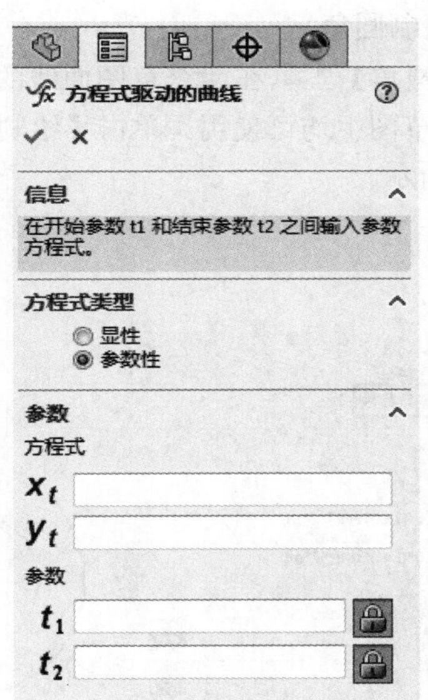

图 3–43　“参数性”类型的选项设置

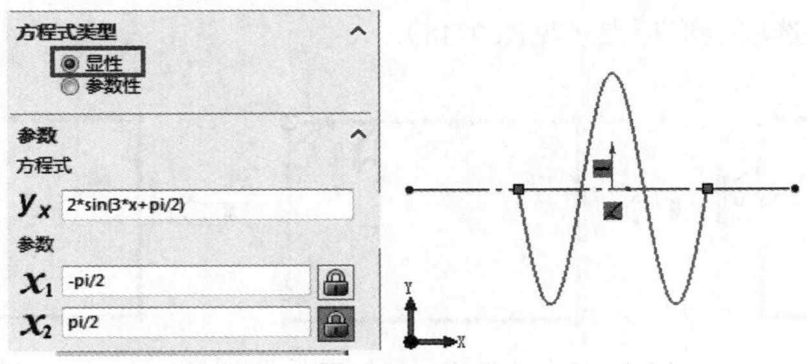

图 3–44　绘制正弦函数的方程式曲线

技术要点

当用户输入错误的方程式后，错误的方程式将红色显示。正确的方程式应是黑色显示。若强制执行错误的方程式，属性管理器将提示“方程式无效，请输入正确方程式”。

- “参数性”类型：“参数性”类型为范围的起点和终点定义 T 值。“参数性”类型方程包括阿基米德螺线、渐开线、螺旋线、圆周曲线、星形线、叶形曲线等。用户可为 X 值定义方程式，并为 Y 值定义另一个方程式，两者方程式都沿 T 值范围求解。例如，在【参数】选项区输入阿基米德螺旋线方程式 X_t 为 10*（1+t）*cos（t*2*pi）、Y_t 为 10*（1+t）*sin（t*2*pi）、t_1 为 0、t_2 为 2 后，单击面板中的【确定】按钮后生成阿基米德螺旋线，如图 3-45 所示。

技术要点

方程式中的“( )”号，必须是输入法为英文时输入的括号。

10. 绘制圆角

【绘制圆角】工具在两个草图曲线的相交处剪裁掉角部，从而生成一个切线弧。此工具在 2D 草图和 3D 草图中均可使用。单击【绘制圆角】按钮，在属性管理器中显示【绘制圆角】面板，如图 3-46 所示。

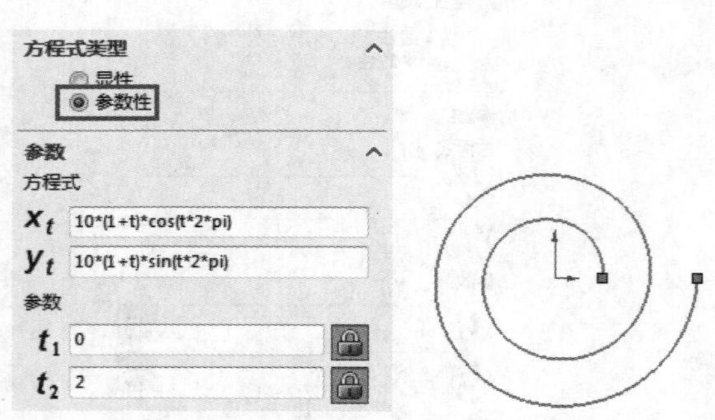

图 3-45　绘制阿基米德螺旋线

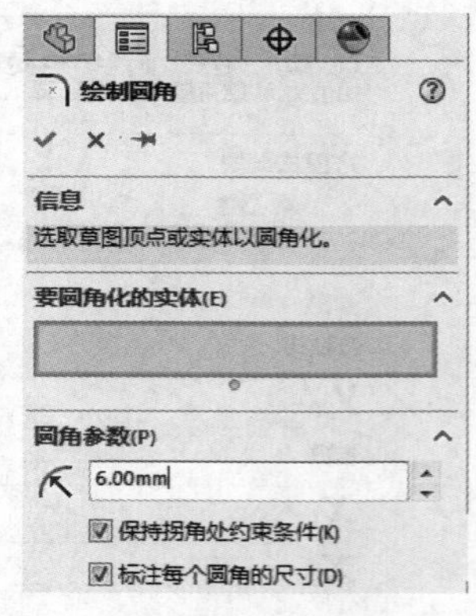

图 3-46 【绘制圆角】面板

在矩形的一个顶点位置绘制圆角曲线，其指针选择的方法大致有两种：一种是选择矩形两条边（见图 3-47），另一种则是选取矩形顶点（见图 3-48）。

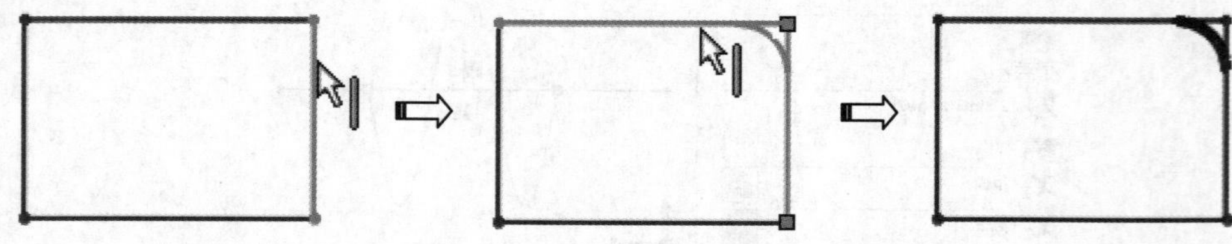

图 3-47　选择边以绘制圆角曲线

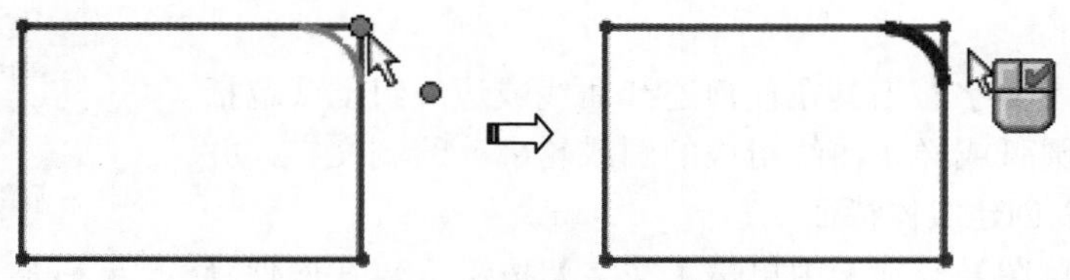

图 3-48　选取顶点以绘制圆角曲线

11. 绘制倒角

用户可以使用【绘制倒角】工具在草图曲线中绘制倒角。

在功能区的【草图】选项卡中单击【绘制倒角】按钮，在属性管理器中显示【绘制倒角】面板。【绘制倒角】面板的【倒角参数】选项区中包括“角度距离”和“距离 - 距离”两种参数选项。“角度距离”参数选项如图 3-49 所示。“距离 - 距离”参数选项如图 3-50 所示。

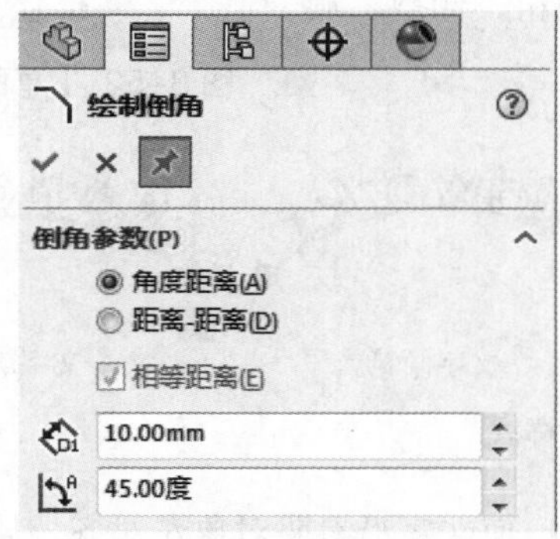

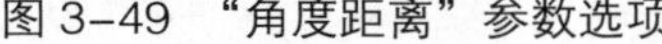

图 3-49　“角度距离”参数选项

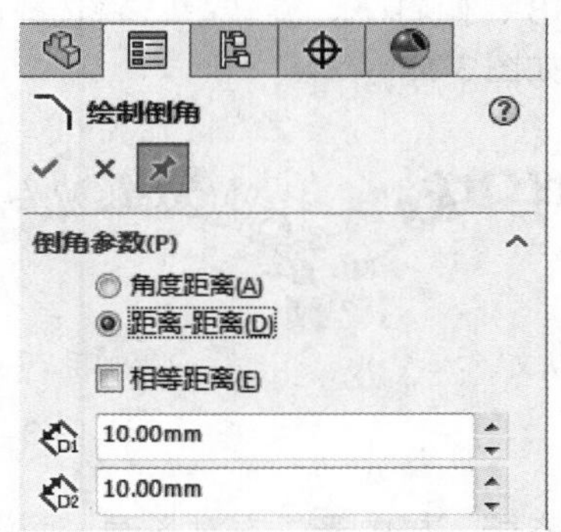

图 3-50　“距离 - 距离”参数选项

选项设置含义如下。

- 角度距离：将按角度参数和距离参数来定义倒角，如图 3-51（a）所示。
- 距离 - 距离：将按距离参数和距离参数来定义倒角，如图 3-51（b）所示。
- 相等距离：将按相等的距离来定义倒角，如图 3-51（c）所示。

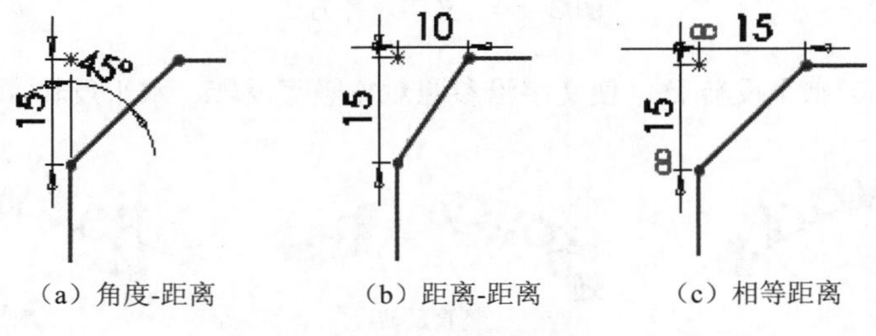

（a）角度-距离　（b）距离-距离　（c）相等距离

图 3-51　倒角参数

- 距离 1：设置“角度距离”的距离参数。
- 方向 1 角度：设置“角度距离”的角度参数。
- 距离 1：设置“距离 - 距离”的距离 1 参数。
- 距离 2：设置“距离 - 距离”的距离 2 参数。

与绘制倒圆的方法一样，绘制倒角也可以通过选择边或选取顶点来完成。

12. 文字

用户可以使用【文字】工具在任何连续曲线或边线组上（包括零件面上由直线、圆弧或样条曲线组成的圆或轮廓）绘制文字，并且拉伸或剪切文字以创建实体特征。

在功能区的【草图】选项卡中单击【文字】按钮，在属性管理器中显示【草图文字】面板，如图 3-52 所示。

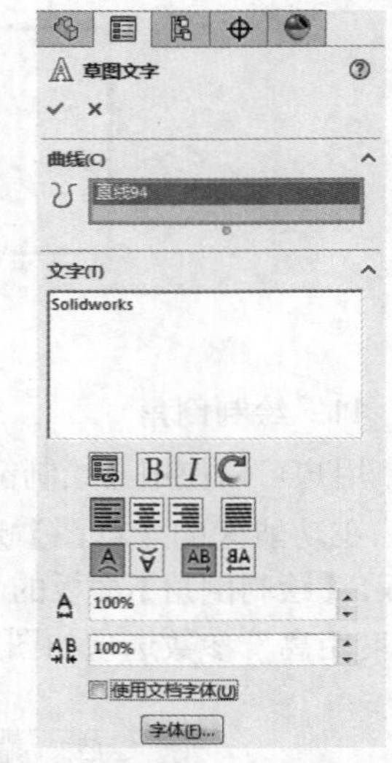

图 3–52 【草图文字】面板

【草图文字】面板中各选项的含义如下。

- 曲线：选择边线、曲线、草图及草图段。所选对象的名称显示在框中，文字沿对象出现。
- 文字：在文字文本框中输入文字，可以切换键盘语法输入中文。
- 链接到属性：将草图文字链接到自定义属性。
- 加粗、倾斜、旋转：将选择的文字加粗、倾斜、旋转，如图 3-53 所示。

图 3–53 文字样式

- 左对齐、居中、右对齐、两端对齐：使文字沿参照对象左对齐、居中、右对齐、两端对齐，如图 3-54 所示。

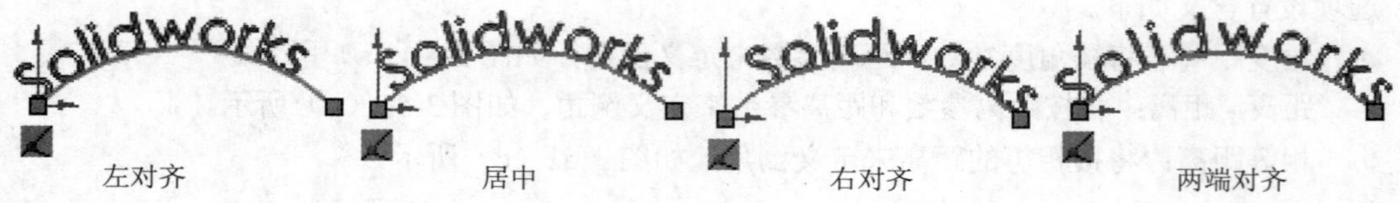

图 3–54 文字对齐方式

- 竖直反转、水平反转：使文字沿参照对象竖直反转、水平反转，如图 3-55 所示。

图 3–55 文字的反转

- 宽度因子：文字宽度比例。仅当取消勾选【使用文档字体】复选框时才可用。
- 间距：文字字体间距比例。仅当取消勾选【使用文档字体】复选框时才可用。
- 使用文档字体：使用用户默认输入的字体。字体：单击【字体】按钮，打开【选择字体】对话框，设置自定义的字体样式和大小等，如图 3-56 所示。

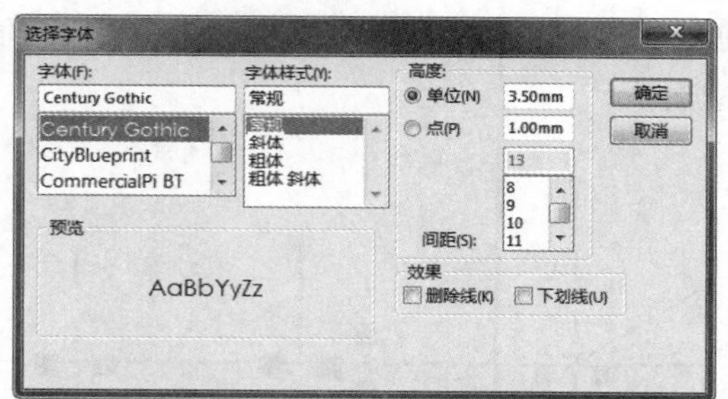

图 3-56 【选择字体】对话框

上机操作——绘制垫片草图

本练习的垫片草图如图 3-57 所示。

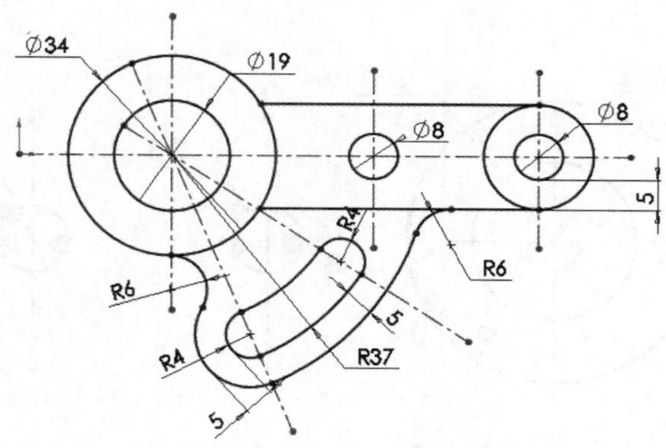

图 3-57　垫片草图

01　启动 SolidWorks 并新建零件文件。

02　在【草图】选项卡中单击【草图绘制】按钮，然后按图 3-58 所示的操作步骤，绘制出垫片草图的尺寸基准线。

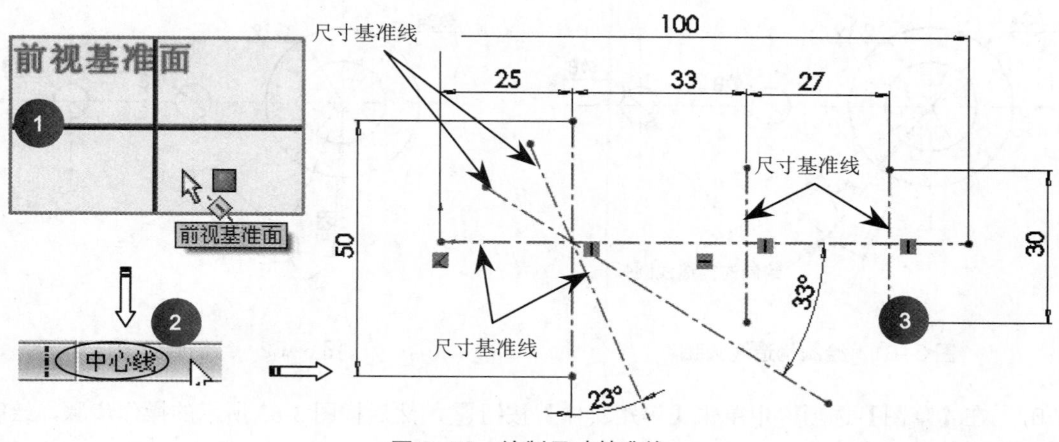

图 3-58　绘制尺寸基准线

03 为便于后续草图曲线的绘制，对所有中心线（尺寸基准线）使用“固定”几何约束，如图 3-59 所示。

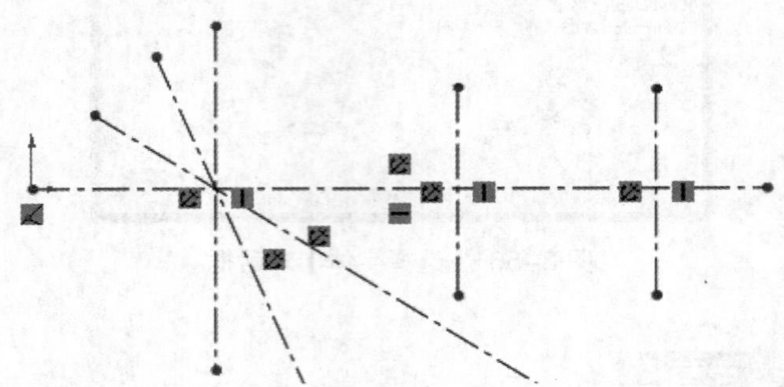

图 3-59 为中心线添加“固定”几何约束

04 单击【圆】按钮，在中心线交点绘制出 4 个已知圆，如图 3-60 所示。

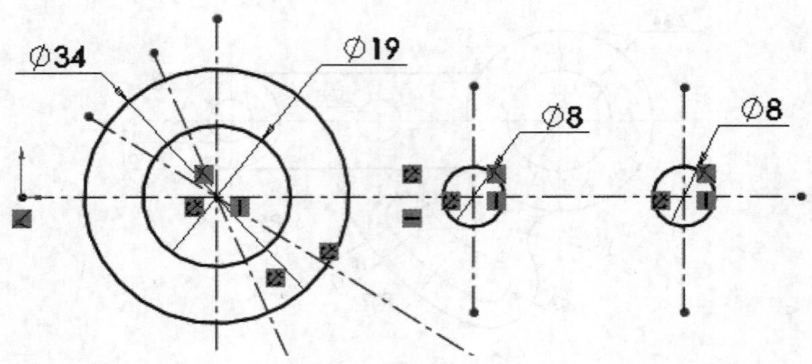

图 3-60 制 4 个已知圆

05 使用【圆心 / 起 / 终点画弧】工具，绘制出构造线圆弧，如图 3-61 所示。

06 单击【中心点圆弧槽口】按钮 中心点圆弧槽口(T)，绘制圆弧槽口，并标注圆弧的半径为“4”，如图 3-62 所示。

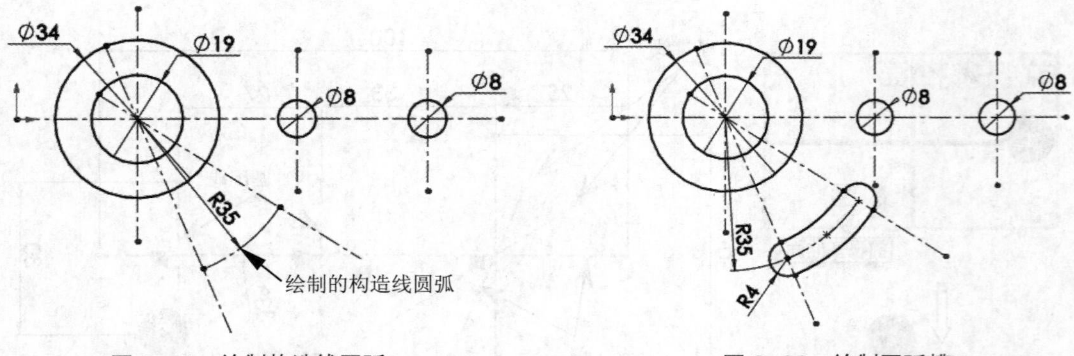

图 3-61 绘制构造线圆弧

图 3-62 绘制圆弧槽口

07 在【草图】选项卡中单击【等距实体】按钮，然后按图 3-63 所示的操作步骤，绘制圆的等距曲线。

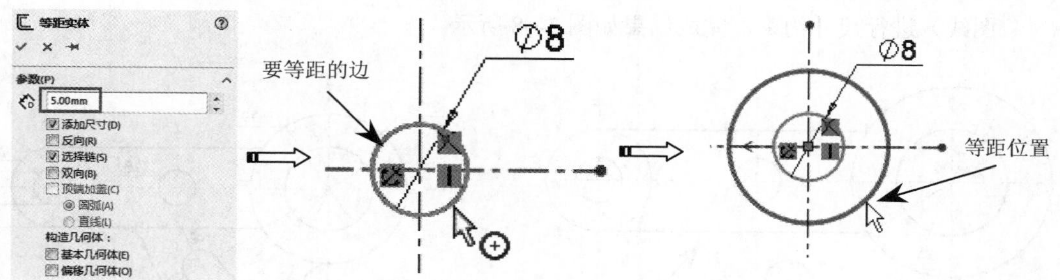

图 3-63　绘制圆的等距曲线

08　再使用【等距实体】工具，以相同的等距距离，在其余位置绘制出圆弧槽口的等距曲线，如图 3-64 所示。

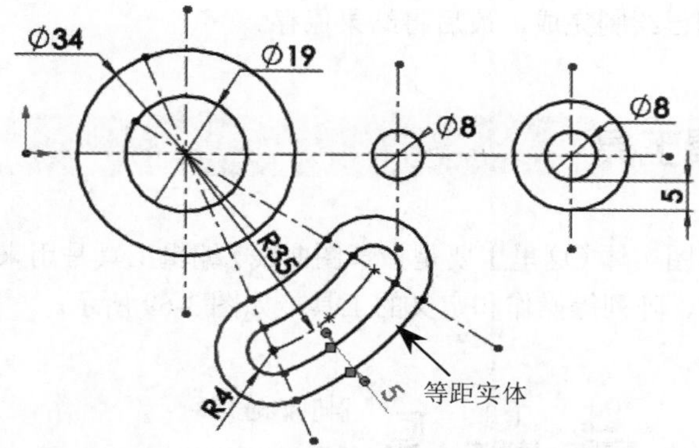

图 3-64　绘制圆弧槽口的等距曲线

09　使用【直线】工具，绘制出图 3-65 所示的两条直线，两条直线均与圆相切。

10　为了能看清后面继续绘制的草图曲线，使用【剪裁实体】工具，将草图中多余图线剪裁掉，如图 3-66 所示。

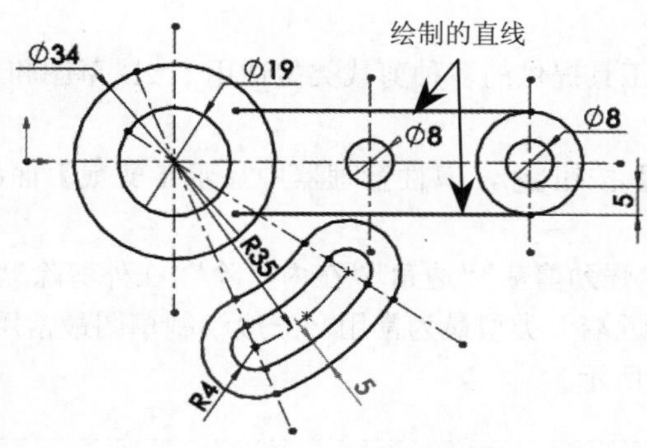

图 3-65　绘制与圆相切的两条直线

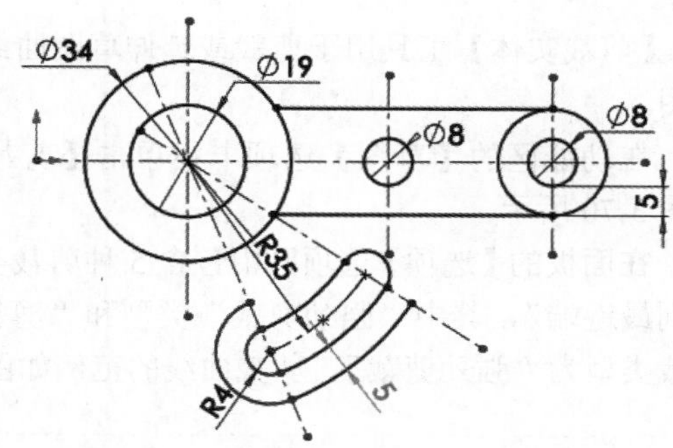

图 3-66　剪裁多余图线

11　单击 3 点圆弧(T) 按钮，在图 3-67 所示的位置创建出相切的连接圆弧。

12　使用【剪裁实体】工具，将草图中多余图线剪裁掉，然后对草图（主要是没有固定的图线）进行尺寸约束，完成结果如图 3-68 所示。

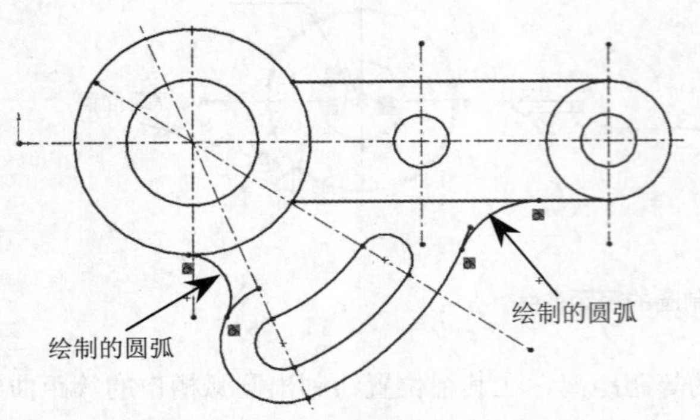

图 3–67　绘制相切的连接圆弧

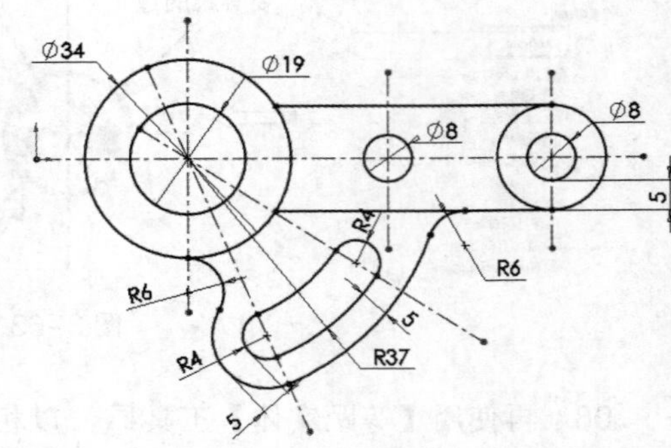

图 3–68　完成尺寸约束的草图

13　至此，垫片草图已绘制完成，最后将结果保存。

3.3 草图曲线编辑工具

在 SolidWorks 中，草图实体（这里主要是指草图曲线）编辑工具是用来对草图进行剪裁、延伸、移动、缩放、偏移、镜像、阵列等操作和定义的工具，如图 3-69 所示。

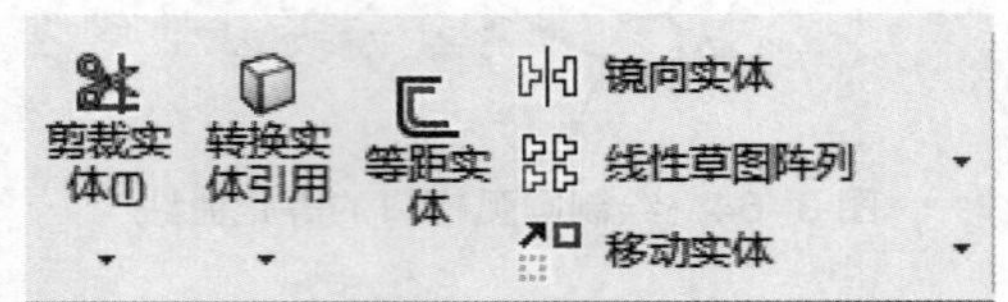

图 3–69　草图曲线的编辑工具

3.3.1　剪裁实体

【剪裁实体】工具用于剪裁或延伸草图曲线。此工具提供的多种剪裁类型适用于 2D 草图和 3D 草图。

在功能区的【草图】选项卡中单击【剪裁实体】按钮，属性管理器中显示【剪裁】面板，如图 3-70 所示。

在面板的【选项】选项区中包含 5 种剪裁类型："强劲剪裁""边角""在内剪除""在外剪除""剪裁到最近端"，其中"强劲剪裁"类型和"剪裁到最近端"类型最为常用。一般绘制草图最常用的剪裁类型为"强劲剪裁"，剪裁曲线的范例如图 3-71 所示。

技术要点

此剪裁方式无局限性，可剪裁任何形式的草图曲线，但只能划线剪裁，不能单击剪裁。

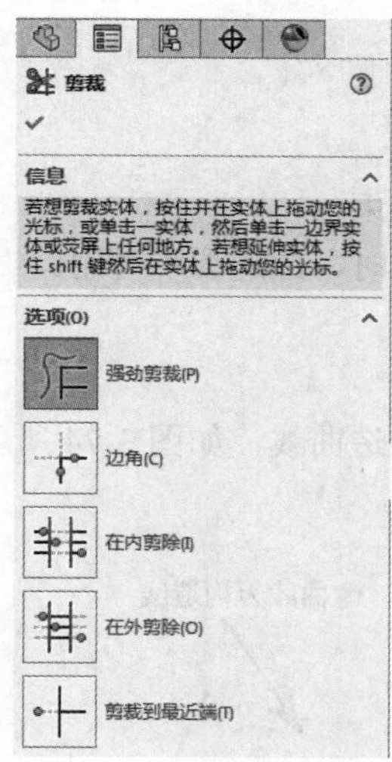

图 3-70　【剪裁】面板

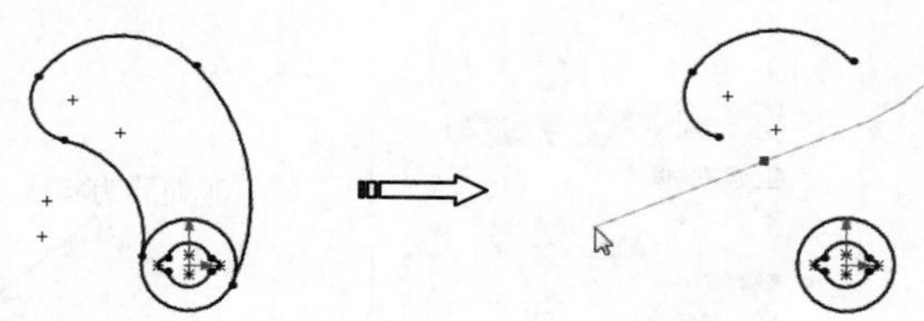

图 3-71　强劲剪裁曲线的操作

3.3.2　延伸实体

使用【延伸实体】工具可以增加草图曲线（直线、中心线或圆弧）的长度，使草图曲线延伸至与另一草图曲线相交。

在功能区的【草图】选项卡中单击【延伸实体】按钮，在图形区选择要延伸的曲线（要延伸的曲线红色高亮显示），随后自动完成曲线的延伸，如图 3-72 所示。

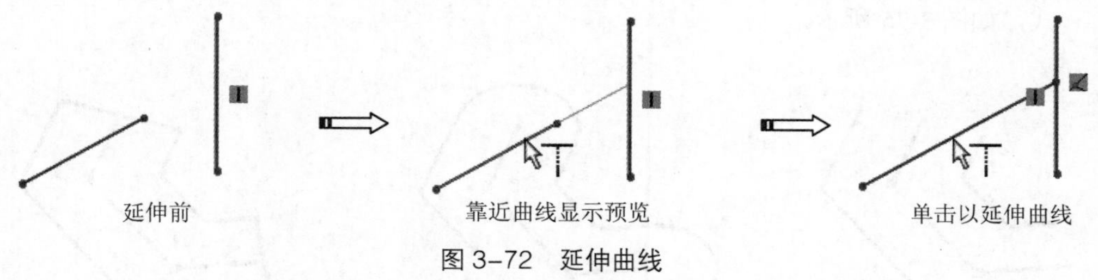

图 3-72　延伸曲线

技术要点

若要将曲线延伸至多个曲线，第一次单击要延伸的曲线可以将其延伸至第 1 相交曲线，再单击可以延伸至第 2 相交曲线。

3.3.3　等距实体

【等距实体】工具可以将一个或多个草图曲线、所选模型边线或模型面按指定距离值等距离偏移、复制。

在功能区的【草图】选项卡中单击【等距实体】按钮，属性管理器中显示【等距实体】面板，如图 3-73 所示。

【等距实体】面板的【参数】选项区中各选项的含义如下。

- 等距距离：设定数值以特定距离来等距偏移复制草图曲线。
- 添加尺寸：勾选此选项，等距偏移复制曲线后将显示尺寸约束。
- 反向：勾选此选项，将反转偏移方向。当勾选【双向】选项时，此选项不可用。
- 选择链：勾选此选项，将自动选择曲线链作为等距对象。
- 双向：勾选此选项，可双向生成等距曲线。
- 基本几何体：勾选此选项，将使等距曲线源对象曲线变成构造曲线，如图 3-74 所示。

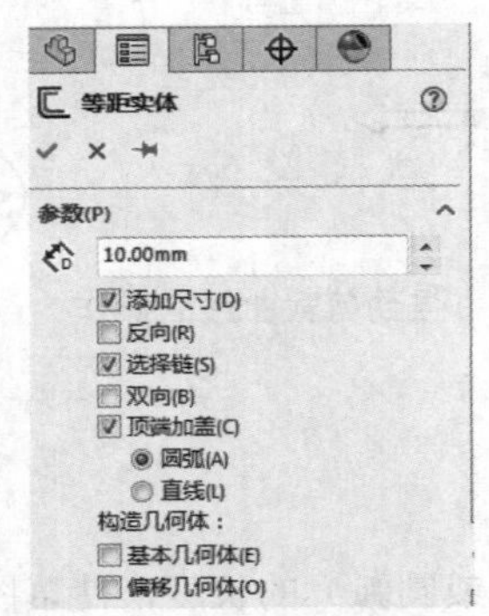

图 3-73 【等距实体】面板

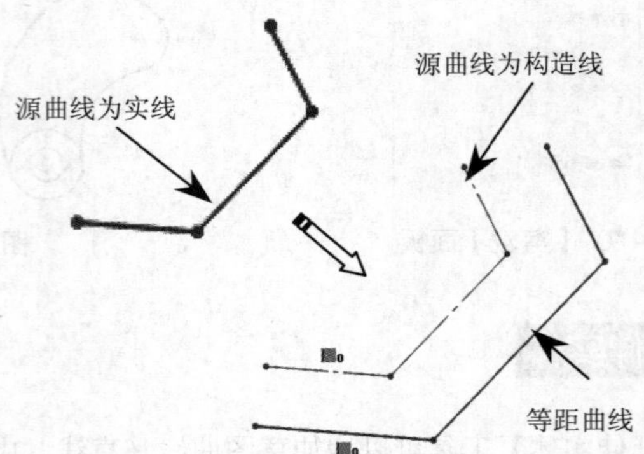

图 3-74 绘制基本几何体

- 偏移几何体：勾选【偏移几何体】选项，将使等距曲线变成构造曲线。
- 顶端加盖：为【双向】的等距曲线生成封闭端曲线。包括【圆弧】和【直线】两种封闭形式，如图 3-75 所示。

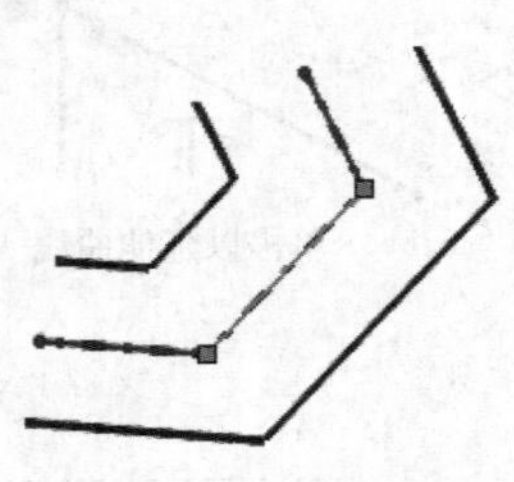

双向等距（无盖）

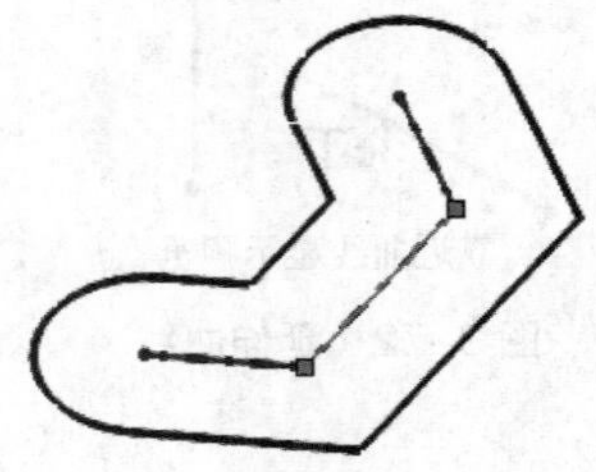

圆弧加盖

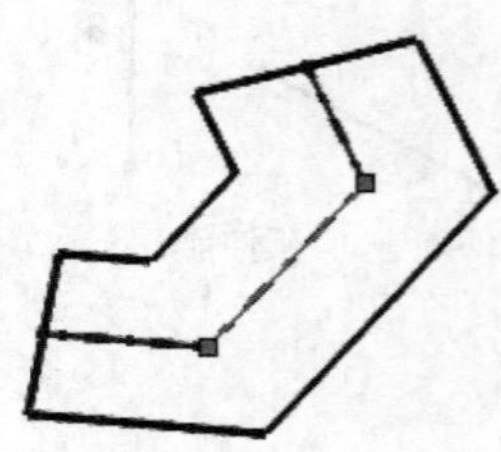

直线加盖

图 3-75 为双向等距曲线加盖

3.3.4 镜像实体

【镜像实体】工具是以直线、中心线、模型实体边及线性工程图边线作为对称中心线来镜像复制曲线的工具。在功能区的【草图】选项卡中单击【镜像实体】按钮，属性管理器中显示【镜像】面板，如图 3-76 所示。

【镜像】面板的【选项】选项区中各选项含义如下。

- 选择要镜像的实体：将选择的要镜像的草图曲线对象列表于其中。

- 复制：勾选此复选项，镜像曲线后仍保留原曲线。取消勾选，将不保留原曲线，如图 3-77 所示。

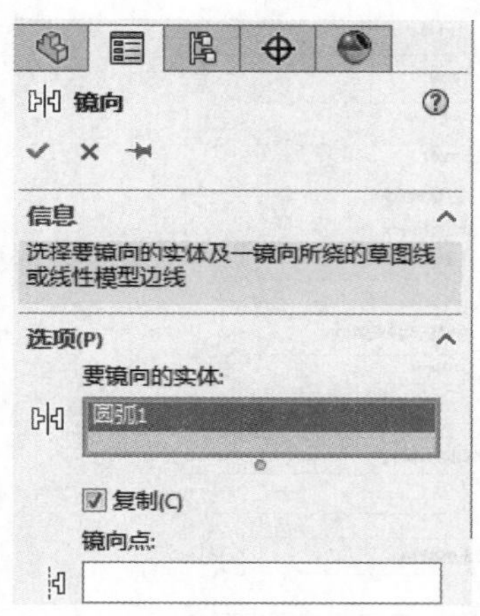

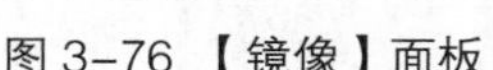
图 3–76 【镜像】面板

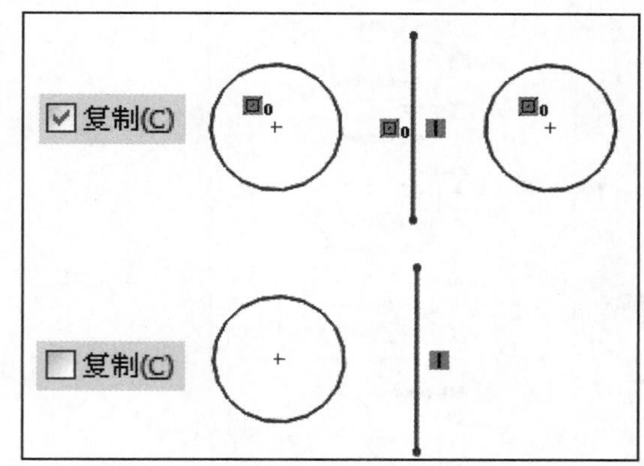

图 3–77　镜像复制与镜像不复制

- 镜像点：选择镜像所绕的线性实体。

要绘制镜像曲线，先选择要镜像的对象曲线，然后选择镜像中心线（选择镜像中心线时必须激活【镜像点】列表框），最后单击面板中的【确定】按钮完成镜像操作，如图 3-78 所示。

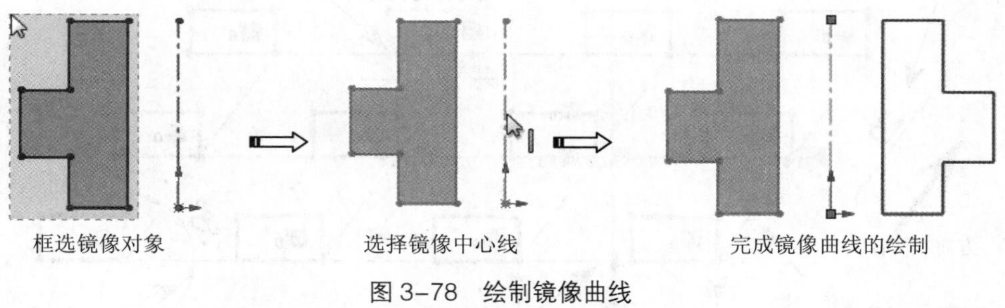

图 3–78　绘制镜像曲线

3.3.5　草图阵列

草图对象的阵列是一个对象复制过程，阵列的方式包括圆形阵列和矩形阵列。它可以在圆形或矩形阵列上创建出多个副本。

在功能区的【草图】选项卡中单击【线性草图阵列】按钮，属性管理器中显示【线性阵列】面板，如图 3-79 所示。单击【圆周草图阵列】按钮后，属性管理器中显示【圆周阵列】面板，如图 3-80 所示。

1. 线性阵列

使用【线性阵列】工具创建线性阵列对象的范例如图 3-81 所示。

2. 圆周阵列

使用【圆周阵列】工具进行圆周阵列对象的范例如图 3-82 所示。

图 3-79 【线性阵列】面板

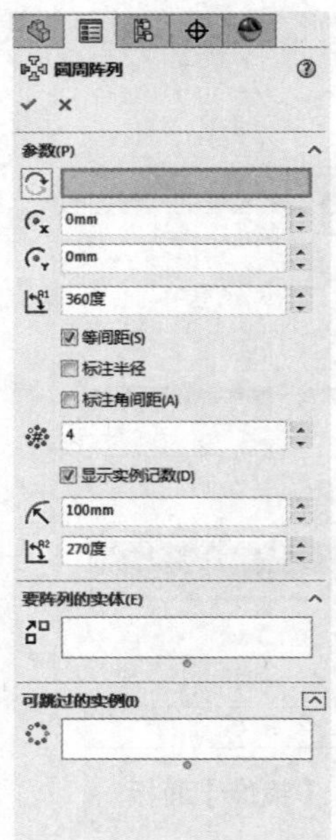

图 3-80 【圆周阵列】面板

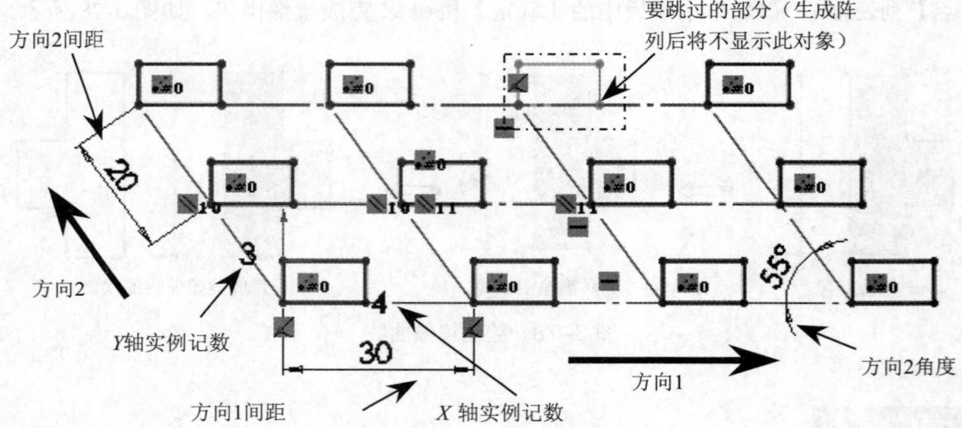

图 3-81 线性阵列对象

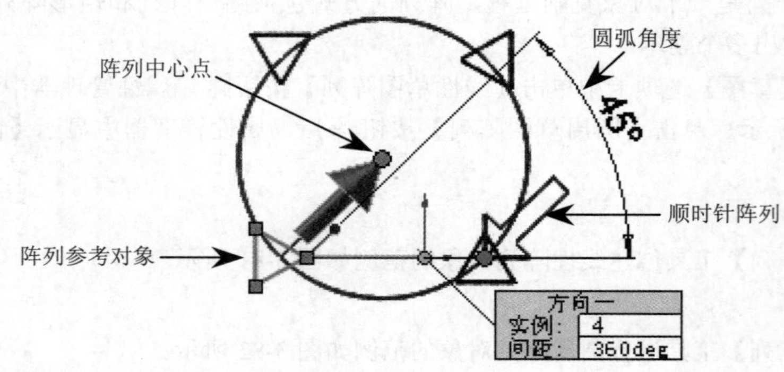

图 3-82 圆周阵列对象

上机操作——绘制摇柄草图

接下来我们以绘制摇柄草图（见图 3-83）为例，介绍复制类型工具的具体应用。

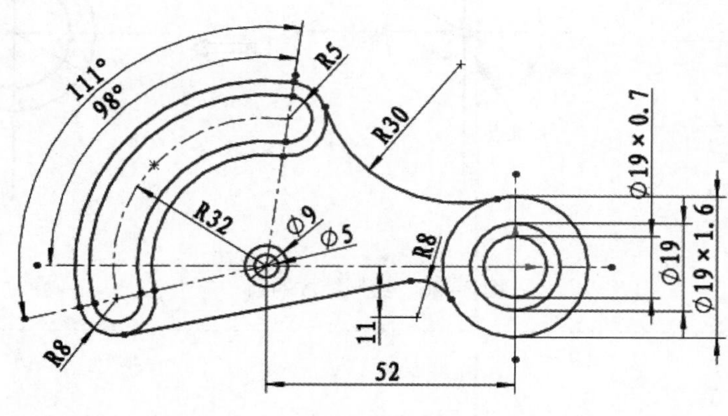

图 3-83　摇柄草图

01　新建零件文件，选择前视基准平面作为草图平面进入草绘环境中。

02　使用【中心线】工具，绘制零件草图的定位中心线，如图 3-84 所示。

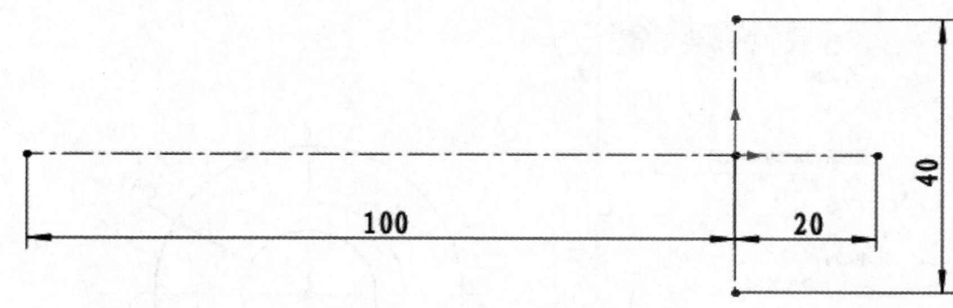

图 3-84　绘制草图中心线

03　单击【圆】按钮，绘制直径为 ∅19 的圆，如图 3-85 所示。

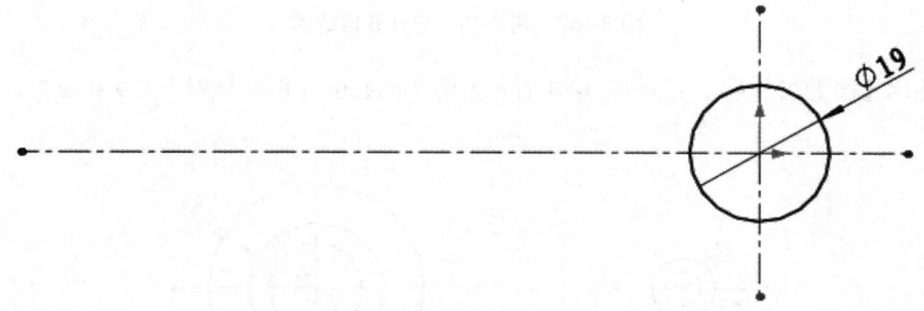

图 3-85　绘制圆

04　单击【缩放实体比例】按钮，属性管理器中显示【比例】面板。选择直径为 ∅19 的圆进行缩放，缩放点在圆心，缩放比例为 0.7。创建缩放后的圆如图 3-86 所示。

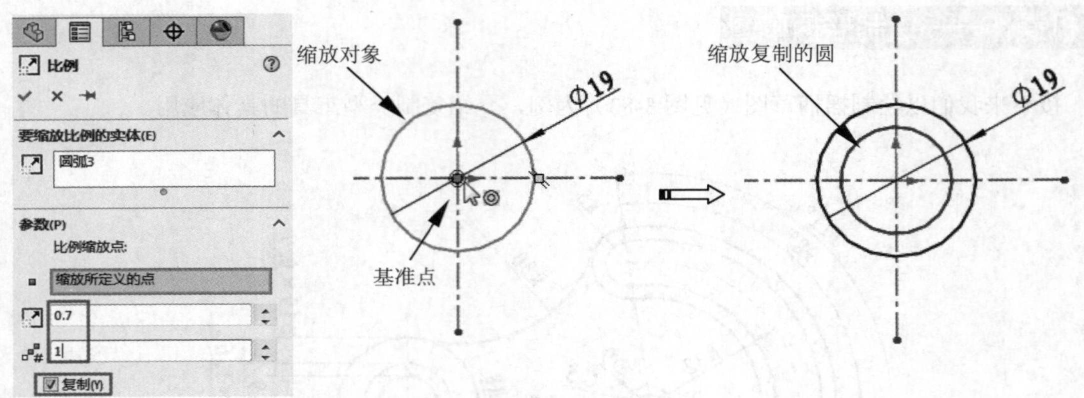

图 3–86　绘制缩放的圆

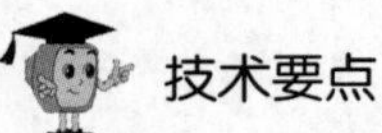

技术要点

在【比例】面板中须勾选【复制】选项，才能创建按比例缩小的圆。

05　同理，再使用【缩放实体比例】工具，绘制出缩放比例值为 1.6 的圆，结果如图 3-87 所示。

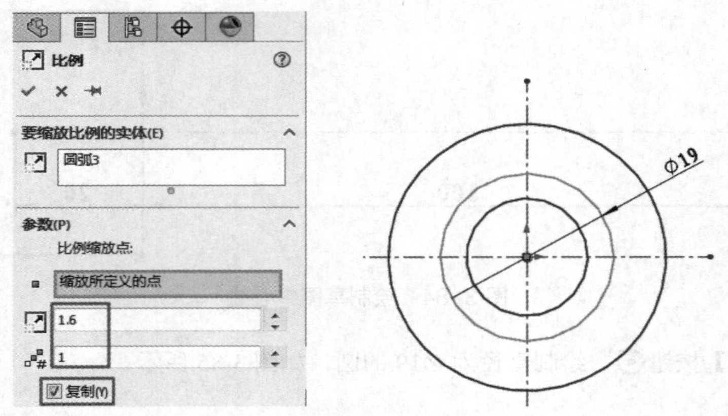

图 3–87　再绘制缩放 1.6 倍的圆

06　使用【圆】工具，绘制图 3-88 所示的两个同心圆（直径分别为 Ø9 和 Ø5）。

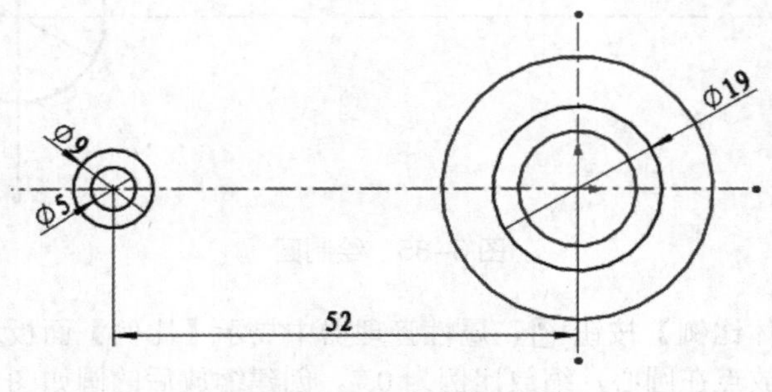

图 3–88　绘制同心圆

07　绘制两条与水平中心线成 98° 和 13° 的斜中心线，如图 3-89 所示。

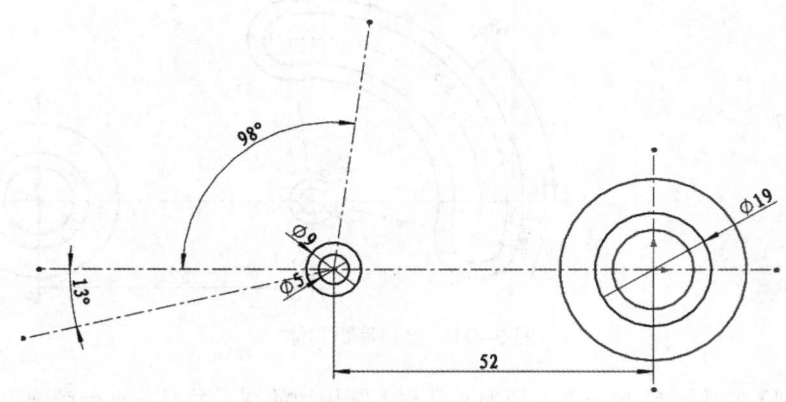

图 3–89　绘制斜中心线

08　单击【中心点圆弧槽口】按钮，选择两个小同心圆的圆心为中心点，在确定槽口的起点和终点（在斜中心线上）后，单击【槽口】面板中的【确定】按钮完成绘制，如图 3-90 所示。

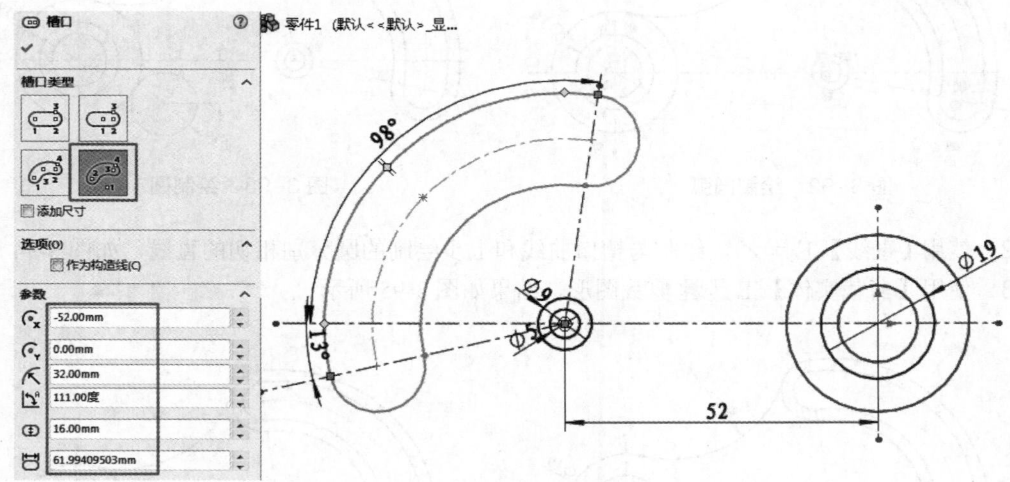

图 3–90　绘制槽口

09　单击【等距实体】按钮，选择槽口曲线作为偏移的参考曲线，然后创建出偏移距离为 3 的等距实体，如图 3-91 所示。

10　使用【3 点圆弧】工具，绘制连接槽口曲线与圆（缩放 1.6 倍的圆）的圆弧，然后对其进行相切约束，如图 3-92 所示。

技术要点

约束圆弧前，必须对先前绘制的草图完全定义，要么使用尺寸约束，要么使用【固定】几何约束，否则会使先前绘制的圆及槽口曲线产生平移。

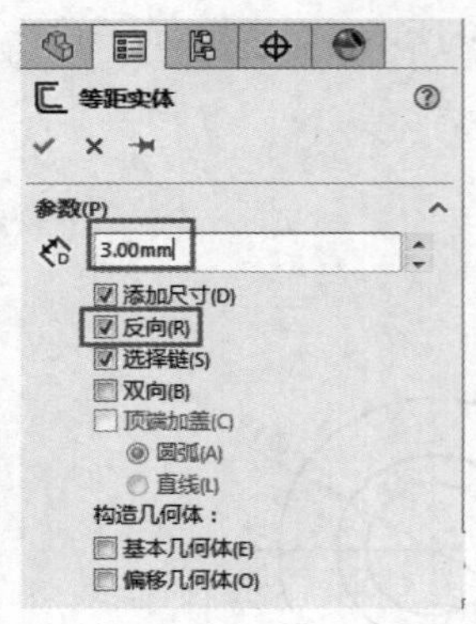

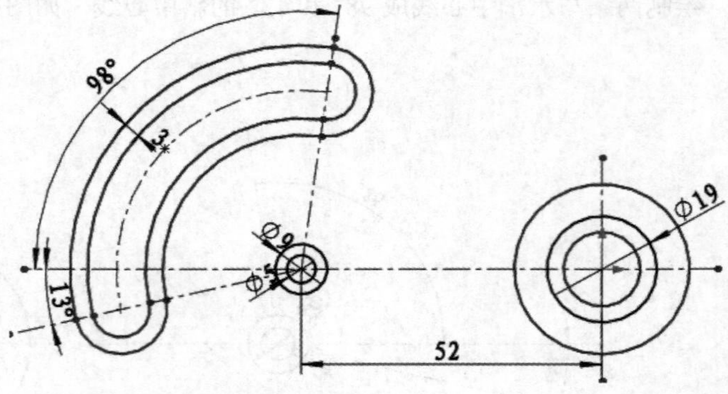

图 3-91　绘制等距实体

11　使用【圆】工具绘制一个半径为 8 且与大圆相切的圆，并对其进行精确定位，如图 3-93 所示。

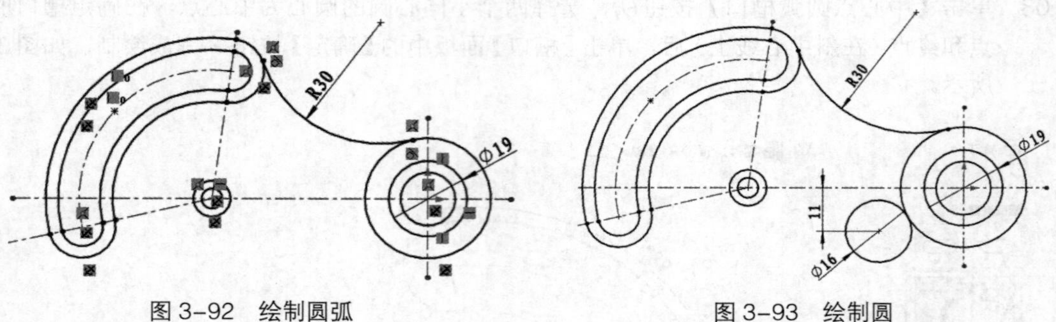

图 3-92　绘制圆弧　　图 3-93　绘制圆

12　使用【直线】工具，绘制与槽口曲线和上步绘制的圆分别相切的直线，如图 3-94 所示。

13　使用【剪裁实体】工具剪裁图形，结果如图 3-95 所示。

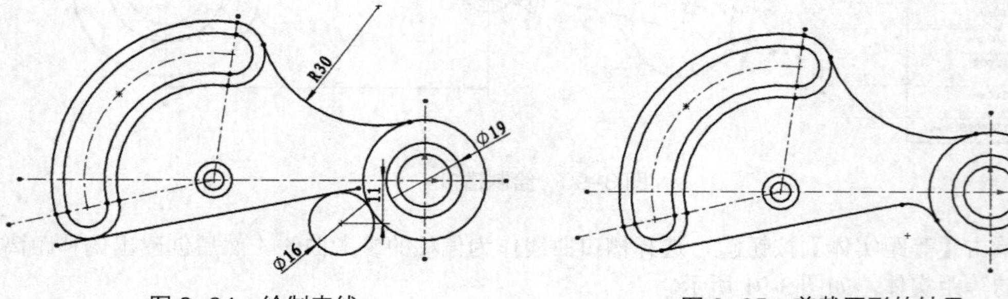

图 3-94　绘制直线　　图 3-95　剪裁图形的结果

Chapter 4

第 4 章 草图约束

当草图绘制完成后发现存在错误时，可以对草图进行编辑，包括修改尺寸、修改几何约束、重新绘制曲线等，本章主要介绍 2D 草图的几何约束和其他辅助功能。

知识要点

- 草图约束概述
- 草图捕捉
- 草图几何约束
- 草图尺寸约束
- 插入和添加尺寸

4.1 草图约束概述

有很多初学者都会有这样的疑问：什么是“约束”？为什么要对草图进行约束？不进行约束有什么影响？下面我们就对这几个带有疑问的“约束”进行详细介绍。

4.1.1 什么是“约束”

看过机械图纸或手绘草图的读者，想必知道图纸中有图形有尺寸，尺寸能清楚地表达出我们的设计意图。但在创建图纸的过程中，或许大家不知道的是，这个尺寸能起到绘图时限制图线的长短、图形的大小及形状等作用，也就是图形将按照我们给出的尺寸进行自我“约束”。

因此，草图中“约束”的定义就是：能创建容易更新且可预见的参数驱动设计、能清晰表达设计意图、能自我限制长短及形状的一种工具。

草图中的约束包括几何约束和尺寸约束。几何约束就是限制图形元素在二维平面上的自由度。尺寸约束则限制图形元素的长度、角度、位置关系、形状等。

4.1.2 为什么要对草图进行约束

在草图环境中，绘制的图形只是作为实体模型的横截面，而不是用作工程图，所以在约束时要求不会太高，只要不是过约束（重复约束），欠约束是不会影响草图的完成效果的。

既然欠约束不会影响草图的完成效果，那么是不是就可以认为不需要约束也行呢？首先要说明的是，欠约束与不需要约束是两码事，如图 4-1 所示，右图是欠约束的，但实际上是按照完整约束进行绘制的，只不过有时候不需要尺寸显示，把尺寸约束给删除了而已。

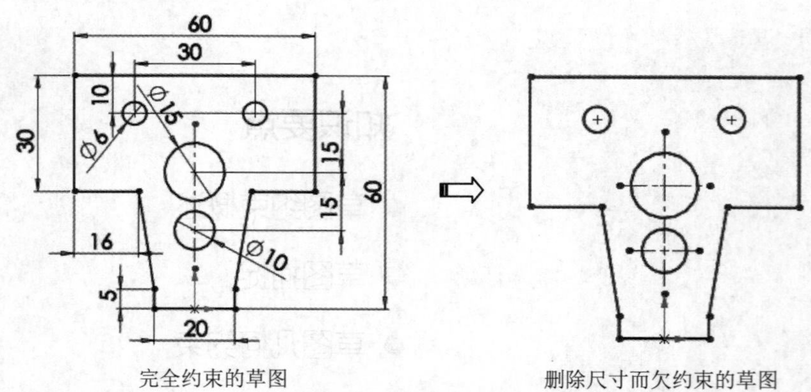

图 4–1 草图中的约束

4.1.3 不进行约束对草图有影响吗

这个问题笔者可以立刻回答你：必须要进行约束。有些读者估计会理解错误，“进行约束”和“需要不需要约束”两句话明显是有区别的，前者表达了在绘图时的约束动作，后者是草图完成后是否保留约束。

从图 4-1 我们可以看出，绘制草图时必须要进行草图约束，否则就不能得到我们想要的草图。一旦草图绘制完成，最终这些约束（几何约束和尺寸约束）即或是全部删除也不会影响草图的形状。

图 4-2 所示为不进行任何约束时绘制一个尺寸为 40×30 的矩形。可以看出没有约束是无法精准绘制的，这足以说明进行草图约束的重要性。

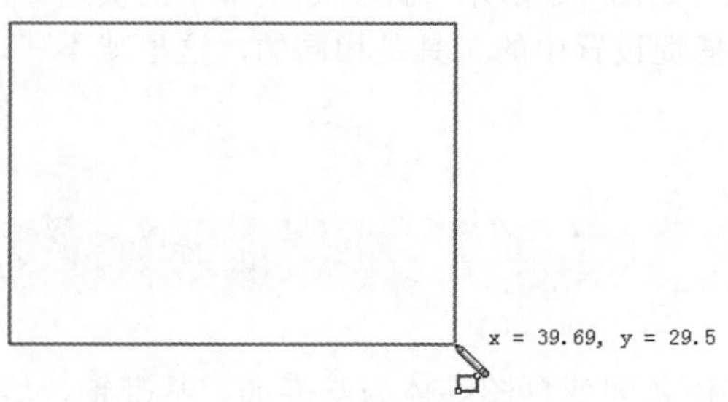

图 4–2　没有任何约束的草图绘制

4.2 草图捕捉

用户在绘制草图过程中，可以使用 Solidworks 提供的草图捕捉工具精确绘制图像。草图捕捉工具是绘制草图的辅助工具，它包括【草图捕捉设置】和【快速捕捉】两种捕捉模式。

4.2.1 草图捕捉设置

草图捕捉就是在绘制草图过程中根据自动判断的几何约束进行画线操作，这是一种自动几何约束的行为。草图捕捉模式共有 13 种常见捕捉类型，如图 4-3 所示。

在【系统选项 - 普通】对话框中设置了草图捕捉选项后，在绘制图形时会根据图形形状自动捕捉对象，光标处将显示捕捉类型符号，如图 4-4 所示，绘制直线时捕捉到某直线中点。

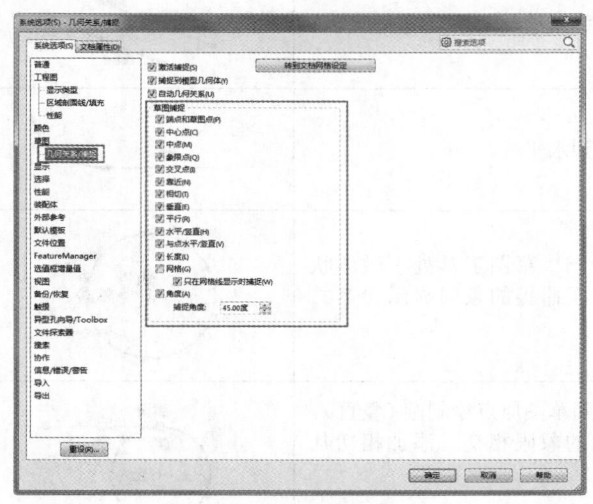

图 4–3　草图捕捉类型

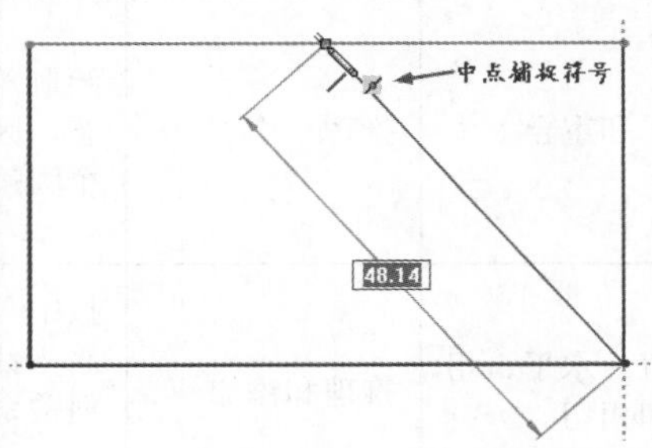

图 4–4　捕捉中点

4.2.2 快速捕捉

快速捕捉是草图过程中执行的单步草图捕捉，是临时捕捉工具。

在功能区的【草图】选项卡中单击【快速捕捉】按钮，展开【快速捕捉】的命令菜单，如图 4-5 所示。此命令菜单中的快速捕捉工具与前面介绍的草图捕捉设置中的工具是相同的，这里就不赘述了。

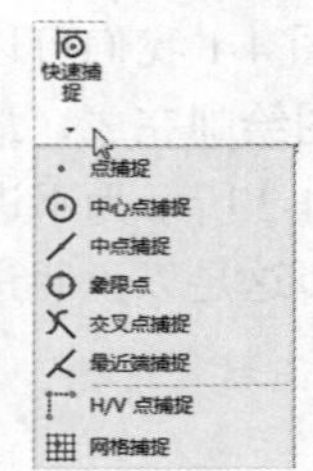

图 4–5 【快速捕捉】命令菜单

4.3 草图几何约束

草图几何约束为草图实体之间或草图实体与基准面、基准轴、边线或顶点之间的几何约束，可以自动或手动添加几何约束关系。

4.3.1 几何约束类型

几何约束其实也是草图捕捉的一种特殊方式。几何约束类型包括推理和添加。表 4-1 列出了 SolidWorks 草图模式中所有的几何约束关系。

表 4-1 草图几何约束关系

几何关系	类型	说明	图解
水平	推理	绘制水平线	
垂直	推理	按垂直于第一条直线的方向绘制第二条直线。草图工具处于激活状态，因此草图捕捉中点显示在直线上	
平行	推理	按平行几何关系绘制两条直线	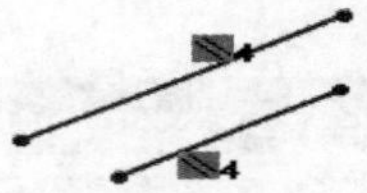
水平和相切	推理	添加切线弧到水平线	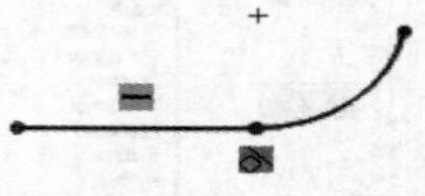
水平和重合	推理	绘制第二个圆。草图工具处于激活状态，因此草图捕捉的象限显示在第二个圆弧上	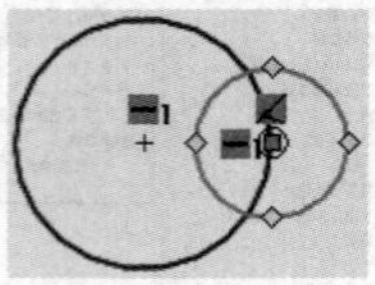
竖直、水平、相交和相切	推理和添加	按中心推理到草图原点绘制圆（竖直），水平线与圆的象限相交，添加相切几何关系	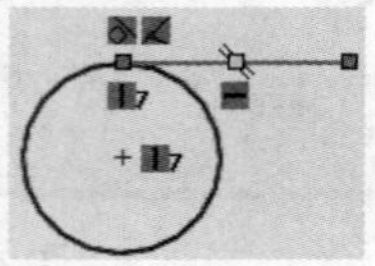

续表

几何关系	类型	说明	图解
水平、竖直和相等	推理和添加	推理水平和竖直几何关系，添加相等几何关系	
同心	添加	添加同心几何关系	

技术要点

推理类型的几何约束仅在绘制草图的过程中自动出现，而添加类型的几何约束则需要用户手动添加。

4.3.2　添加几何关系

一般来说，用户在绘制草图的过程中，系统会自动添加其几何约束关系。但是当【自动添加几何关系】的选项（系统选项）未被设置时，就需要用户手动添加几何约束关系了。在功能区的【草图】选项卡中单击【添加几何关系】按钮上，属性管理器中显示【添加几何关系】面板，如图 4-6 所示。当选择要添加几何关系的草图曲线后，【添加几何关系】选项区显示几何关系选项，如图 4-7 所示。

图 4–6 【添加几何关系】面板

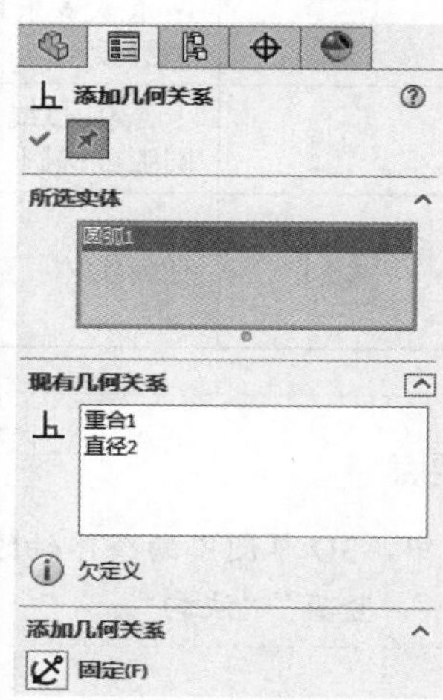

图 4–7　选择草图后显示几何关系选项

根据所选的草图曲线不同，则【添加几何关系】面板中的几何关系选项也会不同。表 4-2 说明了用户可为几何关系选择的草图曲线及所产生的几何关系的特点。

表 4-2　选择草图曲线所产生的几何关系及特点

几何关系	图标	要选择的草图	所产生的几何关系
水平或竖直		一条或多条直线，或两个或多个点	直线会变成水平或竖直（由当前草图的空间定义），而点会水平或竖直对齐
共线		两条或多条直线	项目位于同一条直线上
全等		两个或多个圆弧	项目会共用相同的圆心和半径
垂直		两条直线	两条直线相互垂直
平行		两条或多条直线，3D 草图中一条直线和一基准面	项目相互平行，直线平行于所选基准面
沿 *X*		3D 草图中一条直线和一基准面（或平面）	直线相对于所选基准面与 *YZ* 基准面平行
沿 *Y*		3D 草图中一条直线和一基准面（或平面）	直线相对于所选基准面与 *ZX* 基准面平行
沿 *Z*		3D 草图中一条直线和一基准面（或平面）	直线与所选基准面的面正交
相切		一圆弧、椭圆或样条曲线，以及一直线或圆弧	两个项目保持相切
同轴心		两个或多个圆弧，或一个点和一个圆弧	圆弧共用同一圆心
中点		两条直线或一个点和一条直线	点保持位于线段的中点
相交		两条直线和一个点	点位于直线、圆弧或椭圆上
重合		一个点和一直线、圆弧或椭圆	点位于直线、圆弧或椭圆上
相等		两条或多条直线，或两个或多个圆弧	直线长度或圆弧半径保持相等
对称		一条中心线和两个点、直线、圆弧或椭圆	项目保持与中心线相等距离，并位于一条与中心线垂直的直线上
固定		任何实体	草图曲线的大小和位置被固定。然而，固定直线的端点可以自由地沿其下无限长的直线移动

技术要点

在表 4-2 中，3D 草图中的整体轴的几何关系称为“沿 *X*”“沿 *Y*”“沿 *Z*”，而在 2D 草图中则称为“水平”“竖直”“法向”。

4.3.3　显示 / 删除几何关系

用户可以使用【显示 / 删除几何关系】工具将草图中的几何约束保留或删除。在功能区的【草图】选项卡中单击【显示 / 删除几何关系】按钮，属性管理器中显示【显示 / 删除几何关系】面板，如图 4-8 所示。

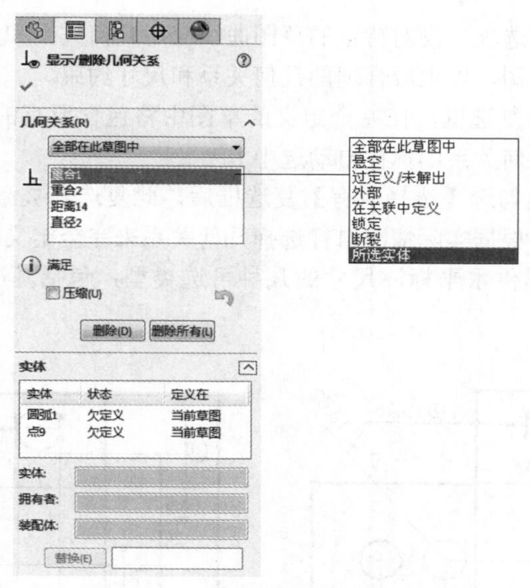

图 4-8 【显示 / 删除几何关系】面板

用户也可以在【几何关系】列表中选择右键菜单中的【删除】命令或【删除所有】命令，将所选几何关系删除或全部删除。

4.3.4 完全定义草图

当绘制的草图欠定义时，可使用【完全定义草图】工具来自动补齐所缺失的几何约束或尺寸约束。

在菜单栏中执行【工具】/【尺寸】/【完全定义草图】命令，在属性管理器中显示【完全定义草图】面板，如图 4-9 所示。

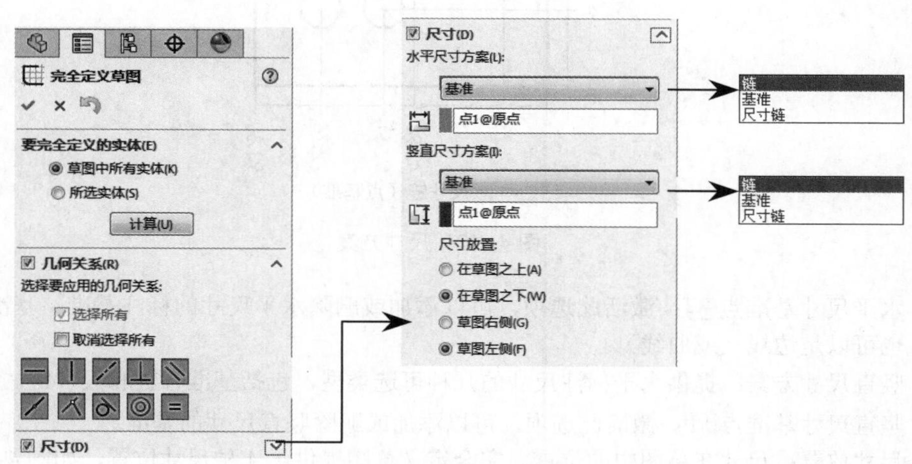

图 4-9 【完全定义草图】面板

【完全定义草图】面板中各选项区选项及按钮工具的含义如下。

- 草图中所有实体：选中此选项，将对草图中所有曲线几何，应用几何关系和尺寸的组合来完全定义。
- 所选实体：选中此选项，仅对特定的草图曲线应用几何关系和尺寸。
- 计算：分析当前草图，以生成合理的几何关系和尺寸约束。
- 选择所有：勾选此复选框，在完全定义的草图中将包含所有的几何关系（【几何关系】选项区下方所有的几何关系图标被自动选中）。
- 取消选择所有：当勾选【选择所有】复选框后，此复选项被激活。勾选【取消选择所有】复选框，用户可以根据实际情况自行选择几何关系来完全定义草图。
- 水平尺寸方案：提供水平标注尺寸的几种可选类型，包括基准、链和尺寸链，如图 4-10 所示。

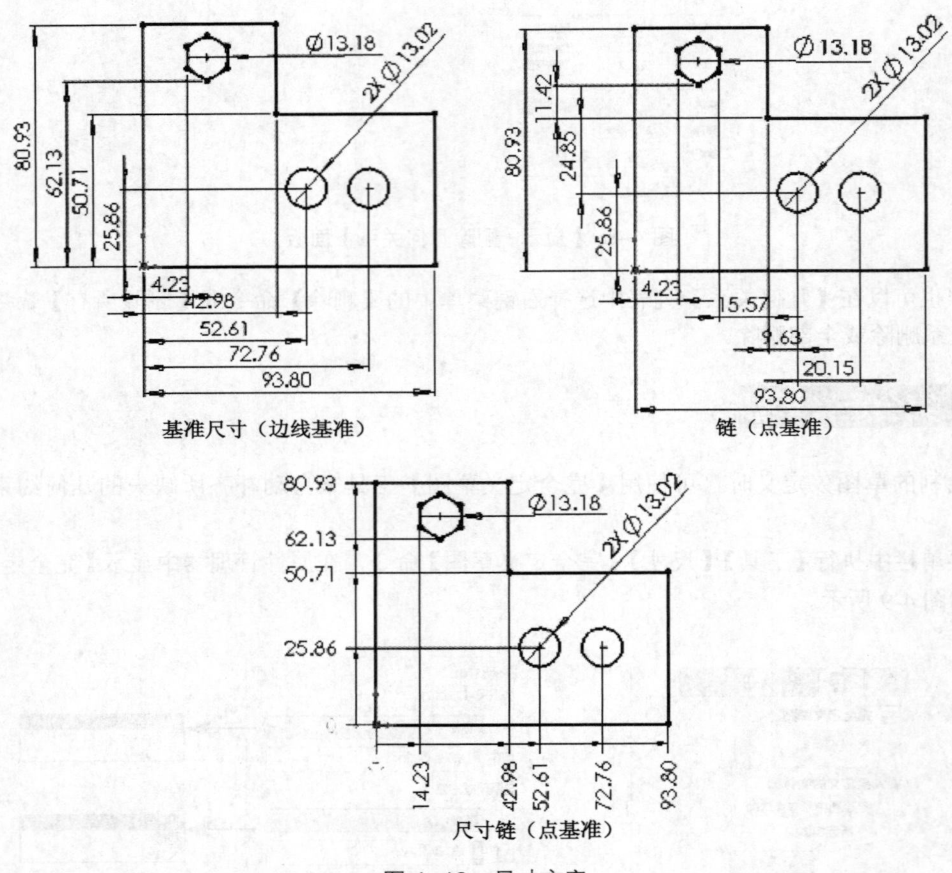

图 4-10　尺寸方案

- 水平尺寸基准点：激活此选项，可以添加或删除水平尺寸的标注基准。基准可以是点，也可以是边线（或曲线）。
- 竖直尺寸方案：提供水平标注尺寸的几种可选类型，包括基准、链和尺寸链。
- 竖直尺寸基准点：激活此选项，可以添加或删除竖直尺寸的基准。
- 尺寸放置：尺寸在草图中的位置。完全定义草图提供了 4 种尺寸位置，如图 4-11 所示。

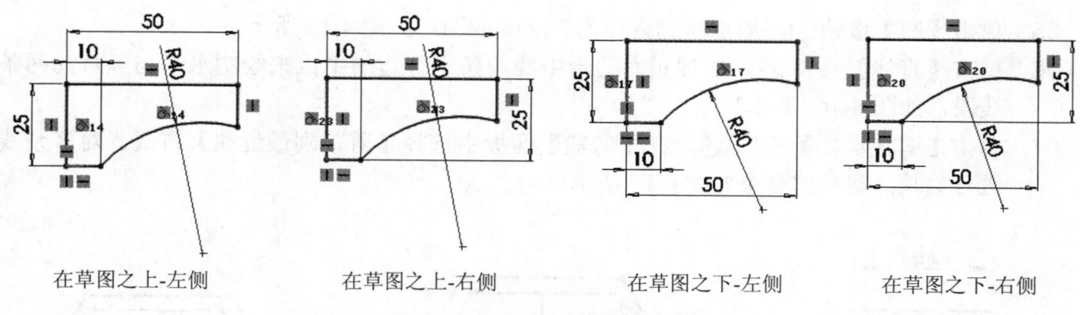

图 4-11　4 种尺寸放置方式

上机操作——绘制草图时使用几何约束

使用直线、拐角、旋转调整大小、圆角等操作来绘制和编辑图 4-12 所示的草图。一个完整的草图离不开几何约束，更离不开尺寸约束，少了其中之一，便不能精准绘制草图。所以本例中虽然以使用几何约束为讲解目的，但尺寸约束也会一起使用。

01　启动 SolidWorks，新建零件文件。

02　在【草图】选项卡中单击【草图绘制】按钮，选择上视基准面作为草图平面并进入草图环境中。

03　在【草图】选项卡中单击【多边形】按钮，拾取坐标原点作为辅助内接圆圆心，绘制正六边形，标注边长为 20mm，添加多边形的上边“使水平”的几何关系，草图被完全定义，如图 4-13 所示。

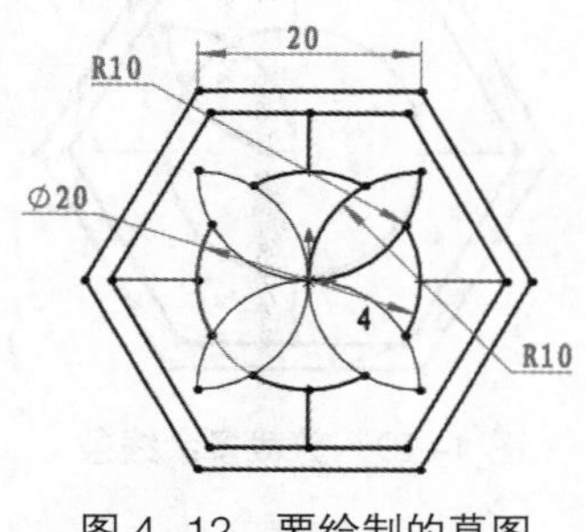

图 4-12　要绘制的草图

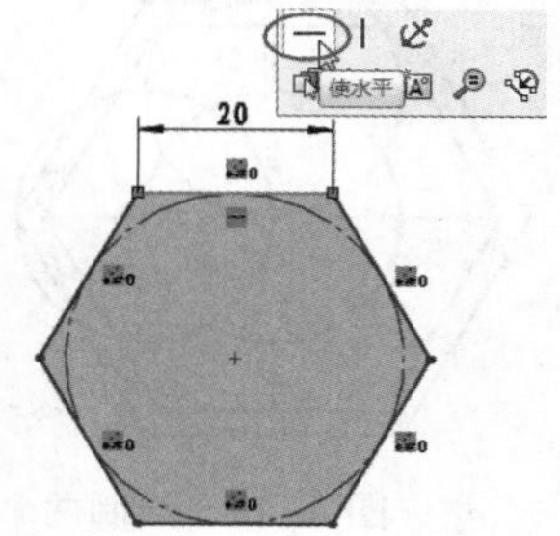

图 4-13　绘制正六边形

04　单击【等距实体】按钮，在【等距实体】面板中设置等距距离为 2mm，勾选【选择链】选项和【反向】选项，再选择正六边形来创建等距偏移曲线，如图 4-14 所示。

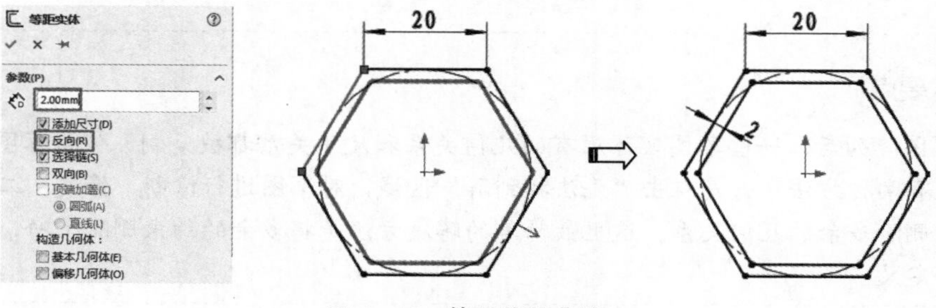

图 4-14　等距偏移曲线

05 单击【圆】按钮⊙在原点绘制直径为 20mm 的圆，如图 4-15 所示。

06 单击【直线】按钮╱，捕捉正六边形中的两条平行边的中点来绘制水平与竖直的两条直线段，如图 4-16 所示。

07 单击【剪裁实体】按钮✂，在【剪裁】面板中选择【剪裁到最近端】方式，对多余线条进行剪裁，剪裁的结果如图 4-17 所示。

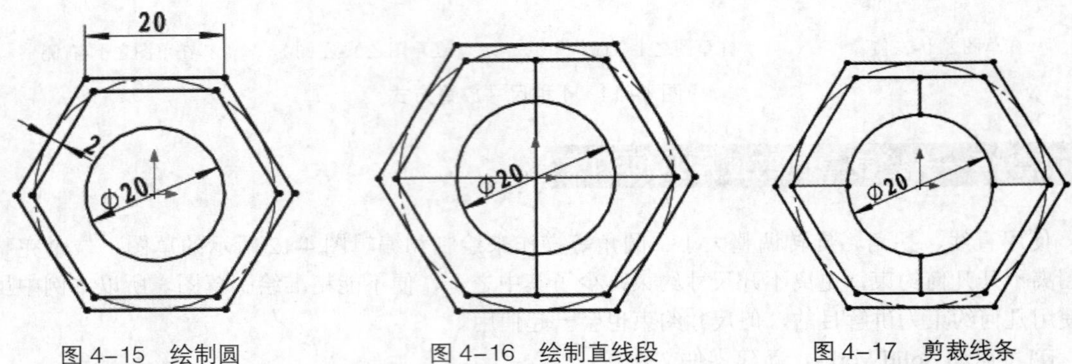

图 4-15 绘制圆　　图 4-16 绘制直线段　　图 4-17 剪裁线条

08 单击【圆】按钮⊙，在圆与直线段相交的交点上分别绘制两个直径均为 20mm 的圆，如图 4-18 所示。

09 再使用【剪裁实体】工具✂将多余线条剪裁掉，剪裁后的结果如图 4-19 所示。

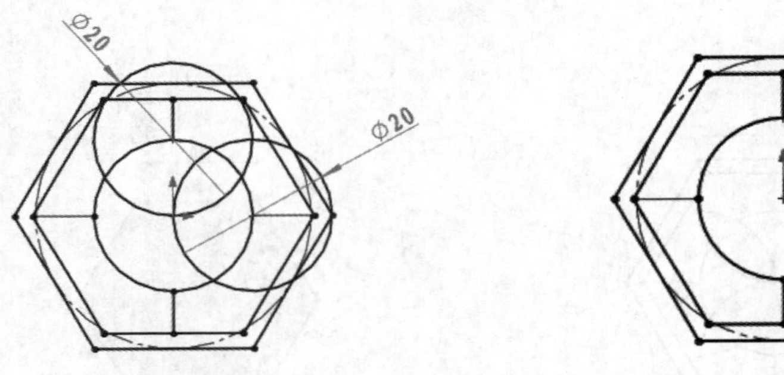

图 4-18 绘制两个圆　　图 4-19 剪裁多余线条

10 单击【圆周草图阵列】按钮，选择剪裁剩下呈花瓣状的两个圆弧作为“要阵列的实体”，选择原点为阵列中心，数量输入 4，勾选【等间距】选项，进行阵列，如图 4-20 所示。

11 单击【确认】按钮✔后，草图中的曲线及约束全变成红色显示，并在状态栏中提示“无法找到解”信息，如图 4-21 所示。

技术要点

圆周草图阵列后，一些草图实体原有的几何关系和尺寸关系都被复制，使得草图“过定义”。解决过定义有两种方法：一是双击“无法找到解”区域，对草图进行诊断、修复；二是直接在图形区域中删除多余的几何关系。这里最简单的解决方法是将多余的约束删除干净，过定义即可变为完全定义。

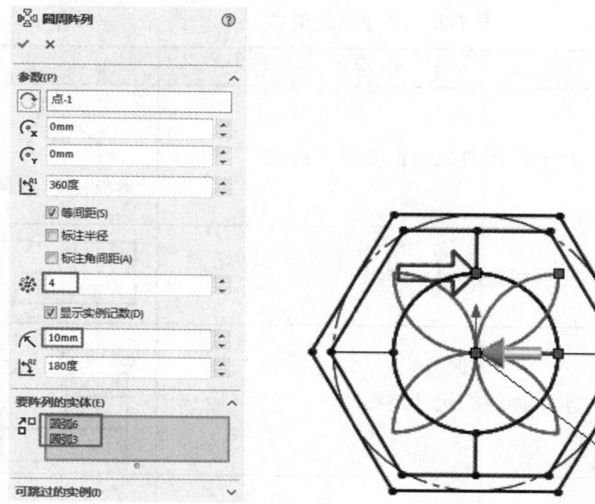

图 4-20　圆周草图阵列圆弧

12　使用【剪裁实体】工具剪裁多余线条，草图的状态转变成完全定义状态，如图 4-22 所示。

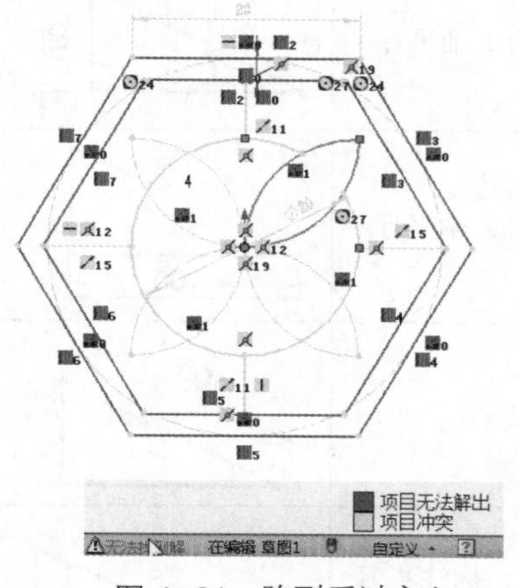

图 4-21　阵列后过定义

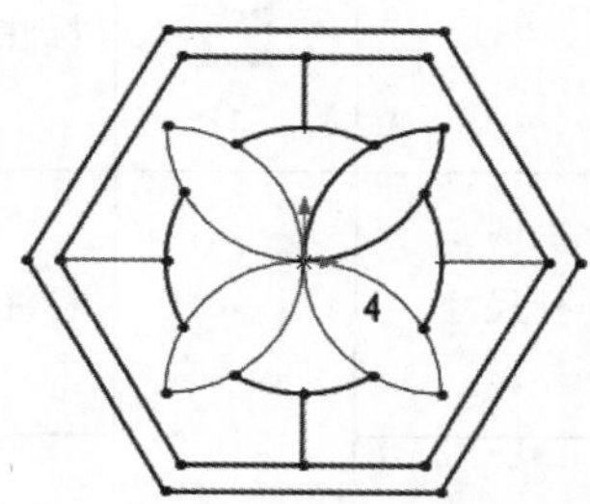

图 4-22　绘制完成的草图

4.4 草图尺寸约束

尺寸约束就是给草图中的曲线进行定位及定形，使草图满足设计者的要求并让草图固定。在【草图】选项卡中的【智能尺寸】工具下拉菜单中包含 7 种尺寸约束类型，如图 4-23 所示。其中【智能尺寸】类型就包含了水平尺寸标注和竖直尺寸标注。

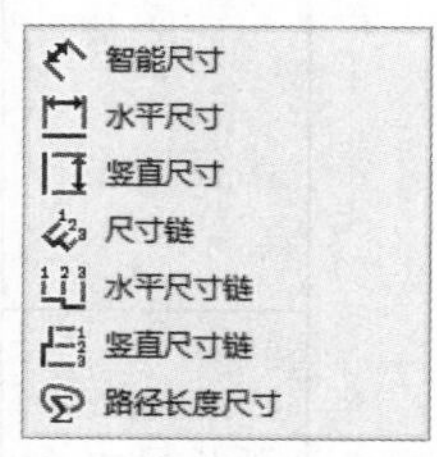

图 4-23　7 种草图尺寸约束类型

智能尺寸是系统自动判断选择对象并进行对应的尺寸标注。这种类型的好处是标注灵活，由一个对象可标注出多个尺寸约束。但由于此类型几乎包含了所有的尺寸标注类型，所以针对性不强，有时也会产生不便。

表 4-3 中列出了 SolidWorks 的所有尺寸标注类型。

表 4-3　尺寸标注类型

尺寸标注类型		图标	说明	图解
路径长度尺寸			对于连续曲线的长度尺寸约束	 路径长度 35.47
竖直尺寸链			竖直标注的尺寸链组	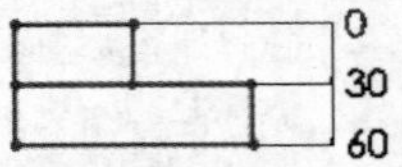 0 30 60
水平尺寸链			水平标注的尺寸链组	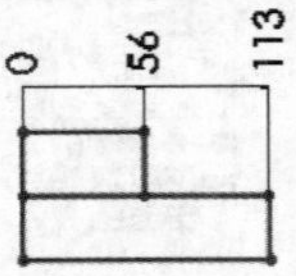 0 56 113
尺寸链			从工程图或草图中的零坐标开始测量的尺寸链组	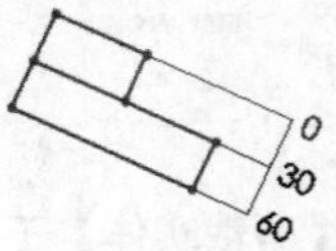 0 30 60
竖直尺寸			标注的尺寸总是与坐标系的 *Y* 轴平行	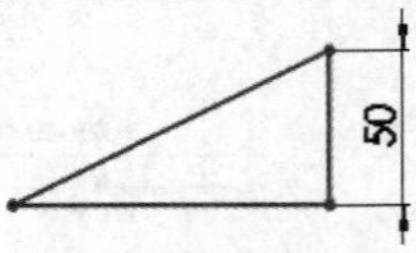 50
水平尺寸			标注的尺寸总是与坐标系的 *X* 轴平行	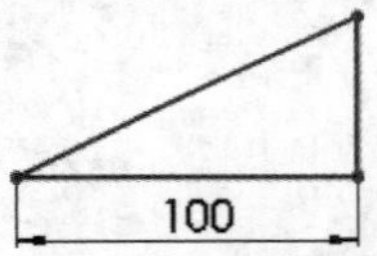 100
智能尺寸	平行尺寸		标注的尺寸总是与所选对象平行	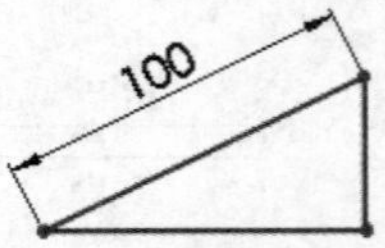 100
	角度尺寸		指定以线性尺寸（非径向）标注直径尺寸，且与轴平行	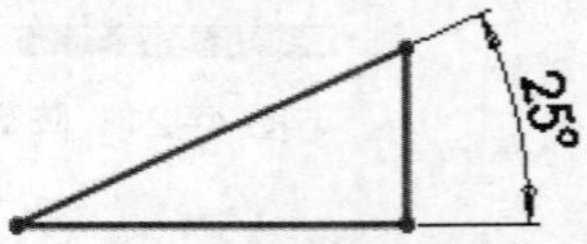 25°
	直径尺寸		标注圆或圆弧的直径尺寸	⌀70
	半径尺寸		标注圆或圆弧的半径尺寸	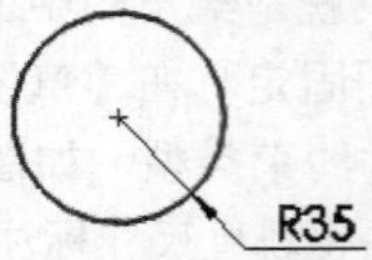 R35
	弧长尺寸		标注圆弧的弧长尺寸。标注方法是先选择圆弧，然后依次选择圆弧的两个端点	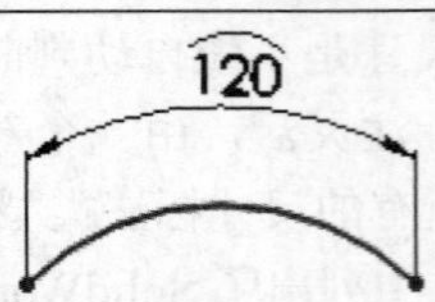 120

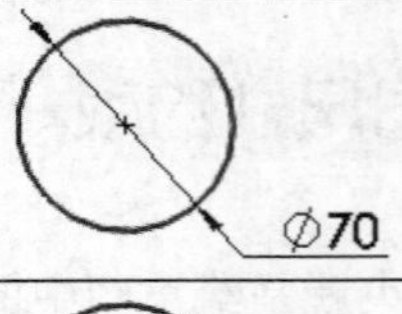

技术要点

尺寸链有两种方式，一种是链尺寸，另一种是基准尺寸。基准尺寸主要用来标注孔在模型中的具体位置，如图 4-24 所示。要使用基准尺寸，在系统选项设置的【文档属性】选项卡下【尺寸链】选项的【尺寸标注方法】选项组中单击【基准尺寸】单选按钮即可。

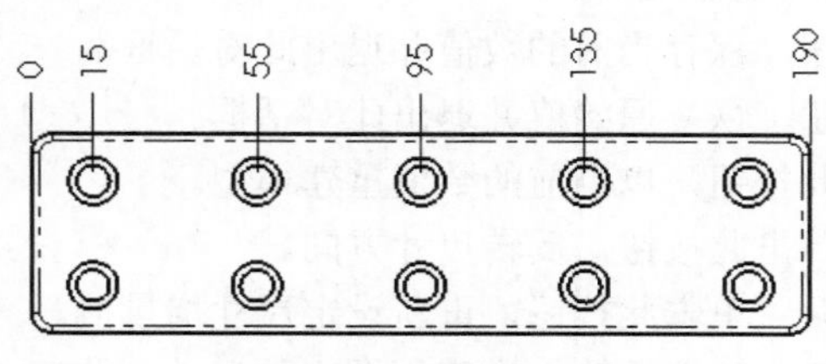

图 4-24　基于孔的基准尺寸标注

4.4.1　草图尺寸设置

在功能区的【草图】选项卡中单击【智能尺寸】按钮或单击其他尺寸标注按钮，用户可以在图形区为草图标注尺寸，标注尺寸后属性管理器中显示【尺寸】面板。

技术要点

在标注尺寸的过程中，属性管理器中显示【线条属性】面板，通过该面板可为草图曲线定义几何约束。

【尺寸】面板中包括 3 个选项卡：【数值】【引线】【其他】。【数值】选项卡的选项设置如图 4-25 所示；【引线】选项卡的选项设置如图 4-26 所示；【其他】选项卡的选项设置如图 4-27 所示。

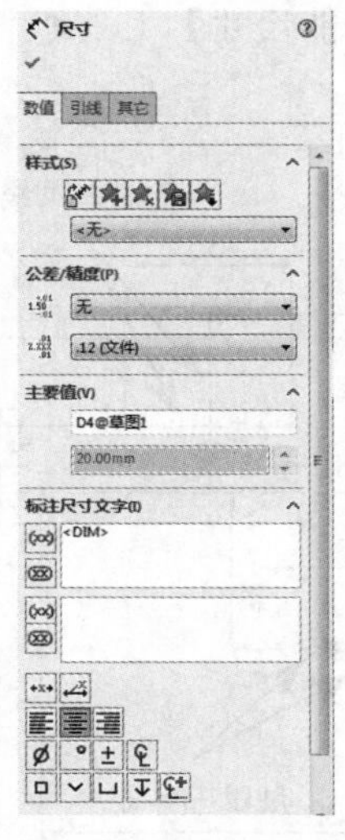

图 4-25 【数值】选项卡

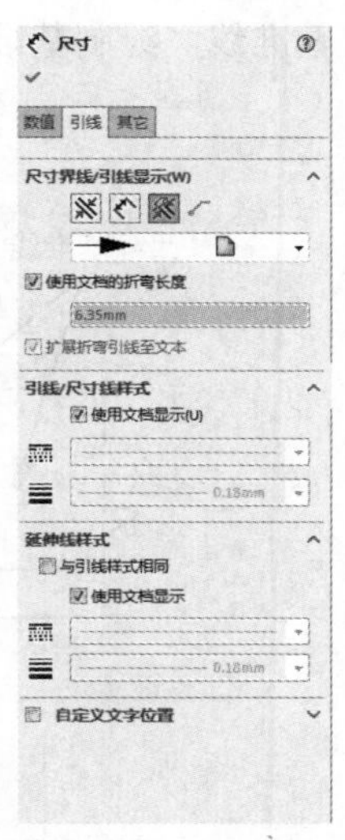

图 4-26 【引线】选项卡

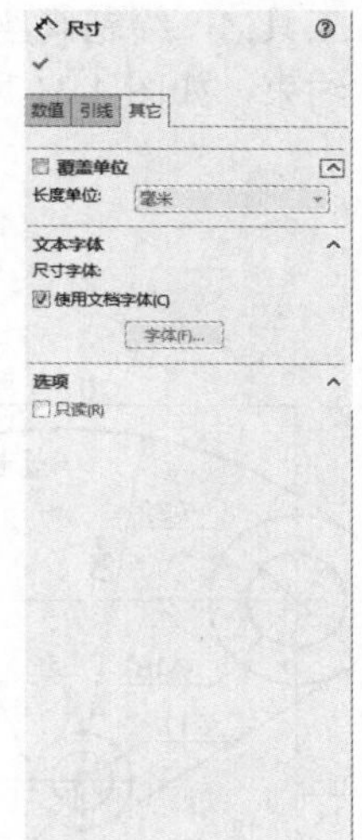

图 4-27 【其他】选项卡

4.4.2 尺寸修改

当尺寸不符合设计要求时，就需要重新修改。尺寸的修改可以通过【尺寸】面板，也可以通过【修改】对话框。

在草图中双击标注的尺寸，系统将弹出【修改】对话框，如图4-28所示。

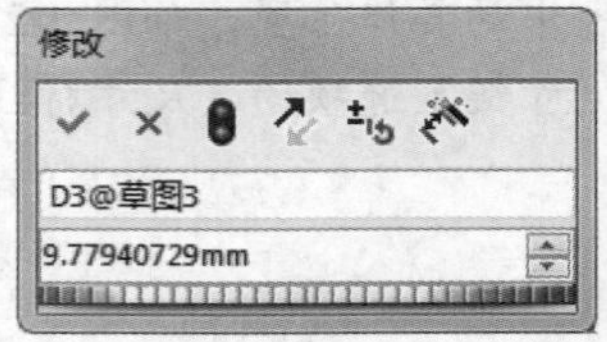

图 4-28 【修改】对话框

【修改】对话框中按钮工具的含义如下。

- 保存✔：单击此按钮，保存当前的数值并退出此对话框。
- 恢复✖：单击此按钮，恢复原始值并退出此对话框。
- 重建模型：单击此按钮，以当前的数值重建模型。
- 反转尺寸方向：单击此按钮，反转尺寸方向。
- 重设选值框增量值：单击此按钮，重新设定尺寸增量值。
- 标注：单击此按钮，标注要输入进工程图中的尺寸。此工具仅在零件和装配体模式中可用。当插入模型项目到工程图中时，可插入所有尺寸或只插入标注的尺寸。

要修改尺寸数值，可以输入数值；可以单击微调按钮；可以单击微型旋轮；还可以在图形区滚动鼠标滚轮。

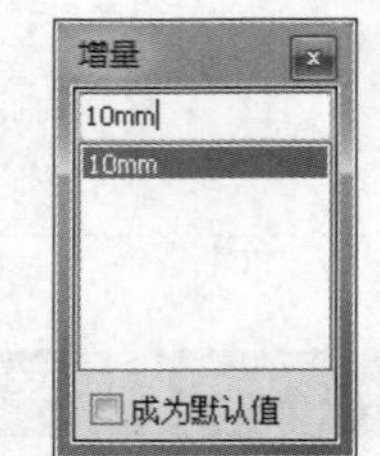

图 4-29 【增量】对话框

默认情况下，除直接输入尺寸值外，其他几种修改方法都是以10的增量在增加或减少尺寸值。用户可以单击【重设选值框增量值】按钮，在随后弹出的【增量】对话框中设置自定义的尺寸增量值，如图4-29所示。

修改增量值后，勾选【增量】对话框中的【成为默认值】复选框，新设定的值就成为以后的默认增量值。

上机操作——绘制草图时使用尺寸约束

本例中要绘制的阀座草图如图4-30所示。

01 新建零件文件。

02 单击【草图绘制】按钮，选择前视基准面作为草图平面进入草图环境中。使用【中心线】工具，绘制阀座草图的尺寸基准线，绘制基准线后使用【智能尺寸】工具添加尺寸约束，如图4-31所示。

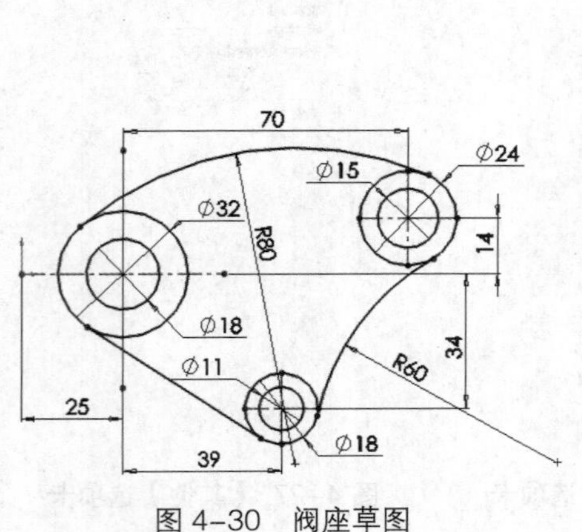

图 4-30 阀座草图

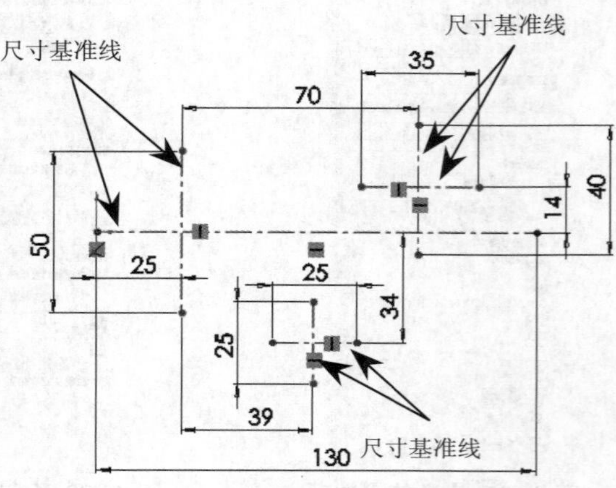

图 4-31 绘制尺寸基准线

03　在【草图】选项卡中单击【圆】按钮，绘制出 6 个圆并添加尺寸约束，如图 4-32 所示。这 6 个圆也是整个草图的主要轮廓曲线——为已知线段，接下来绘制连接线段就很方便了。

技术要点

要在尺寸基准相交点位置上准确地绘制出圆，必须在菜单栏中执行【选项】/【系统选项】命令，然后在弹出的【系统选项 - 普通】对话框中设置【草图】/【几何关系 / 捕捉】/【相交点】选项，而其他选项不要勾选。

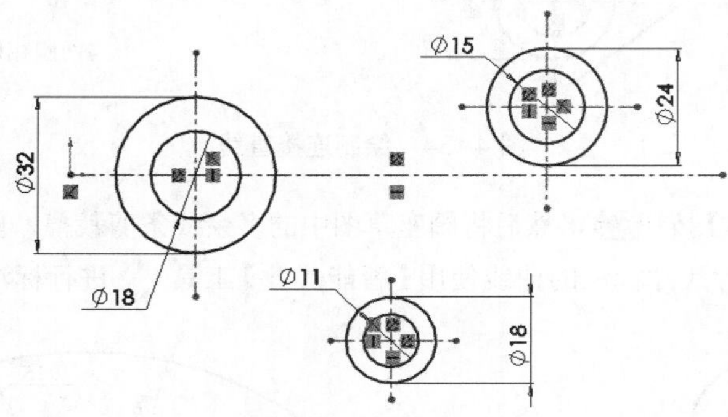

图 4-32　绘制已知轮廓曲线——6 个圆

04　单击【3 点画弧】按钮，然后按图 4-33 所示的操作步骤，绘制两圆之间相切的连接圆弧。

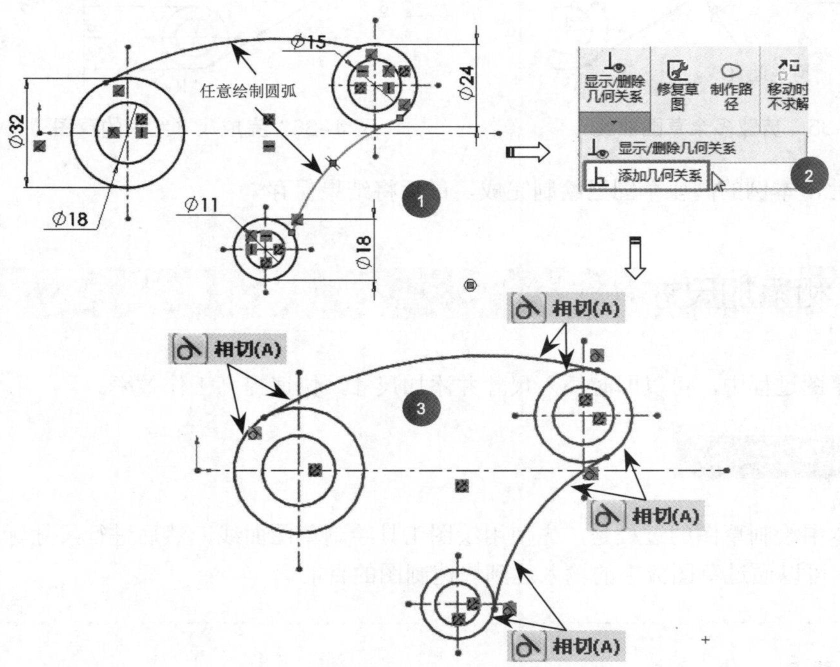

图 4-33　绘制相切的连接圆弧

05　在【草图】选项卡中单击【直线】按钮，然后在两圆之间绘制连接直线，且几何约束该直线与两圆相切，如图 4-34 所示。

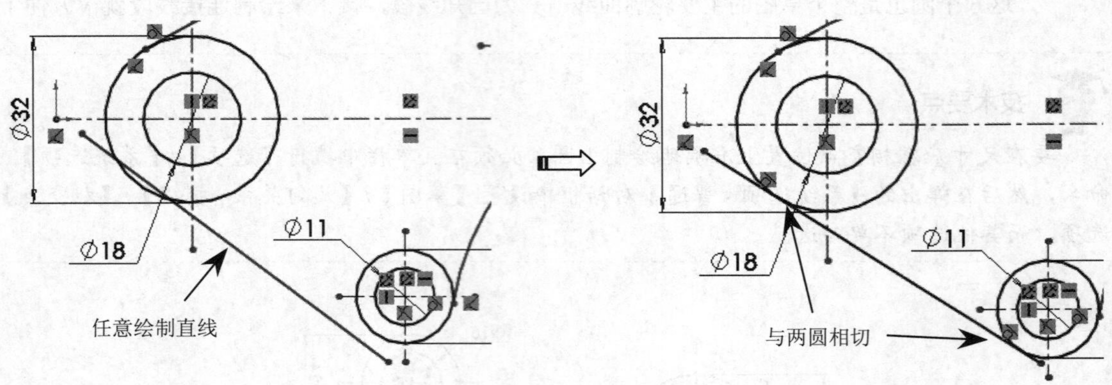

图 4–34　绘制连接直线

06　单击【剪裁实体】按钮 ，然后将阀座草图中的多余线条剪裁掉，剪裁结果如图 4-35 所示。

07　对草图中未进行尺寸标注的曲线使用【智能尺寸】工具 进行标注，结果如图 4-36 所示。

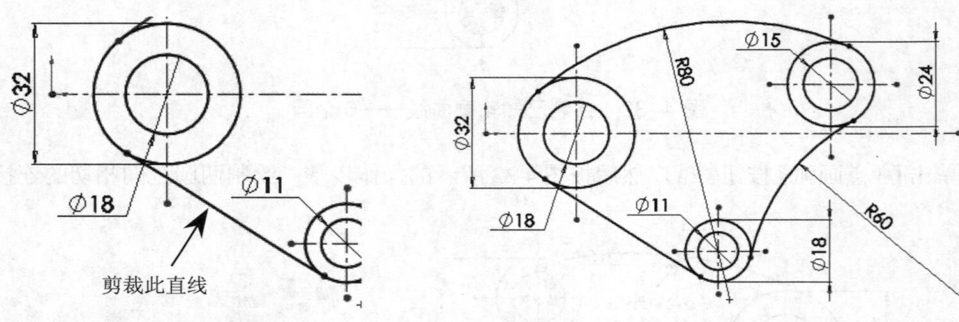

图 4–35　剪裁多余草图曲线　　　图 4–36　完成尺寸约束的草图

08　至此，本例的阀座草图已绘制完成，最后将结果保存。

4.5 插入和添加尺寸

在绘制草图过程中，可以即时插入尺寸并添加尺寸，快速提高工作效率。

4.5.1 草图数字输入

在旧版本中绘制草图的过程是：先使用绘图工具绘制草图曲线，然后进行尺寸标注，既费时又麻烦。现在，可以通过草图数字的输入达到快速制图的目的。

技术要点

【草图数字输入】工具仅对直线、矩形、圆、圆弧和槽口 5 种曲线有效。

要想运用此功能，在【系统选项 - 普通】对话框的【草图】选项页面中勾选【在生成实体时启用荧屏上数字输入】复选框即可，如图 4-37 所示。

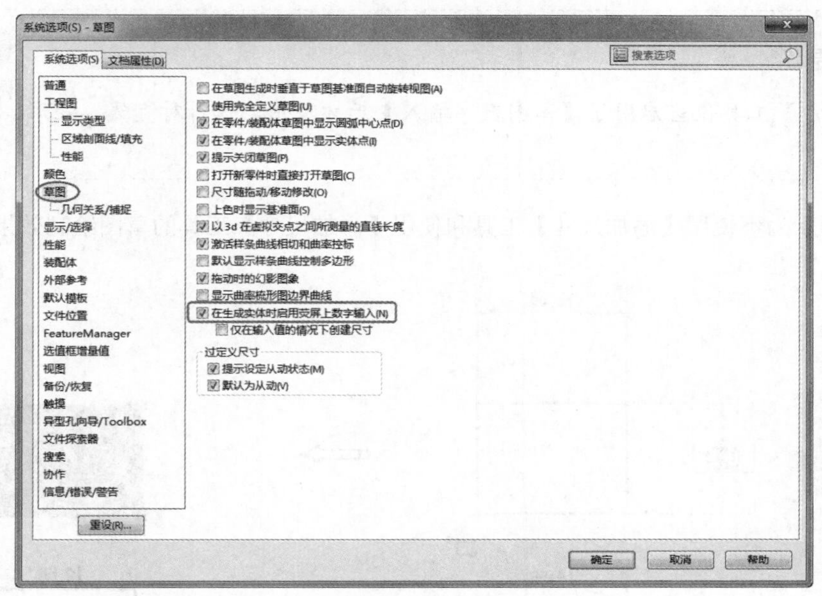

图 4–37　启用数字输入功能

或者通过【自定义】工具将草图环境中的【草图数字输入】工具调出来，必要时单击此按钮即可使用【草图数字输入】工具，如图 4-38 所示。

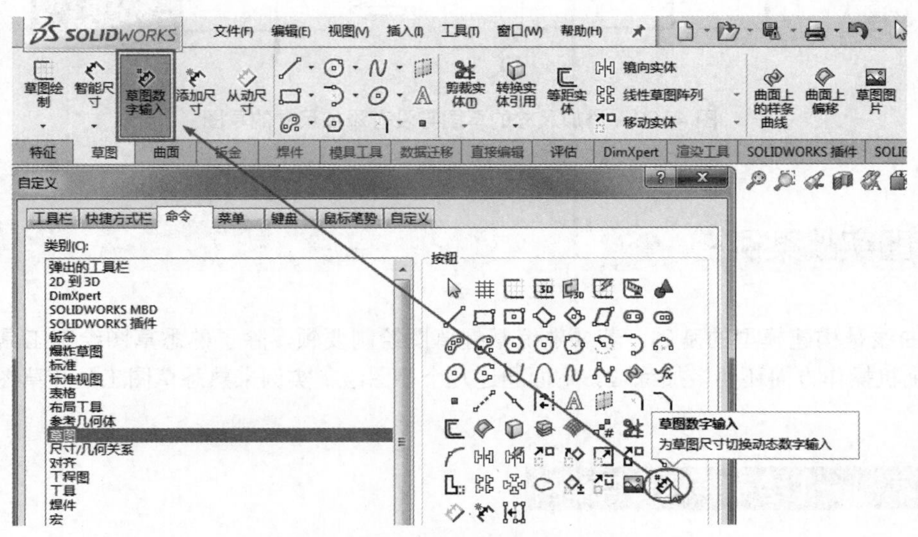

图 4–38　调出【草图数字输入】工具

4.5.2　添加尺寸

在绘制草图过程中，若使用【添加尺寸】工具，到草图曲线绘制结束时可以自动为曲线添加尺寸约束，并显示标注的尺寸。【添加尺寸】工具需要用户自定义添加，默认的草图界面中并没有此工具。

技术要点

【添加尺寸】工具仅当启用了【草图数字输入】后才可用，仅针对直线、矩形、圆和圆弧等曲线。

图 4-39 所示为不使用【添加尺寸】工具和使用【添加尺寸】工具的草图绘制效果对比。

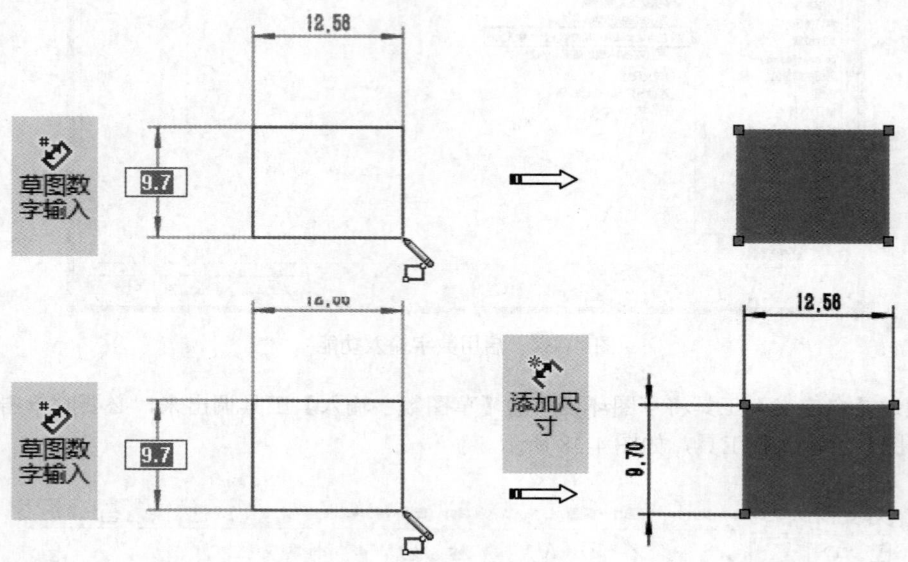

图 4-39 添加尺寸的草图与没有添加尺寸的草图

4.6 草图实战案例

草图曲线是构建模型的基础，若要熟练掌握草图绘制要领，除了熟悉草图绘制工具外，在草图绘制的上机操作方面还要多加练习。下面通过几个草图绘制实例来熟悉草图工具和草图约束工具的用法。

4.6.1 案例一：绘制手柄支架草图

要绘制一个完整的平面图形，需要对图形进行尺寸分析，本例手柄支架图形主要有尺寸基准、定位尺寸和定形尺寸。从对图形进行线段分析来看，包括已知线段、连接线段和中间线段。

在绘制图形的过程中，会使用直线、中心线、圆、圆弧、等距实体、移动实体、剪裁实体、几何约束、尺寸约束等工具来完成草图绘制。

要绘制的手柄支架草图如图 4-40 所示。

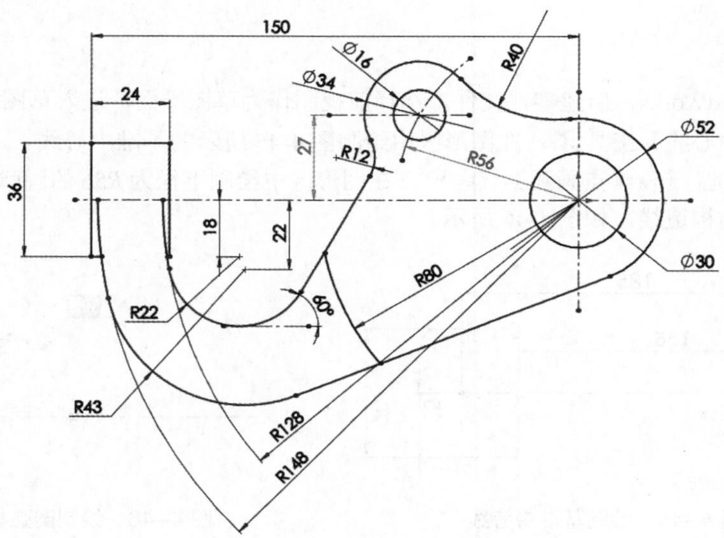

图 4-40　手柄支架草图

绘制手柄支架草图的步骤如下。

（1）先绘制出基准线和定位线，如图 4-41 所示。

（2）画已知线段。如标注尺寸的线段，如图 4-42 所示。

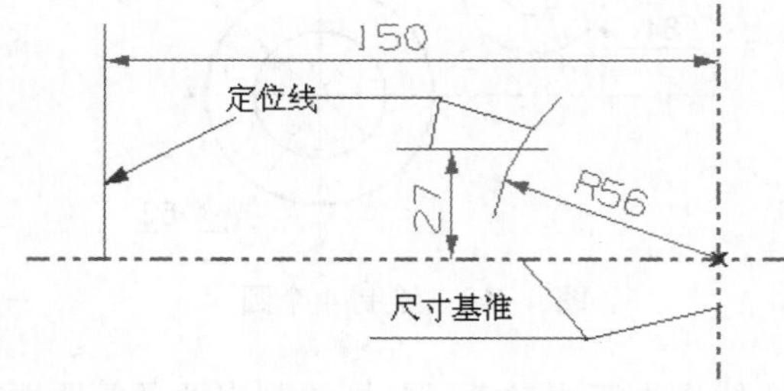

图 4-41　画基准线、定位线

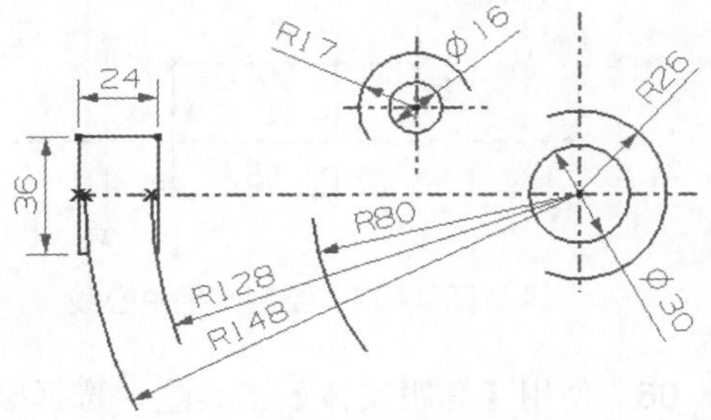

图 4-42　画已知线段

（3）画中间线段，如图 4-43 所示。

（4）画连接线段，如图 4-44 所示。

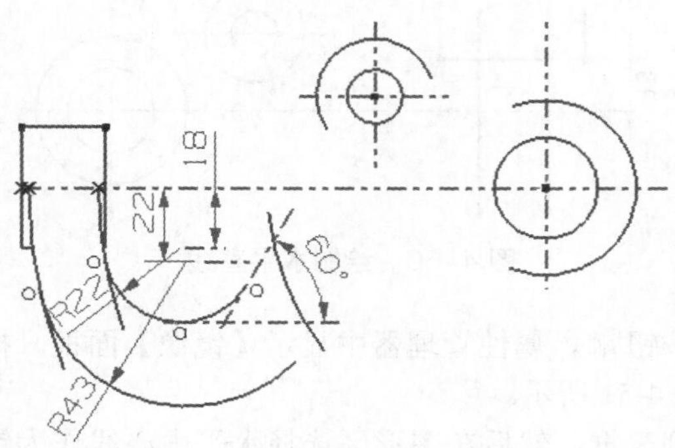

图 4-43　画中间线段

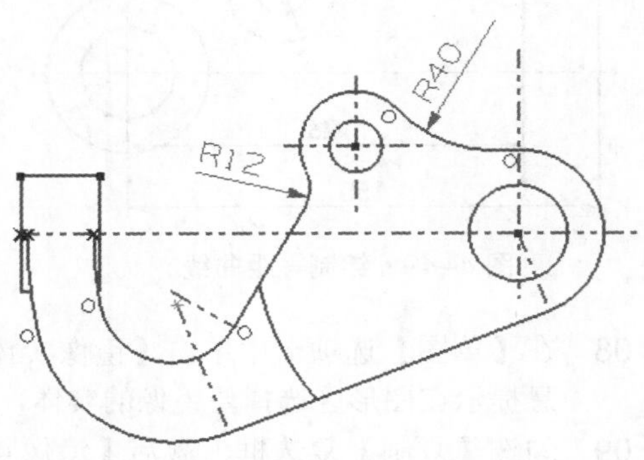

图 4-44　画连接线段

操作步骤

01 启动 SolidWorks，新建零件文件。选择前视图作为草图平面，进入草图环境。

02 使用【中心线】工具，在图形区中绘制图 4-45 所示的基准中心线。

03 使用【圆心 / 起 / 终点画弧】工具，在图形区中绘制半径为 $R56$ 的圆弧，并将此圆弧（实线）设为构造线，如图 4-46 所示。

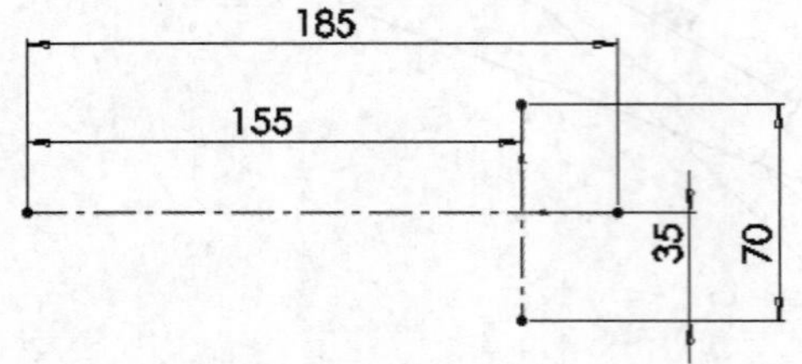

图 4–45　绘制基准中心线

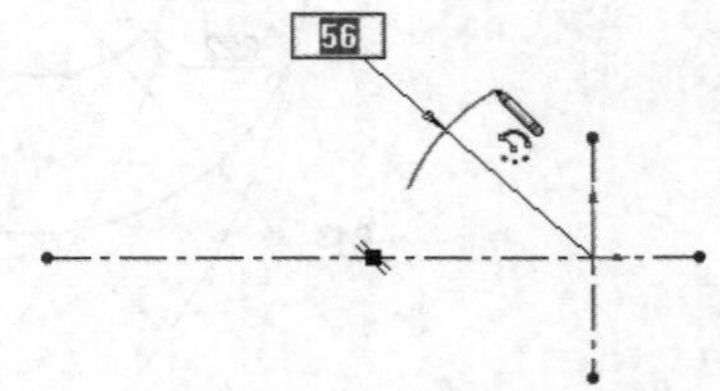

图 4–46　绘制圆弧构造线

04 使用【中心线】工具，绘制一条与圆弧相交的水平中心线，如图 4-47 所示。

05 使用【圆】工具在图形区中绘制 4 个圆，直径分别为 ∅52、∅30、∅34 和 ∅16，如图 4-48 所示。

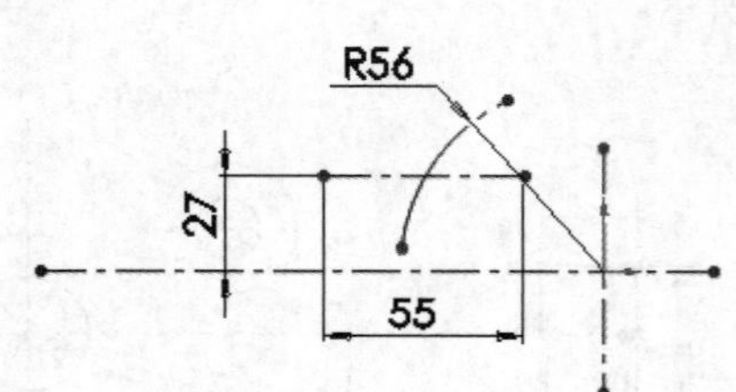

图 4–47　绘制水平中心线

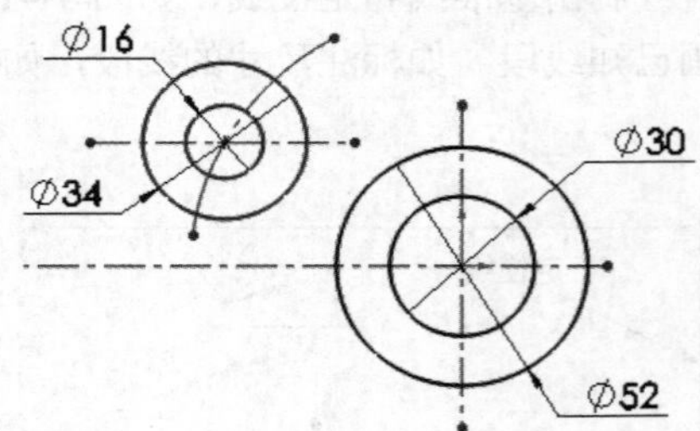

图 4–48　绘制 4 个圆

06 使用【等距实体】工具，选择竖直中心线作为等距参考，分别绘制出两条等距距离为 150 和 126 的等距曲线，如图 4-49 所示。

07 使用【直线】工具绘制出图 4-50 所示的长度为 50 的水平直线。

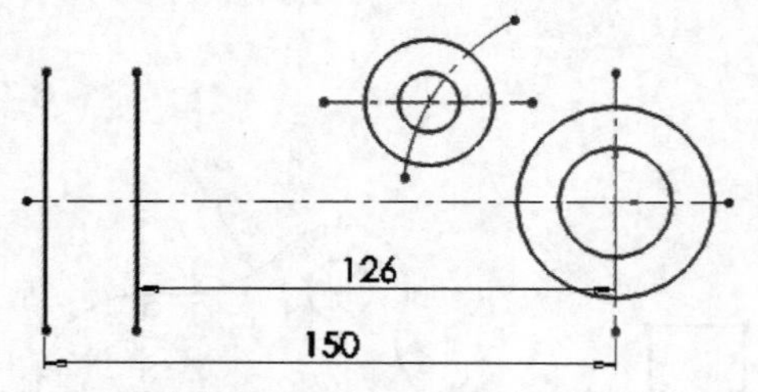

图 4–49　绘制等距曲线

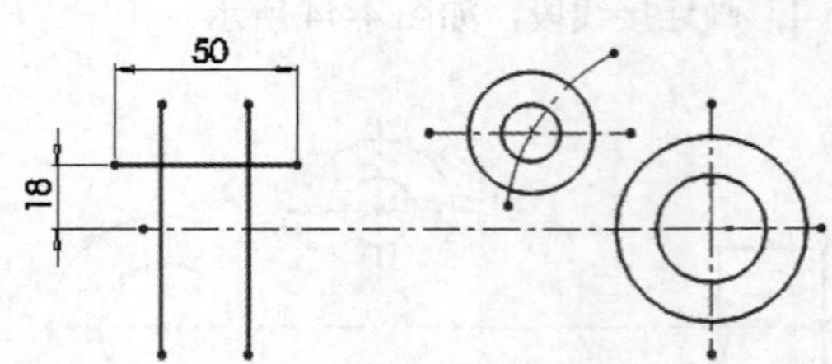

图 4–50　绘制水平直线

08 在【草图】选项卡中单击【镜像实体】按钮，属性管理器中显示【镜像】面板。按信息提示在图形区选择要镜像的实体，如图 4-51 所示。

09 勾选【复制】复选框，激活【镜像点】列表框，然后在图形区选择水平中心线作为镜像中心线，如图 4-52 所示。

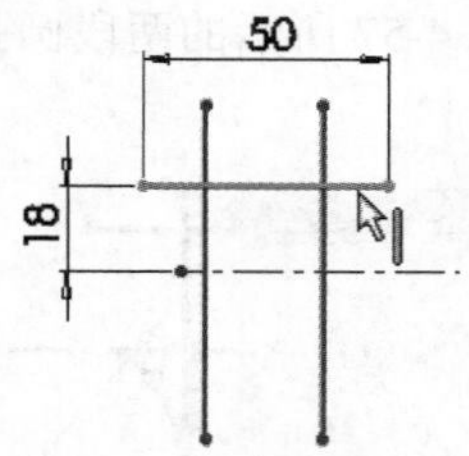

图 4–51　选择要镜像的实体

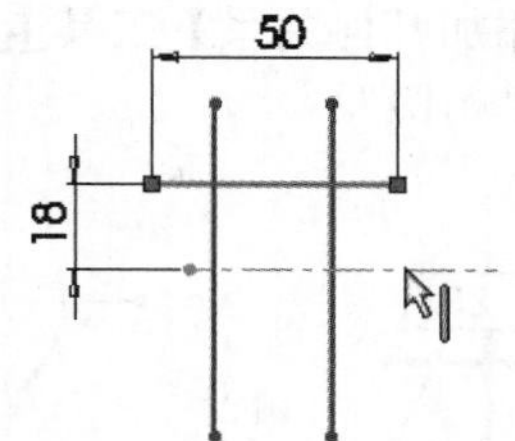

图 4–52　选择镜像中心线

10　单击【确定】按钮 ，完成镜像操作，如图 4-53 所示。

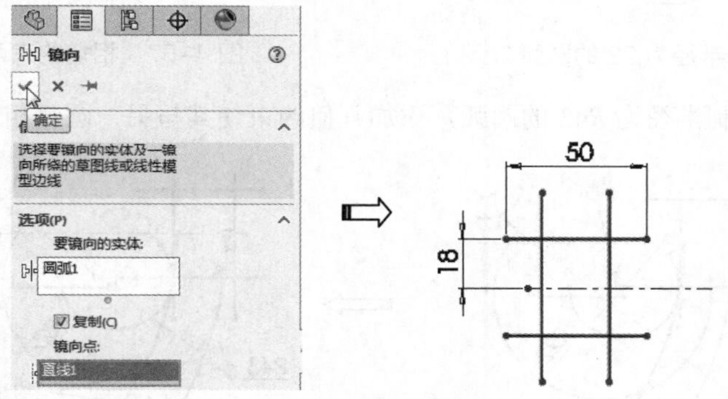

图 4–53　完成镜像操作

11　使用【圆心 / 起 / 终点画弧】工具 ，在图形区分别绘制两段半径为 *R*148 和 *R*128 的圆弧，如图 4-54 所示。

技术要点

如果绘制的圆弧不是希望的圆弧而是圆弧的补弧时，那么在确定圆弧的终点时可以顺时针或逆时针地调整所需要的圆弧。

12　使用【直线】工具 ，绘制两条水平短直线，如图 4-55 所示。

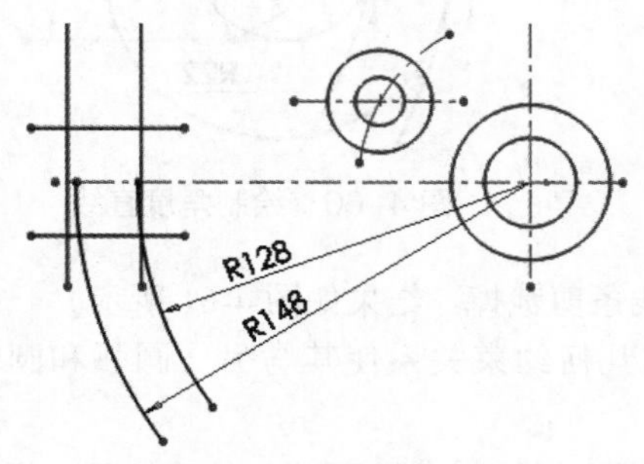

图 4–54　绘制两段圆弧

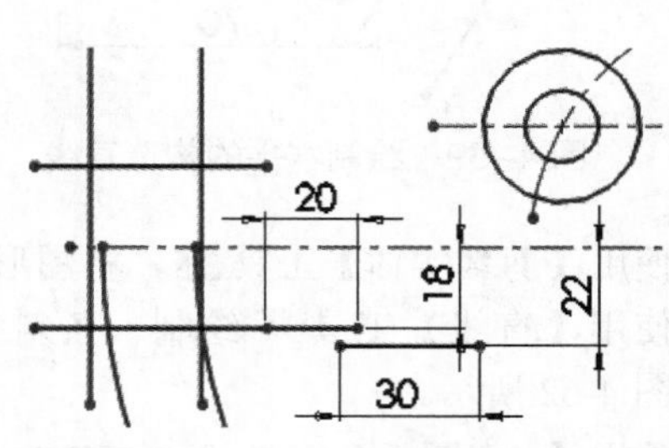

图 4–55　绘制水平短直线

13　使用【添加几何关系】工具 添加几何关系，将前面绘制的所有草图曲线固定。

14　使用【圆心 / 起 / 终点画弧】工具 ，在图形区绘制半径为 *R*22 的圆弧，如图 4-56 所示。

15 使用【添加几何关系】工具 添加几何关系，选择图 4-57 所示的两段圆弧，添加几何关系类型为“相切”。

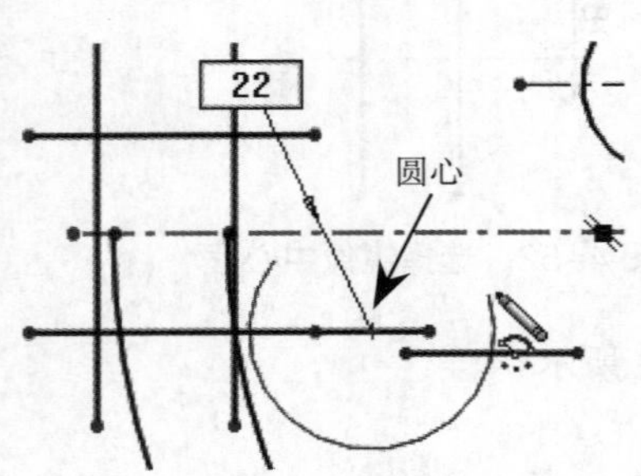

图 4–56 绘制半径为 22 的圆弧

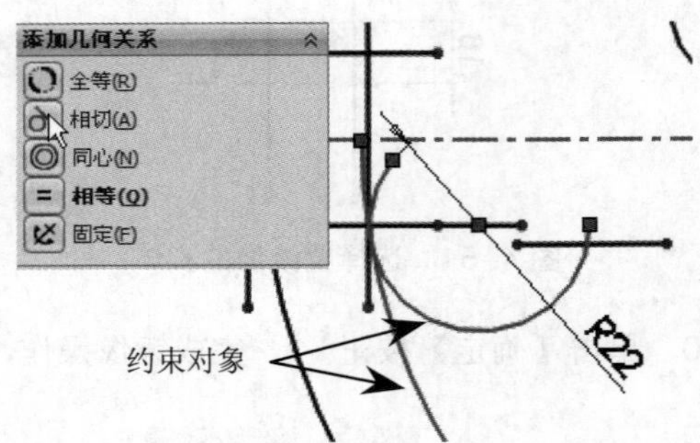

图 4–57 相切约束两圆弧

16 同理，再绘制半径为 *R*43 的圆弧，添加几何约束使其与另一圆弧相切，如图 4-58 所示。

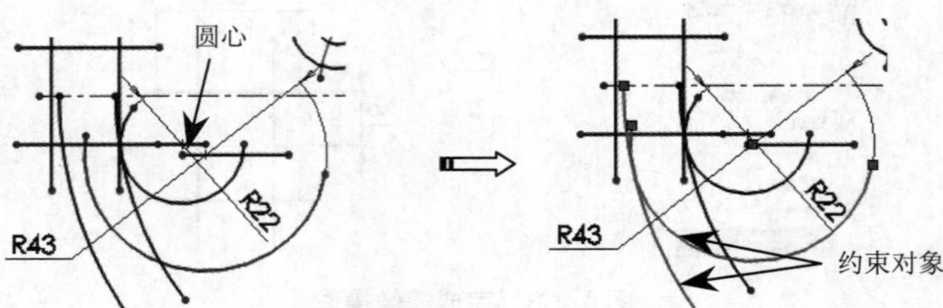

图 4–58 绘制圆弧并添加几何约束

17 使用【中心线】工具绘制水平中心线，使用【添加几何关系】工具使其与半径为 *R*22 的圆弧相切，并与水平中心线平行，如图 4-59 所示。

18 使用【直线】工具绘制直线，使该直线与上步骤绘制的水平中心线呈 60° 夹角，接着添加几何关系使其相切于半径为 *R*22 的圆弧，如图 4-60 所示。

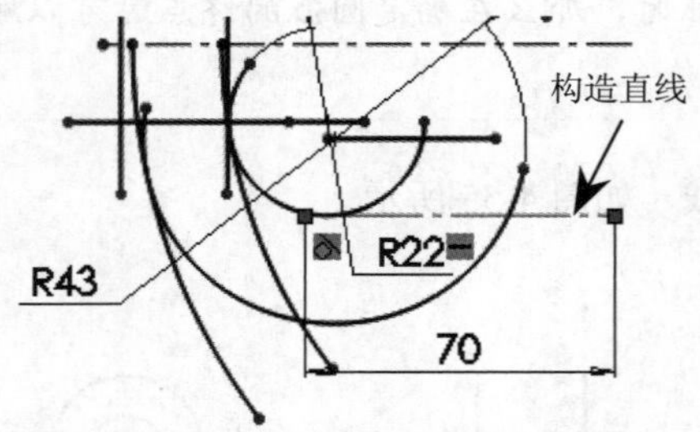

图 4–59 绘制水平的构造直线

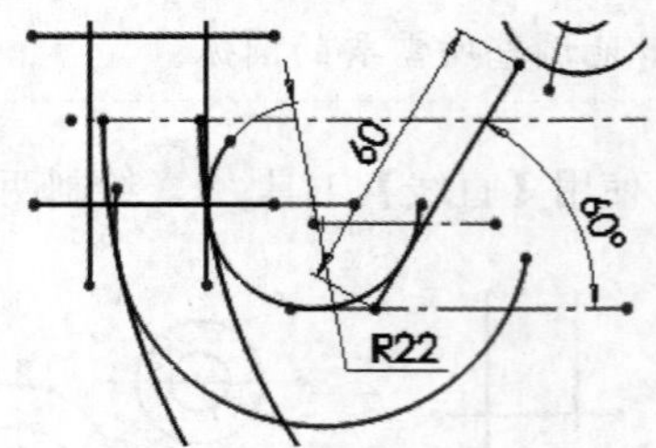

图 4–60 绘制角度直线

19 使用【剪裁实体】工具，将图形中多余线条剪裁掉，结果如图 4-61 所示。

20 使用【直线】工具绘制一条斜线，添加几何约束关系使其与另一圆弧和圆相切，如图 4-62 所示。

21 使用【3 点圆弧】工具 3 点圆弧(T)，在两个圆之间绘制半径为 *R*40 的连接弧，添加几何约束关系使其与两个圆同时相切，如图 4-63 所示。

22 同理，在另一位置绘制半径为 *R*12 的圆弧，添加几何约束关系使其与相邻的直线和圆同时相切，如图 4-64 所示。

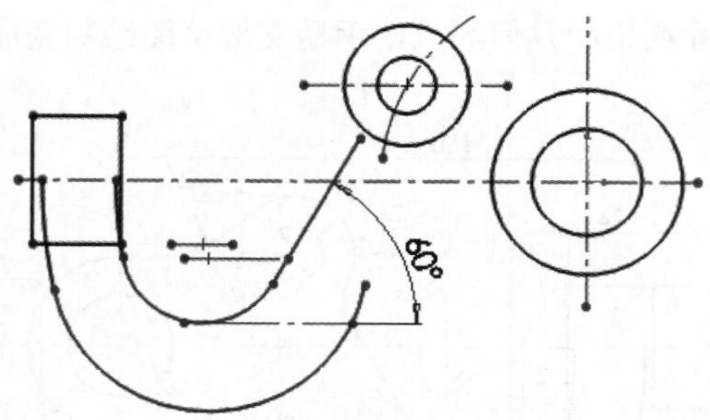

图 4-61　剪裁图形的结果

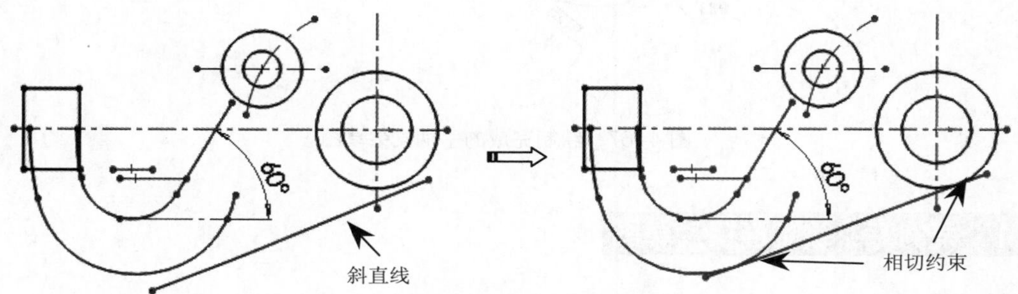

图 4-62　绘制与圆、圆弧同时相切的斜线

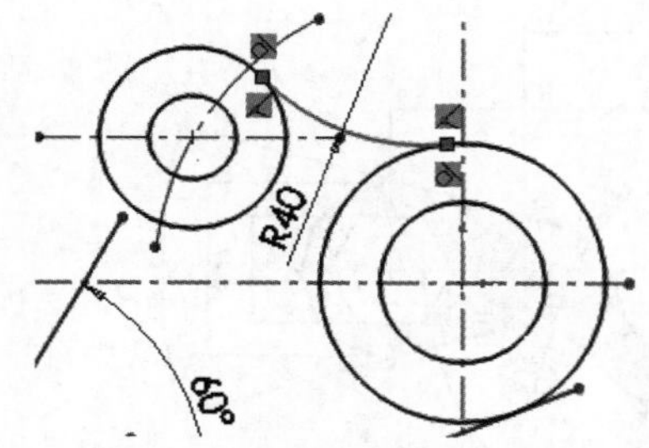

图 4-63　绘制与两圆同时相切的圆弧

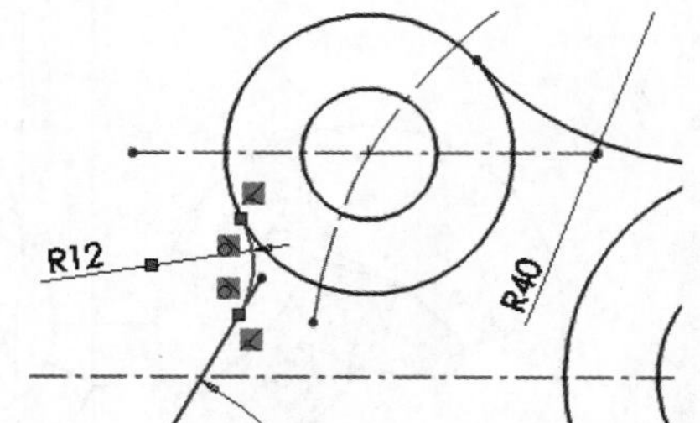

图 4-64　绘制与圆、直线同时相切的圆弧

23　使用【圆弧】工具 圆心/起/终点画弧(T)，以基准线中心为圆弧中心，绘制半径为 $R80$ 的圆弧，如图 4-65 所示。

24　使用【剪裁实体】工具，将草图中多余的图线全部剪裁掉，结果如图 4-66 所示。

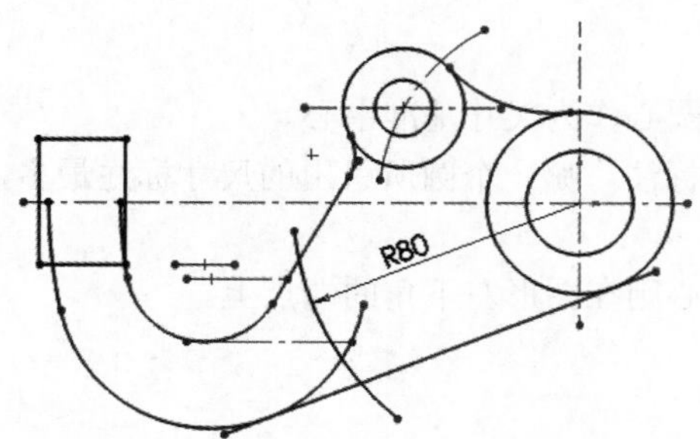

图 4-65　绘制半径为 80 的圆弧

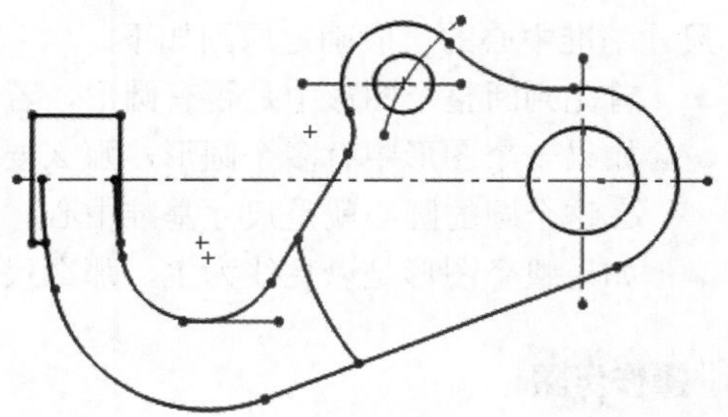

图 4-66　剪裁多余图线

25　对草图曲线添加尺寸约束和几何约束，手柄支架草图绘制完成的结果如图 4-67 所示。

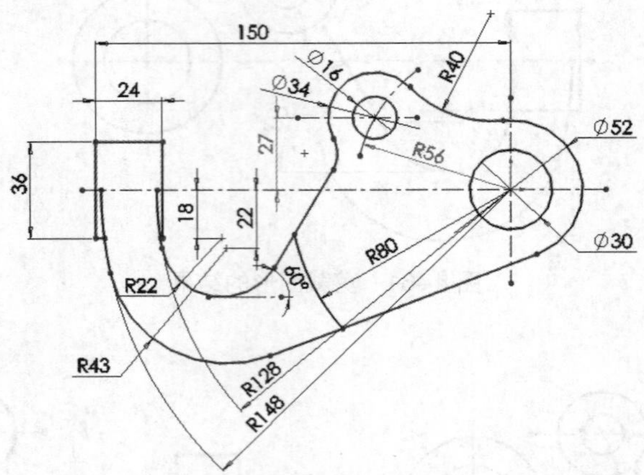

图 4-67　绘制完成的手柄支架草图

4.6.1　案例二：绘制连接片草图

参照图 4-68 所示的图形，绘制连接片草图，需要注意图形中的几何关系。图中，*A*=66，*B*=55，*C*=30，*D*=36，*E*=155。

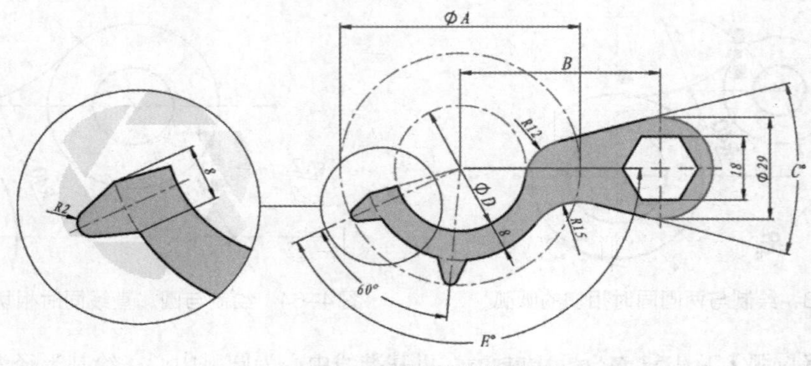

图 4-68　连接片草图

绘图思路：确定整个图线的尺寸基准中心，从基准中心开始，陆续绘制出主要线段、中间线段和连接线段，基准线有时是可以先画出图形再去补充的。

尺寸基准中心的一般确定原则如下。

- 首先判断整个图形中是否有圆形，若有，将以圆心作为尺寸基准中心。
- 如果一个图形中有多个圆形，那么要观察尺寸标注，哪一个圆所引出的尺寸标注最多，那么这个圆的圆心就是尺寸基准中心。
- 如果整个图形是以直线为主，那么尺寸基准中心则在图形左下角的端点上。

操作步骤

01　启动 SolidWorks，新建零件文件。

02　在【草图】选项卡中单击【草图绘制】按钮，选择前视基准面作为草图平面，进入草图环境。

03　使用【圆】工具，绘制 3 个圆，如图 4-69 所示。

04　使用【中心线】工具补齐基准中心线，如图 4-70 所示。

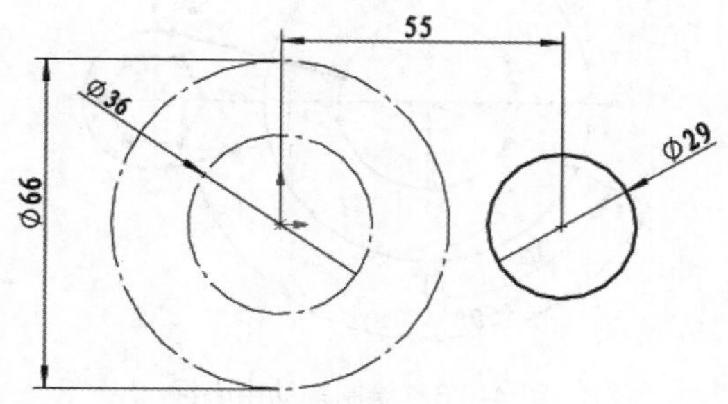

图 4–69　绘制 3 个圆

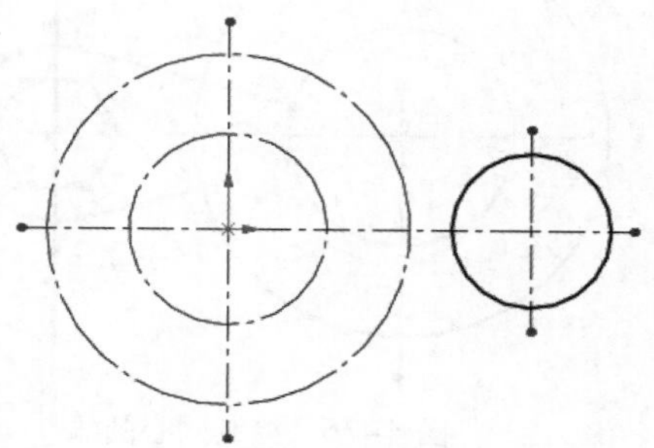

图 4–70　绘制基准中心线

05　使用【直线】工具绘制两条斜线，如图 4-71 所示。

06　按 Ctrl 键选择其中一条斜线和一个圆，添加“相切”几何约束，同理，对另一条斜线和圆也添加“相切”几何约束，然后再添加尺寸约束，如图 4-72 所示。

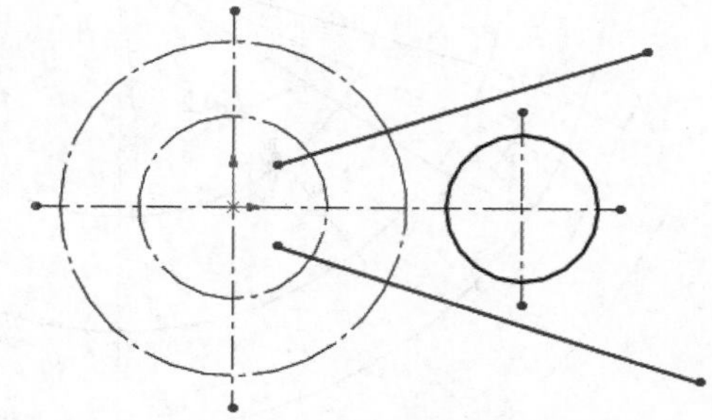

图 4–71　绘制两条斜线

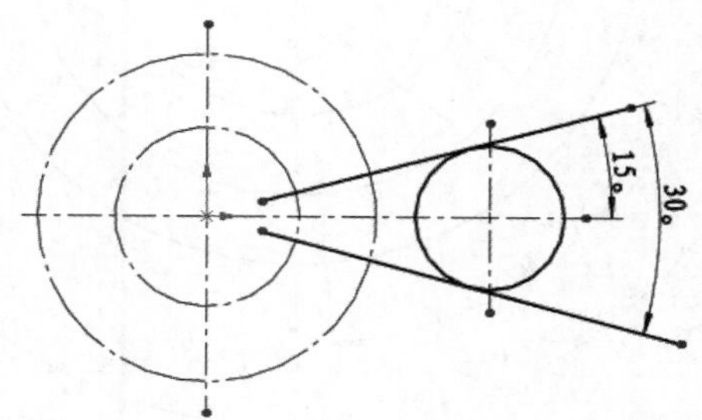

图 4–72　添加几何约束和尺寸约束

07　使用【多边形】工具，在右侧的圆中绘制正六边形，如图 4-73 所示。

08　使用【剪裁实体】工具剪裁多余线条，如图 4-74 所示。

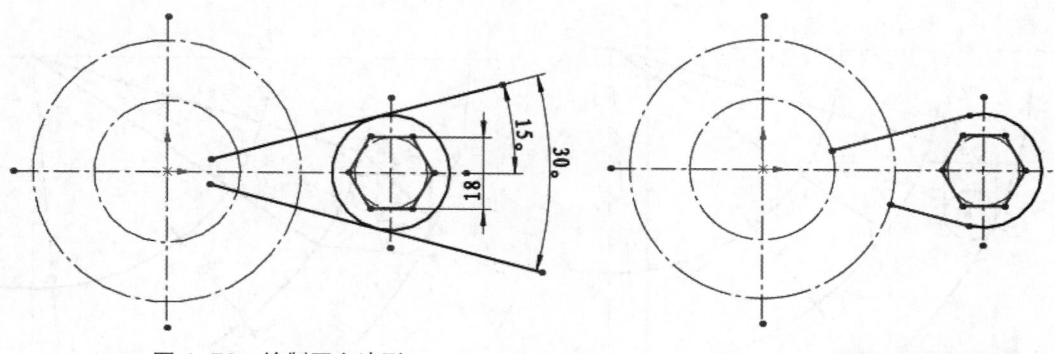

图 4–73　绘制正六边形

图 4–74　剪裁多余线条

09 使用【圆形 / 起 / 终点画弧】工具 圆心/起/终点画弧(T) 绘制两条同心圆弧，如图 4-75 所示。

10 使用【中心线】工具 绘制两条辅助中心线，如图 4-76 所示。

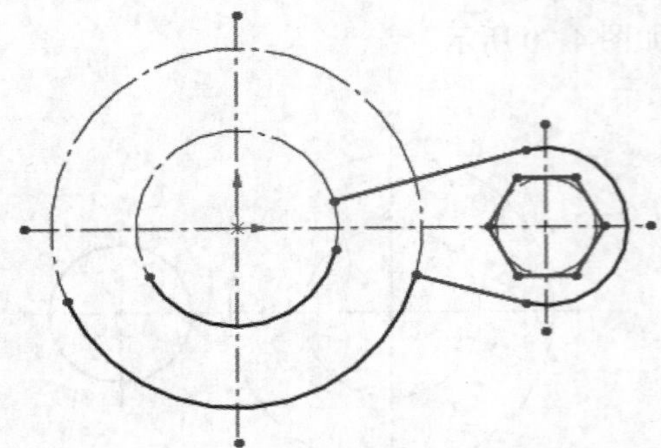

图 4-75 绘制同心圆弧

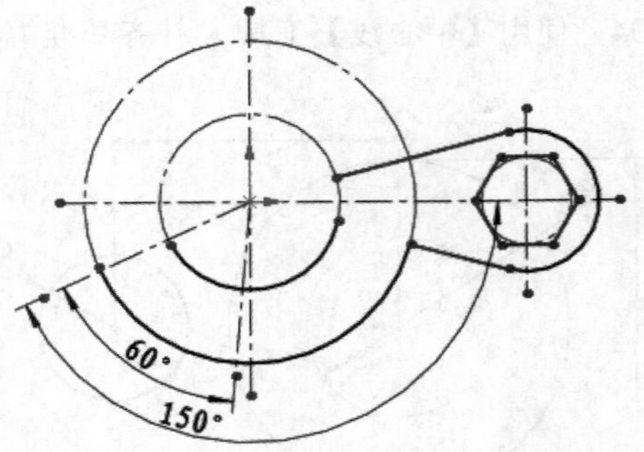

图 4-76 绘制辅助中心线

11 使用【等距实体】工具 绘制等距曲线，如图 4-77 所示。

12 使用【直线】工具 绘制两条直线，绘制后标注尺寸，如图 4-78 所示。

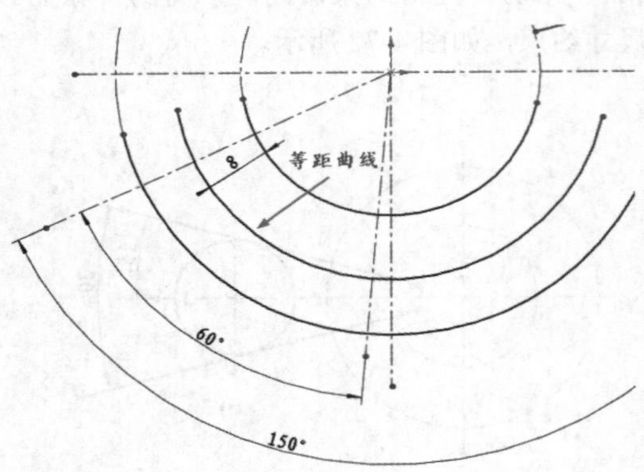

图 4-77 绘制等距曲线

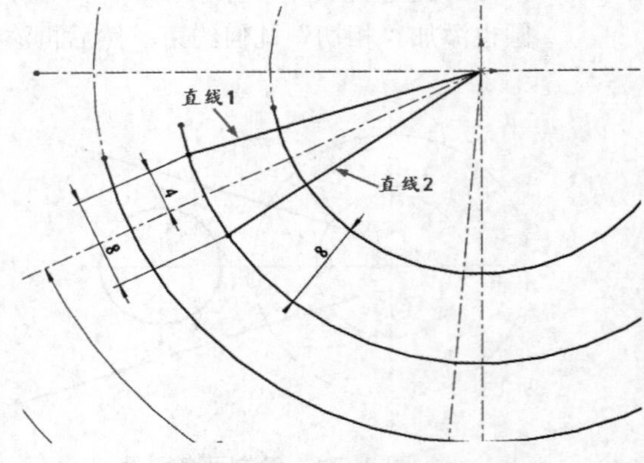

图 4-78 绘制直线

13 使用【圆】工具 绘制直径为 4 的小圆，如图 4-79 所示。

14 使用【直线】工具 绘制两条斜线，两条斜线均与小圆相切，如图 4-80 所示。

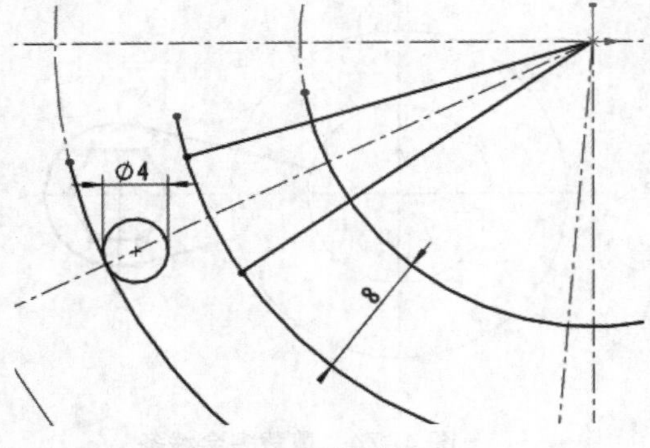

图 4-79 绘制小圆

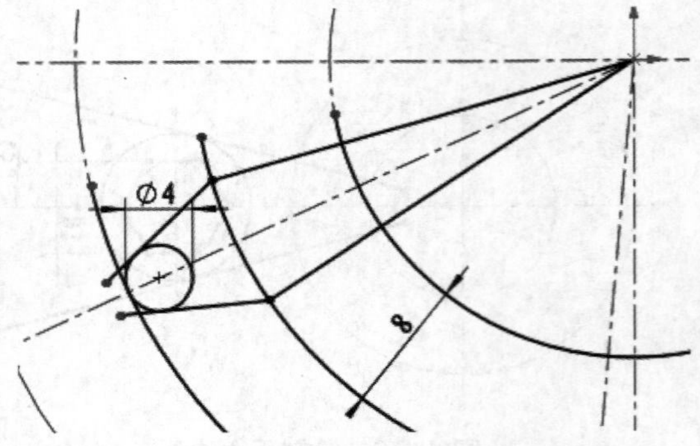

图 4-80 绘制相切线

15　使用【剪裁实体】工具剪裁多余线条，如图 4-81 所示。

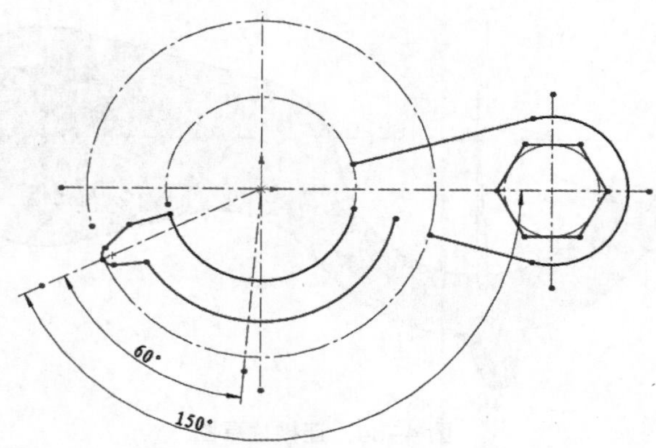

图 4-81　剪裁多余线条

16　使用【圆周草图阵列】圆周草图阵列工具，圆周阵列出图 4-82 所示的草图曲线。

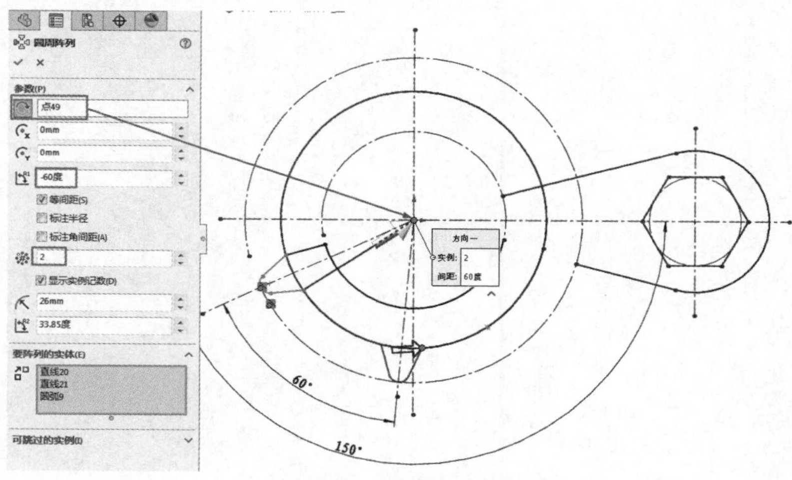

图 4-82　圆周阵列图线

17　使用【绘制圆角】工具，绘制图 4-83 所示的圆角。

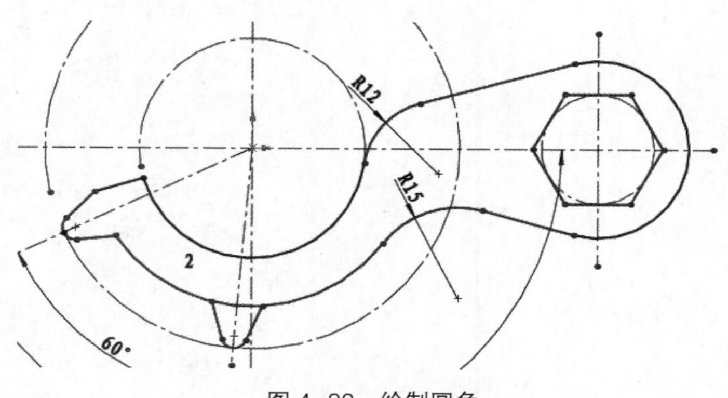

图 4-83　绘制圆角

18 清理图形，得到最终的连接片草图，如图 4-84 所示。

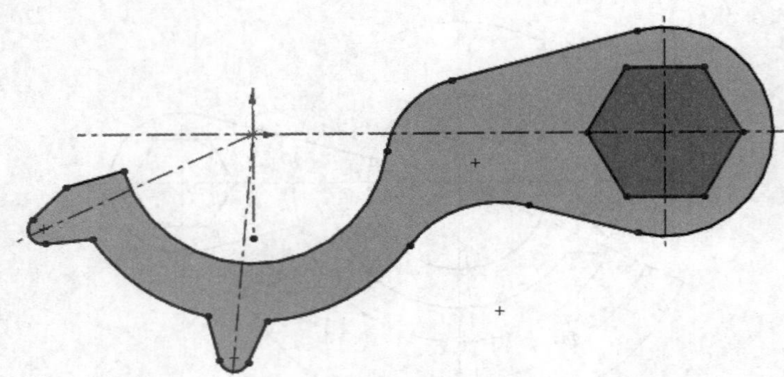

图 4-84 连接片草图

5 Chapter

第5章 创建凸台 / 基体特征

SolidWorks 的凸台 / 基体特征是基于草图的基础实体，也是一种基于特征和约束的建模技术，无论是概念设计还是详细设计都可以自如地运用。

知识要点

- 特征建模方法分析
- 加材料的凸台 / 基体工具
- 减材料的凸台 / 基体工具

5.1 特征建模方法分析

构造一个零件要根据零件上各个特征的形状、尺寸及特征之间的几何关系来创建，需要提前从总体上对各个单个特征加以充分考虑与规划。在设计规划时考虑得越详细，在设计的实现阶段就越顺利，最终的模型也就会越好，复杂的零件尤其如此。

5.1.1 特征建模分析

特征建模分析主要有以下内容。

（1）特征分解。分析零件都是由哪些特征组成的，需要创建哪些特征。对于同一个零件可以用不同的特征分解方法，应该以是否符合设计思想为原则来确定一个好的特征分解方案，提高零件创造效率。

（2）特征的构造顺序。分析按照什么顺序创建这些特征及如何进一步修正它们，分析的原则仍然是反映设计思想，并方便设计分析和修改。

（3）特征的构造方法。不同的特征有不同的构造方法，同一个特征也有不同的构造方法，应该确定特征的造型方法，同时分析特征的主要约束。

例如，对于图 5-1 所示的阶梯轴，可以用多种方法创建，从以下几种方法进行分析。

图 5–1　阶梯轴

1. 旋转基体法

在草图中绘制阶梯轴的截面轮廓和一条中心线，用旋转草图的方法生成阶梯轴，如图 5-2 所示。

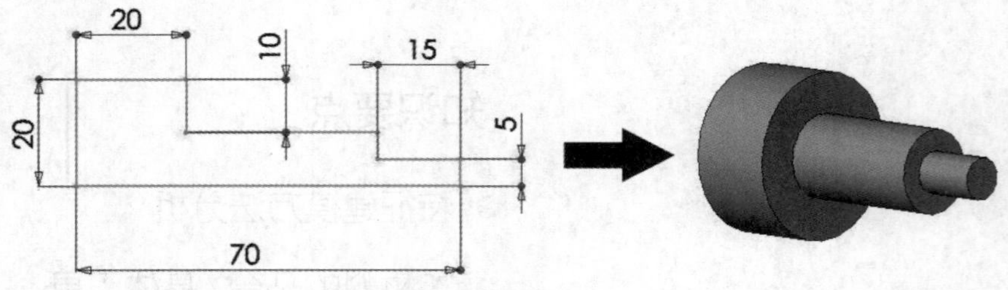

图 5–2　截面轮廓和中心线

技术要点

特征是一种具有工程意义的参数化的三维几何模型，特征对应于零件的某一形状，是三维模型的基本单元。

2. 叠加法

首先用拉伸基体的方法生成阶梯轴的大径部分，然后在其端面上拉伸凸台生成小径部分，如图 5-3 所示。

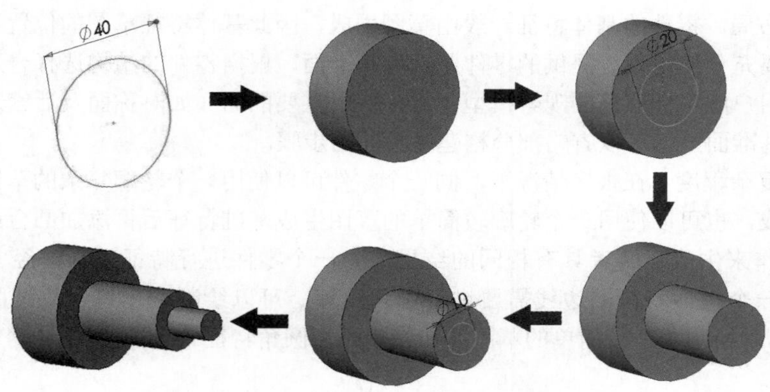

图 5-3　叠加上去

3. 除料法

首先用拉伸基体的方法生成大直径的圆柱体，然后用拉伸切除或旋转切除的方法去除部分材料生成阶梯轴，如图 5-4 所示。

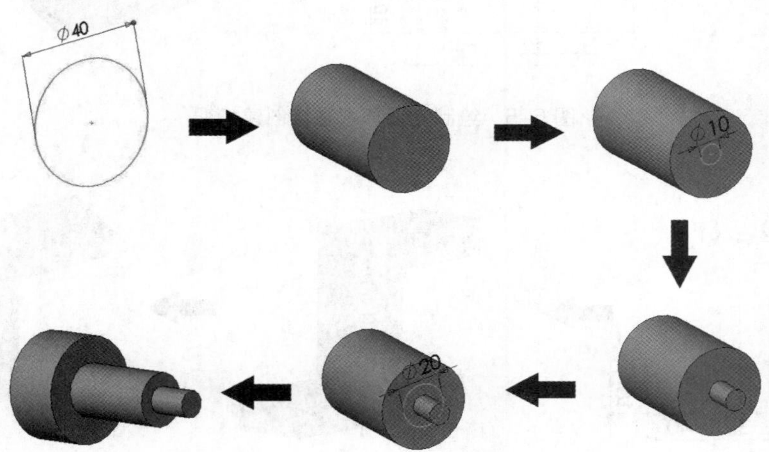

图 5-4　去除部分材料生成阶梯轴

以上 3 种方法体现了不同的设计思想。第一种方法强调了阶梯轴的整体性，零件的定义主要集中在草图中，设计过程简单，但是草图较为复杂，后期对零件的修改需要通过重新编辑草图来完成，缺乏灵活性，在复杂的设计过程中可能出现无法解决的问题。第二种方法采用搭积木的方式通过三次拉伸实体形成零件，它更符合人们的习惯思维，但与机械加工中生成阶梯轴的步骤正好相反，三次拉伸使设计过程稍微复杂一些。优点是设计层次清晰，草图简明，后期对零件的修改非常灵活方便。第三种方法的优点与第二种相同，但是它更强调了实际生产中加工阶梯轴的步骤，在设计过程中考虑了制造工艺的要求。这 3 种方法没有绝对的优劣之分，只有在实践中不断地积累经验，充分考虑到针对每一个零件各个方面的要求，才能做出相对合理的选择。

5.1.2　建模注意事项

用户还需要考虑以下几个问题。

（1）草图的布局。零件的基体特征一般由草图生成，因此基体特征草图的位置决定了零件的位置。设计零件时要充分使用系统提供的零件原点和基准面，根据零件的结构选择合适的基准面来构造草图可以方便用户应用标准视图观察模型。将零件中重要的面（如对称面及后续造型中需要多次引用的面）放到基准面上，可以省略部分构建参考面的步骤。

（2）草图的复杂程度。在很多情况下，同一个零件可以使用一个轮廓复杂的草图通过拉伸等特征操作来直接生成，也可以使用一个轮廓较简单的草图生成基础特征后再添加凸台或进行圆角、倒角等附加特征操作来生成。两者具有相同的结果，为一个零件进行特征设计时经常会面临这种选择。例如，如果一个拉伸特征的边线需要进行圆角处理，可以绘制一个包含草图圆角的复杂草图（见图 5-5），也可以绘制一个较简单的草图并在稍后添加圆角特征（见图 5-6）。

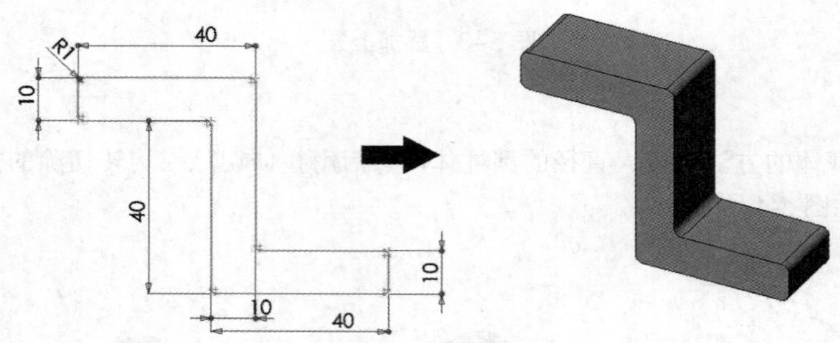

图 5-5　绘制复杂草图直接创建特征

图 5-6　绘制简单草图稍后添加圆角特征

哪一种方法更合理呢？下面列出一些需要考虑的因素。

- 拉伸复杂草图时，草图的绘制和编辑都比较麻烦，但是系统重建复杂的草图时速度比较快，如本例中草图圆角的重建速度比圆角特征的重建速度快，如果用户的计算机配置不是很高，在设计复杂零件时就需要考虑到这一点。
- 拉伸简单草图时，草图比较容易管理而且比较灵活。如有必要，可以对个别特征重新排序和压缩。但拉伸简单草图再进行附加特征操作的方法比直接拉伸复杂草图要占用更多的系统资源。

5.2 加材料的凸台 / 基体工具

在零件中生成的第一个特征称为“基体”特征，此基体特征是生成其他特征的基础。基体特征可以是拉伸、旋转、扫描、放样、曲面加厚或钣金法兰。

特征是各种单独的加工形状，当将它们组合起来时就形成各种零件实体。在同一零件实体中可以包括单独的拉伸、旋转、放样和扫描特征等加材料特征。加材料特征工具是最基本的 3D 绘图绘制方式，用于完成最基本的三维几何体建模任务。

5.2.1　拉伸凸台 / 基体

拉伸凸台 / 基体特征是由截面轮廓草图通过拉伸得到的。当拉伸一个轮廓时，需要选择拉伸类型。在拉伸属性管理器中定义拉伸特征的特点。拉伸可以是基体（此情形总是添加材料）、凸台（此情形添加材料，通常是在另一拉伸上）或切除（移除材料）。

单击【特征】选项卡中的【拉伸凸台 / 基体】按钮，选择一个基准平面并进入草图模式完成草图绘制（或选择现有草图），退出草图后，属性管理器中才显示【凸台 - 拉伸】属性面板，如图 5-7 所示。

1.【从】选项区

在【凸台 - 拉伸】面板的【从】选项区中展开拉伸初始条件的下拉选项，可以选取 4 种条件之一来确定特征的起始面，如图 5-8 所示。

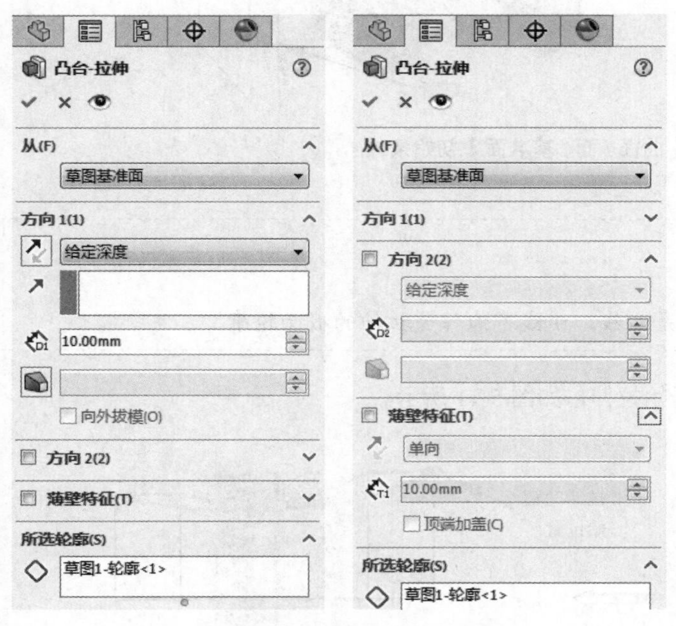

图 5–7 【凸台 – 拉伸】面板

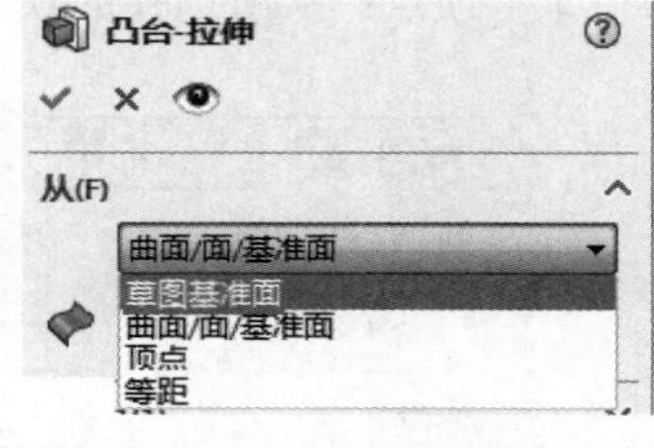

图 5–8　初始条件

各项初始条件的含义如下。

- 草图基准面：从草图所在的基准面开始拉伸，如图 5-9 所示。

技术要点

草图必须完全包含在非平面曲面或面的边界内。

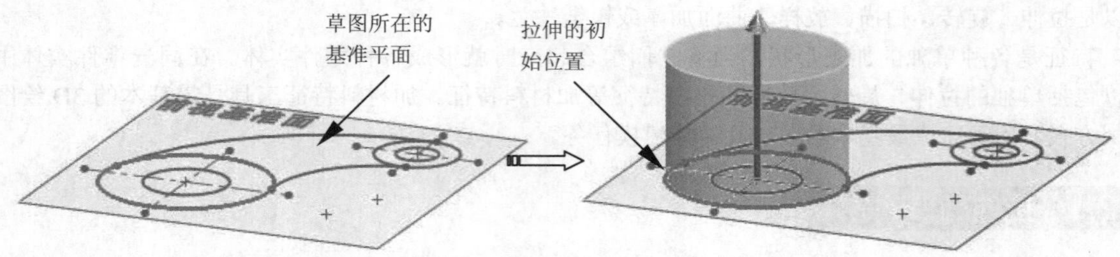

图 5–9 【草图基准面】初始条件

- 曲面 / 面 / 基准面：从这些实体之一开始拉伸，为曲面 / 面 / 基准面选择有效的实体，实体可以是平面或非平面，平面实体不必与草图基准面平行，如图 5-10 所示。

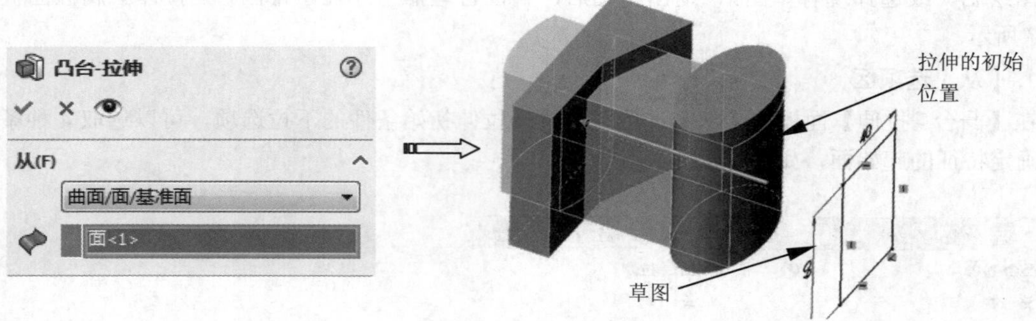

图 5–10 【曲面 / 面 / 基准面】初始条件

技术要点

曲面上是没有草图的。曲面上只能是曲线，曲线不能作为拉伸的截面轮廓。

- 顶点：从所选择的顶点位置处开始拉伸，如图 5-11 所示。

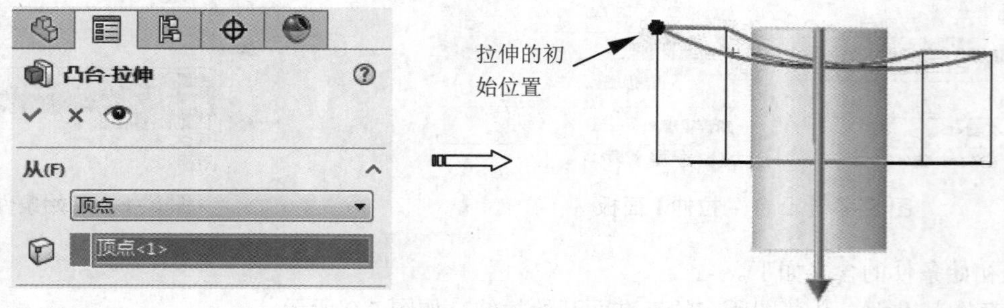

图 5–11 【顶点】初始条件

技术要点

所选顶点其实就是起始平面的参考点。

- 等距：从与当前草图基准面等距的基准面上开始拉伸，如图 5-12 所示。

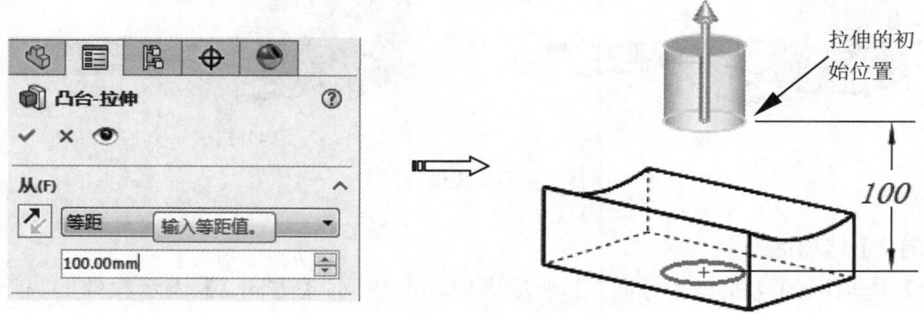

图 5-12 【等距】初始条件

技术要点

可以单击初始条件选项旁边的【反向】按钮，改变拉伸方向。

2.【方向 1】选项区

【方向 1】选项区用来设置拉伸的终止条件、拉伸方向、拉伸深度及拉伸拔模等选项。其选项含义如下。

- 反向：单击此按钮改变拉伸反向。
- 拉伸方向：选择边、直线作为拉伸方向参考，如图 5-13 所示。
- 深度：拉伸草图截面的长度。
- 合并结果（仅限于凸台 / 基体拉伸）：如有可能，将所产生的特征合并到现有特征上。如果勾选，此特征将生成单独实体。
- 拔模开 / 关：新增拔模到拉伸特征，设定拔模角度，如图 5-14 所示。

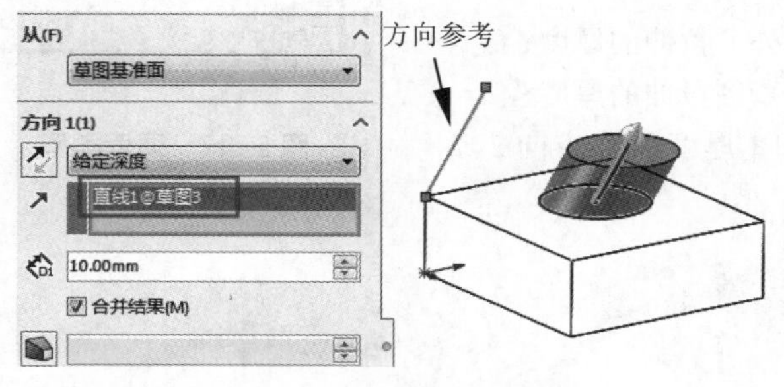

图 5-13　拉伸方向

图 5-14　创建拔模的拉伸

技术要点

若勾选【向外拔模】复选框，可以改变拔模方向，生成反向的拔模特征，如图 5-15 所示。

图 5-15　拔模方向

3.【方向 2】选项区

【方向 2】选项区的功能与【方向 1】选项区的功能相同。【方向 2】表示拉伸的另一方向侧，如图 5-16 所示。

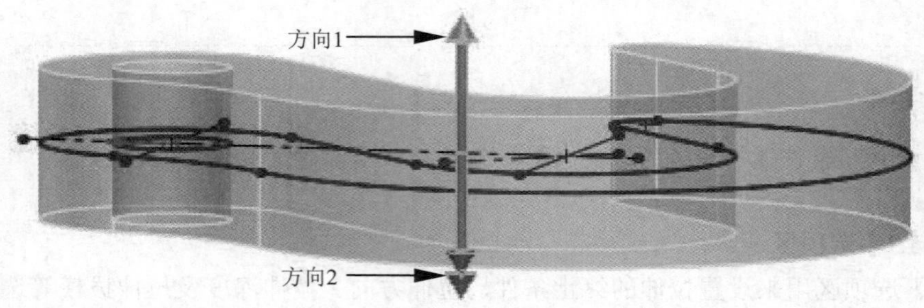

图 5-16　拉伸的方向 1 和方向 2

4.【薄壁特征】选项区

使用薄壁特征选项以控制拉伸厚度（非拉伸深度）。薄壁特征基体可用作钣金零件的基础。当设计薄壳的塑胶产品时，也需要创建薄壁特征。

选项区中各选项的含义如下。

- 薄壁类型：设定薄壁特征拉伸的类型，包括 3 种，如图 5-17 所示。
- 单向：设定从草图以一个方向（向外）拉伸的厚度。
- 两侧对称：设定以两个相等方向从草图拉伸的厚度。
- 双向：设定不同的拉伸厚度，方向 1 厚度和方向 2 厚度，图 5-18 所示为 3 种薄壁的类型。

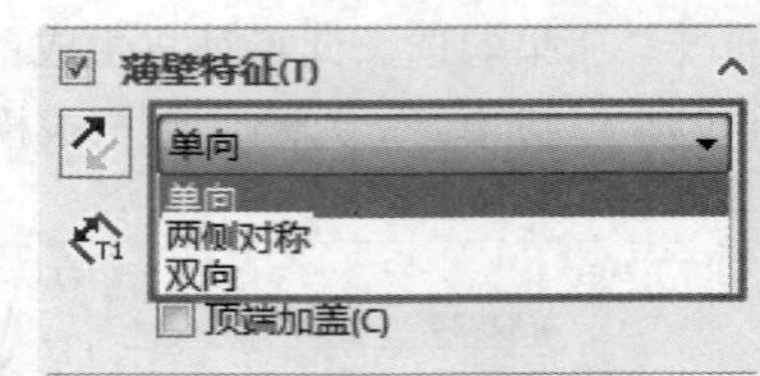

图 5-17　薄壁类型

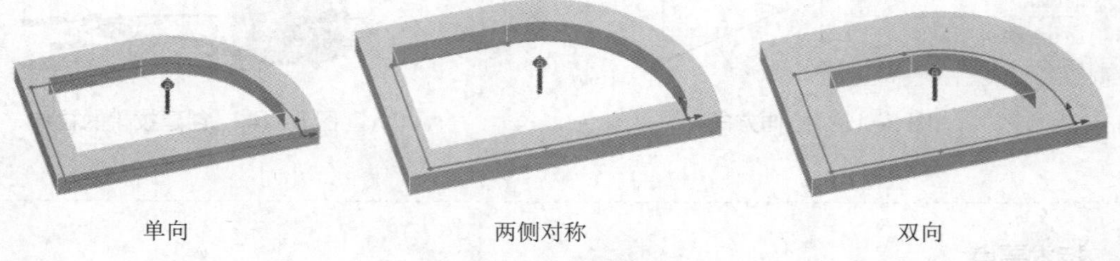

图 5-18　3 种薄壁类型

- 顶端加盖：为薄壁特征拉伸的顶端加盖，生成一个中空的零件，同时必须指定加盖厚度。该选项只可用于模型中的第一个拉伸实体，如图 5-19 所示。

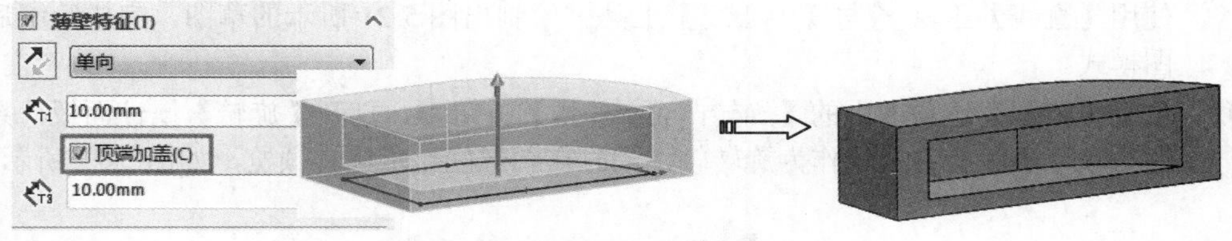

图 5–19　顶端加盖

5.【所选轮廓】选项区

【所选轮廓】选项区允许使用部分草图来生成拉伸特征。在图形区域中选择草图轮廓和模型边线。

5.2.2　旋转凸台 / 基体

旋转通过绕中心线旋转一个或多个轮廓来添加或移除材料。可以生成凸台 / 基体、旋转切除特征或旋转曲面特征。旋转特征可以是实体、薄壁特征或曲面特征。

生成旋转特征的准则如下。

- 实体旋转特征的草图可以包含多个相交轮廓。
- 薄壁或曲面旋转特征的草图可包含多个开环的或闭环的相交轮廓。
- 轮廓不能与中心线相交。如果草图包含一条以上中心线，请选择想要用作旋转轴的中心线。仅对于旋转曲面和旋转薄壁特征而言，草图不能位于中心线上。
- 当在中心线内为旋转特征标注尺寸时，将生成旋转特征的半径尺寸。如果通过中心线外为旋转特征标注尺寸时，将生成旋转特征的直径尺寸。

单击【特征】选项卡中的【旋转凸台 / 基体】按钮，选择草图平面后进入草图模式绘制草图，草图中须包含一个或多个轮廓和用作旋转轴的直线或中心线。退出草图模式后属性管理器中才显示【旋转】面板。【旋转】面板及其生成的旋转特征如图 5-20 所示。

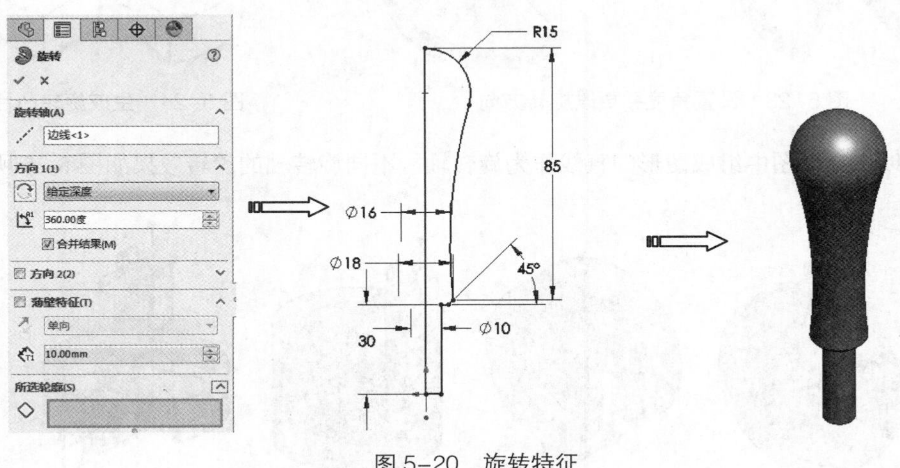

图 5–20　旋转特征

上机操作——创建【封闭轮廓】的旋转特征

01　新建零件文件。单击【草图绘制】按钮，选择前视基准面作为草图平面进入草图模式。

使用【直线】工具与【中心线】工具绘制出图 5-21 所示的草图，完成绘制后退出草图模式。

02 单击【特征】选项卡中的【旋转凸台 / 基体】按钮，打开【旋转】属性面板，系统会自动拾取草图中的中心线作为旋转轴，同时在图形区显示旋转预览，如图 5-22 所示。

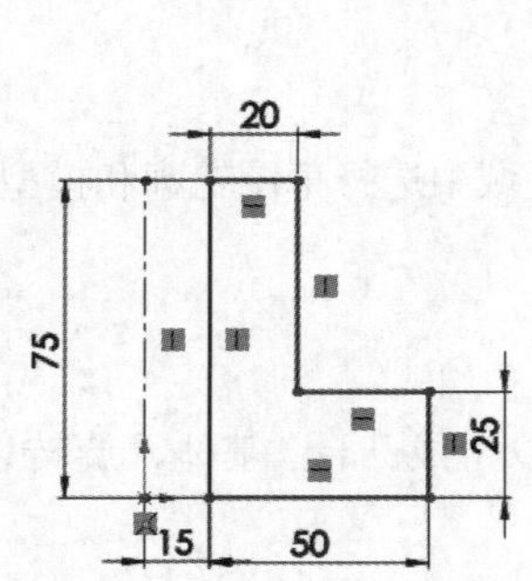

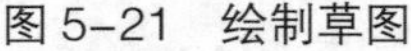

图 5-21　绘制草图

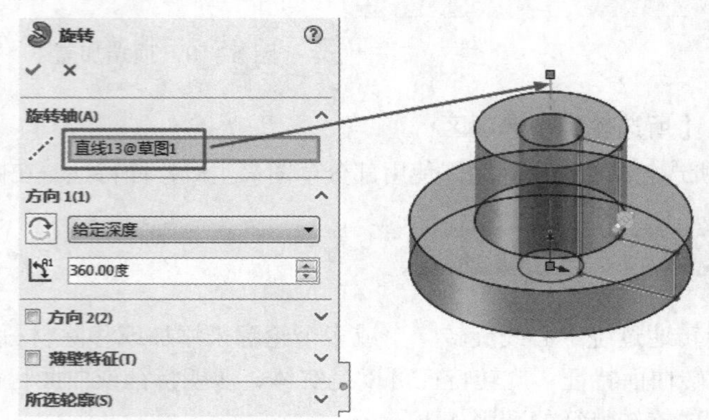

图 5-22　旋转预览

03 在【旋转】属性面板的【方向 1】选项区中选择【给定深度】旋转类型，更改“方向 1 角度”的值为 300，单击【反向】按钮改变旋转方向，如图 5-23 所示。

04 单击【确定】按钮，生成图 5-24 所示的旋转凸台。

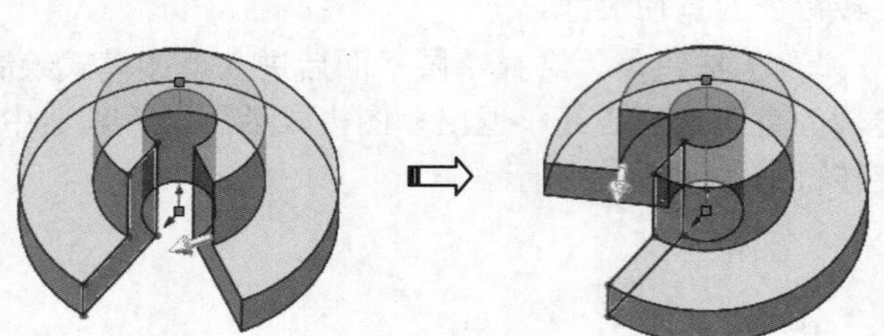

图 5-23　设置角度并更改旋转方向

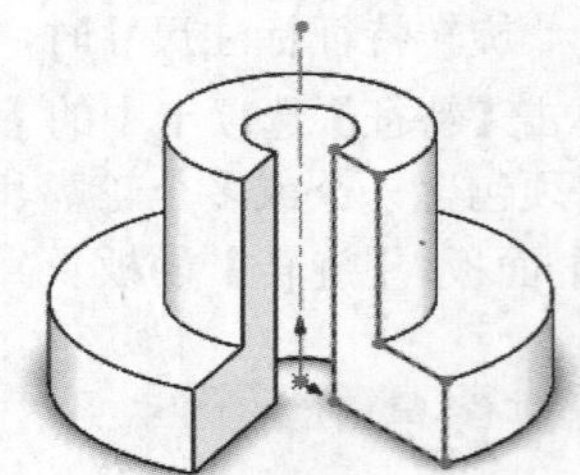

图 5-24　生成旋转凸台

05 可以选择草图中组成图形的直线作为旋转轴，不同旋转轴的旋转效果如图 5-25 所示。

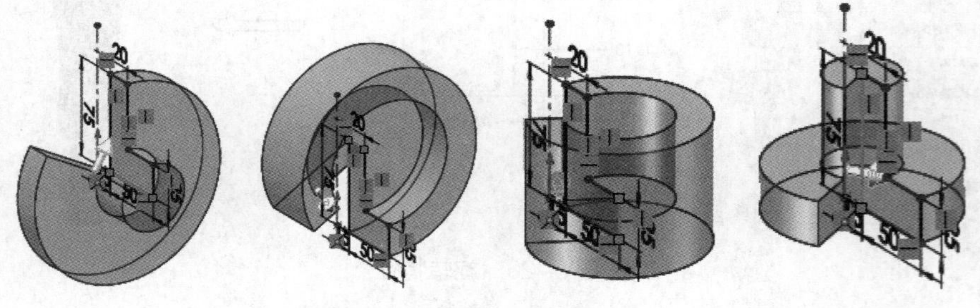

图 5-25　不同旋转轴的旋转

06 在特征设计树中删除刚才创建的旋转凸台，只留下草图，如图 5-26 所示。

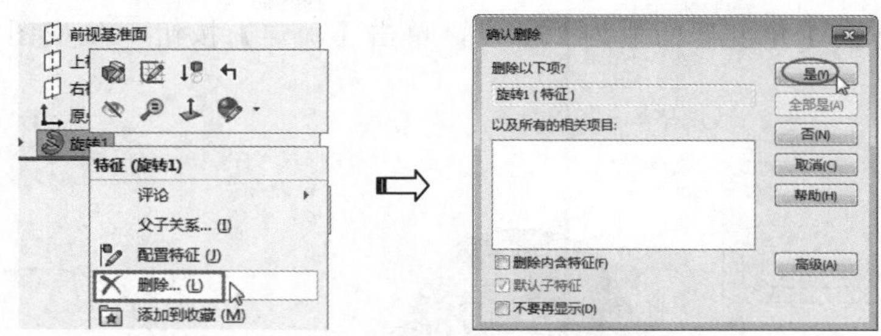

图 5-26　删除旋转凸台特征（不包含草图）

07　重新打开【旋转】面板，设置“方向 1 角度”的值为 270，勾选【薄壁特征】复选框，选择薄壁类型为【单向】，输入“方向 1 厚度”的值为 5mm，最后单击【确定】按钮✓，创建出旋转薄壁特征，如图 5-27 所示。

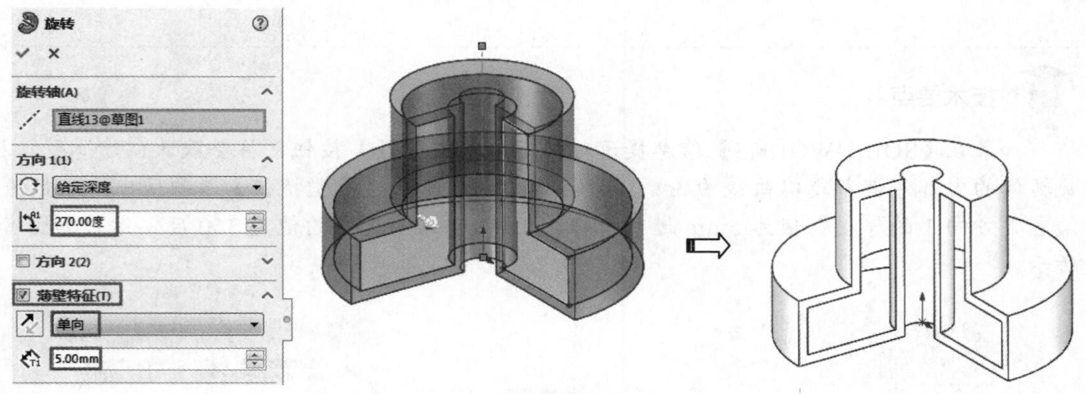

图 5-27　创建旋转薄壁特征

上机操作——创建【开放轮廓】的旋转薄壁特征

01　新建零件文件。

02　单击【草图绘制】按钮，选择上视基准面作为草图平面进入草图模式。使用【直线】工具与【中心线】工具绘制出图 5-28 所示的草图，完成绘制后退出草图模式。

03　单击【旋转凸台 / 基体】按钮，选择绘制的草图，弹出图 5-29 所示的信息提示对话框。单击【是】按钮系统自动将开放曲线的首尾用直线连接起来（开放的变成封闭的）。

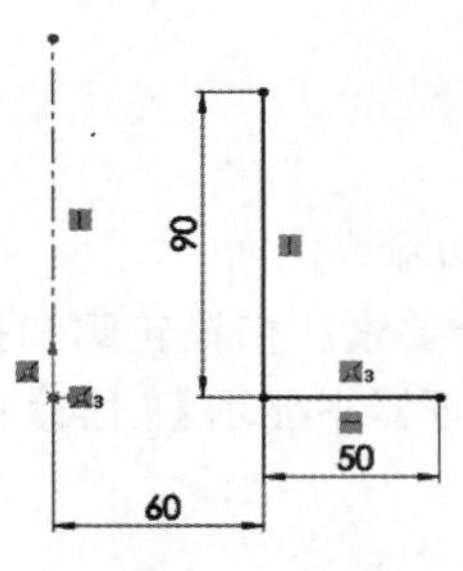

图 5-28　绘制草图

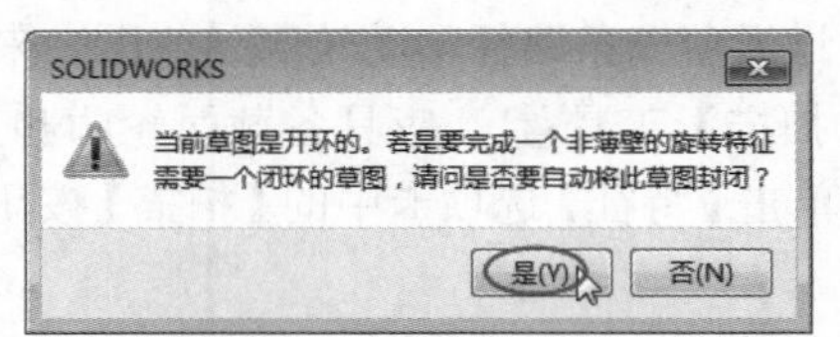

图 5-29　【SOLIDWORKS】信息提示对话框

04 设置“方向 1 角度”的值为 270 度，单击【确定】按钮✓生成图 5-30 所示的旋转特征。

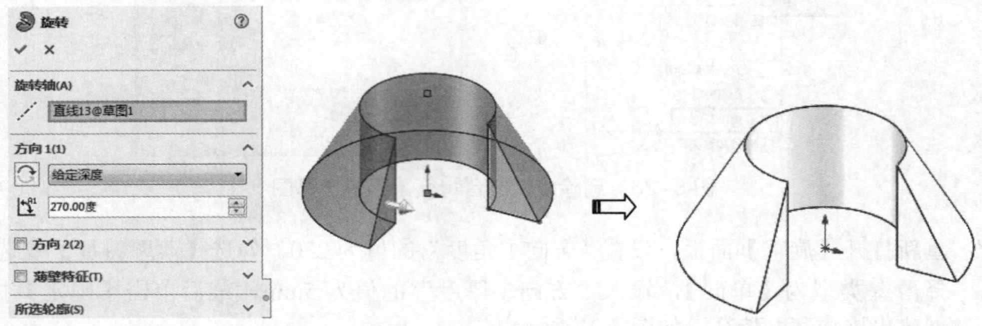

图 5–30 生成旋转特征

技术要点

如果在【SOLIDWORKS】信息提示对话框中单击【否】按钮，将会默认创建薄壁特征，旋转体的内部外部都是以曲线为轮廓，旋转体厚度可以在【薄壁特征】选项区中输入数值，设置“方向 1 的厚度”值为 5mm 进行旋转，“方向 1 的角度”的值为 360 度，结果如图 5-31 所示。

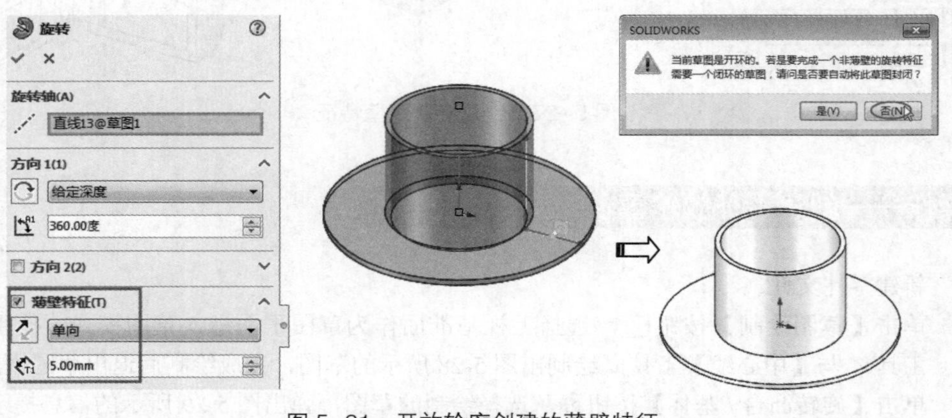

图 5–31 开放轮廓创建的薄壁特征

5.2.3 扫描

扫描是通过沿着一条路径移动轮廓（截面）来生成凸台、切除或曲面。

要使用【扫描】工具，应具备截面轮廓和扫描路径两个要素：扫描轮廓和扫描路径。具备两个要素后再单击【特征】选项卡中的【扫描】按钮，属性管理器中显示【扫描】面板，如图 5-32 所示。

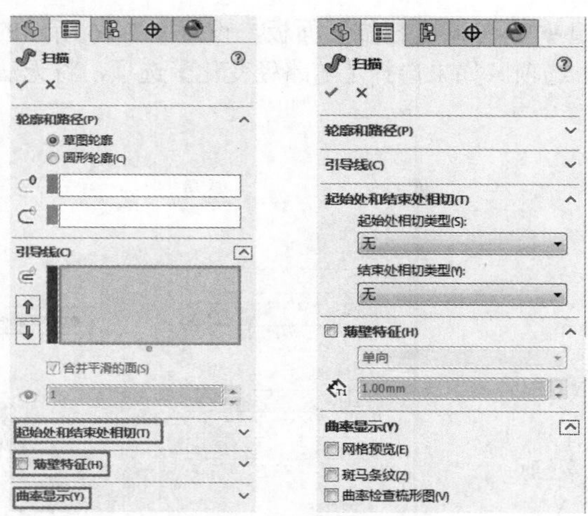

图 5-32 【扫描】面板

上机操作——使用【扫描】工具创建麻花绳

本例使用【扫描】工具的可变截面方法来创建麻花绳。这种方法也可以针对一些不规则的截面用来设计具有造型曲面特点的弧形，由于操作简单、得到曲面质量好，而为广大 SolidWorks 用户所使用。

01　新建零件文件。

02　首先单击【草图】选项卡中的【草图绘制】按钮，打开【编辑草图】面板，然后选择前视基准面作为草图平面进入草图模式。

03　单击【样条曲线】按钮，绘制图 5-33 所示的样条曲线作为扫描轨迹。

04　退出草图模式。选择右视基准面作为草图平面绘制正多边形，如图 5-34 所示。

图 5-33　绘制样条曲线

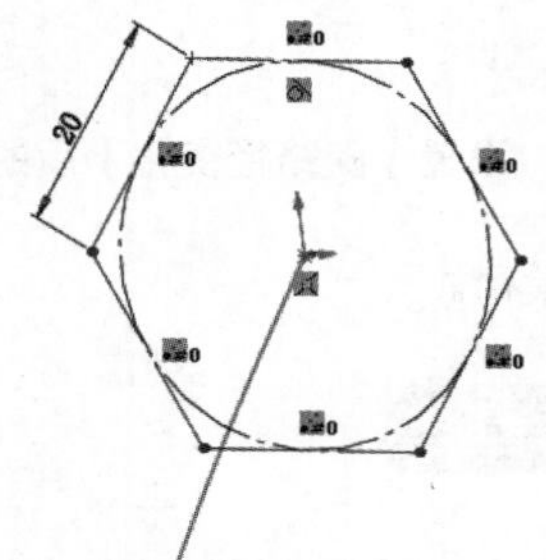

图 5-34　绘制正多边形

技术要点

正多边形的圆心必须与扫描轨迹线的端点对齐。所添加的约束类型为“穿透”穿透(P)。

05　单击【圆】按钮，绘制图 5-35 所示的 6 个圆。

06 单击【扫描】按钮，打开【扫描】面板，设置图 5-36 所示的选项，注意在选项卡中选择【沿路径扭转】选项。如果选择【随路径变化】选项，将无法实现纹路造型，如图 5-37 所示。

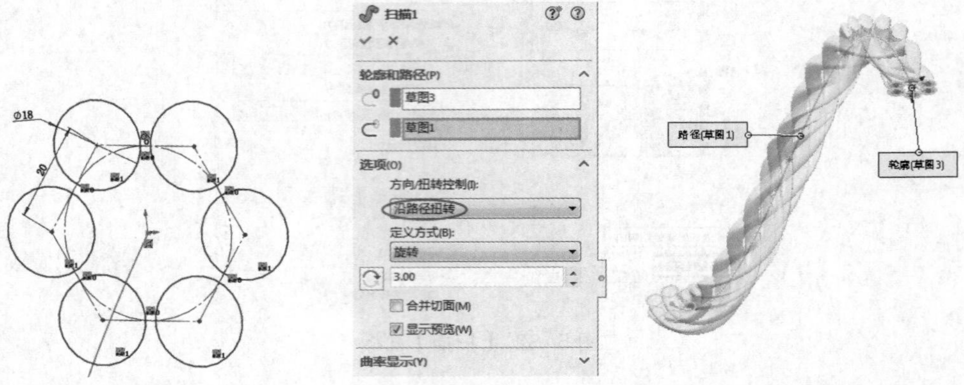

图 5-35 绘制 6 个圆　　图 5-36 设置【沿路径扭转】选项后的预览

07 单击【确定】按钮完成扫描特征的创建，如图 5-38 所示。

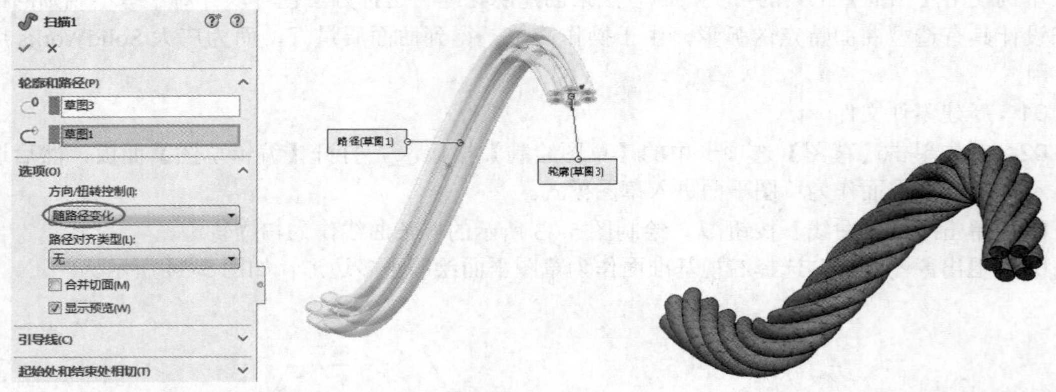

图 5-37 设置【随路径变化】后的预览　　图 5-38 扫描特征创建完成的效果

08 最后将结果保存。

5.2.4 放样凸台 / 基体

放样是通过在轮廓之间进行过渡而生成特征。放样特征可以是基体、凸台、切除或曲面，可以使用两个或多个轮廓生成放样特征，仅第一个或最后一个轮廓可以是点，也可以这两个轮廓均为点。单一 3D 草图中可以包含所有草图实体（包括引导线和轮廓）。

用户可通过以下方式执行【放样凸台 / 基体】命令。

- 单击【特征】选项卡中的【放样凸台 / 基体】按钮。
- 在菜单栏中执行【插入】/【凸台 / 基体】/【放样】命令 放样(L)...。

要使用【放样凸台 / 基体】工具，须提前准备好放样轮廓。单击【特征】选项卡中的【放样凸台 / 基体】按钮，属性管理器中显示【放样】面板，如图 5-39 所示。

图 5-39 【放样】面板

上机操作——使用【放样】工具创建扁瓶

使用拉伸、放样等方法来创建图 5-40 所示的扁瓶。瓶口由拉伸命令创建，瓶体由放样特征实现。

01 新建零件文件。

02 使用【拉伸凸台 / 基体】工具，选择前视基准平面作为草图平面，绘制图 5-41 所示的圆（草图 1）。

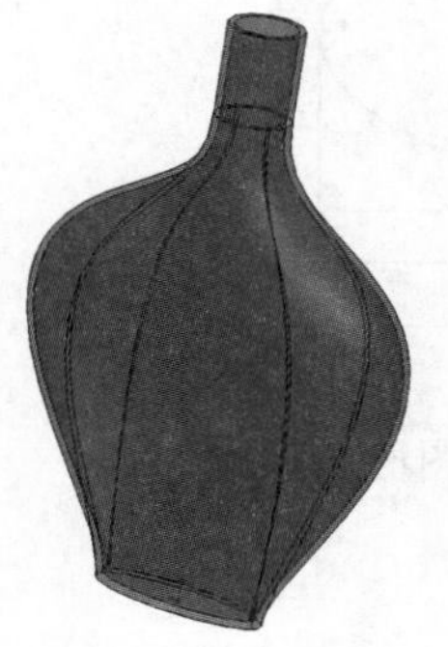

图 5-40　扁瓶

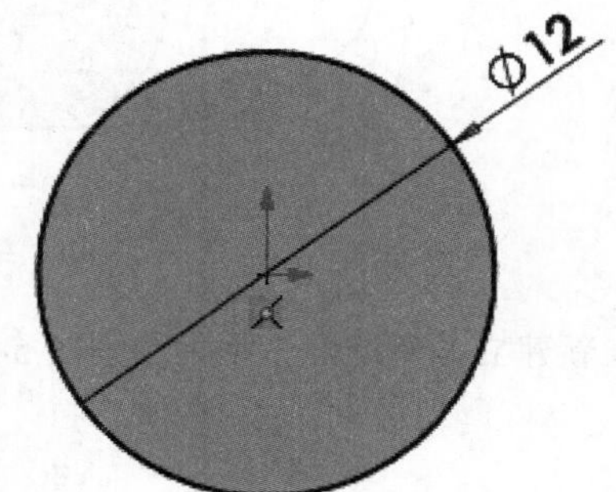

图 5-41　绘制圆

03 退出草图模式后创建出开始条件设为【等距】且等距值为 80mm、给定深度值为 15mm 的拉伸凸台特征，如图 5-42 所示。

04 使用【基准面】工具 基准面，参照上视基准面新建基准面 1，如图 5-43 所示。

05 进入草图模式，在前视基准面中绘制图 5-44 所示的椭圆形（草图 2），长半轴距和短半轴距分别为 15 mm 和 6mm。

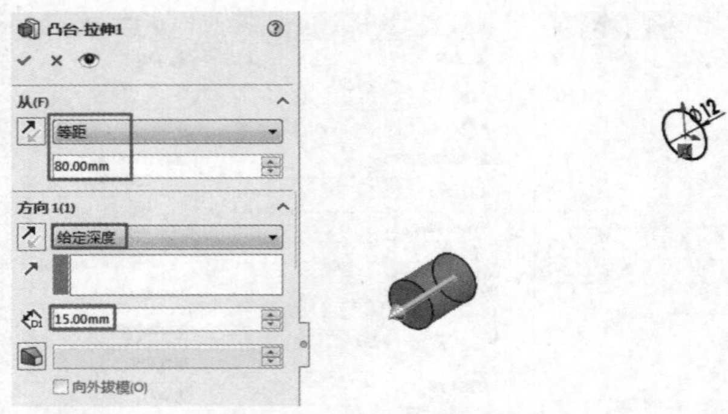

图 5-42　等距拉伸实体

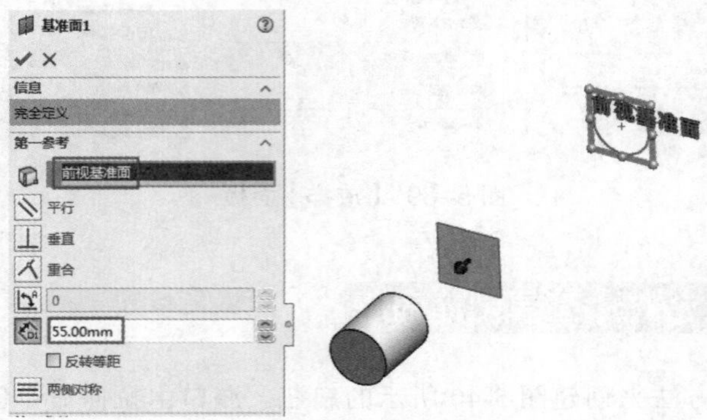

图 5-43　创建基准面 1

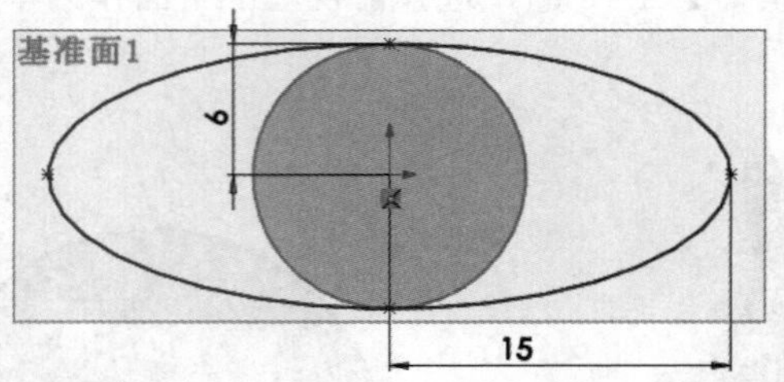

图 5-44　绘制椭圆

06　接下来在新建立的基准面 1 上，绘制图 5-45 所示的图形（草图 3）。

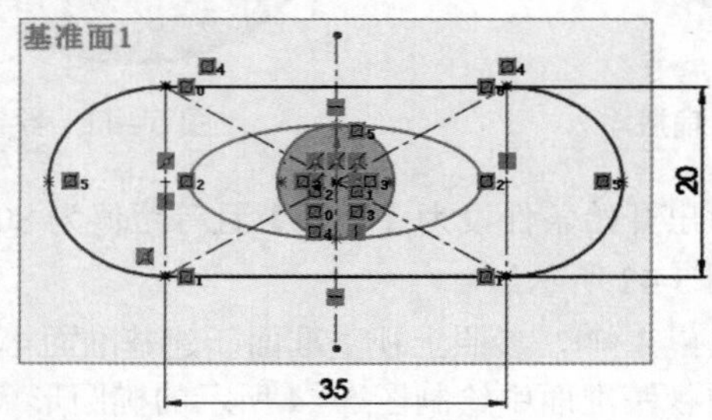

图 5-45　绘制草图 3

07　单击【放样凸台 / 基体】按钮，打开【放样】面板。从下往上依次选择图 5-46 所示的轮廓，完成扁瓶的制作。

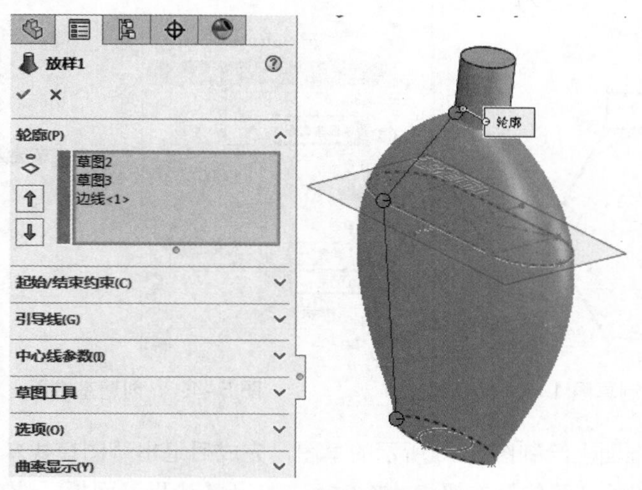

图 5-46　创建放样特征

技术要点

创建放样特征时，选择放样轮廓的顺序非常重要，否则可能因为生成自相交的几何体而无法实现放样。

5.2.5　边界凸台 / 基体

使用【边界凸台 / 基体】工具可以得到高质量、准确的特征，这在创建复杂形状时非常有用，特别是在消费类产品、医疗、航空航天、模具设计等领域。

单击【特征】选项卡中的【边界凸台 / 基体】按钮，属性管理器中显示【边界】面板，如图 5-47 所示。

“边界凸台 / 基体”与“放样凸台 / 基体”的区别是：前者可以创建出后者的特征，也就是能创建出多个轮廓截面的放样，此外前者还能创建出基于两个不同方向的边界曲面。

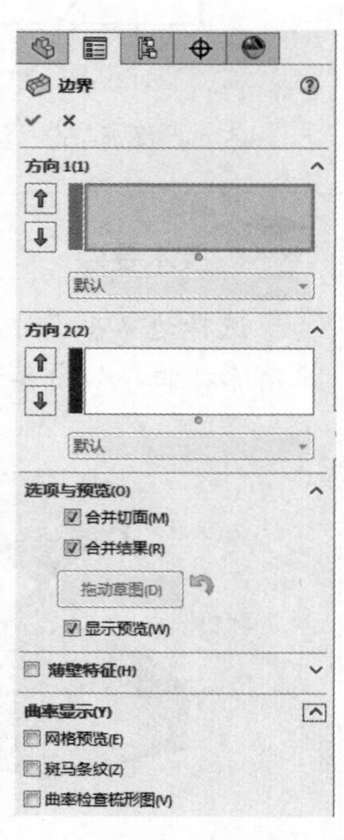

图 5-47 【边界】面板

上机操作——使用【边界凸台 / 基体】工具创建边界凸台

01　新建零件文件。

02　单击【草图绘制】按钮，选择前视基准面作为草图平面进入草图模式。

03　使用【多边形】工具，绘制图 5-48 所示的多边形，完成后退出草图模式。

04 使用 基准面 工具新建一个基准面，如图 5-49 所示。

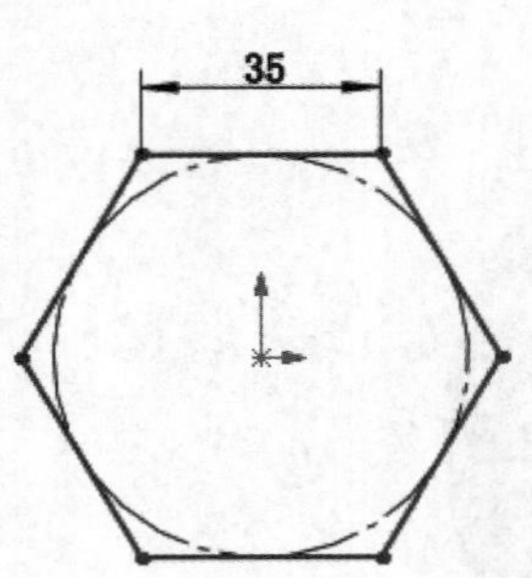

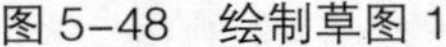

图 5-48 绘制草图 1

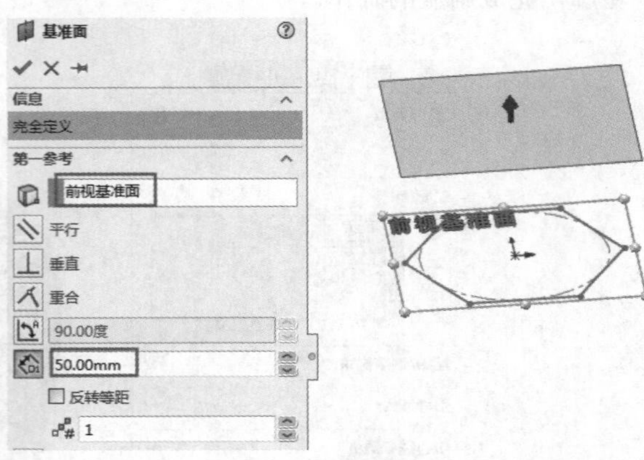

图 5-49 创建基准面

05 在新建的基准面上绘制图 5-50 所示的草图，完成后退出草图模式。

06 单击【边界凸台 / 基体】按钮 边界凸台/基体 ，打开【边界】面板。选择两个草图作为方向 1 的曲线，并查看预览，如图 5-51 所示。

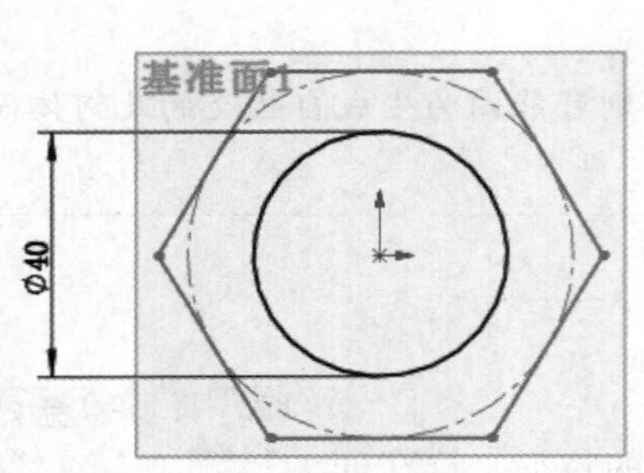

图 5-50 绘制草图 2

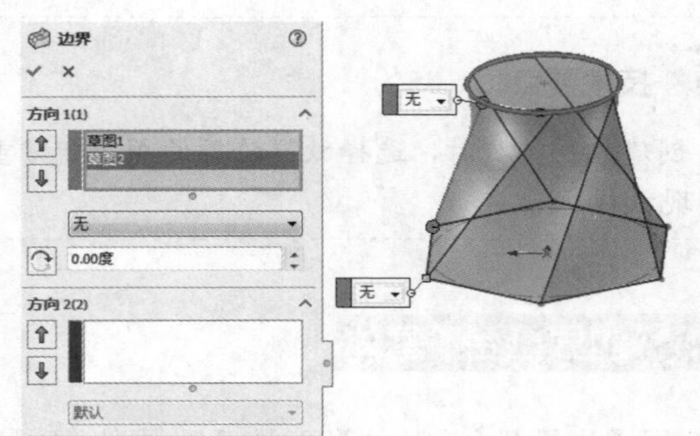

图 5-51 创建边界特征的预览

技术要点

选择边界曲线时，如果因光标选择位置的不同而引起特征扭曲，可拖动曲线上的绿色圆点来消除扭曲，如图 5-52 所示。

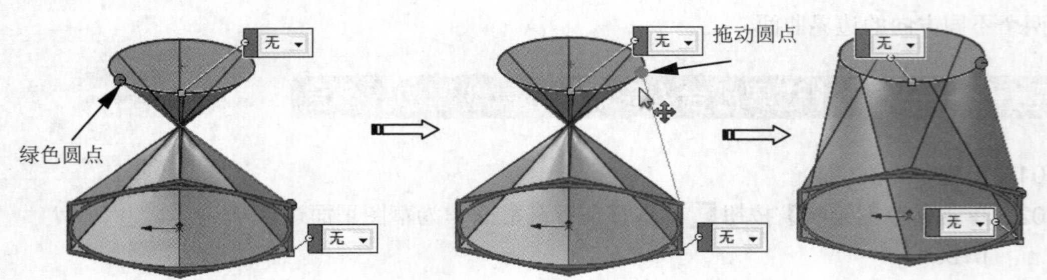

图 5-52 拖动圆点消除扭曲

07　分别将两条边界曲线的“相切类型”设为“垂直于轮廓”，如图 5-53 所示。

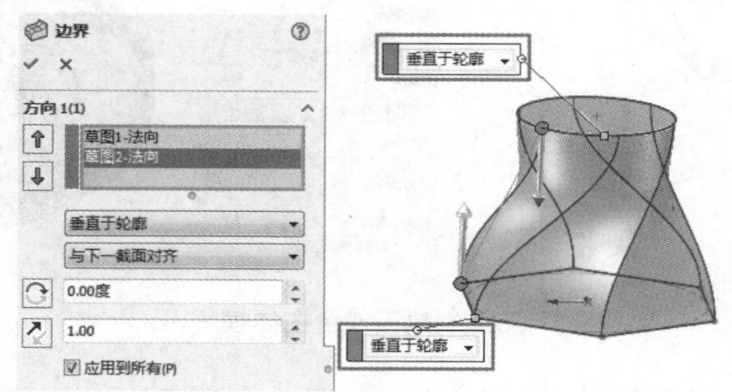

图 5–53　设置边界的相切类型

08　单击【确定】按钮，完成边界凸台 / 基体特征的创建。

5.3 减材料的凸台 / 基体工具

对于零件实体建模过程，在建立基本基体上还可以通过拉伸切除、异型孔向导、旋转切除、扫描切除、放样切除和边界切除等减材料特征工具进一步建立零件实体模型。

5.3.1　减材料特征工具

【拉伸切除】工具、【旋转切除】工具、【扫描切除】工具、【边界切除】工具和【放样切除】工具与 5.2 节中介绍的【拉伸凸台 / 基体】工具、【旋转凸台 / 基体】工具、【扫描】工具、【边界凸台 / 基体】工具和【放样凸台 / 基体】工具的操作是完全一样的，本节不再重复介绍这些减材料特征工具的功能指令。

上机操作——机床工作台建模

本例要设计的机床工作台零件如图 5-54 所示。

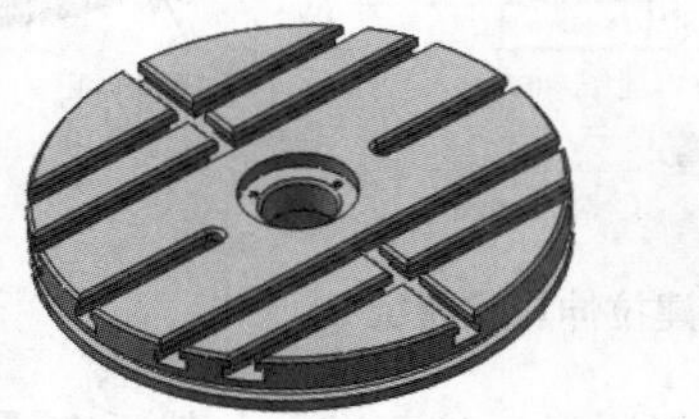

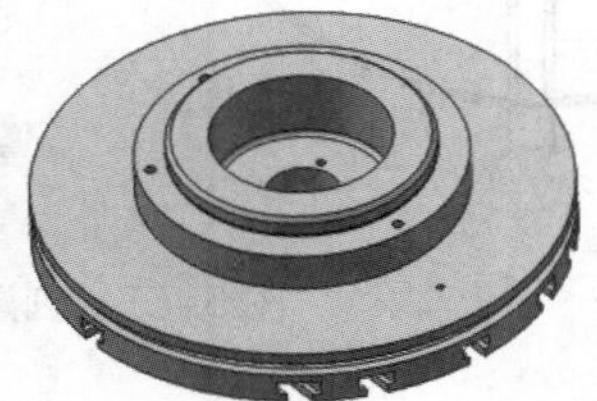

图 5–54　工作台

01　打开本例素材源文件“工作台草图 .sldprt”。

02　单击【旋转凸台 / 基体】按钮，属性管理器中显示【旋转】面板。

03　按信息提示在图形区选择选择轴与轮廓草图后显示旋转预览。保留面板中的选项设置，单击【确定】按钮按钮，创建工作台主体模型，如图 5-55 所示。

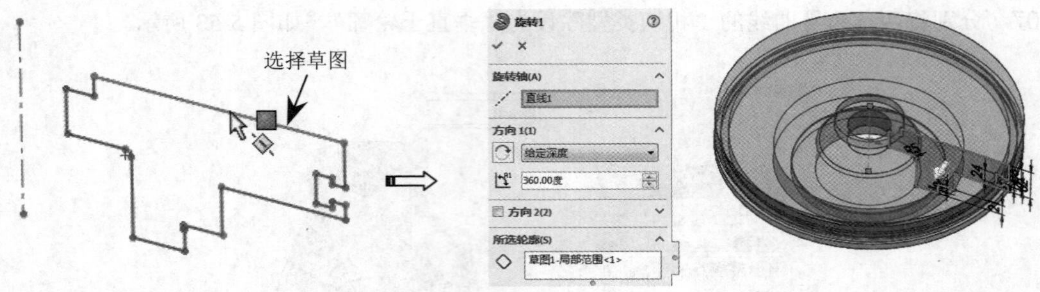

图 5–55　创建工作台主体模型

04　使用【拉伸切除】工具，在主体中创建出图 5-56 所示的拉伸切除特征 1。

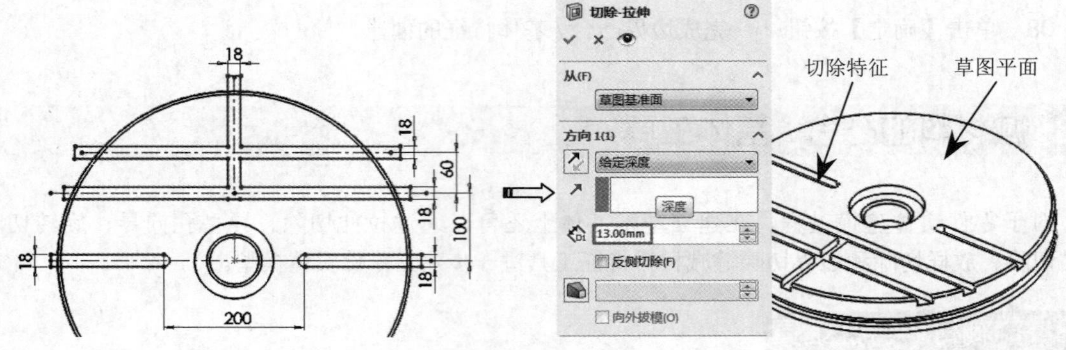

图 5–56　创建拉伸切除特征 1

05　再使用【拉伸切除】工具，在主体模型中创建出图 5-57 所示的拉伸切除特征 2。

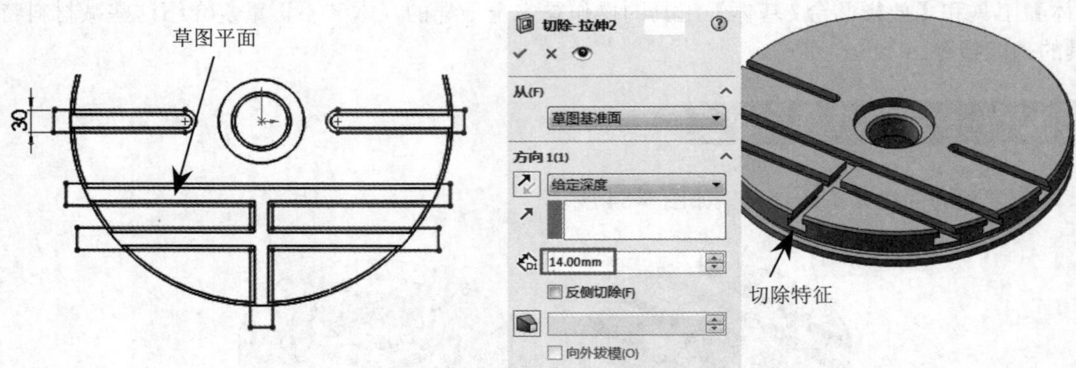

图 5–57　创建拉伸切除特征 2

06　在特征设计树中选择前视基准面，图形区显示该基准面，然后在【特征】选项卡中单击【镜像】按钮，属性管理器中显示【镜像】面板。选中的前视基准面被系统识别为镜像面。

07　在图形区中选择拉伸切除特征 1 和拉伸切除特征 2 作为要镜像的特征，再单击【确定】按钮按钮，完成特征的镜像，如图 5-58 所示。

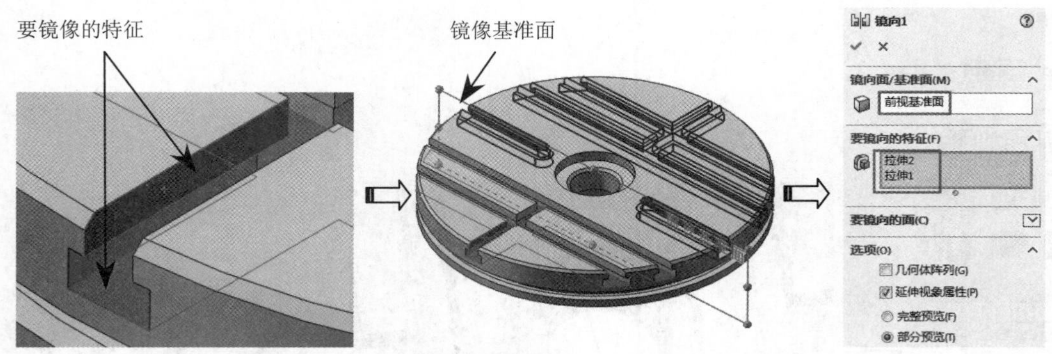

图 5–58　镜像拉伸切除特征

08　单击【倒角】按钮，对拉伸切除特征的边进行倒角处理，如图 5-59 所示。

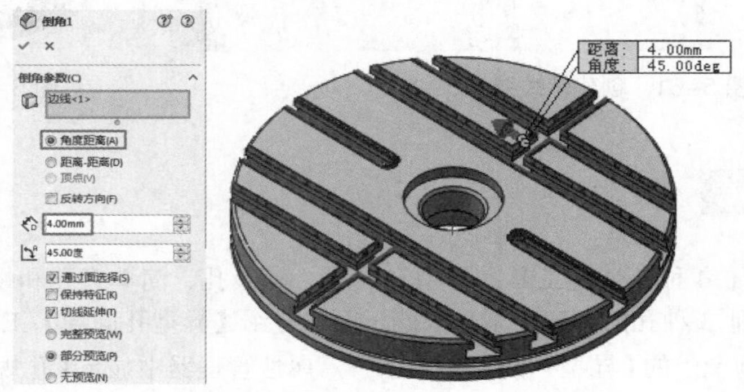

图 5–59　对拉伸切除特征进行倒角处理

09　单击【异型孔向导】按钮，属性管理器中显示【孔规格】面板。在面板的【位置】选项卡中，选择主体中间的台阶孔面作为孔的放置平面并进入 3D 草图模式，接着绘制图 5-60 所示的 3 个点作为孔的放置参考点。

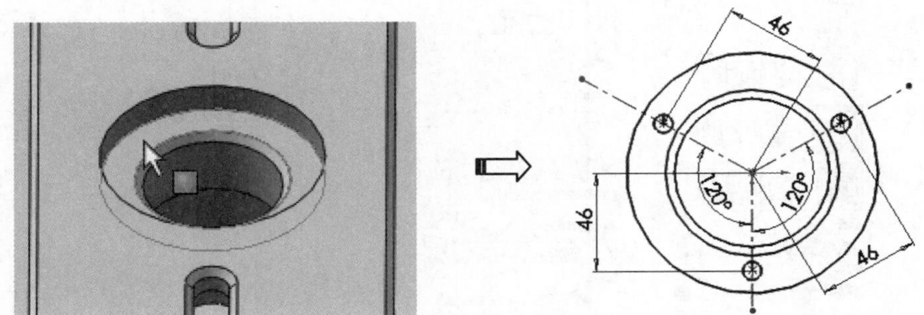

图 5–60　绘制孔的位置参考点

10　在面板【类型】选项卡中设置图 5-61 所示的选项后，单击【确定】按钮完成螺纹孔的创建。

11　至此，机床工作台零件创建完成，如图 5-62 所示。

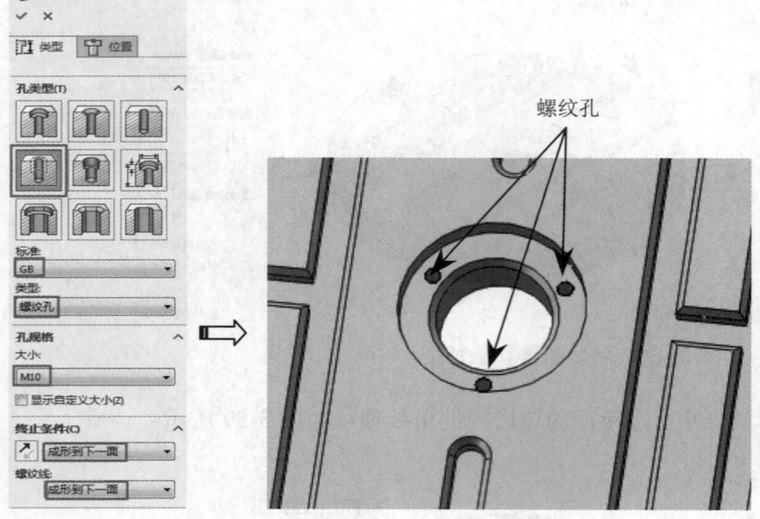

图 5-61　创建螺纹孔

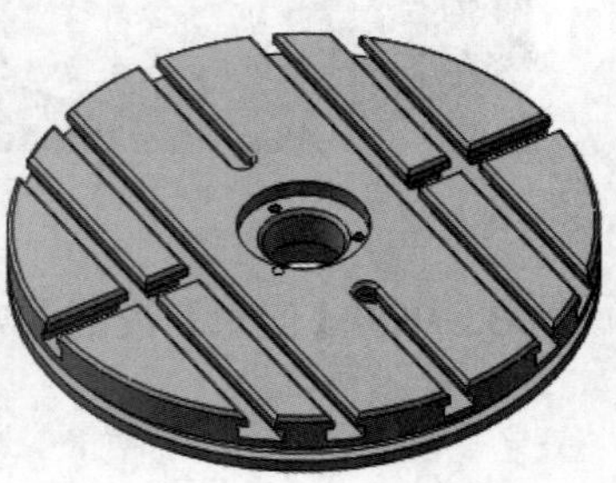

图 5-62　机床工作台

5.3.2　异型孔向导

SolidWorks 提供了 4 种孔创建工具：异型孔向导、高级孔、简单直孔和螺纹线。其中，【异型孔向导】就包含了其他 3 种孔的创建类型，因此下面仅介绍【异型孔向导】工具的用法。

单击【特征】选项卡中的【异型孔向导】按钮，属性管理器中显示【孔规格】面板，如图 5-63 所示。

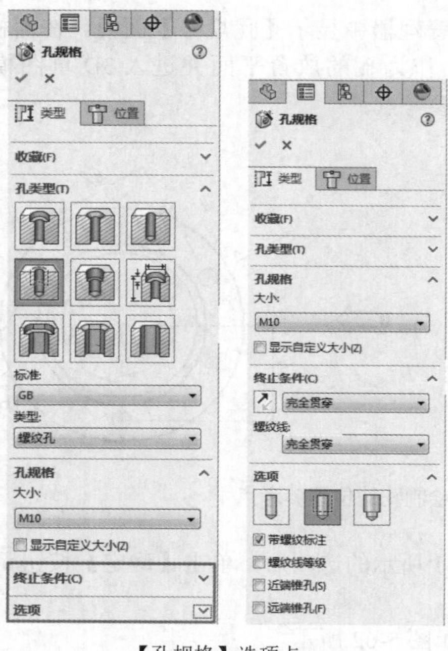

【孔规格】选项卡

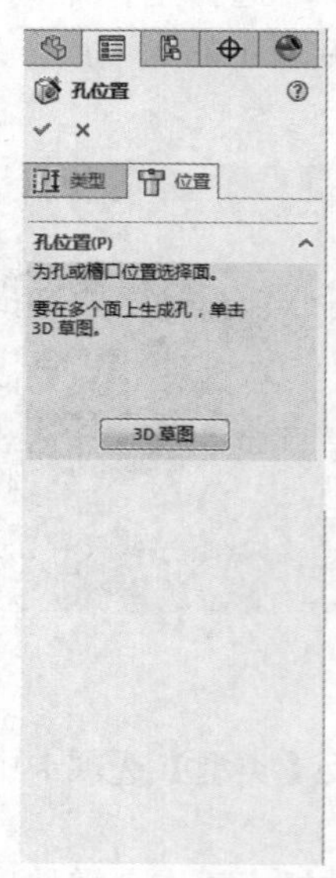

【孔位置】选项卡

图 5-63 【孔规格】面板

【孔规格】面板中各选项的含义如下。

- 【类型】选项卡（默认）：设定孔类型参数。
- 【位置】选项卡：使用尺寸和其他草图工具来定位孔中心。
- 【收藏】选项组：管理可在模型中重新使用的异型孔的样式清单。
- 【孔类型】和【孔规格】选项组：设定孔类型和孔规格，孔规格选项会根据孔类型而有所不同。
- 【终止条件】选项组：类型决定特征延伸的距离。终止条件选项会根据孔类型而有所不同。
- 【选项】选项组：选项会根据孔类型而发生变化。主要用来设置孔的螺纹标注、螺纹线等级、锥孔间隙等，包括 3 种孔类型设置，如图 5-64 所示。

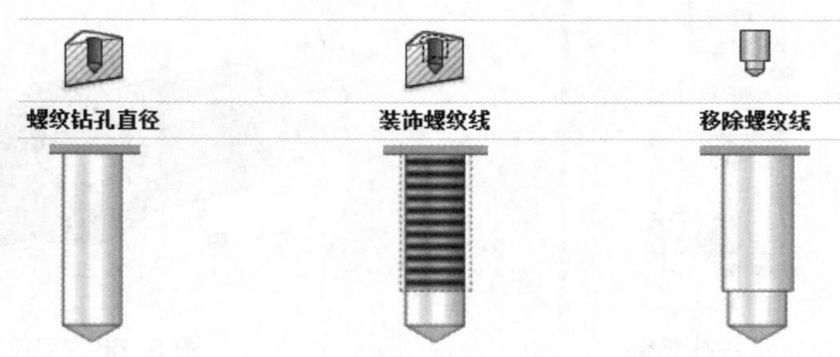

图 5-64　3 种孔类型选项设置

上机操作——使用【异型孔向导】创建螺纹孔

01　新建一个零件文件。

02　在【草图】面板中单击【草图绘制】按钮，然后选择前视基准面作为草图平面进入草图模式。

03　使用草图曲线绘制工具绘制图 5-65 所示的组合图形。

04　退出草图模式后使用【拉伸凸台 / 基体】工具，创建拉伸深度为 8mm 的凸台，如图 5-66 所示。

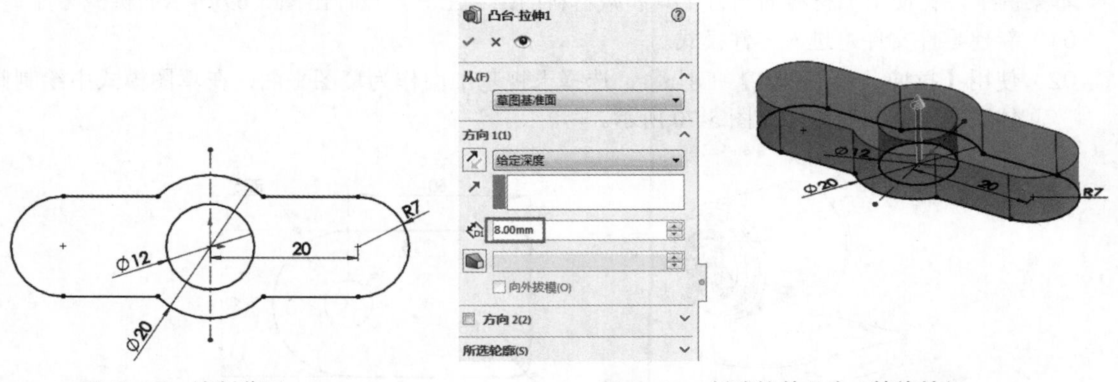

图 5-65　绘制草图　　图 5-66　创建拉伸凸台 / 基体特征

05　插入异型孔特征。单击【异型孔向导】按钮，在【类型】选项卡中设置图 5-67 所示的参数。

06 确定孔位置。在【位置】选项卡中，单击【3D 草图】按钮进入 3D 草图模式，然后对孔进行定位，如图 5-68 所示。

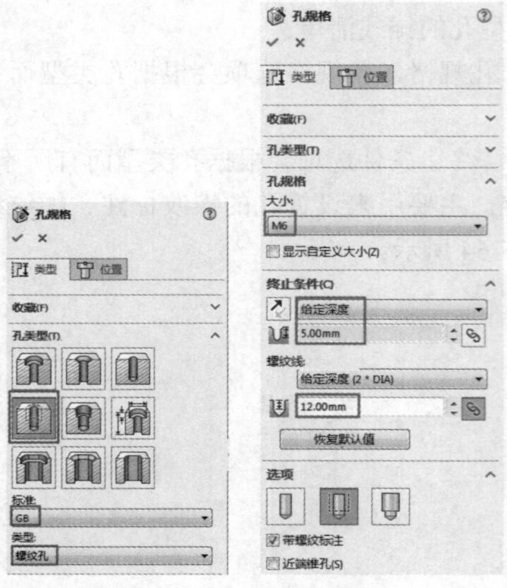

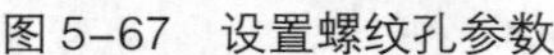

图 5-67 设置螺纹孔参数

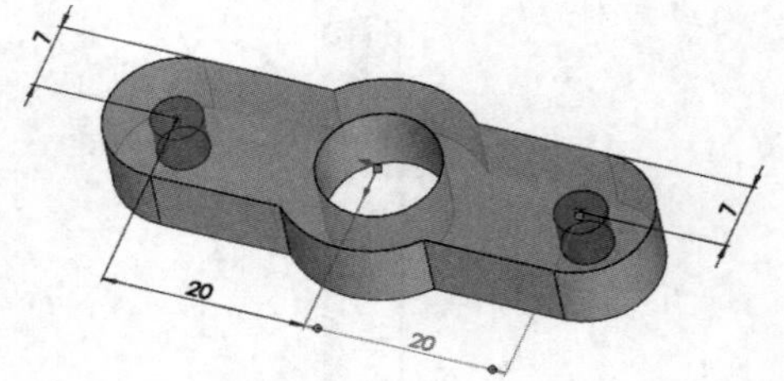

图 5-68 定位孔位置

07 在【孔规格】面板中单击【确定】按钮✔完成螺纹孔特征的创建。

技术要点

用户可以通过打孔点的设置，一次进行多个同规格孔的创建，提高绘图效率。

5.4 实战案例——机械零件建模

本案例中，将使用加材料的凸台工具和减材料的凸台工具，设计出图 5-69 所示的机械零件。

01 新建零件文件，进入零件模式。

02 使用【拉伸凸台 / 基体】工具，选择上视基准面作为草图平面，在草图模式中绘制阀体底座的截面草图，如图 5-70 所示。

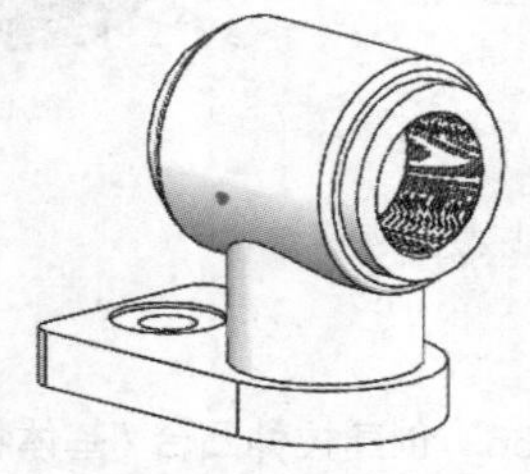

图 5-69 机械零件

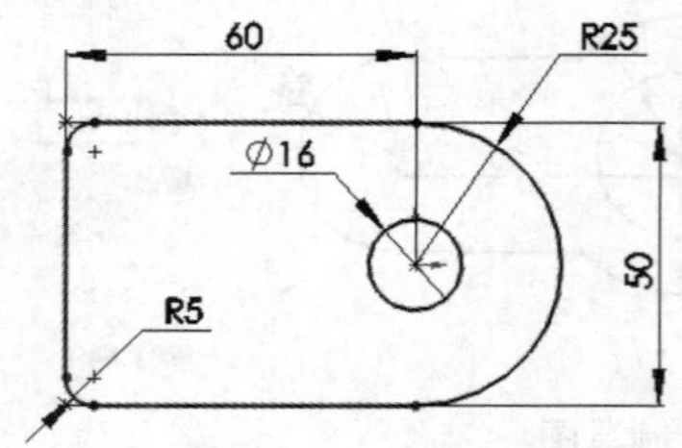

图 5-70 绘制阀体底座草图

03 退出草图模式后，以默认拉伸方向创建出深度为 12 的底座特征，如图 5-71 所示。

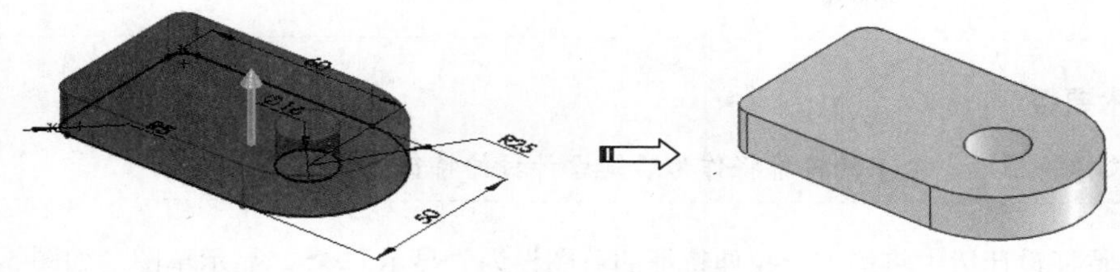

图 5–71　创建底座

04　使用【拉伸凸台 / 基体】工具，选择底座上表面作为草图平面，并创建出拉伸深度为 56 的阀体支承部分特征，如图 5-72 所示。

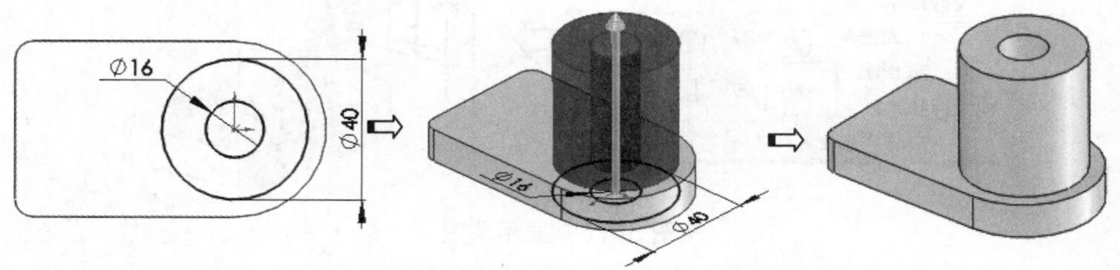

图 5–72　创建阀体支承部分

05　使用【拉伸凸台 / 基体】工具，选择右视基准面作为草图平面进入草图模式。绘制草图曲线，如图 5-73 所示。退出草图模式后在【凸台 - 拉伸】面板中重新选择轮廓，如图 5-74 所示。

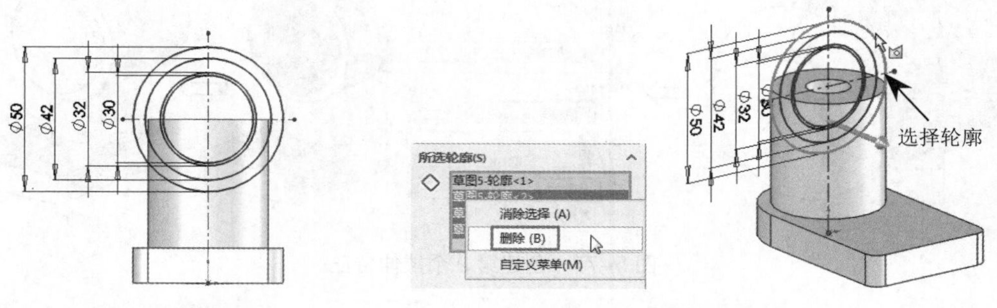

图 5–73　绘制草图　　　　图 5–74　重新选择轮廓

06　在【凸台 - 拉伸】面板中选择终止条件为【两侧对称】，并输入深度为 50，最终创建完成的第 1 个拉伸特征如图 5-75 所示。

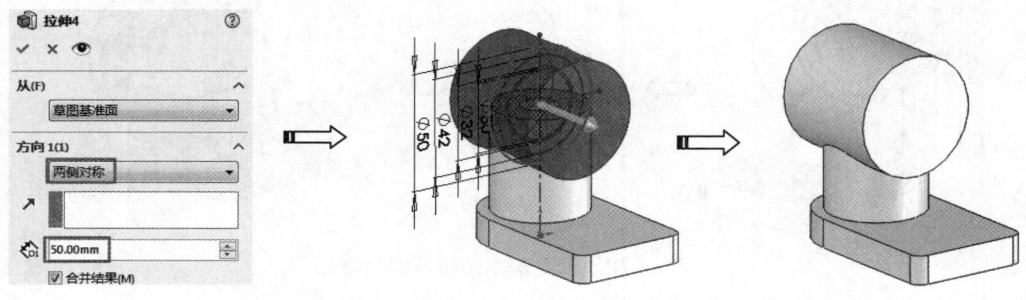

图 5–75　创建第 1 个拉伸特征

技术要点

重新选择轮廓后，余下的轮廓将作为后续设计拉伸特征的轮廓。

07　在特征设计树中将第 1 个拉伸特征的草图设为“显示”👁，显示草图，如图 5-76 所示。

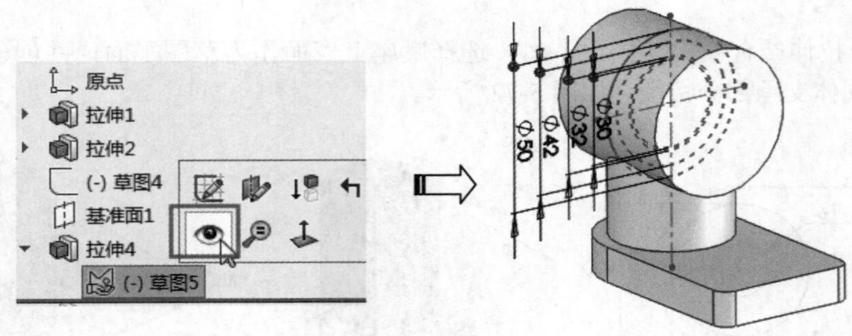

图 5–76　显示草图

08　使用【拉伸凸台 / 基体】工具，选择草图中直径为 42 的圆作为轮廓，然后创建出两侧对称且拉伸深度为 60 的第 2 个拉伸特征，如图 5-77 所示。

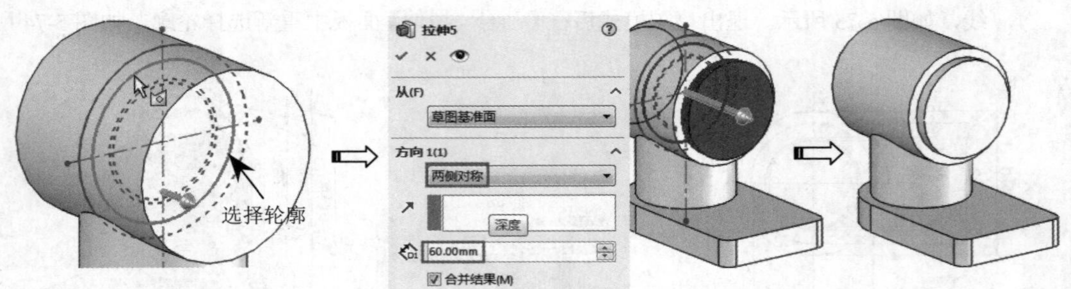

图 5–77　创建第 2 个拉伸特征

09　使用【拉伸切除】工具，选择草图中直径为 30 的圆作为轮廓，然后创建出两侧对称且拉伸深度为 60 的第 1 个拉伸切除特征，如图 5-78 所示。

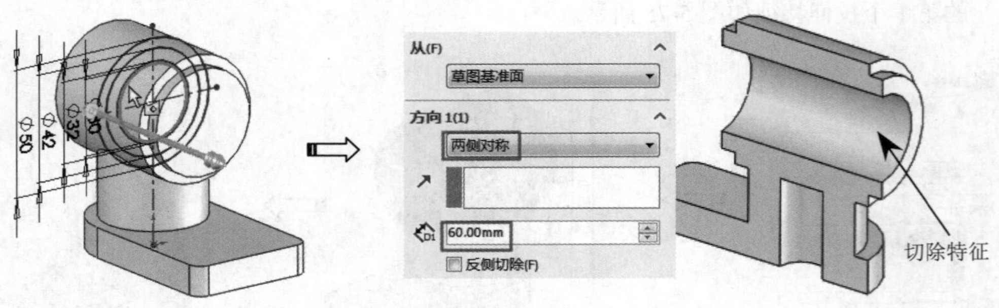

图 5–78　创建第 1 个拉伸切除特征

10　使用【拉伸切除】工具，选择草图中直径为 30 的圆作为轮廓，然后创建出两侧对称且拉伸深度为 16 的第 2 个拉伸切除特征，如图 5-79 所示。

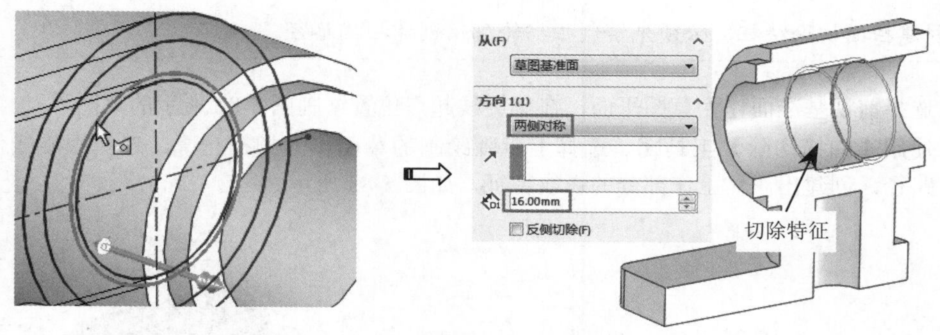

图 5-79　创建第 2 个拉伸切除特征

11　使用【圆角】工具，选择阀体工作部分（前面创建的两个拉伸特征和两个拉伸切除特征）的边线，创建圆角半径为 2 的圆角特征，如图 5-80 所示。

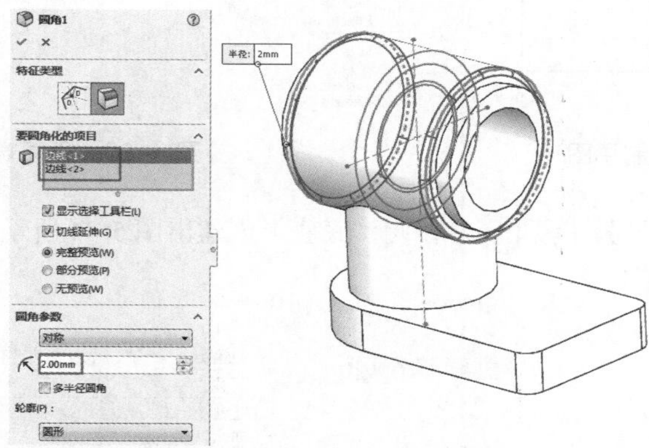

图 5-80　创建圆角特征

12　使用【特征】选项卡中的【螺旋线 / 窝状线】工具，创建图 5-81 所示的螺旋线。

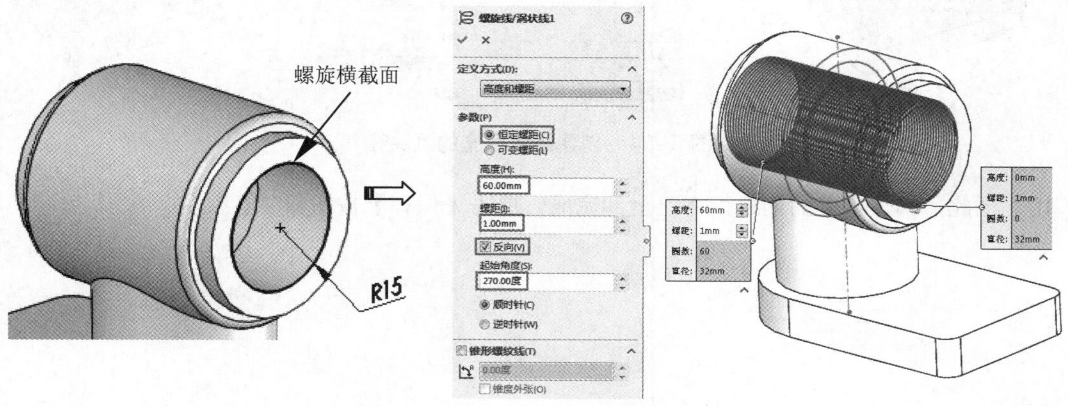

图 5-81　创建螺旋线

技术要点

要创建扫描切除特征，必须先绘制扫描轮廓及创建扫描路径。

13 选择前视基准面作为草图平面，在螺旋线起点位置绘制图 5-82 所示的草图。

14 使用【扫描切除】工具，选择上步骤绘制的草图作为扫描轮廓，选择螺旋线作为扫描路径，创建出阀体工作部分的螺纹特征，如图 5-83 所示。

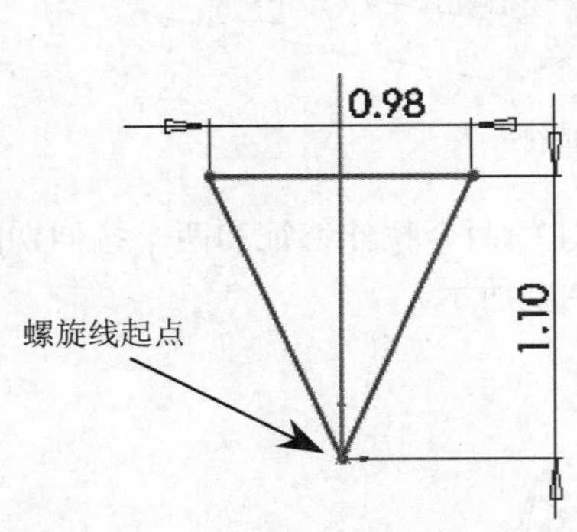

图 5–82　绘制草图

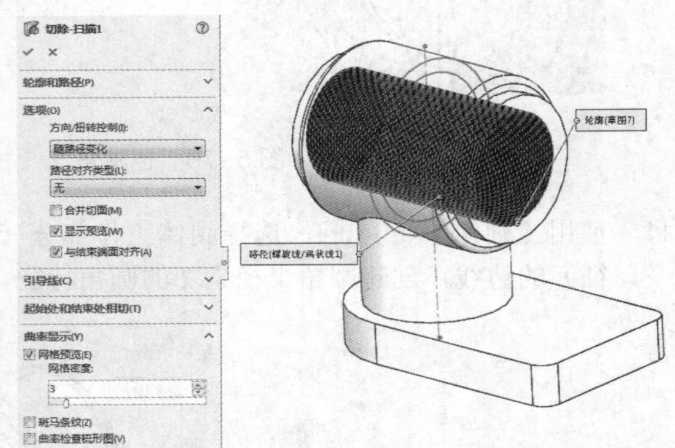

图 5–83　创建螺纹特征

15 使用【异型孔向导】工具，在阀体底座上创建出图 5-84 所示的沉头孔。

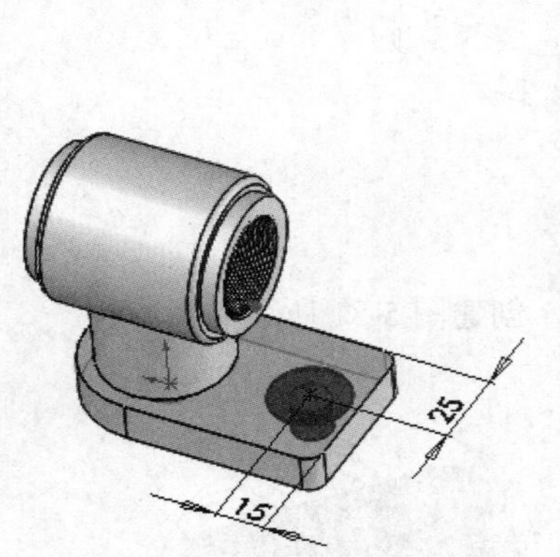

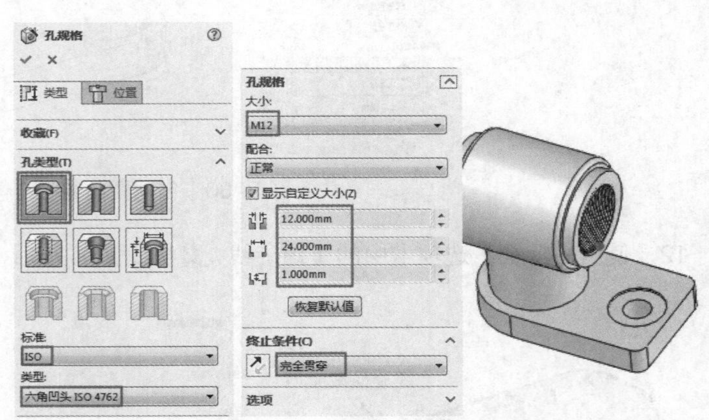

图 5–84　创建阀体底座的沉头孔

16 至此，阀体零件的创建工作已全部完成。单击【保存】按钮保存文件。

6 Chapter

第6章 创建附加特征

除了前面所介绍的基础特征，在 SolidWorks 2018 中，可以使用一些工具命令在已有模型的基础上进行二次建模，以此来创建出结构及形状都比较复杂的模型。这些特征称为“附加特征”，也叫“子特征”，也就是必须在创建基体模型后才能继续创建。

本章将详细介绍这些附加特征的基本用法。

知识要点

- 工程特征
- 形变特征

6.1 工程特征

工程特征是指在机械设计中常用来进行结构设计或满足零件铸造要求的功能特征。

6.1.1 圆角

圆角特征是在一条或多条边、边链或在曲面之间添加半径创建的特征。机械零件中的圆角用来完成表面之间的过渡，增加零件强度。

在【特征】选项卡中单击【圆角】按钮，打开【圆角】面板，如图 6-1 所示。

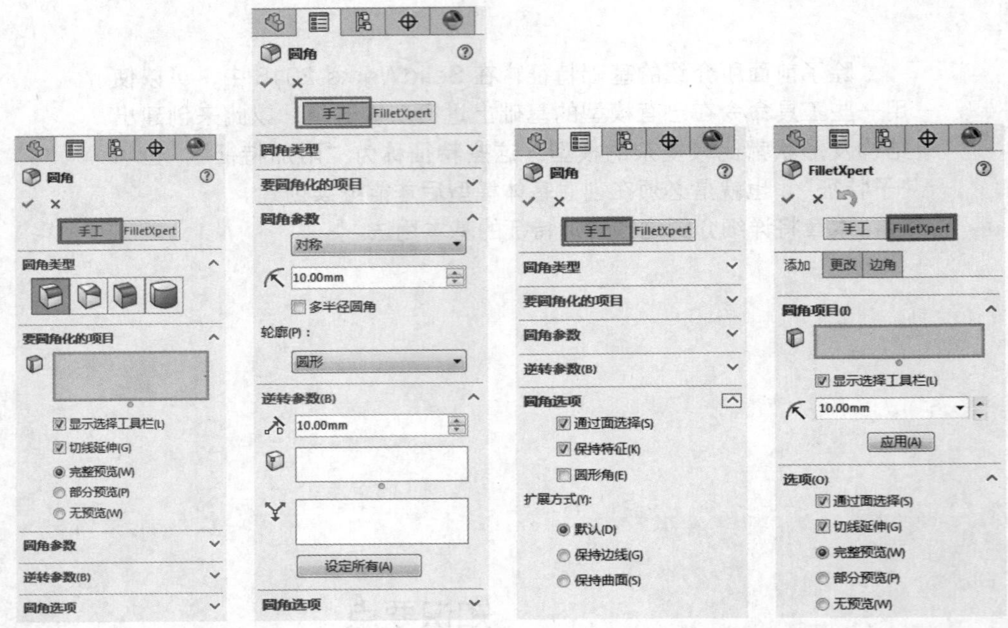

图 6-1 【圆角】面板

圆角分“手工”和“FilletXpert”两种创建模式。手工模式下的【圆角类型】选项区中，又包括 4 种圆角类型，每种圆角类型的选项设置各不相同，如图 6-2 所示。

1. 恒定大小圆角

倒圆角的半径数值为恒定常数，其选项设置如图 6-3 所示。

【圆角项目】选项区参数的含义如下。

- 【要圆角化的项目】选项组：用于选择要进行圆角操作的边线、面、特征和环等。
- 边线、面、特征和环：在图形区域中选择要进行圆角处理的实体。
- 显示选择工具栏：显示 / 隐藏选择加速器工具栏。
- 切线延伸：将圆角延伸到所有与所选面相切的面。
- 完整预览：显示所有边线的圆角预览。
- 部分预览：只显示一条边线的圆角预览。按 A 键来依次观看每个圆角预览。
- 无预览：不会预览圆角，可提高复杂模型的重建速度。
- 【圆角参数】选项组：设置不同圆角类型的圆角参数。

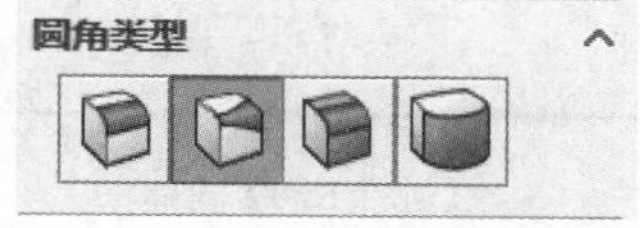

图 6–2　圆角类型

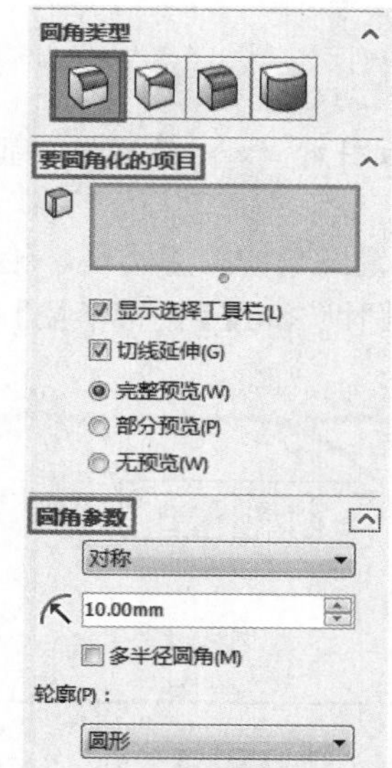

图 6–3 【恒定大小圆角】圆角类型

- 圆角方法：包括对称和不对称两种，如图 6-4 所示。

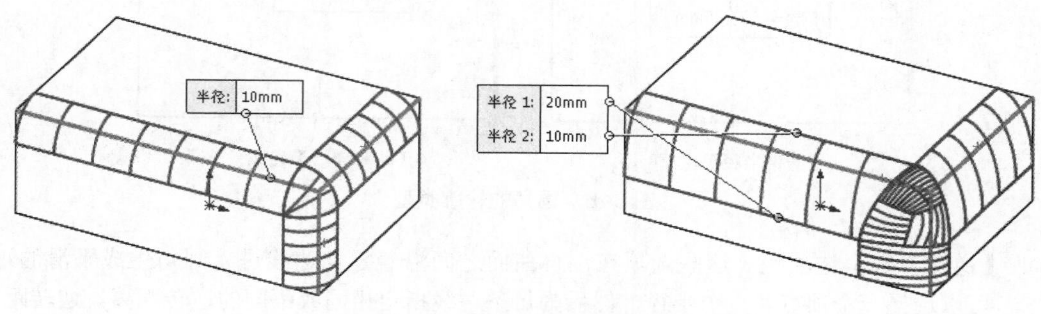

图 6–4　对称圆角与非对称圆角

- 半径：此文本框用来输入圆角的半径值。
- 多半径圆角：以边线不同的半径值生成圆角。可使用不同半径的三条边线生成边角，如图 6-5 所示。

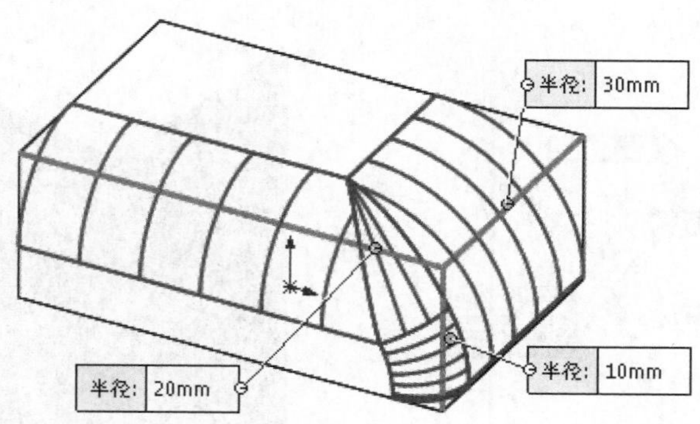

图 6–5　多半径圆角

技术要点

多半径圆角仅针对“对称”圆角，非对称圆角不能使用此功能。

- 轮廓：设置圆角的轮廓类型。轮廓定义圆角的横截面形状。包括 4 种圆角轮廓类型，即【圆形】【圆锥 Rho】【圆锥半径】【曲率连续】，如图 6-6 所示。

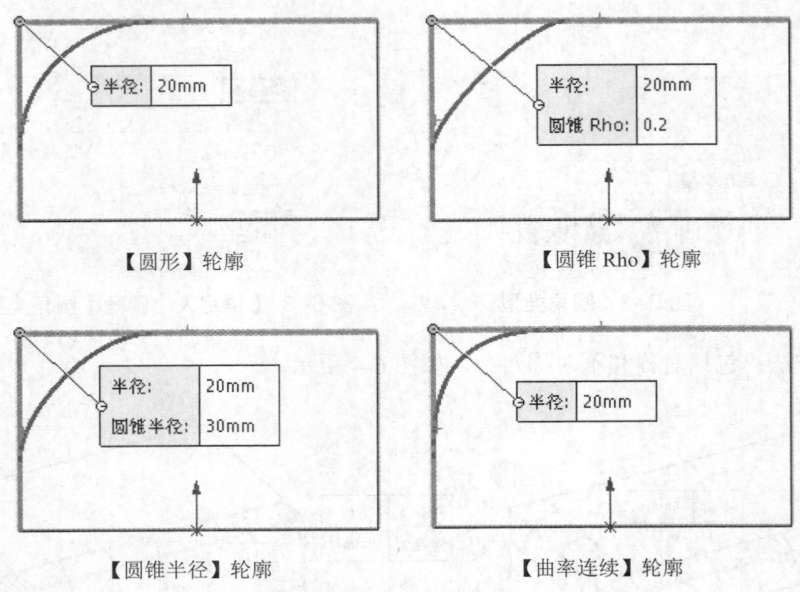

图 6-6　圆角的轮廓类型

- 【逆转参数】选项组：这些选项在混合曲面之间沿着零件边线进入圆角生成平滑的过渡。可以选择一个顶点和一个半径，然后为每条边线指定相同或不同的逆转距离。逆转距离为沿每条边线的点，圆角在此开始混合到在共同顶点相遇的三个面。
- 距离：从顶点测量来设定圆角逆转距离。
- 逆转顶点：在图形区域中选择一个或多个顶点，逆转圆角边线在所选顶点处汇合。
- 逆转距离：选取要逆转的边线，然后设置逆转距离。图 6-7 所示为设置相同逆转距离的效果，图 6-8 所示为设置不同逆转距离的圆角效果。

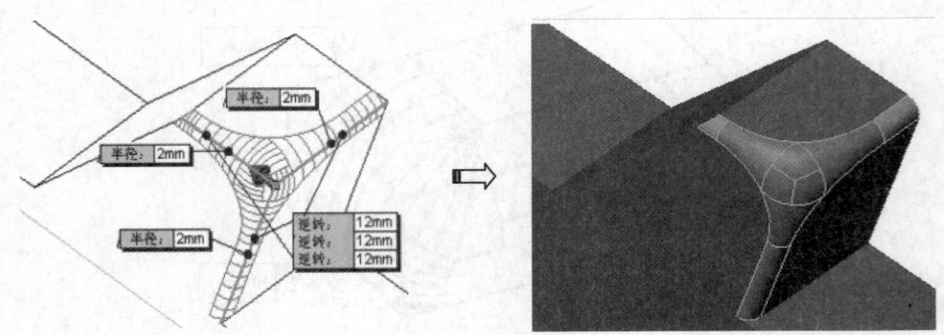

图 6-7　三条边线应用了相同的逆转距离

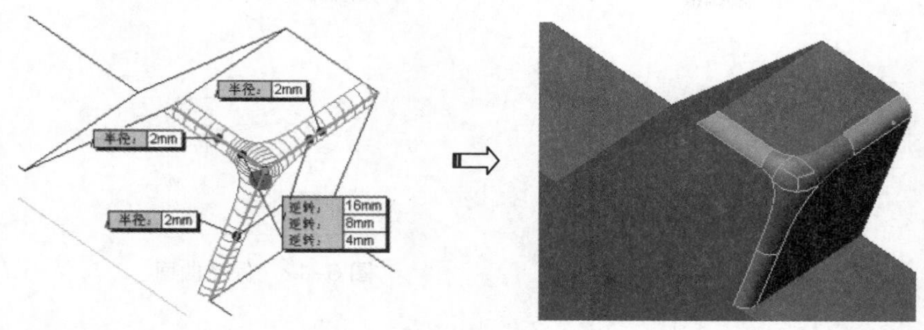

图 6-8　三条边线应用了不同的逆转距离

- 【圆角选项】选项组：设置圆角的选择、显示及扩展方式。
- 通过面选择：启用通过隐藏边线的面选择边线。
- 保持特征：如果应用一个大到可覆盖特征的圆角半径，则保持切除或凸台特征可见，如图 6-9 所示。

没有圆角的模型

应用到正面凸台和右切除特征的圆角

应用到所有圆角

图 6-9　保留特征

- 圆形角：生成带圆形角的固定尺寸圆角。必须选择至少两个相邻边线来圆角化。“圆形角”圆角在边线之间有一平滑过渡，可消除边线汇合处的尖锐接合点，如图 6-10 所示。

无圆形角

有圆形角

图 6-10　圆形角

- 扩展方式：控制在单一闭合边线（如圆、样条曲线、椭圆）上圆角在与边线汇合时的行为。
- 默认：应用系统选择保持边线或保持曲面选项。

  保持边线：模型边线保持不变，而圆角则调整，如图 6-11 所示。

  保持曲面：圆角边线调整为连续和平滑，而模型边线更改以与圆角边线匹配，如图 6-12 所示。

2. 变量大小圆角

生成带变半径值的圆角。使用控制点来帮助定义圆角。设置可变半径圆角的选项如图 6-13 所示。创建可变半径的圆角案例如图 6-14 所示。

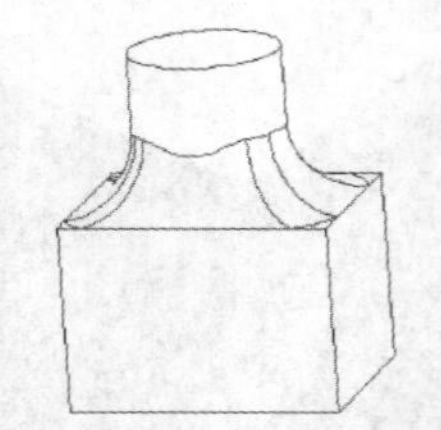

图 6-11　保持边线

图 6-12　保持曲面

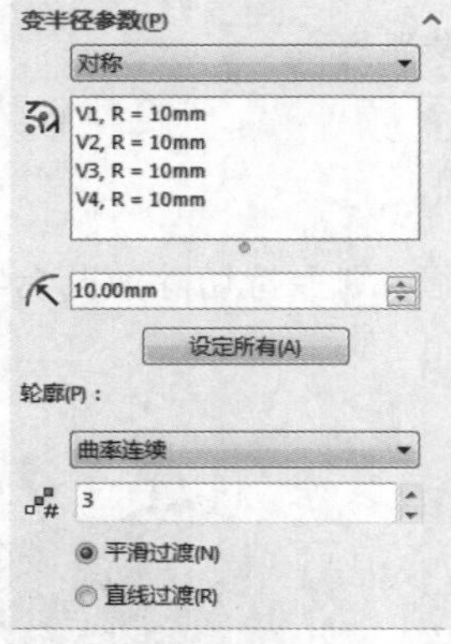

图 6-13　可变半径参数设置

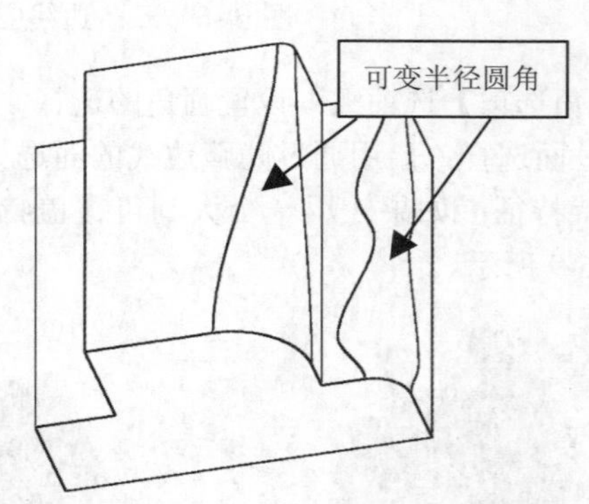

图 6-14　可变半径圆角

3. 面圆角

用于在两个相邻面的相交处创建圆角，如图 6-15 所示。采用【面圆角】类型时，需要选择两个面（所选的两个面可以是平面或曲面），并且该两个面相交，交线为一条直线段或曲线段。

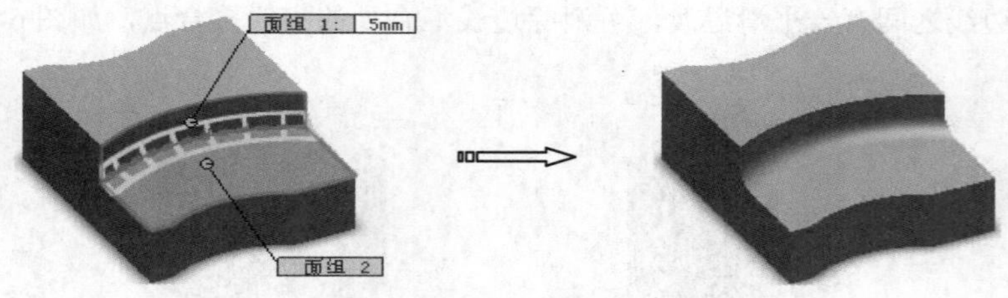

图 6-15　两个曲面的倒圆角

4. 完整圆角

完整圆角针对相邻 3 个实体表面对中间面整体倒圆角，如图 6-16 所示。

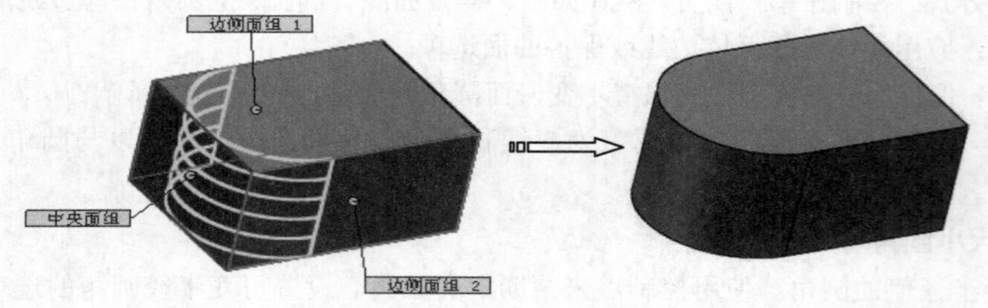

图 6-16　三个曲面的完整倒圆角

5. “FilletXpert”类型圆角

“FilletXpert”类型圆角通过 FilletXpert“圆角专家”模式来创建，用户可以创建等半径圆角，还可以创建变半径圆角，还可以对单条边线的圆角进行临时更改，如图 6-17 所示。

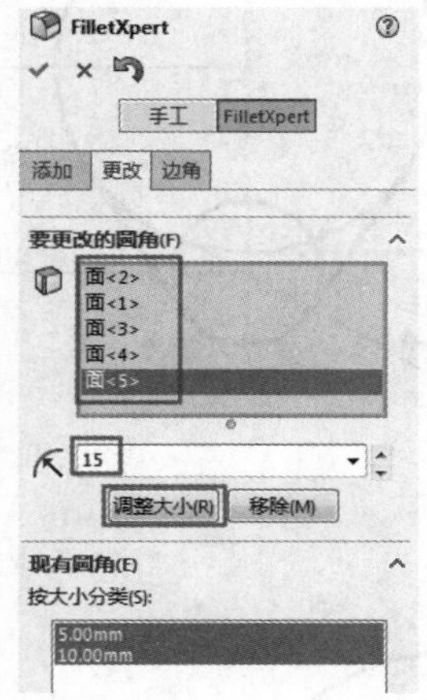

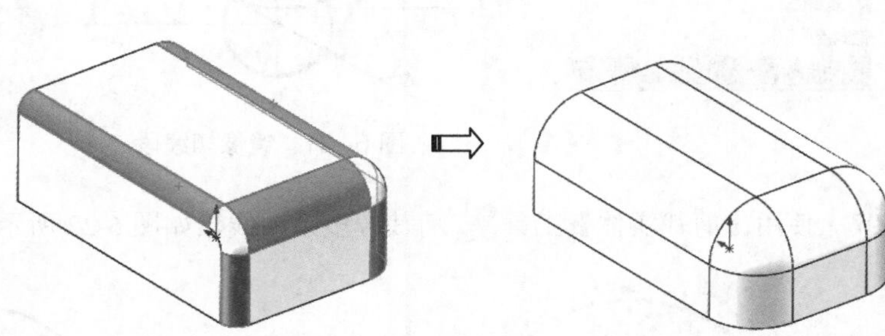

图 6-17　创建变半径圆角并修改圆角

上机操作——凸轮零件设计

01　新建一个零件文件。

02　在【草图】选项卡中单击【草图绘制】按钮，选择右视基准面作为草图平面后进入草图模式。

03　单击【中心线】按钮，绘制经过坐标原点的竖直中心线，再单击【圆】按钮，以坐标原点为圆心绘制直径为 18mm 的大圆，如图 6-18 所示。

04　在竖直中心线上绘制一个直径为 7mm 的小圆，标注两个圆心之间的距离为 10mm，如图 6-19 所示。

05　单击【直线】按钮绘制一条直线段，使用自动添加几何关系，使得该直线段与第一个圆和第二个圆均相切，如图 6-20 所示。

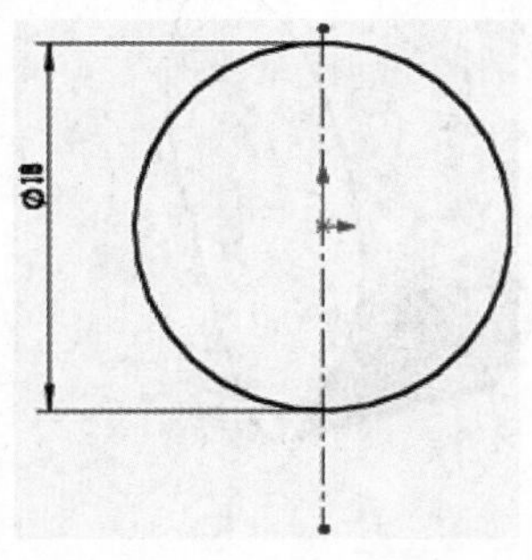

图 6-18　绘制大圆

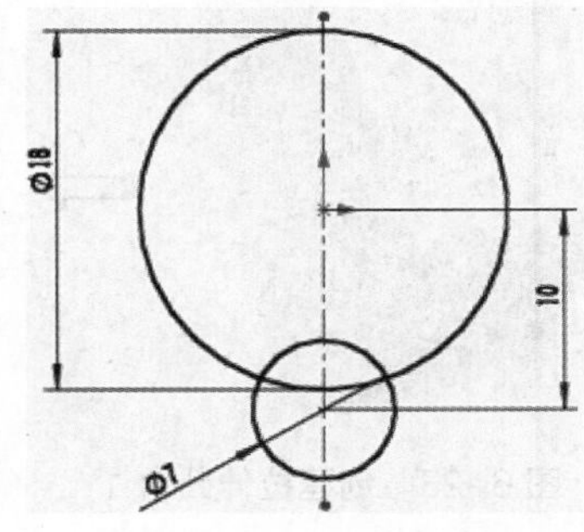

图 6-19　绘制小圆

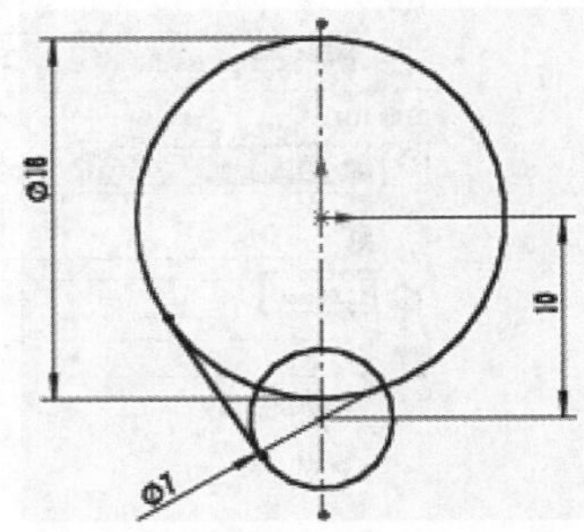

图 6-20　绘制圆弧切线

06　单击【镜像实体】按钮，打开【镜像】面板。选择相切的直线段作为“要镜像的实体”，选择中心线作为“镜像点”，如图 6-21 所示。

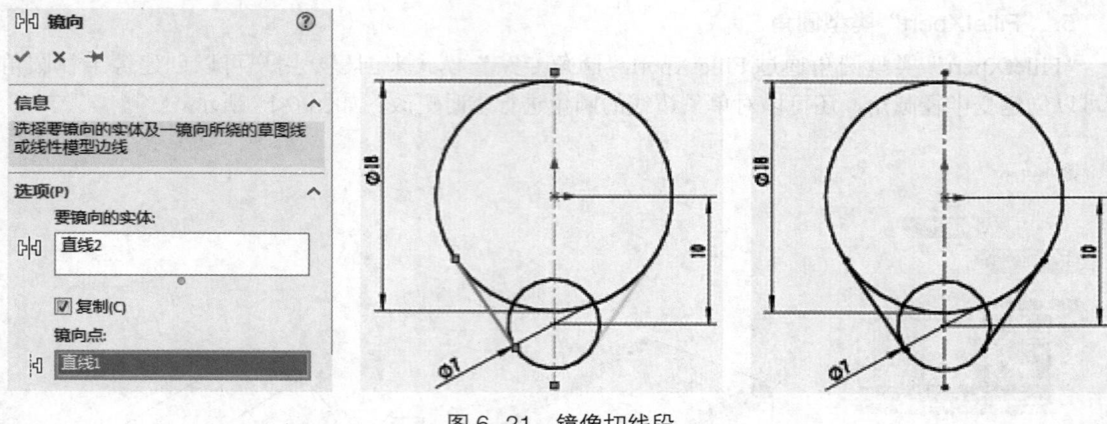

图 6-21　镜像切线段

07　使用【剪裁实体】工具剪裁掉多余曲线，如图 6-22 所示。

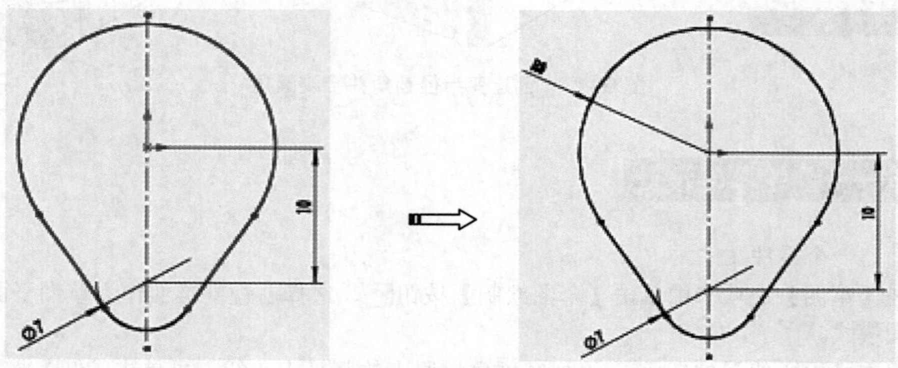

图 6-22　剪裁多余线段

08　在【特征】选项卡中单击【拉伸凸台 / 基体】按钮，在【凸台 - 拉伸】面板中输入拉伸深度为 10mm，单击【确定】按钮完成拉伸凸台 1 的创建，如图 6-23 所示。

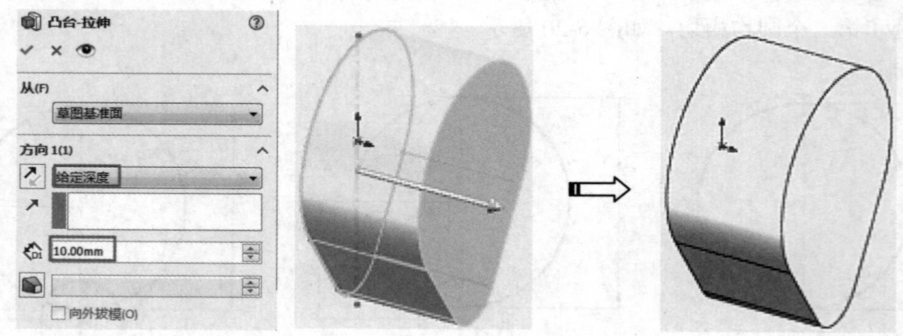

图 6-23　创建拉伸凸台 1

09　再使用【拉伸凸台 / 基体】工具，选择凸台的上表面作为草图平面绘制同心圆（圆的直径为 12mm），退出草图模式后在【凸台 - 拉伸】面板中输入拉伸深度为 20mm，单击【确定】按钮完成拉伸凸台 2 的创建，如图 6-24 所示。

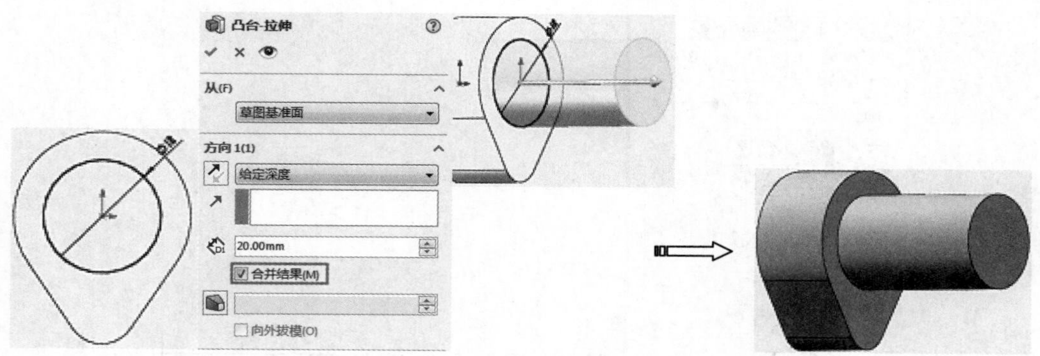

图 6-24 创建拉伸凸台 2

10 单击【圆角】按钮，在【圆角】面板中设置圆角半径为 0.5mm，再拾取凸台 1 特征上的边创建圆角特征，如图 6-25 所示。

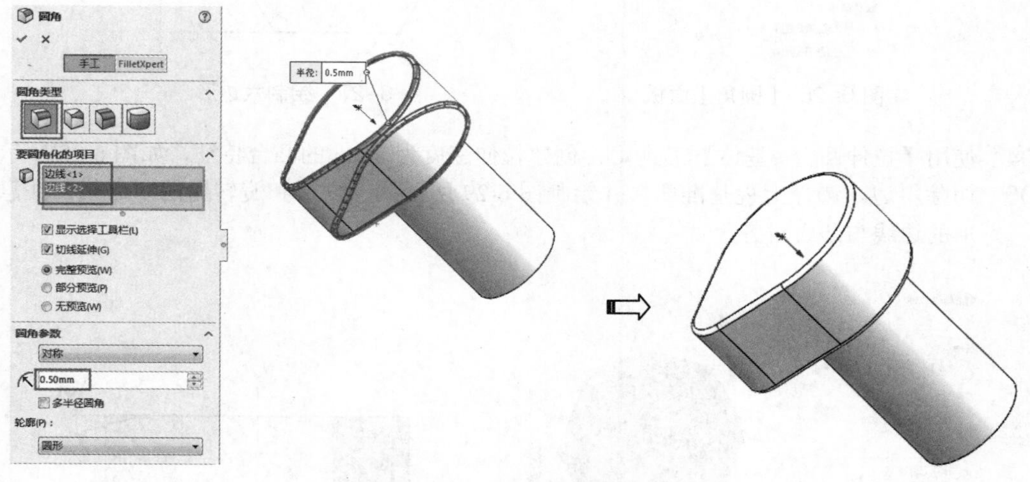

图 6-25 创建圆角特征

11 完成后保存文件。

6.1.2 倒角

【倒角】是在所选的边线或顶点上生成一个倾斜面的特征造型方法，它跟【圆角】命令的使用方法与成形方式相似，差异在于【倒角】成形特征是直面，而圆角成形特征是圆弧面。工程上应用倒角一般是为了去除零件的毛边或满足装配要求。

在【特征】选项卡中单击【倒角】按钮，弹出【倒角】面板，如图 6-26 所示。

上机操作——螺母零件设计

01 新建零件文件。

02 单击【草图绘制】按钮，选择前视基准面作为草图平面进入草图模式。

03 单击【多边形】按钮，绘制图 6-27 所示的六边形。

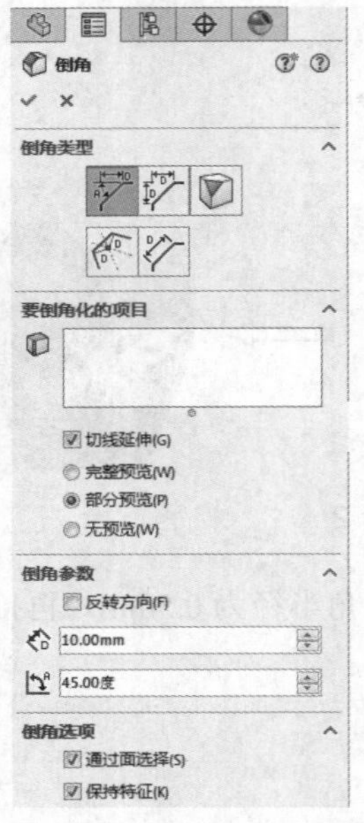

图 6-26 【圆角】面板

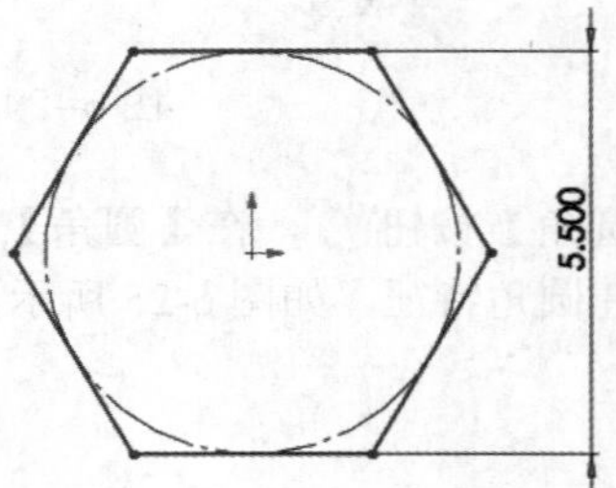

图 6-27 绘制六边形

04 使用【拉伸凸台 / 基体】工具，创建拉伸深度为 3mm 的凸台特征，如图 6-28 所示。

05 切除斜边。选择上视基准面，并绘制图 6-29 所示的三角形和旋转用的中心线，注意三角形的边线与凸台对齐。

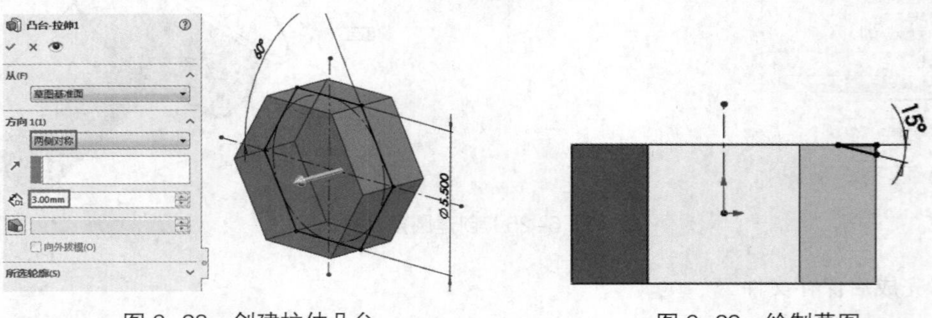

图 6-28 创建拉伸凸台

图 6-29 绘制草图

06 单击【旋转切除】按钮，选定中心线作为旋转轴，创建旋转切除特征，如图 6-30 所示。

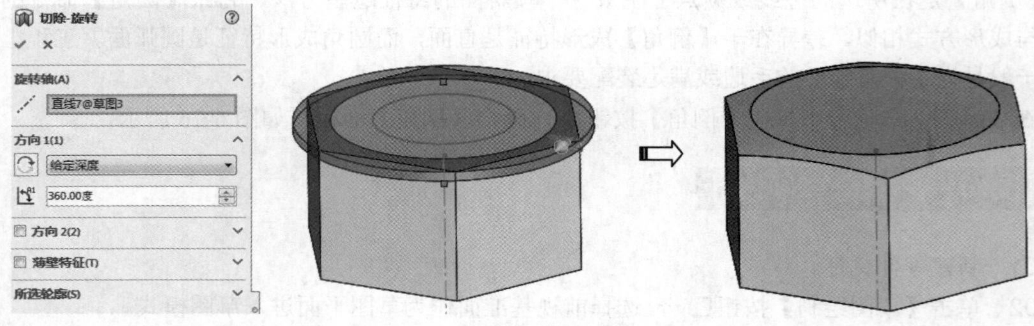

图 6-30 创建旋转切除特征

07 镜像实体。单击【镜像】按钮，选择旋转切除特征作为镜像对象，选择前视基准面作为镜像平面，单击【确定】按钮完成镜像操作，如图6-31所示。

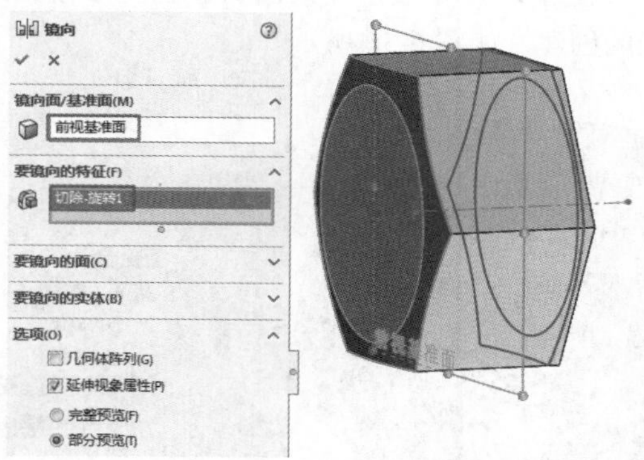

图6-31 创建镜像特征

08 拉伸切除螺栓孔。使用【拉伸切除】工具，在螺栓表面上绘制直径为3mm的圆，并通过拉伸切除来创建孔特征，如图6-32所示。

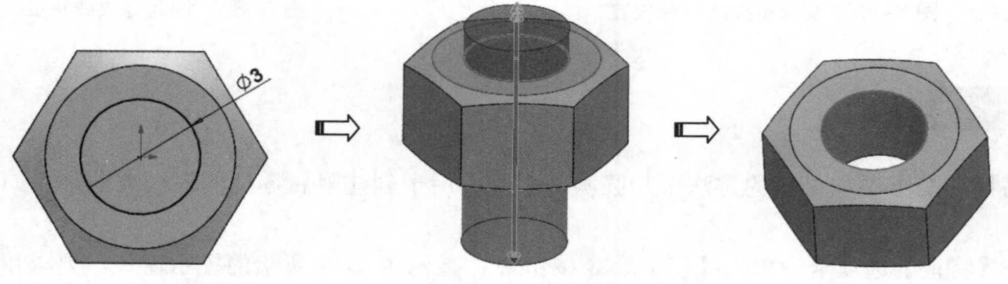

图6-32 创建孔

09 单击【倒角】按钮，在【倒角】面板中选择"角度距离"倒角类型，然后选择孔的边线创建倒角特征，倒角距离为0.1mm，角度为45°，如图6-33所示。

10 单击【螺纹线】按钮 螺纹线，首先选择孔边线作为螺纹线的尺寸参考，再选择螺纹的起始位置面，如图6-34所示。

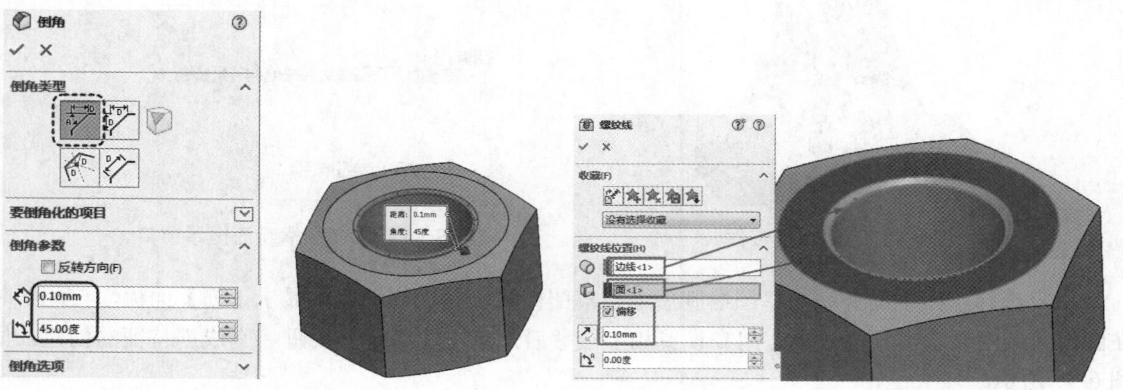

图6-33 创建倒角　　图6-34 设置螺纹线的起始位置

11 在【结束条件】选项区下首先选择结束位置平面（螺母的底端面），接着选择螺纹线方法为“拉伸螺纹线”，也就是创建螺纹实体，如图 6-35 所示。

12 在【螺纹选项】选项组下选择【根据开始面剪裁】和【根据结束面剪裁】复选框，完成最终的螺纹线特征的创建，如图 6-36 所示。

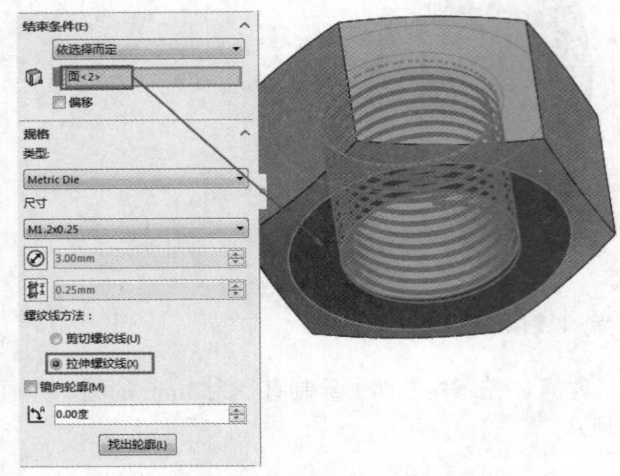

图 6-35　设置螺纹线结束位置

图 6-36　创建螺纹线特征

6.1.3 筋

筋特征是用添加材料的方法来加强零件强度，用于创建附属零件的辐板或肋片，如图 6-37 所示。

在【特征】选项卡中单击【筋】命令按钮，显示图 6-38 所示的提示窗口，要求用户选择一个基准面或已有平面或边线来绘制【筋】特征的横断面，或者选择一个已有草图作为特征横断面。

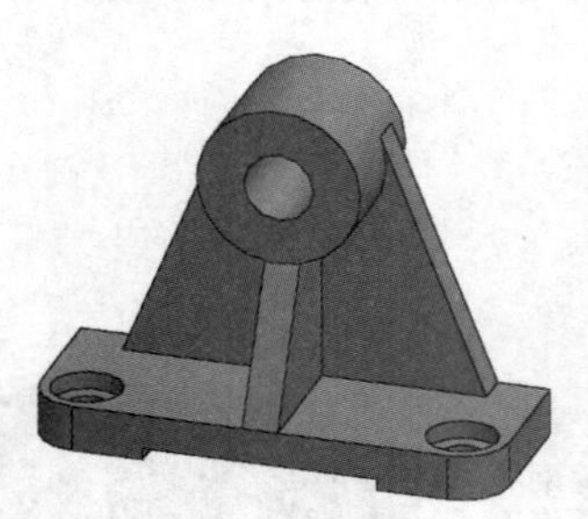

图 6-37　筋特征零件

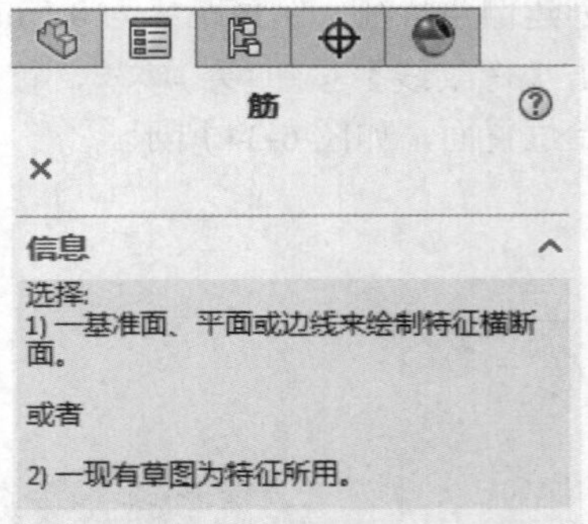

图 6-38 【筋】命令横断面提示窗口

用户选择草图平面并完成草图绘制后退出草图模式，属性管理器中显示【筋】面板，与此同时在图形区域中显示出预览效果。用户设置相应参数后，单击【确定】按钮完成筋特征的创建，如图 6-39 所示。

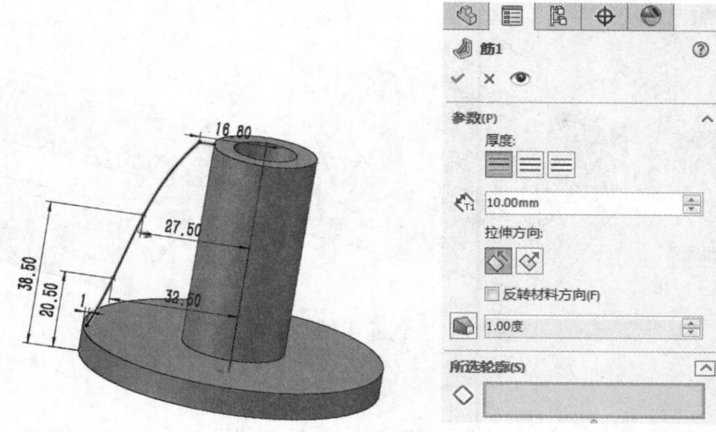

图 6-39 创建筋特征

6.1.4 拔模

拔模特征是以特定的角度逐渐缩放截面的特征，主要用于模具与铸件设计。

拔模可在创建零件特征时使用该特征面板自带的拔模选项进行拔模操作，如【拉伸凸台 / 基体】【筋】等命令的面板中就自带拔模选项。

也可对现有特征进行拔模操作。单击【特征】选项卡中的【拔模】按钮，选择要进行拔模的特征，在面板中设置相应参数，可创建图 6-40 所示的拔模特征。

图 6-40 拔模

6.1.5 抽壳

抽壳是从实体零件移除材料来生成一个薄壁特征零件，抽壳会掏空零件，使所选择的面敞开，在剩余的面上留下指定壁厚的壳。若选择实体模型上的任何面，实体零件将被掏空成一个闭合的模型。

默认情况下，抽壳创建的实体具有相同壁厚，用户可用单独指定某些表面指定厚度，从而创建出壁厚不等的零件模型。

1. 启动【抽壳】命令

单击【特征】选项卡中的【抽壳】命令按钮，在弹出的【抽壳】面板中选择移除的面（可以是多个面），并输入统一厚度值后，单击【确定】按钮，完成零件抽壳特征的创建，如图 6-41 所示。

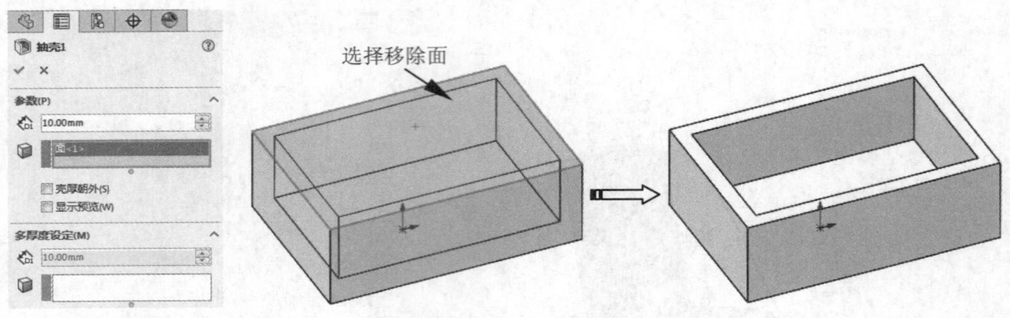

图 6–41　创建【抽壳】特征

2. 多厚度抽壳

默认情况下，在创建零件的抽壳特征时选择一个面来移除，会设定一个统一厚度。但有时为了建模需要，还会创建多厚度抽壳。选择多个移除面时其操作方法如下。

（1）同前面的统一厚度抽壳操作相似，首先选择多个待移除面并输入抽壳厚度值。

（2）展开【多厚度设定】选项区，在零件上选择待移除面中的一个面，并输入该面对应的厚度值。

（3）同理，选择其他待移除面，输入相对应的厚度值。

（4）最后单击【确定】按钮，完成多厚度抽壳特征的创建，如图 6-42 所示。

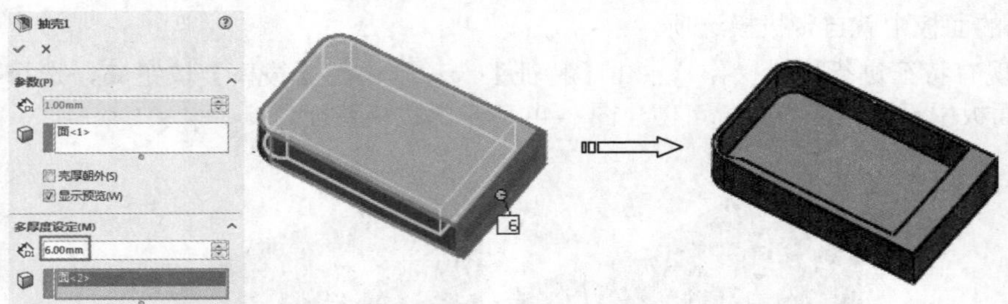

图 6–42　创建不同壁厚的抽壳特征

6.2 形变特征

可通过形变特征来改变或生成实体模型和曲面。常用的形变特征有自由形、变形、压凹、弯曲和包覆等。

6.2.1 自由形

自由形是通过在点上推动和拖动而在平面或非平面上添加变形曲面。

自由形特征用于修改曲面或实体的面。每次只能修改一个面，该面可以有任意条边线。设计人员可以通过生成控制曲线和控制点，然后推拉控制点来修改面，对变形进行直接的交互式控制。可以使用三重轴约束推拉方向。

单击【特征】选项卡中的【自由形】按钮，打开【自由形】面板，如图 6-43 所示。使用【自由形】工具创建的自由形特征如图 6-44 所示。

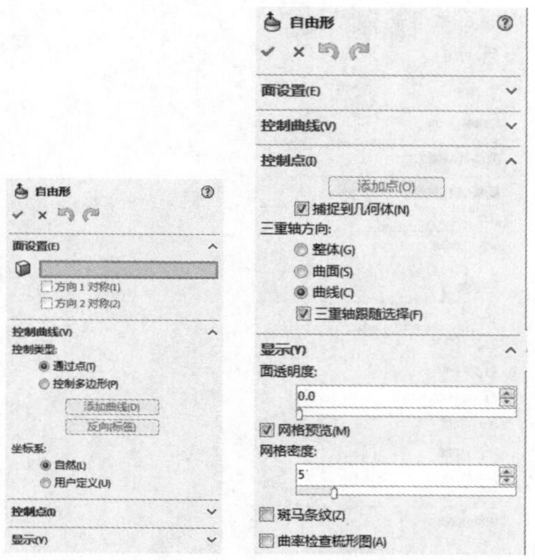

图 6-43 【自由形】面板

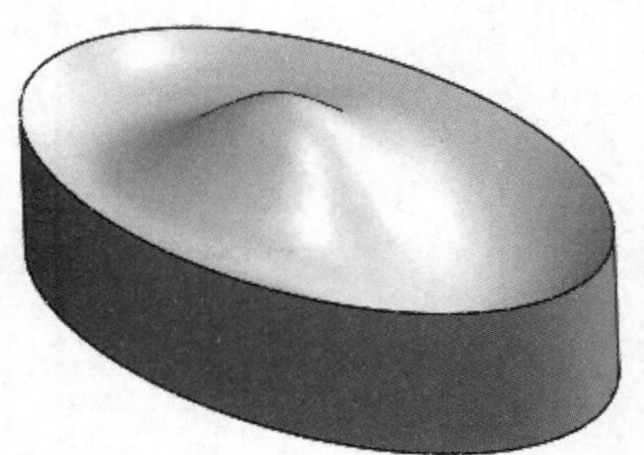

图 6-44　自由形特征

6.2.2 变形

变形是将整体变形应用到实体或曲面实体上。使用变形特征改变复杂曲面或实体模型的局部或整体形状，无需考虑用于生成模型的草图或特征约束。

单击【特征】选项卡中的【变形】按钮，打开【变形】面板，如图 6-45 所示。图 6-46 所示为使用【变形】工具创建模型变形的范例。

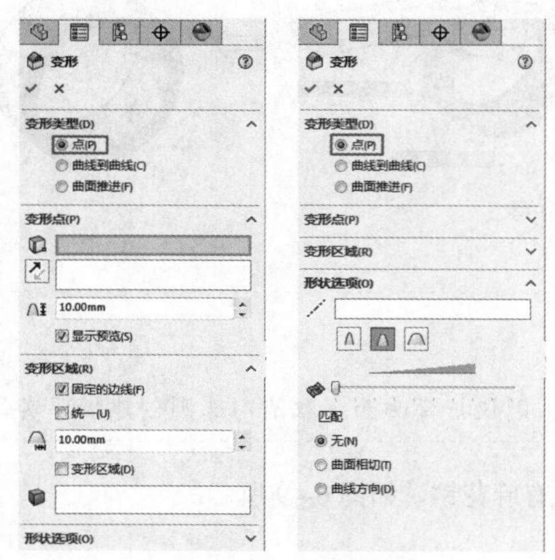

图 6-45 【变形】面板

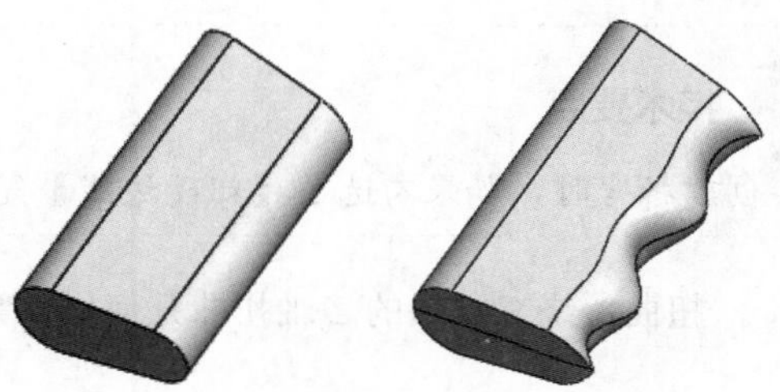

图 6-46　模型变形范例

6.2.3 弯曲

【弯曲】工具是以直观的方式对复杂的模型进行变形。可以生成四种类型的弯曲：折弯、扭曲、锥削和伸展。单击【特征】选项卡中的【弯曲】按钮，打开【弯曲】面板，如图 6-47 所示。

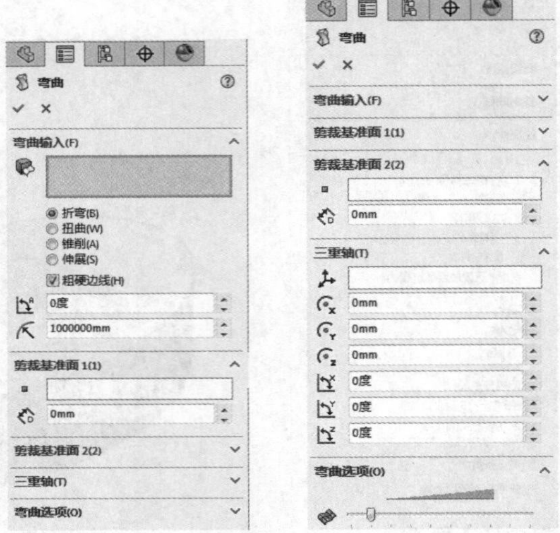

图 6–47 【弯曲】面板

1.【弯曲输入】选项区

该选项区用来设置弯曲的类型、弯曲值。弯曲类型包括以下 4 种。

- 折弯：使用两个剪裁基准面的位置来决定弯曲区域，绕一折弯线改变实体，此折弯线相当于三重轴的 X 轴，图 6-48 所示为折弯的实例。

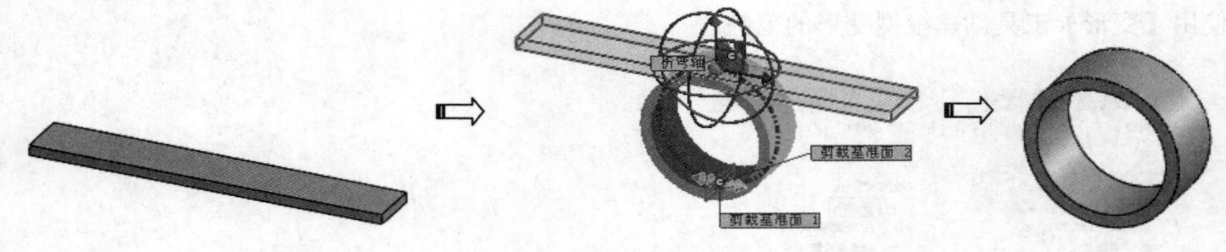

图 6–48 折弯

技术要点

创建折弯时，如果勾选了【粗硬边线】复选框，则仅折弯曲面；取消勾选则创建折弯实体。

- 扭曲：绕三重轴的 Z 轴扭曲几何体。常见的有麻花钻，如图 6-49 所示。

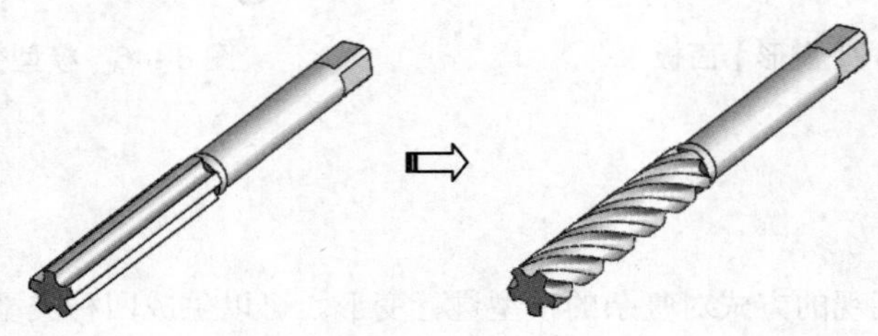

图 6–49 扭曲

- 锥削：使模型随着比例因子的缩放，产生具有一定锥度的变形，如图 6-50 所示。

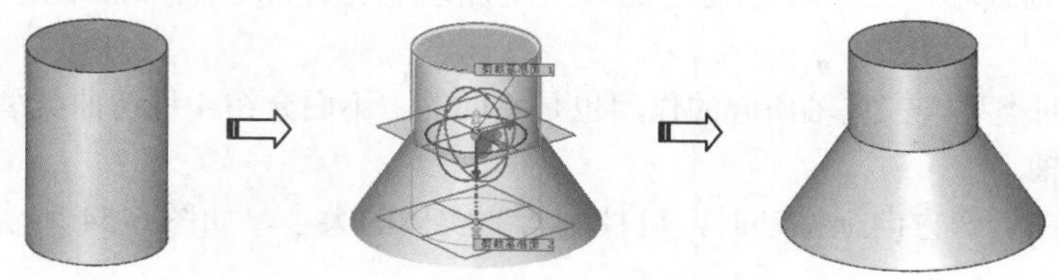

图 6-50 锥削

- 伸展：将实体模型沿着指定的方向进行延伸操作，如图 6-51 所示。

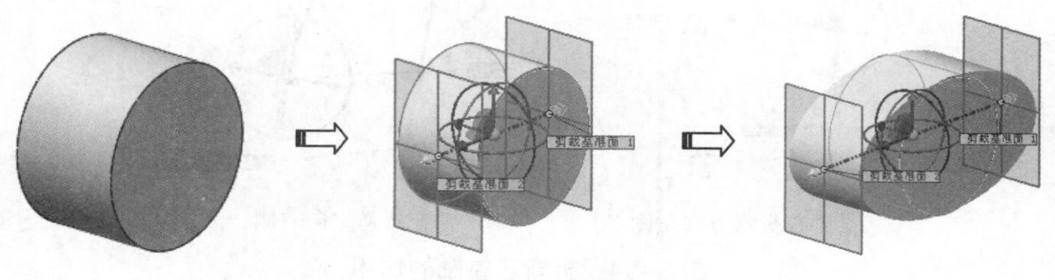

图 6-51 伸展

2.【剪裁基准 1】选项区

剪裁曲面就是弯曲的起始平面和终止平面。可以通过两种方式来确定剪裁平面。

- 参考实体 ▫：为剪裁曲面选取参考点来定位，此点只能在要弯曲的模型上，如图 6-52 所示。

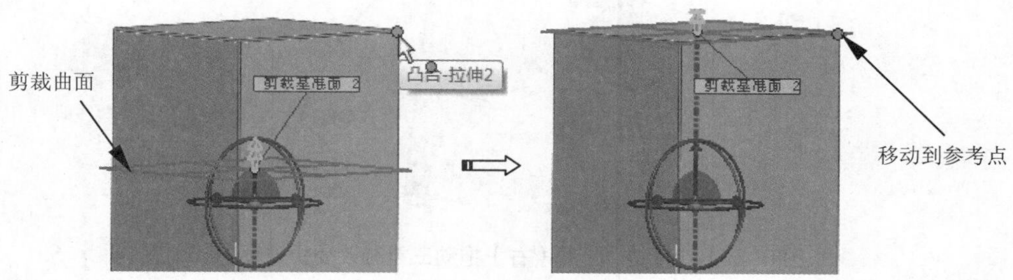

图 6-52 参考实体

- 剪裁距离 ：可以输入值来确定剪裁曲面的新位置，如图 6-53 所示。

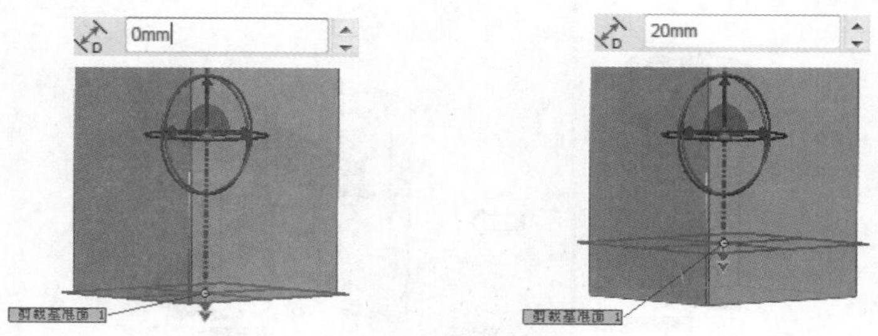

图 6-53 剪裁距离

3.【三重轴】选项区

通过旋转三重轴或移动三重轴，使弯曲效果更加理想化。除了输入值来定位三重轴，还可以手动操作三重轴。

对于不同的弯曲类型，三重轴所起的作用也是不同的。下面介绍 4 种弯曲类型的三重轴的意义。

（1）折弯三重轴。

折弯的三重轴在折弯方向上拖动时，可控制折弯实体的大小，如图 6-54 所示。

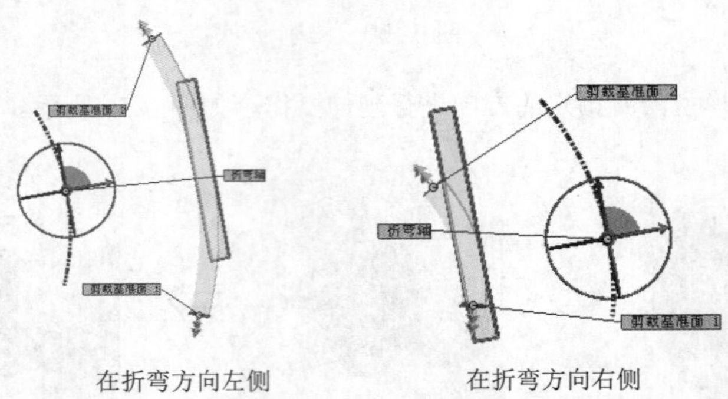

图 6-54　折弯三重轴的作用

技术要点

上下拖动三重轴，可以改变折弯的朝向，如图 6-55 所示。

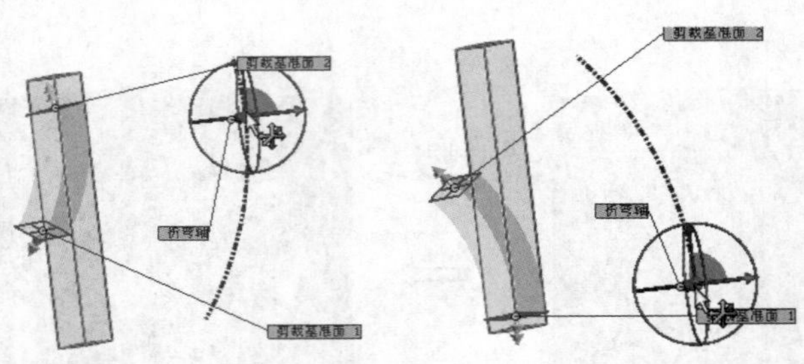

图 6-55　上（左）、下（右）拖动三重轴改变折弯朝向

（2）扭曲三重轴。

扭曲三重轴主要控制扭曲的中心轴位置，改变旋转扭曲半径，如图 6-56 所示。

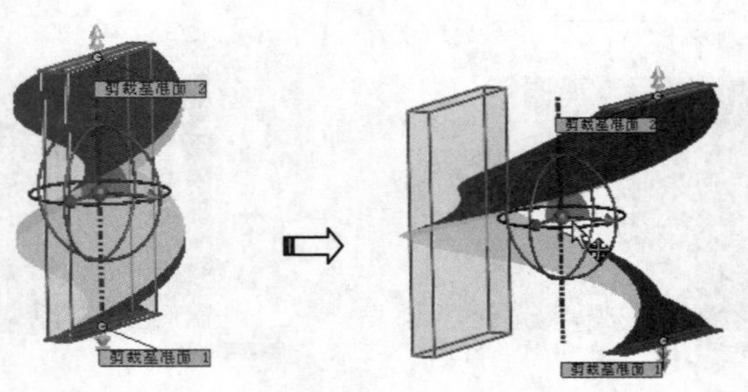

图 6-56　拖动三重轴改变扭曲中心轴位置

（3）锥削三重轴。

拖动锥削三重轴，上下拖动可以改变锥度，如图 6-57 所示。左右移动可以旋转模型。

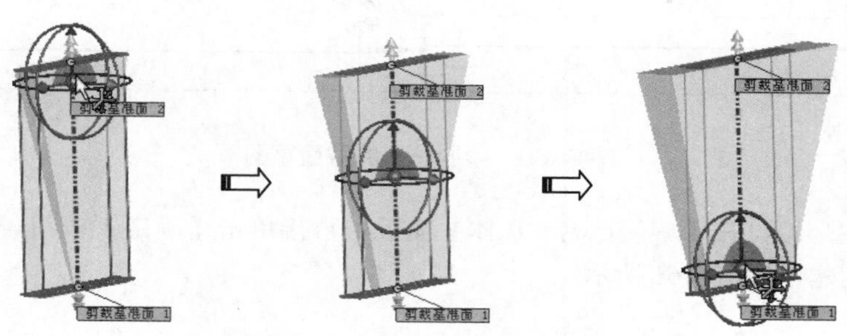

图 6–57　上下拖动三重轴改变锥度

（4）伸展三重轴。

当弯曲类型为“伸展”时，三重轴无任何作用，如图 6-58 所示。

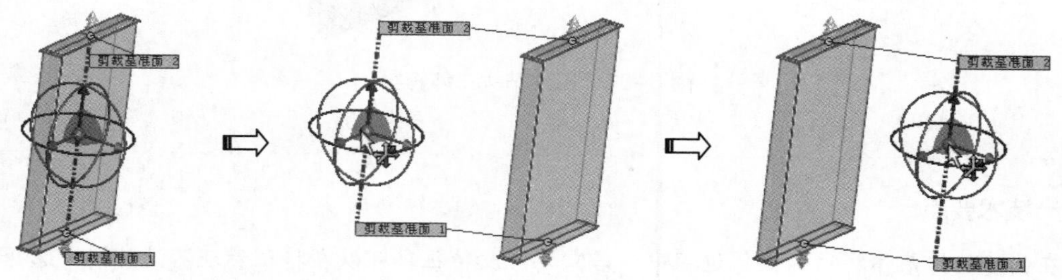

图 6–58　对于伸展类型三重轴无任何作用

上机操作——制作麻花钻头

本例要设计的麻花钻头零件如图 6-59 所示。

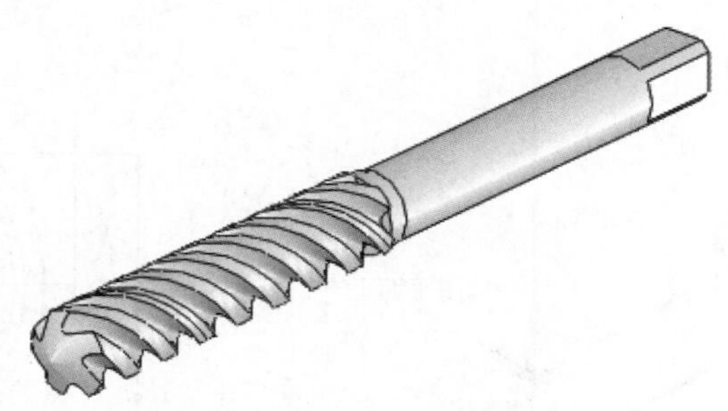

图 6–59　麻花钻头

01　新建零件文件进入零件模式。

02　在【特征】选项卡中单击【旋转凸台 / 基体】按钮，打开【旋转凸台 / 基体】面板，然后在图形区中选择前视基准面作为草图平面。

03　进入草图模式中绘制出图 6-60 所示的旋转截面草图。

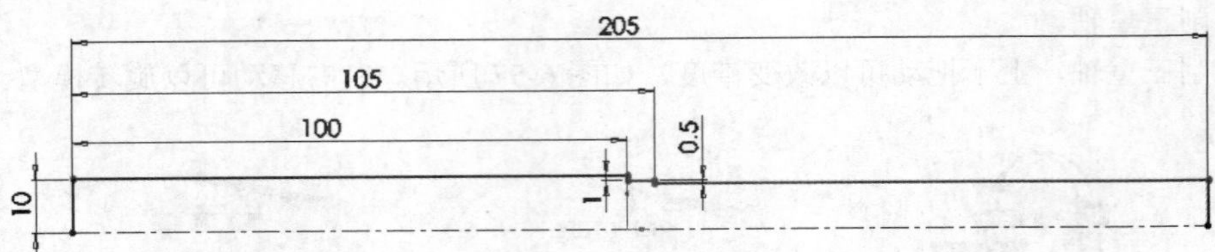

图 6-60 绘制钻头的截面草图

04 退出草图环境，在【旋转凸台 / 基体】面板中直接单击【确定】按钮，完成钻头主体特征的创建，如图 6-61 所示。

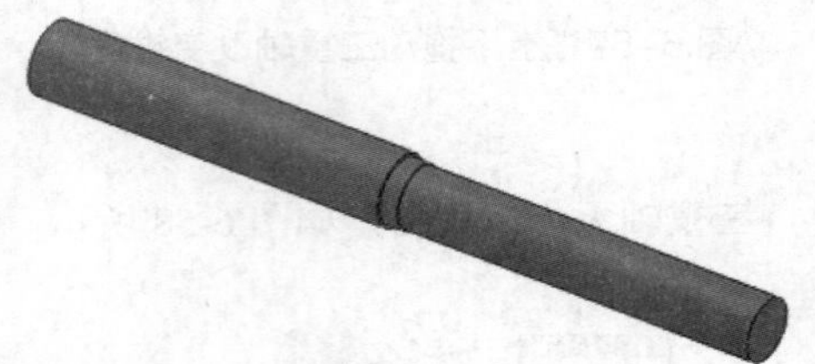

图 6-61 创建钻头主体特征

技术要点

在创建旋转基体特征的操作过程中，若需要修改特征，可以在特征管理器设计树中选择该特征并执行编辑命令即可。

05 单击【拉伸切除】按钮，打开【拉伸】面板。接着在图形区中选择钻头主体特征的一个端面作为草图平面，如图 6-62 所示。

06 在草图模式中绘制图 6-63 所示的矩形截面草图后，退出草图模式。

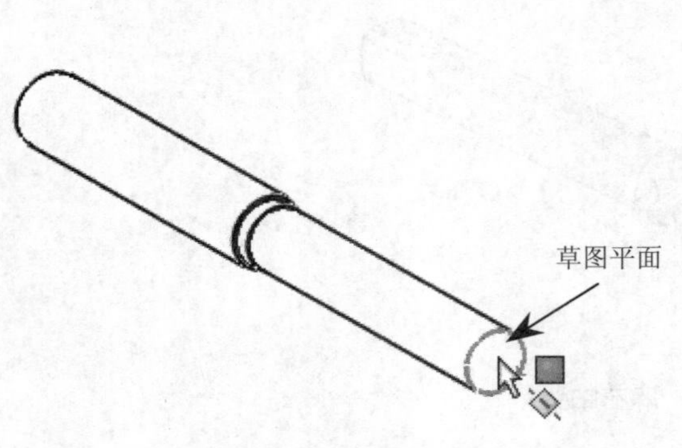

图 6-62 选择草图平面

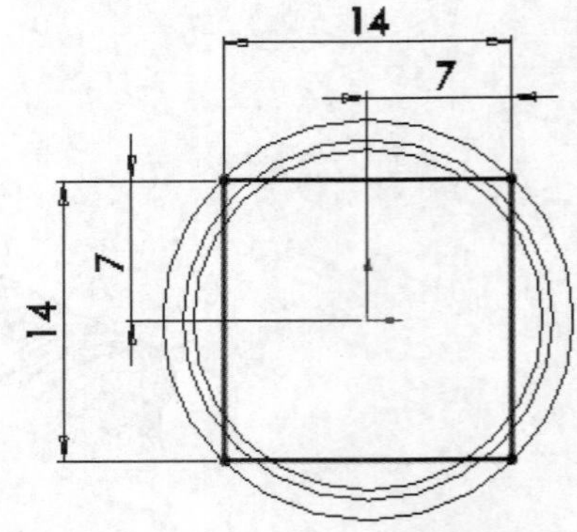

图 6-63 绘制矩形截面草图

07 在【切除 - 拉伸】面板中，输入深度值为 20，勾选【反向切除】复选框，最后单击【确定】按钮，完成钻头夹持部特征的创建，如图 6-64 所示。

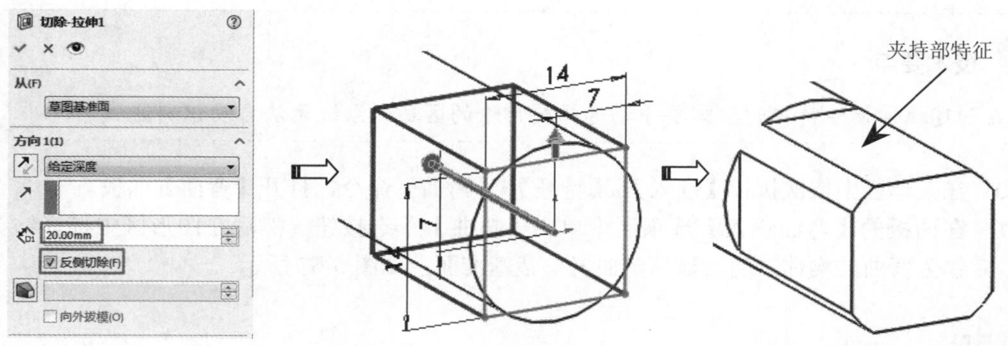

图 6-64　创建钻头夹持部特征

08　在菜单栏中依次执行【插入】/【特征】/【分割】命令，打开【分割】面板。按信息提示在图形区选择主体中的一个横截面作为剪裁曲面，再单击【切除零件】按钮，完成主体的分割，如图 6-65 所示。最后关闭该面板。

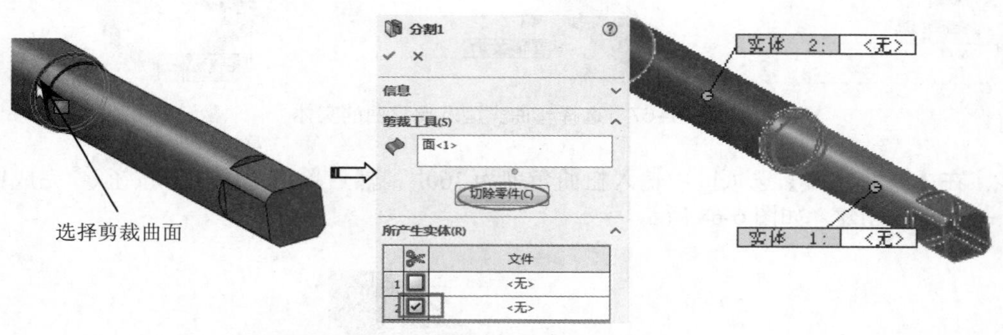

图 6-65　分割钻头主体

技术要点

在这里将主体分割成两部分，是为了在其中一部分中创建钻头的工作部，即带有扭曲的退屑槽。

09　使用【拉伸切除】工具，在主体最大直径端创建图 6-66 所示的工作部退屑槽特征。

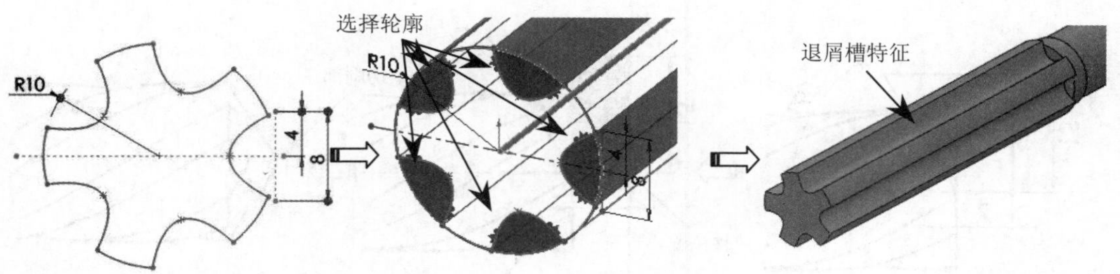

图 6-66　创建工作部退屑槽特征

技术要点

在创建拉伸切除特征时，需要手动选择要切除的区域。系统无法自动识别区域。

10 在菜单栏中依次执行【插入】/【特征】/【弯曲】命令，打开【弯曲】面板。

11 在面板的【弯曲输入】选项区中单击【扭曲】单选按钮，然后在图形区中选择钻头主体作为弯曲的实体，随后显示弯曲的剪裁基准面，如图 6-67 所示。

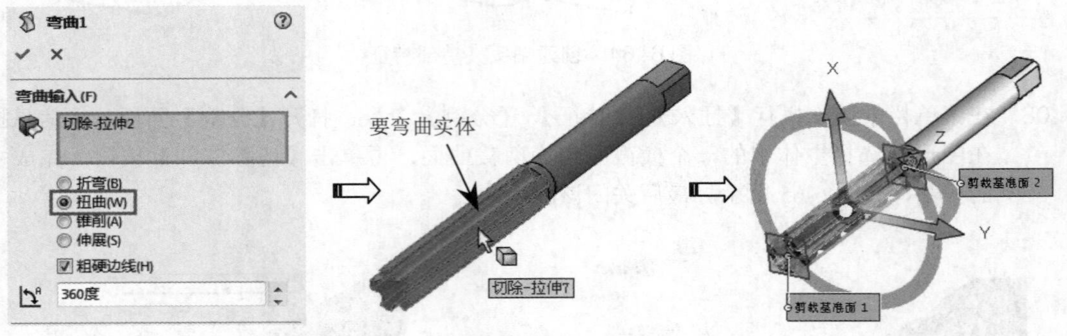

图 6–67 选择弯曲类型及要弯曲的实体

12 在【弯曲输入】选项区中输入扭曲角度为 360°，然后单击【确定】按钮完成钻头工作部的创建，如图 6-68 所示。

图 6–68 创建钻头工作部

13 在特征管理器设计树中选择上视基准面，然后使用“旋转切除”工具，在工作部顶端创建出切削部，如图 6-69 所示。

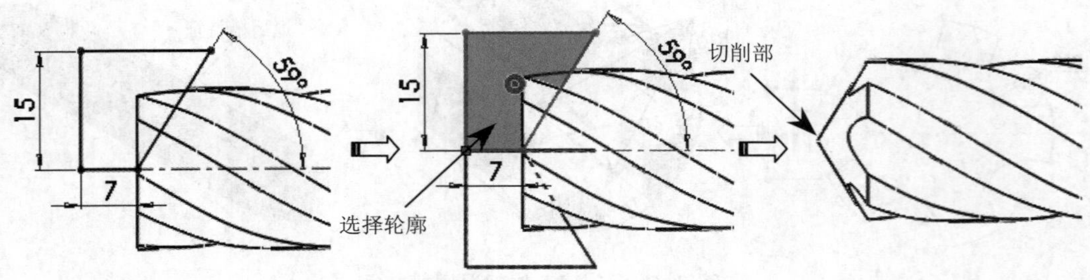

图 6–69 创建钻头切削部

技术要点

旋转切除的草图必须是封闭的，否则将无法按设计需要来切除实体。

14　麻花钻头设计完成，结果如图 6-70 所示。

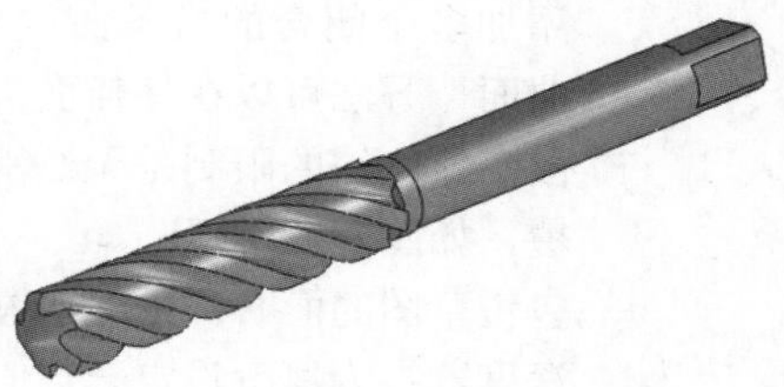

图 6–70　麻花钻头

6.2.4　包覆

包覆是将草图轮廓闭合到面上。包覆特征将草图包裹到平面或非平面上。可从圆柱、圆锥或拉伸的模型生成一平面。也可选择一平面轮廓来添加多个闭合的样条曲线草图。包覆特征支持轮廓选择和草图再用。可以将包覆特征投影至多个面上。

单击【特征】选项卡中的【包覆】按钮，打开【包覆】面板，如图 6-71 所示。

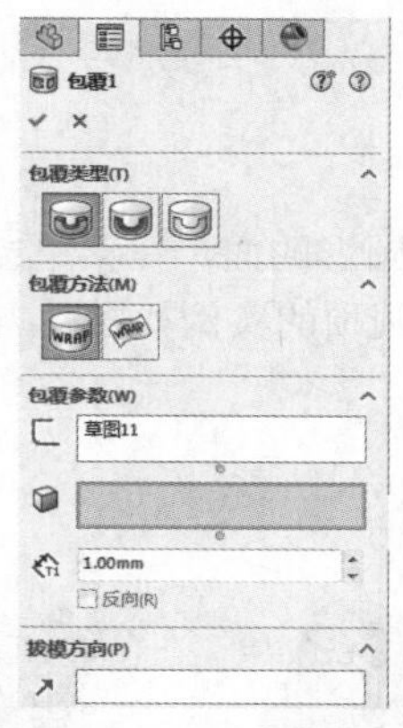

图 6–71　【包覆】面板

技术要点

包覆的草图只可包含多个闭合轮廓。不能从包含有任何开放性轮廓的草图生成包覆特征。

【包覆】面板中各选项的含义如下。

- 包覆类型：创建包覆有 3 种常见类型——浮雕、蚀雕和刻划，如图 6-72 所示。

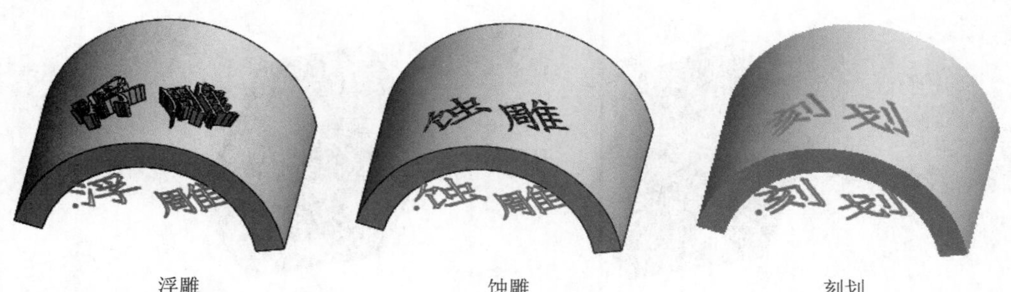

浮雕　　蚀雕　　刻划

图 6–72　包覆类型

- 包覆方法：有分析方法和样条曲面两种。“分析”方法将草图包覆至平面或非平面上，可从圆柱、圆锥或拉伸的模型生成一平面，也可选择一平面轮廓来添加多个闭合的样条曲线草图。“样条曲面”方法可以在任何面类型上包覆草图，该方法的限制是无法沿模型进行包覆，如图 6-73 所示。

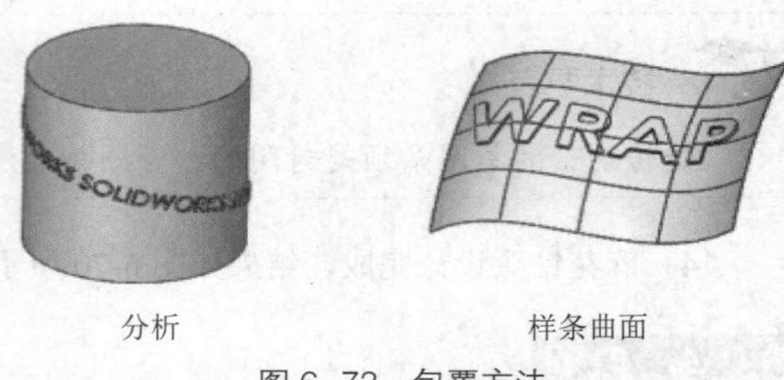

图 6–73　包覆方法

- 包覆草图的面：生成包覆特征的父曲面，它为非平面。
- 深度：为厚度设定一数值。
- 反向：勾选复选框，更改投影方向。
- 拔模方向：对于浮雕和蚀雕来说，拔模方向就是投影方向。可以选取一直线、线性边线或基准面来设定拔模方向。对于直线或线性边线，拔模方向是选定实体的方向。对于基准面，拔模方向与基准面正交。

6.2.5　圆顶

圆顶是在已有实体的指定面上形成圆形的面。在菜单栏中依次执行【插入】/【圆顶】命令，属性管理器中显示【圆顶】面板，创建圆顶的实例如图 6-74 所示。

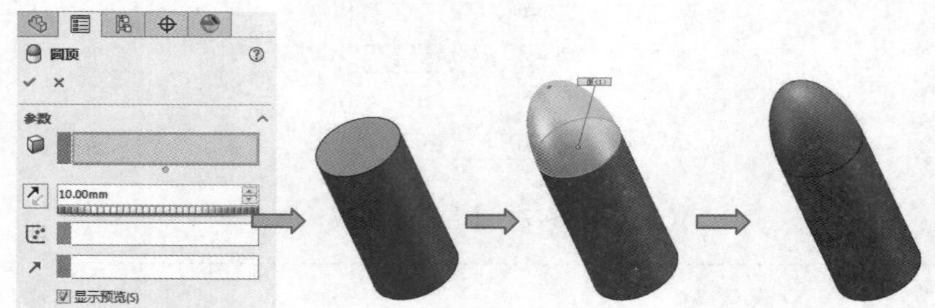

图 6–74　创建圆顶

圆顶主要用在形体造型上，如 LED 灯头、手机按键、盲孔钻尖角、子弹的造型等。

在【圆顶】面板中的“高度”文本框中输入圆顶的高度，激活【圆顶面】列表框，然后选择要圆顶的面，若是勾选了【反向】复选框，会形成凹顶，如图 6-75 所示。

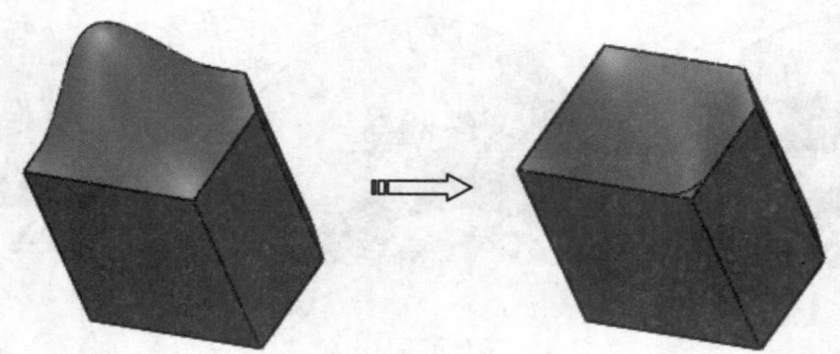
图 6–75　反向后从凸包变成凹坑

上机操作——滑轮设计

本次任务将使用圆顶特征方法来创建一个滑轮造型，如图 6-76 所示。

01　新建零件文件。

02　单击【草图绘制】按钮，选择前视基准面作为草图平面进入草图模式。

03　在草图环境中绘制图 6-77 所示的图形。

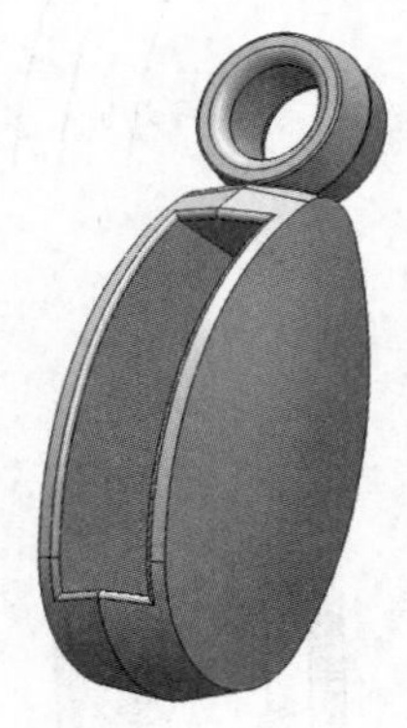

图 6-76　滑轮造型

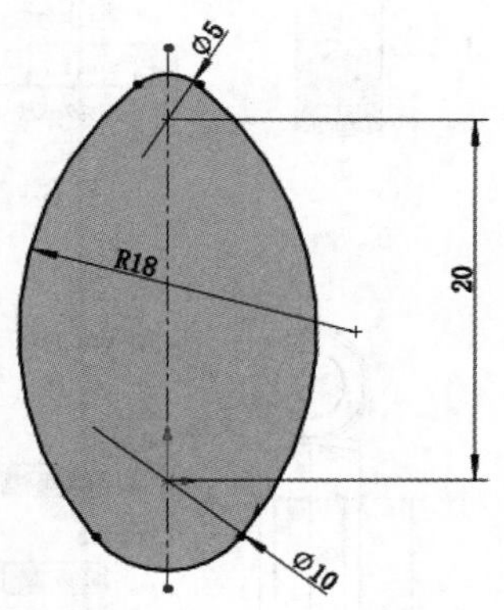

图 6-77　绘制轮廓

04　单击【拉伸凸台 / 基体】按钮，输入拉伸深度为 5，设置拔模角度为 10°，其他选项保留默认，单击【确定】按钮完成拉伸凸台 1 的创建，如图 6-78 所示。

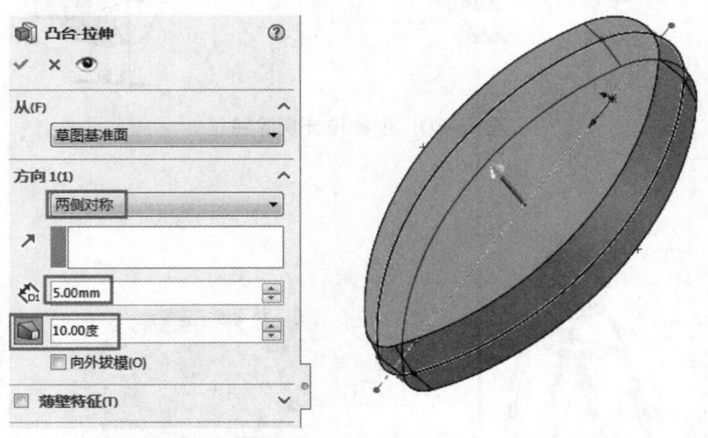

图 6-78　创建拉伸凸台 1

05　再使用【拉伸凸台 / 基体】工具，在右视基准面上绘制一个圆，然后创建两侧拉伸深度为 3 的拉伸凸台 2 特征，如图 6-79 所示。

06　在右视基准面上绘制草图，然后使用【拉伸切除】工具创建拉伸切除特征，如图 6-80 所示。

07　使用【圆角】工具创建半径为 0.3 的圆角特征，如图 6-81 所示。

08　单击【圆顶】按钮，选择基体侧面，创建图 6-82 所示的圆顶特征。

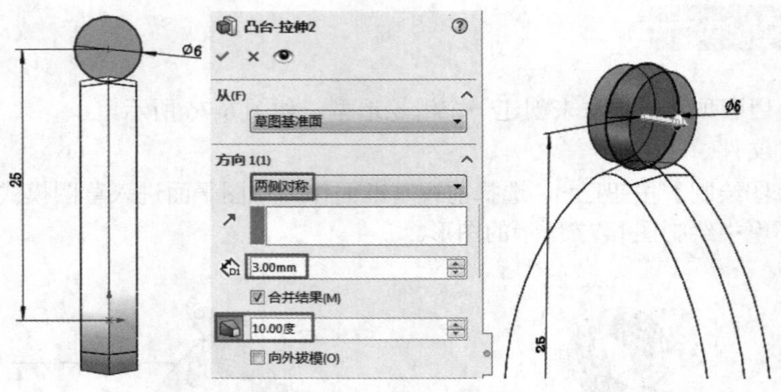

图 6-79　创建拉伸凸台 2

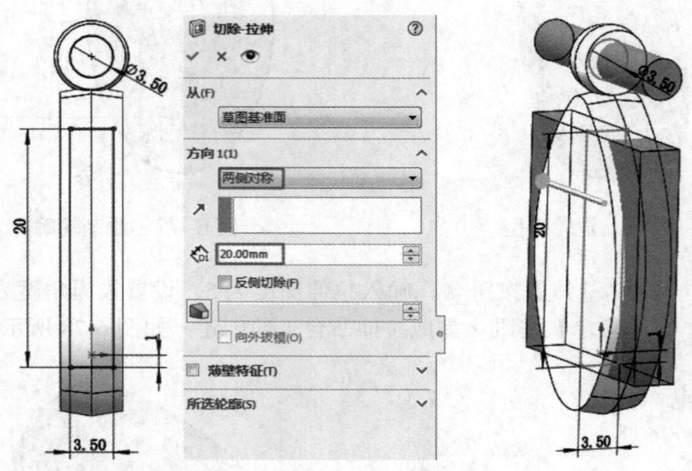

图 6-80　创建拉伸切除特征

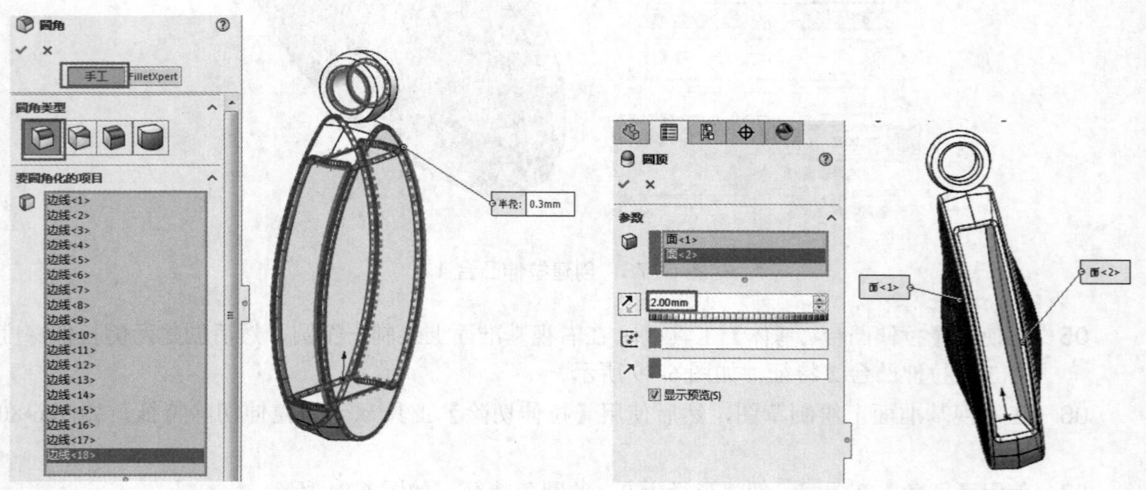

图 6-81　创建圆角特征

图 6-82　创建圆顶特征

至此，滑轮的造型设计已完成。

6.3 实战案例——飞行器造型

飞行器的结构由飞行器机体、侧翼、动力装置和喷射的火焰组成，如图 6-83 所示。

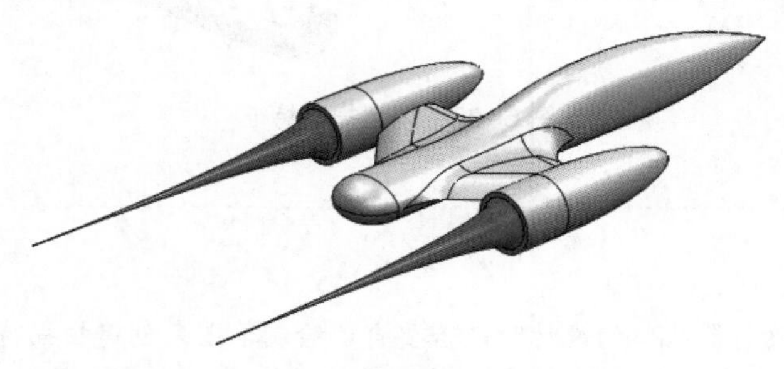

图 6–83　飞行器

01　打开本例源文件“飞行器机体草图 .SLDPRT”，打开的文件为飞行器机体的草图曲线，如图 6-84 所示。

02　在【特征】选项卡中单击【扫描】按钮，属性管理器中显示【扫描】面板。在图形区选择草图作为轮廓和路径，如图 6-85 所示。

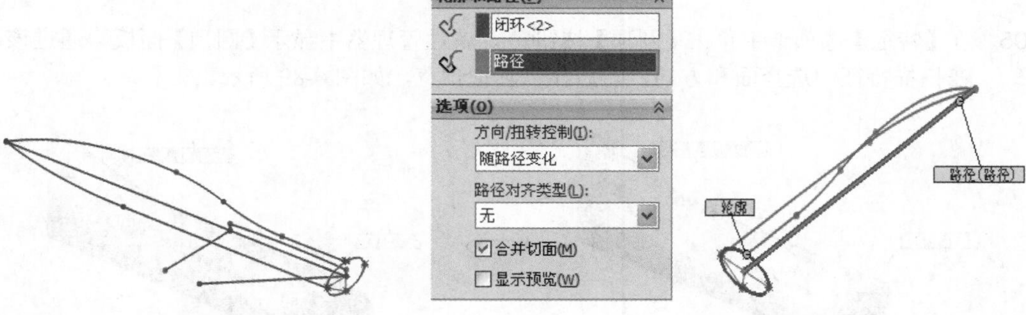

图 6–84　飞行器机体的草图　　图 6–85　为扫描选择轮廓和路径

03　激活【引导线】选项区的列表框，然后在图形区选择两条扫描的引导线，如图 6-86 所示。

图 6–86　选择扫描的引导线

04　查看扫描预览，确认无误后单击【确定】按钮，完成扫描特征的创建，如图 6-87 所示。

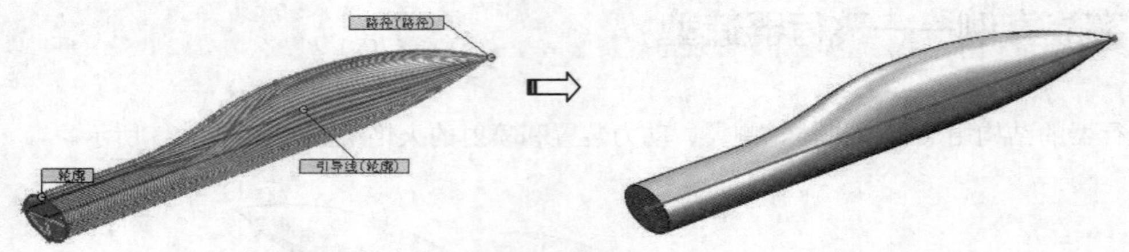

图 6-87　创建扫描特征

技术要点

读者在学习本例飞行器机体的设计时，若要自己绘制草图来创建扫描特征，则扫描的轮廓（椭圆）不能为完整椭圆，需要将椭圆一分为二，否则在创建扫描特征时会出现图 6-88 所示的情况。

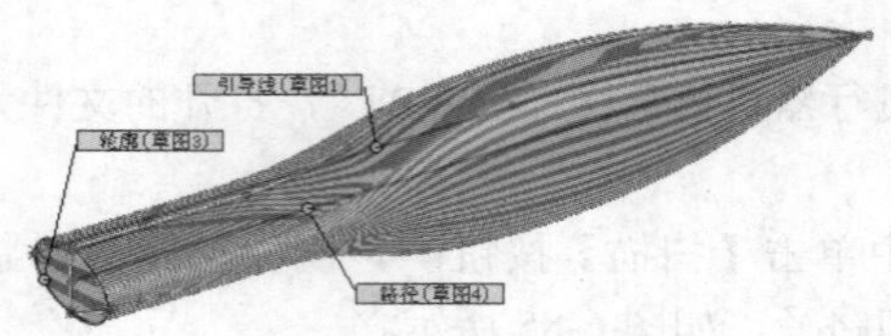

图 6-88　以完整椭圆为轮廓时创建的扫描特征

05　在【特征】选项卡中单击【圆顶】按钮，属性管理器中显示【圆顶】面板。通过该面板，在扫描特征中选择面和方向，随后显示圆顶预览，如图 6-89 所示。

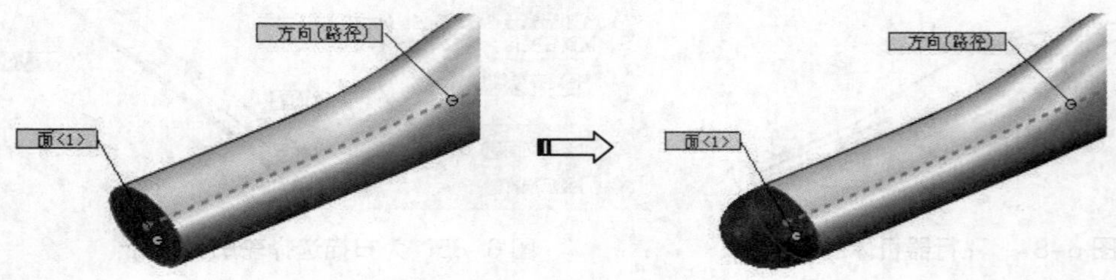

图 6-89　选择到圆顶的面和方向

06　在面板中输入圆顶的距离为 105，最后单击【确定】按钮完成圆顶特征的创建，如图 6-90 所示。扫描特征与圆顶特征即为飞行器机体。

07　使用【扫描】工具，选择图 6-91 所示的扫描轮廓、扫描路径和扫描引导线来创建扫描特征。

技术要点

在【扫描】面板的【选项】选项区中须勾选【合并结果】复选框，这是为了便于后面进行镜像操作。

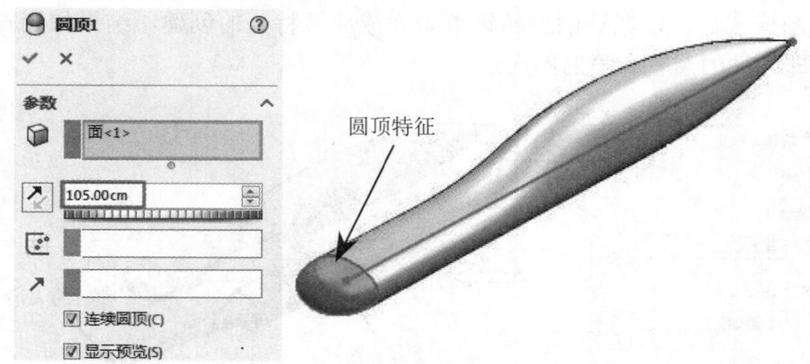

图 6-90　创建圆顶特征

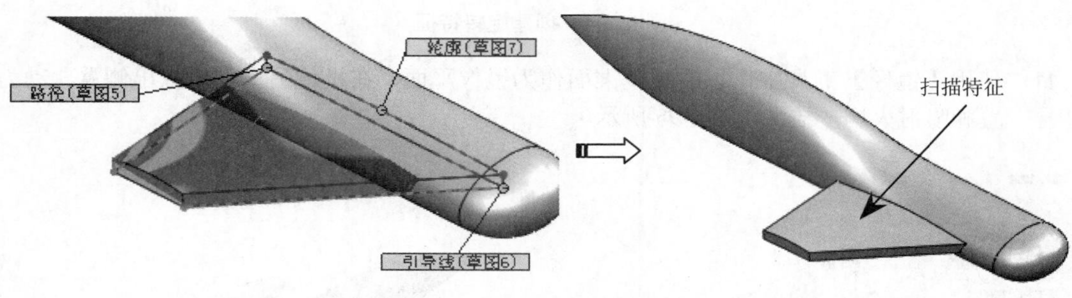

图 6-91　创建扫描特征

08　使用【圆角】工具，分别在扫描特征上创建半径为91.5和160的圆角特征，如图6-92所示。

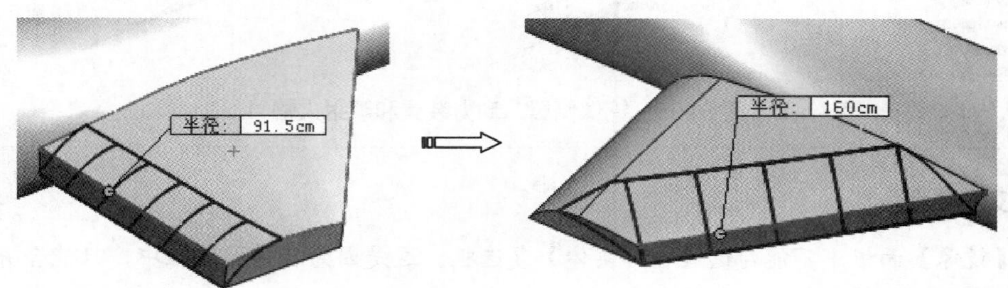

图 6-92　创建圆角特征

09　使用【旋转凸台/基体】工具，选择图 6-93 所示的扫描特征侧面作为草图平面，然后进入草图模式绘制旋转草图。

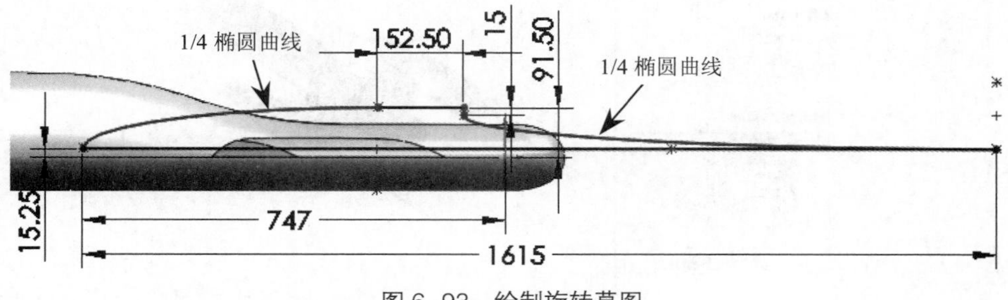

图 6-93　绘制旋转草图

10 退出草图模式后，以默认的旋转设置来完成旋转特征的创建，结果如图 6-94 所示。此旋转特征即为动力装置和喷射的火焰。

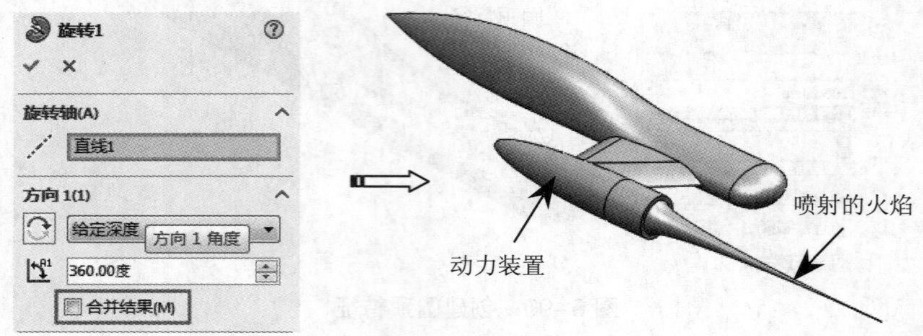

图 6-94 创建旋转特征

11 使用【镜像】工具，以右视基准面作为镜像平面，在机体另一侧镜像出侧翼、动力装置和喷射火焰，结果如图 6-95 所示。

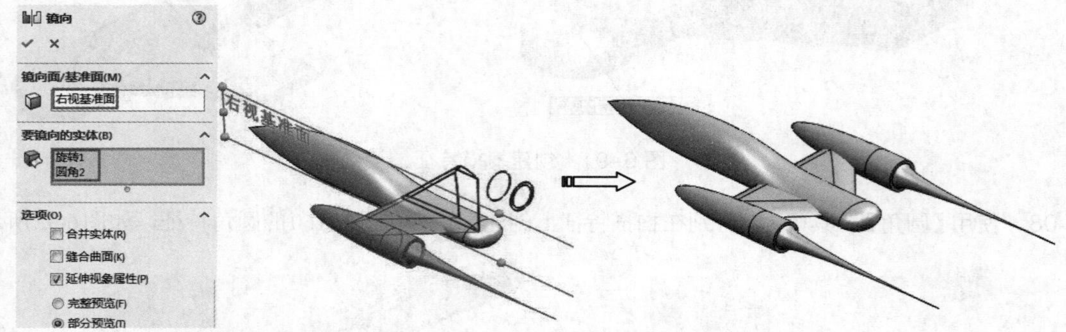

图 6-95 镜像侧翼、动力装置和喷射火焰

技术要点

在【镜像】面板中不能勾选【合并实体】复选框。这是因为在镜像过程中，只能合并一个实体，不能同时合并两个及以上的实体。

12 使用【组合】工具，将图形区中所有实体合并成一个整体，如图 6-96 所示。

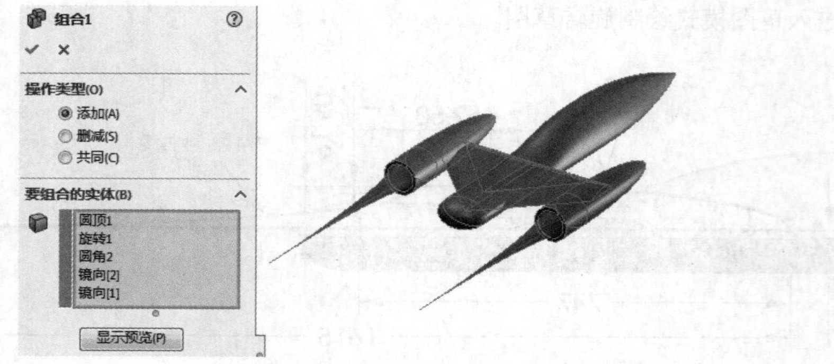

图 6-96 合并所有实体

13　使用【圆角】工具，在侧翼与机体连接处创建半径为120的圆角特征，如图6-97所示。至此，天际飞行器的造型设计操作全部完成。

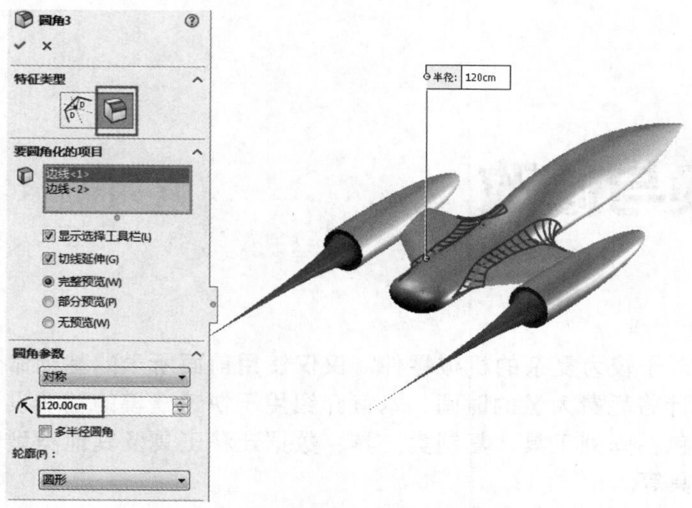

图6–97　创建圆角特征

Chapter 7

第 7 章 特征变换与修改

对于较为复杂的机械零件，仅仅使用前面所学的基础命令进行设计将耗费大量的时间，本章介绍用于快速建模的辅助设计工具，包括阵列工具、复制类工具、数据迁移工具及其他类型的修改工具等。

知识要点

- 特征的阵列
- 镜像与复制
- 数据迁移工具
- 其他修改实体工具

7.1 特征的阵列

在产品特征建模中，经常会出现一些基本特征造型的重复生成，常见的有产品的散热孔、加强筋、螺钉孔、铆螺柱、元器件槽口等，采用 3D 软件中的阵列特征命令，有助于减少重复性工作，从而提高设计效率。

在 SolidWorks 软件中，阵列设计的方法包含规则阵列和不规则阵列。

其中规则阵列包括线性阵列和圆周阵列。

而不规则阵列则包括曲线驱动的阵列、表格驱动的阵列、草图驱动的阵列、填充阵列和随形阵列。

以上各种阵列方法各不相同，在不同的情形下，采用不同的阵列方法往往给设计带来事半功倍的效果。有时，也将多种阵列方法组合使用，在实际建模中，读者需根据需要灵活发挥。下面，我们将分别介绍各种阵列方法。

7.1.1 线性阵列

线性阵列用于在线性方向上生成相同特征，在【特征】选项卡中单击【线性阵列】按钮，打开【线性阵列】面板，如图 7-1 所示。

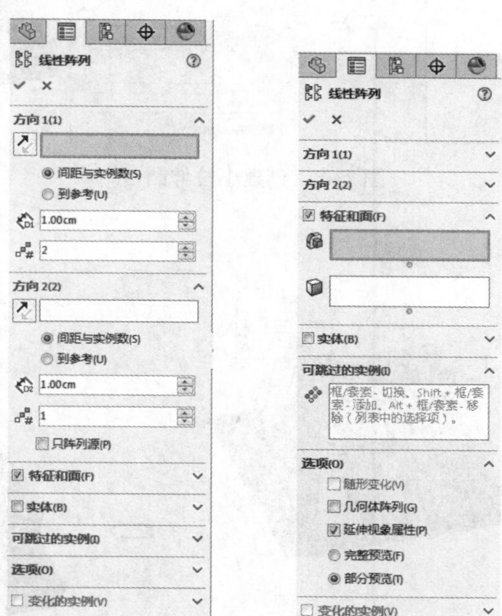

图 7–1 【线性阵列】面板

上机操作——线性阵列

01 新建零件文件。

02 使用【拉伸凸台 / 基体】工具，在上视基准平面上绘制一个长宽分别为 105mm、80mm 的矩形，并创建图 7-2 所示的拉伸凸台。

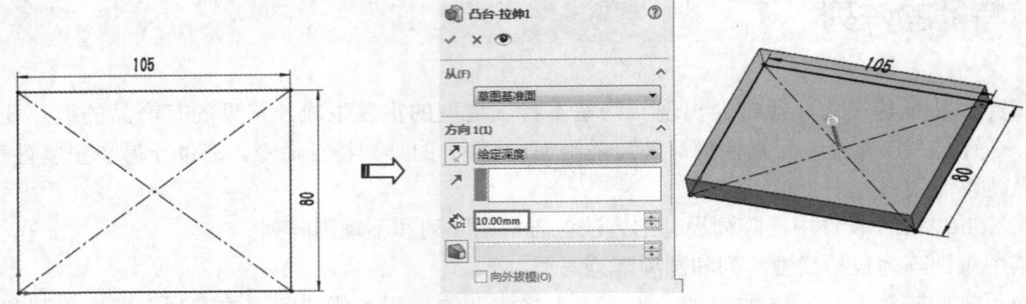

图 7-2　创建拉伸凸台

03　以凸台上表面作为草图平面，绘制外轮廓为正六边形的草图，创建一个凸台，如图 7-3 所示。

04　单击【线性阵列】按钮，选择小凸台作为要阵列的特征。选择第一个拉伸凸台的两条边分别为参考方向 1 和方向 2，设置横向阵列间距为 15、个数为 6，设置竖向阵列间距为 15、个数为 5，最后单击【确定】按钮，完成阵列操作，结果如图 7-4 所示。

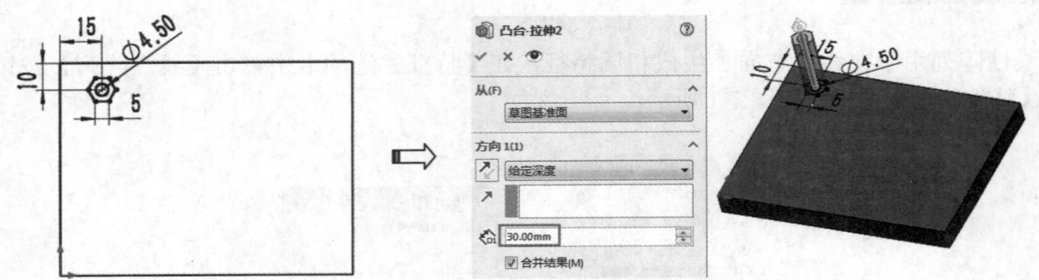

图 7-3　创建小拉伸凸台

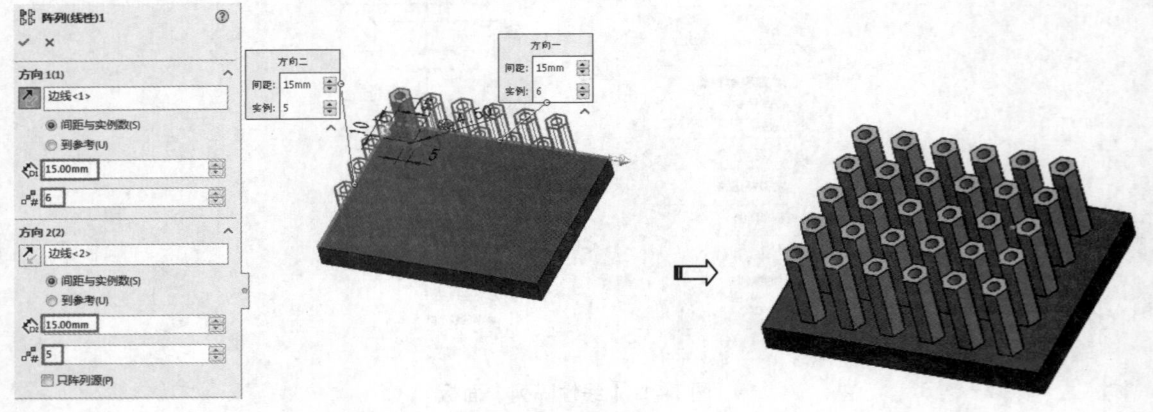

图 7-4　创建线性阵列

7.1.2　圆周阵列

要进行圆周阵列，需要选择特征和旋转轴（或边线），然后指定阵列对象生成总数及阵列对象的角度间距，或阵列对象总数及生成阵列的总角度。单击【圆周阵列】按钮，打开【阵列（圆周)】面板，如图 7-5 所示。

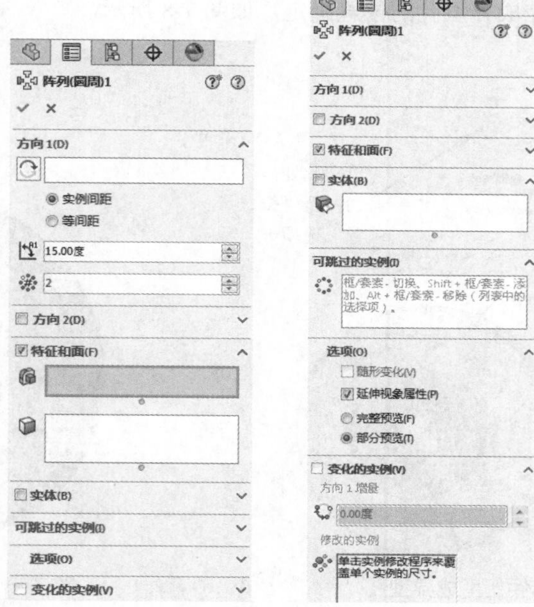

图 7–5 【阵列（圆周）】面板

【阵列（圆周)】面板与【线性阵列】面板相似，其不同的参数介绍如下。

- 阵列轴：在图形区域中选取一个实体，可以是基准轴、临时轴、圆形边线、草图直线、线性边线、圆柱面、曲面、旋转面或曲面。
- 角度：指定每个实例之间的角度。
- 实例数：设定源特征的实例数。
- 等间距：设定总角度为 360°，且阵列生成实体呈现均匀分布排列。

上机操作——圆周阵列

01　新建零件文件。

02　使用【旋转凸台 / 基体】工具，在上视基准平面上绘制草图，并创建图 7-6 所示的旋转凸台。

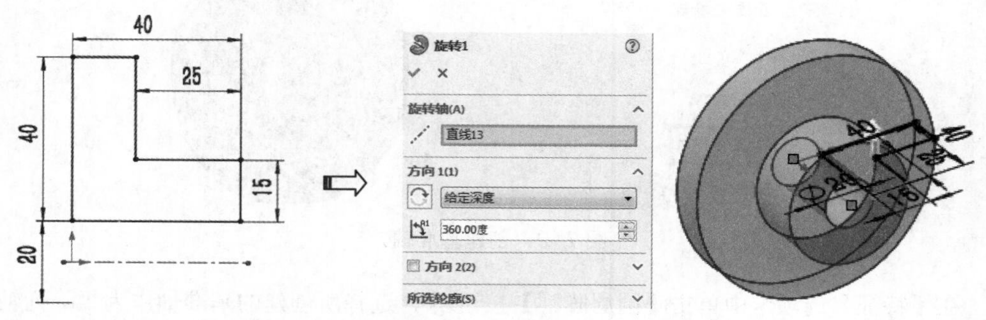

图 7–6　创建旋转凸台

03 单击【异型孔向导】按钮，设置特性参数为M8的内六角圆柱头螺钉，选择凸台上表面单击确定3D草图的定位点，即可生成异型孔，如图7-7所示。

04 标注位置尺寸，完成异型孔的位置确定，如图7-8所示。

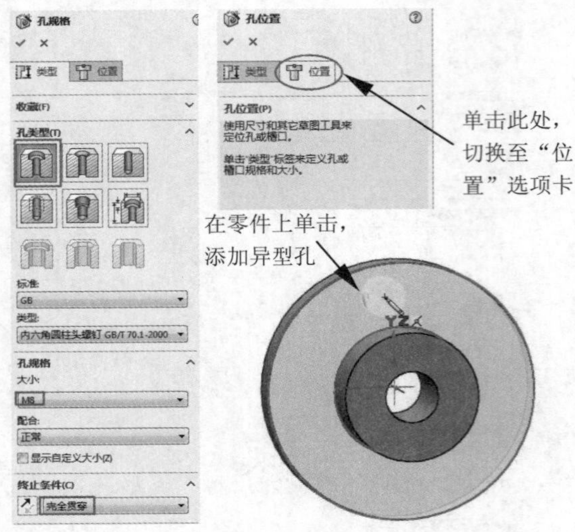

图7–7　在零件上生成异型孔

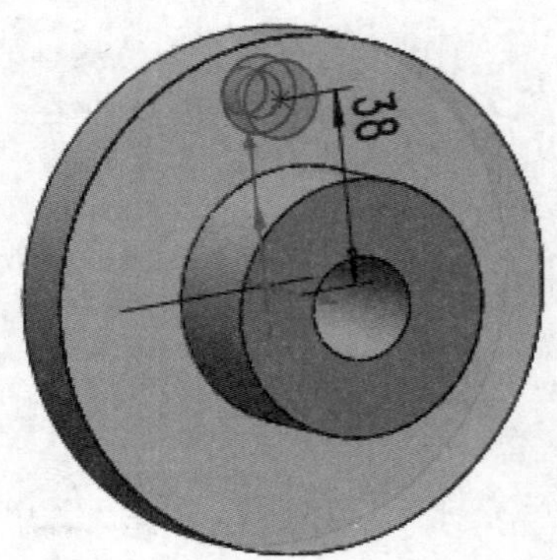

图7–8　标注异型孔位置尺寸

技术要点

对3D草图进行尺寸标注时，需选择正确的参考对象，否则可能标注而成的空间尺寸并非设计所需尺寸。

05 依次执行【插入】/【参考几何体】/【基准轴】工具，单击凸台内孔圆柱面后系统自动选择“圆柱/圆锥面”类型，完成基准轴的创建，如图7-9所示。

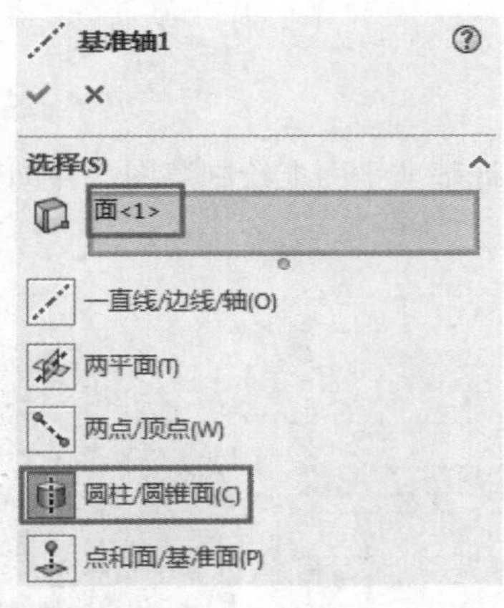

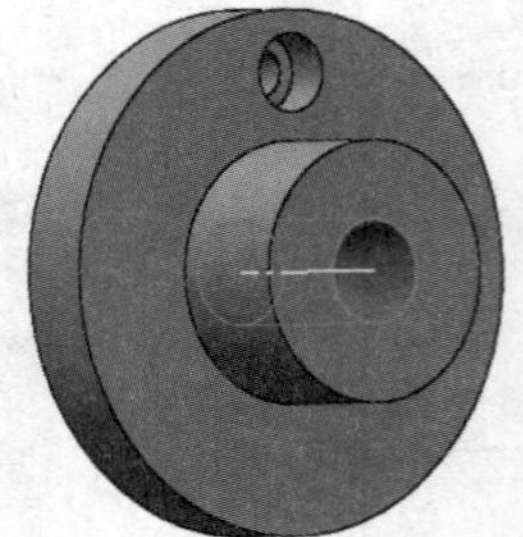

图7–9　创建基准轴

06 在【特征】选项卡中单击【圆周阵列】按钮，选择所创建的基准轴作为“阵列轴”，选择异型孔特征作为“要阵列的特征”，设置“等间距”为5，其余参数保持系统默认，完成异型孔的圆周阵列，如图 7-10 所示。

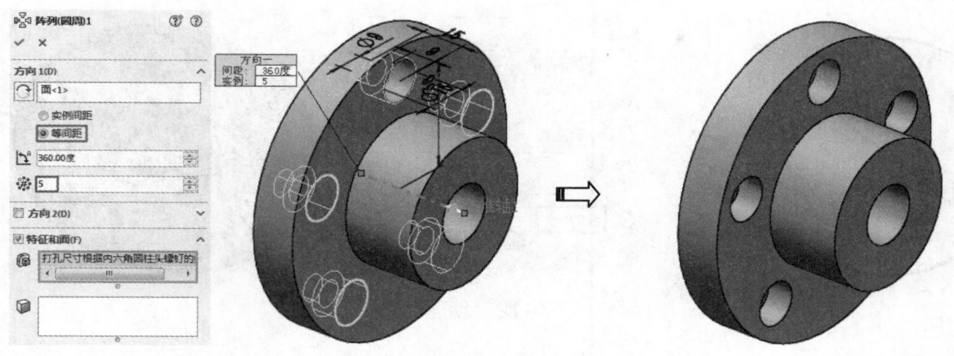

图 7-10　异型孔的圆周阵列

7.1.3　曲线驱动的阵列

曲线阵列，其生成实体将沿着所选定的曲线方向生成。激活【曲线驱动的阵列】工具，弹出图 7-11 所示的【曲线驱动的阵列】面板，选择特征和边线或阵列特征的草图线段，然后指定曲线类型、曲线方法和对齐方法，最后生成曲线阵列实体。

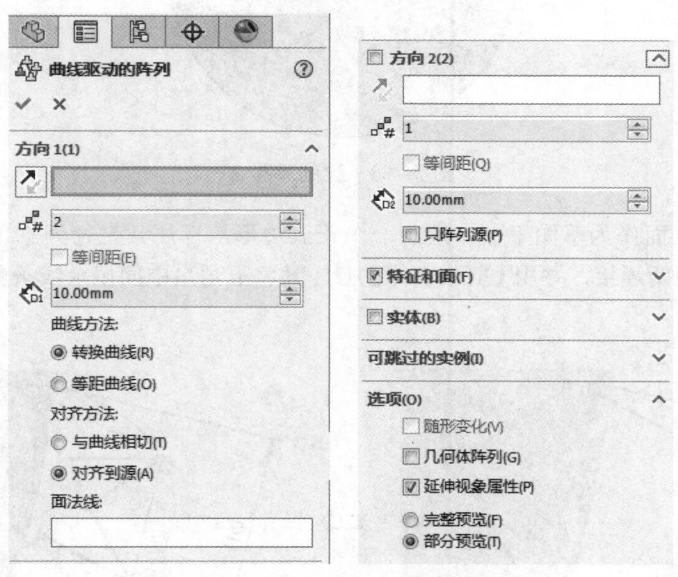

图 7-11 【曲线驱动的阵列】面板

上机操作——曲线驱动的阵列操作

01　新建零件文件。

02　使用【拉伸凸台 / 基体】工具，在前视基准平面上绘制草图后创建图 7-12 所示的拉伸凸台。

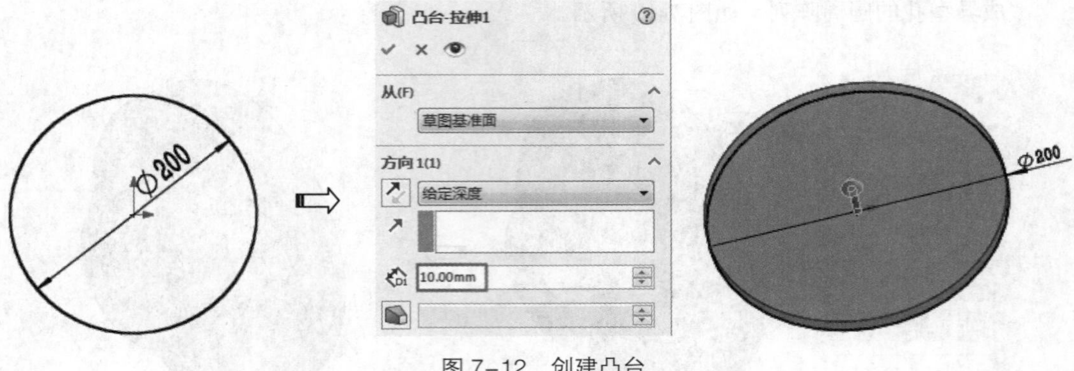

图 7-12　创建凸台

03　以凸台上表面作为草图平面，绘制一个直径为 ∅200 的大圆，然后再绘制两段相切圆弧，如图 7-13 所示。

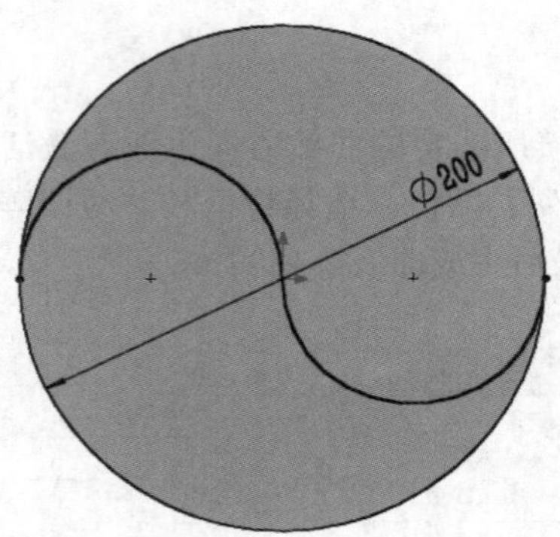

图 7-13　绘制草图 2

04　以凸台上表面作为草图平面，绘制一个正五边形，标注其直径为 ∅15，将正五边形的顶点用直线两两连接，并用【剪裁实体】工具将五角星中间多余线条剪掉，结果如图 7-14 所示。

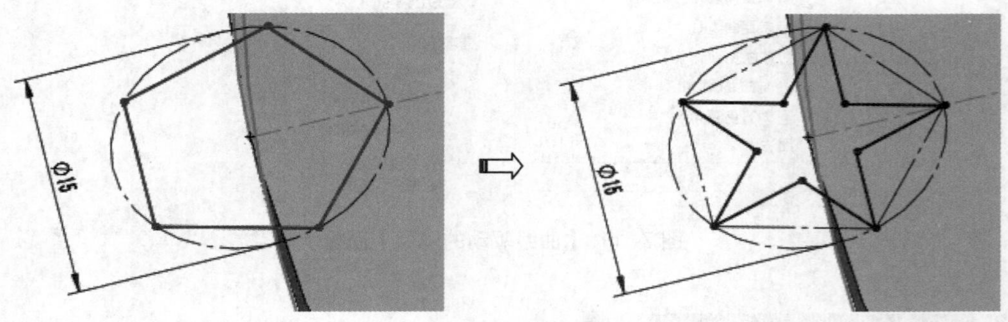

图 7-14　绘制草图 3（五角星图形）

05　单击【拉伸凸台 / 基体】按钮，选择拉伸方向为【给定深度】，输入拉伸深度值为 10mm，开启拔模，输入拔模角度值为 50°，最后单击【确定】按钮生成五角星特征，如图 7-15 所示。

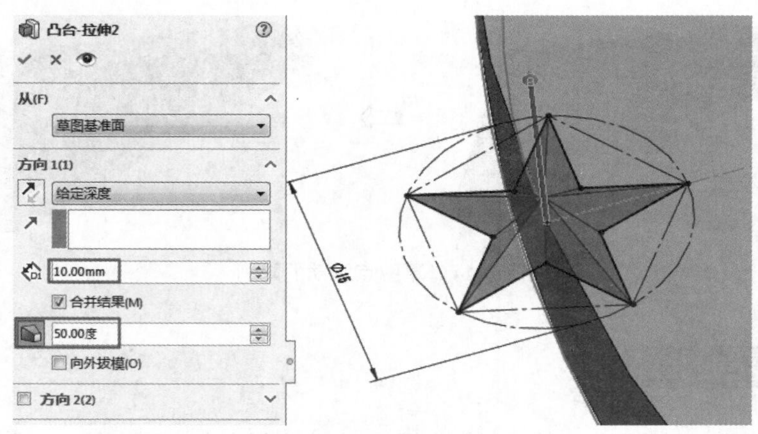

图 7–15　创建五角星特征

06　单击【曲线驱动的阵列】按钮 曲线驱动的阵列，选择草图 2 作为阵列方向参考，输入阵列个数为 11，再选择五角星作为要阵列的特征，最后单击【确定】按钮完成曲线驱动阵列操作，结果如图 7-16 所示。

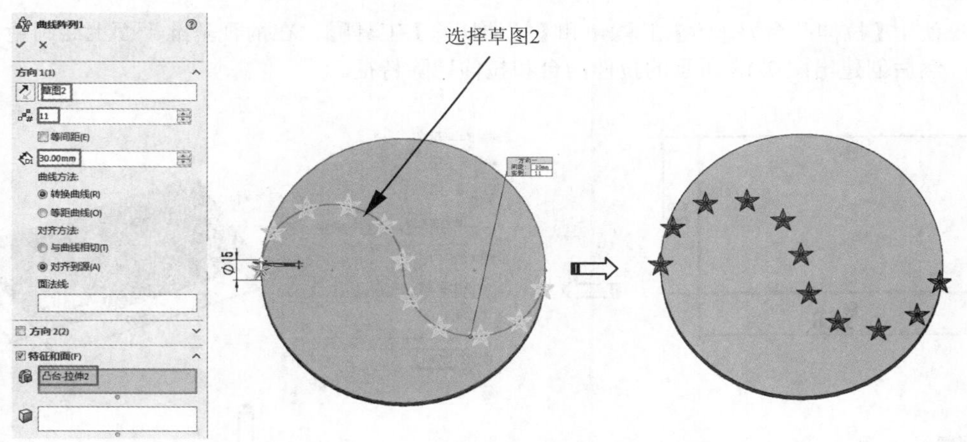

图 7–16　曲线驱动阵列的结果

技术要点

选择阵列方向参考时，不要直接在模型上选择草图 2。这样选择的结果是仅仅选择了草图 2 中的一段曲线。所以须在图形区左上方展开设计结构树，然后选择草图 2。

7.1.4　草图驱动的阵列

“草图驱动的阵列”使用草图中的草图点来指定特征阵列，源特征在整个阵列中扩散到草图中的每个点处。对于孔或其他特征，可以运用由草图驱动的阵列。需要为该特征绘制一系列的点，来指定阵列的实例位置。对于多实体零件，选择一个单独实体来生成草图驱动的阵列，如图 7-17 所示。

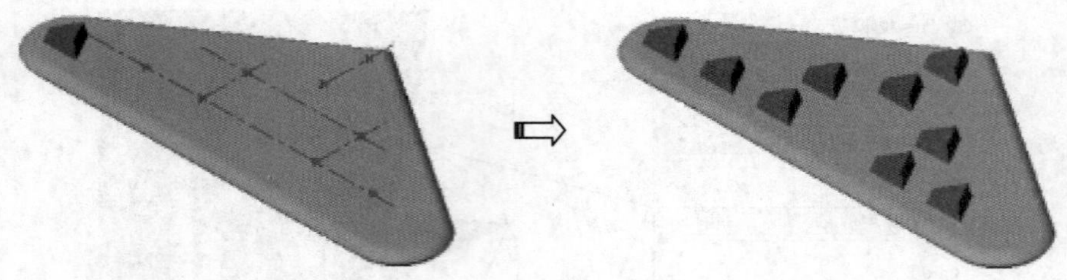

图 7–17　草图点驱动的阵列

7.1.5　表格驱动的阵列

表格驱动的阵列，需要添加或检索以前生成的 *X*、*Y* 坐标来在模型的面上生成特征。下面详细介绍表格驱动的阵列的操作步骤。

上机操作——表格驱动的阵列操作

01　新建零件文件。

02　使用【拉伸凸台 / 基体】工具和【拉伸切除】工具，在前视基准平面上绘制矩形草图，然后创建出图 7-18 所示的拉伸凸台和拉伸切除特征。

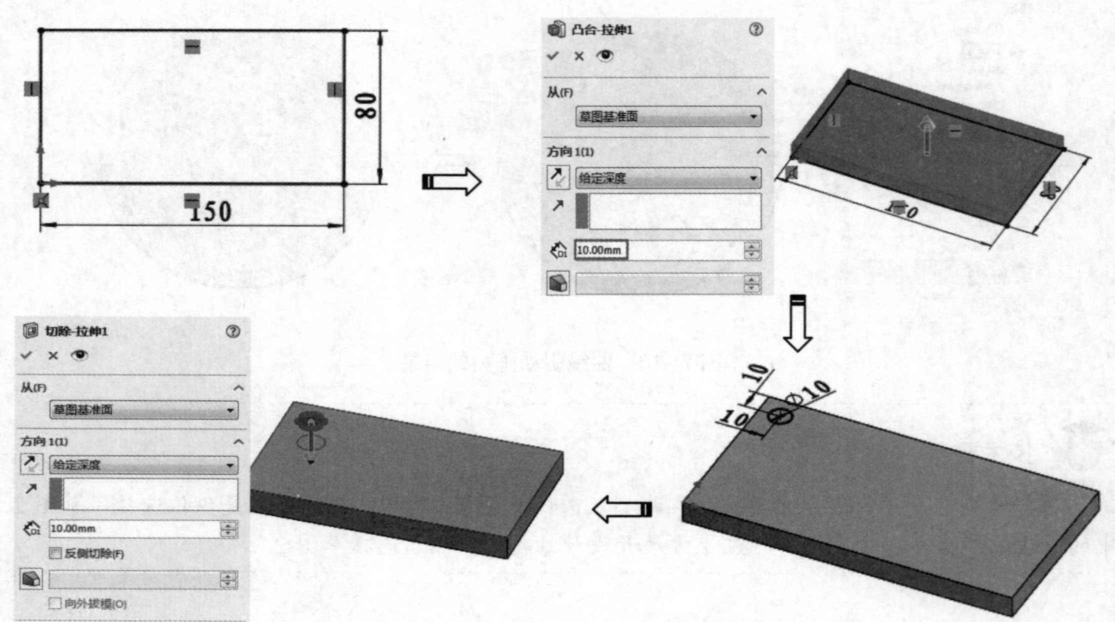

图 7–18　创建拉伸凸台和拉伸切除特征

03　创建坐标系。表格驱动实际上就是一组坐标数据形成的表格，创建表格驱动之前须创建坐标系。在菜单栏中依次执行【插入】/【参考几何体】/【坐标系】命令，弹出【坐标系】面板。在图形区中选取长方体左下角点为坐标原点，选择水平和竖直棱边分别为 *X* 轴、*Y* 轴，单击【确定】按钮完成坐标系的创建，如图 7-19 所示。

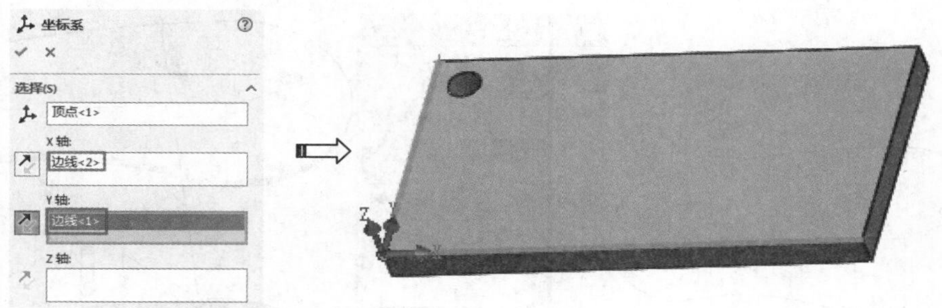

图 7-19　创建坐标系

04　单击【表格驱动的阵列】按钮表格驱动的阵列，在弹出的【由表格驱动的阵列】对话框中进行选择坐标系、要复制的特征、输入表格中的坐标值等操作后，即可预览出表格驱动阵列特征的效果，设置完毕后单击【确定】按钮，完成表格驱动的阵列的创建，如图 7-20 所示。

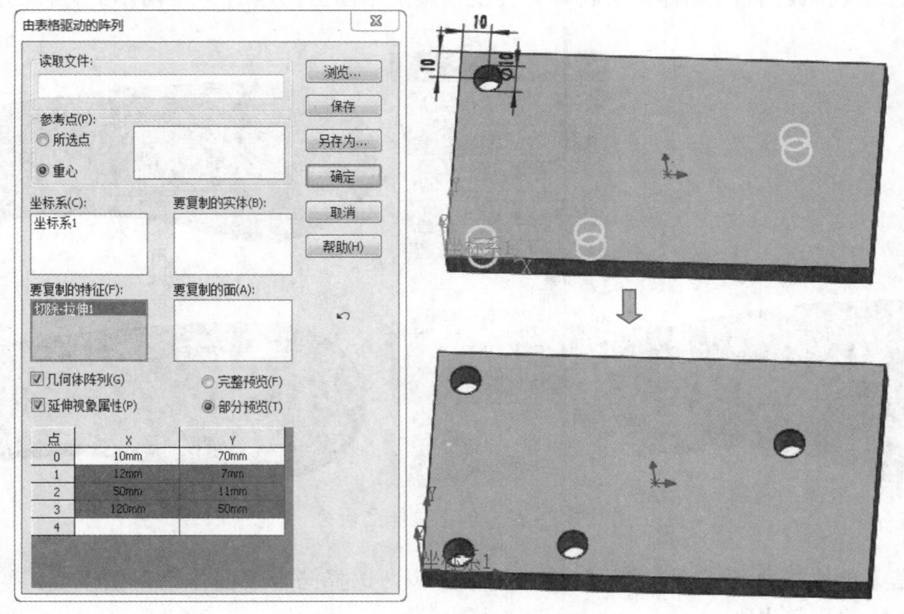

图 7-20　创建表格驱动的阵列

7.1.6　填充阵列

填充阵列使用特征阵列或预定义的形状来填充定义的区域，通常用作电气箱开散热孔、模具开通风孔等场合。相对于线性阵列与圆周阵列而言，它更专注于区域生成待阵列实体。

上机操作——填充阵列操作

01　新建零件文件。

02　使用【拉伸凸台 / 基体】工具，在上视基准平面上创建图 7-21 所示的拉伸凸台 1。

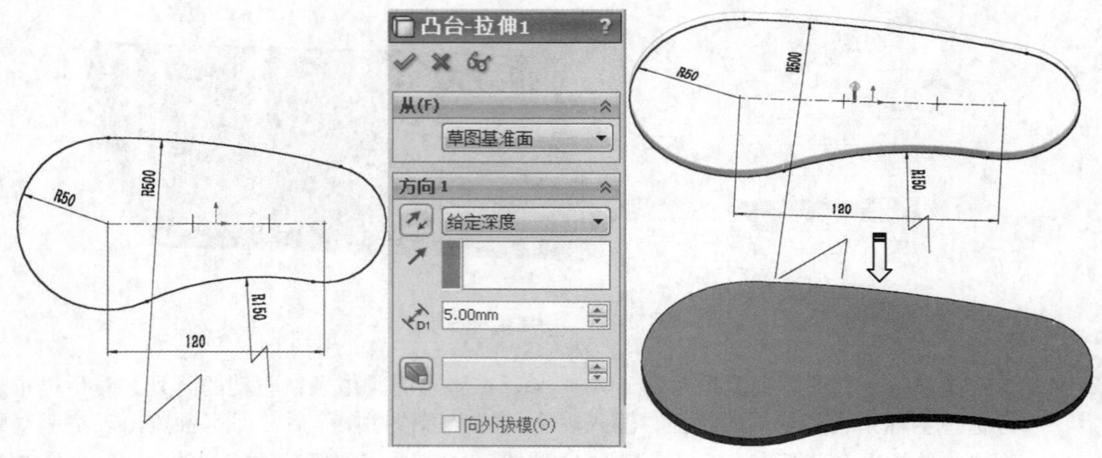

图 7-21　创建拉伸凸台 1

03　使用【拉伸凸台 / 基体】工具，在上视基准平面上创建图 7-22 所示的拉伸凸台 2。

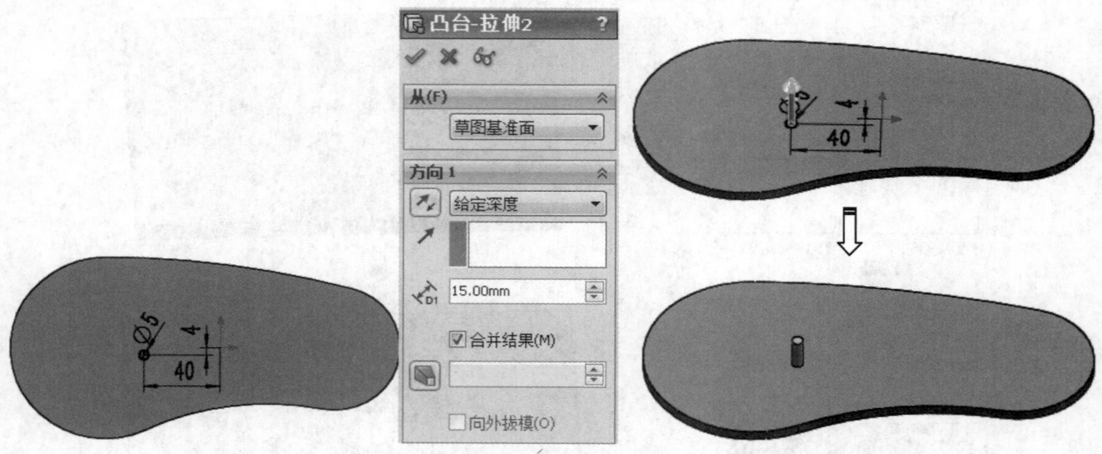

图 7-22　创建拉伸凸台 2

04　在菜单栏中执行【插入】/【3D 草图】命令，选择凸台表面作为草图平面，绘制图 7-23 所示的两条线段。

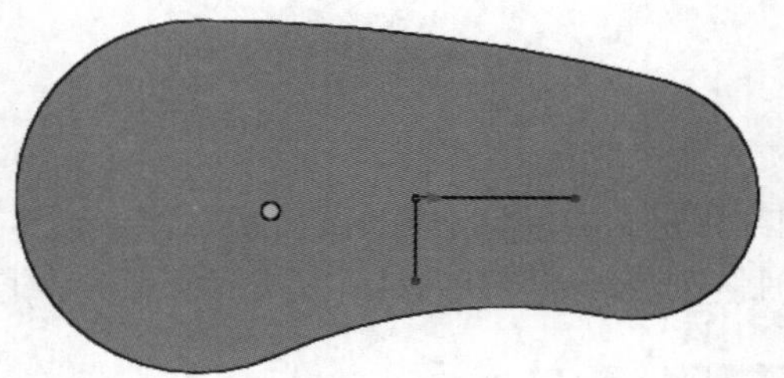

图 7-23　绘制 3D 草图

05　单击【填充阵列】按钮 填充阵列，打开【填充阵列】面板，选择底边大凸台表面作为填充边界，再选择圆柱形凸台作为阵列特征，设置其他阵列参数后单击【确定】按钮，完成填充阵列操作，结果如图 7-24 所示。

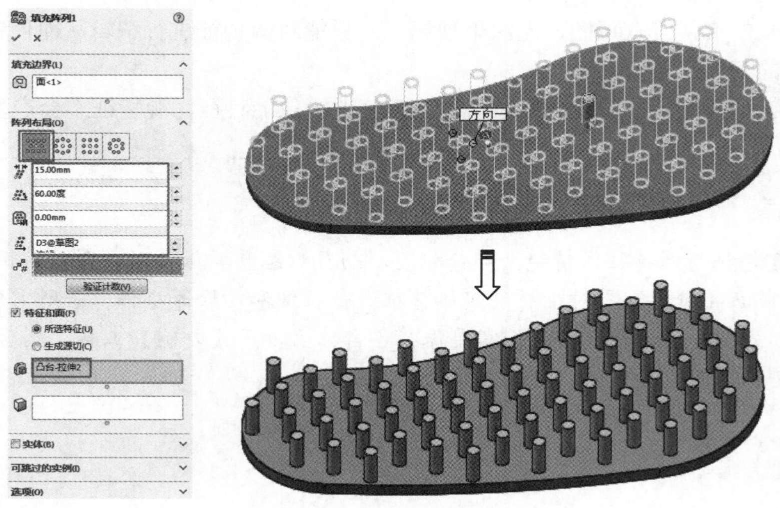

图 7-24　创建填充阵列

7.2 镜像与复制

SolidWorks 为用户提供了快速生成相同或相似特征的手段，通过复制与镜像操作可以快速实现这一功能。镜像是绕面或基准面或基准面镜像特征、面及实体。

7.2.1　镜像

镜像也是一种复制操作。通过一镜像平面将某个特征镜像至平面的另一侧，呈对称状态。在【特征】选项卡中单击【镜像】按钮，打开【镜像】面板，如图 7-25 所示。

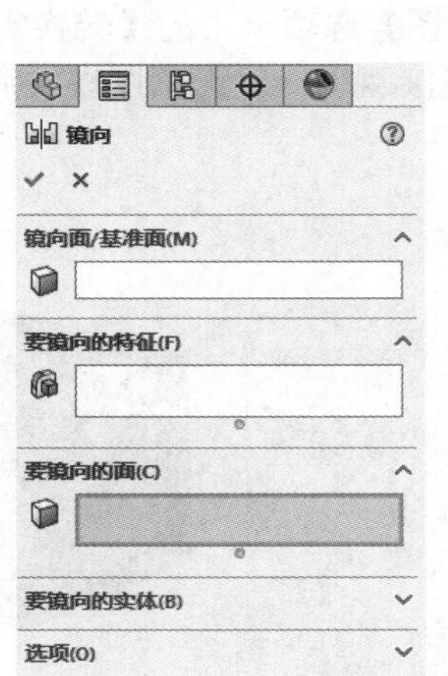

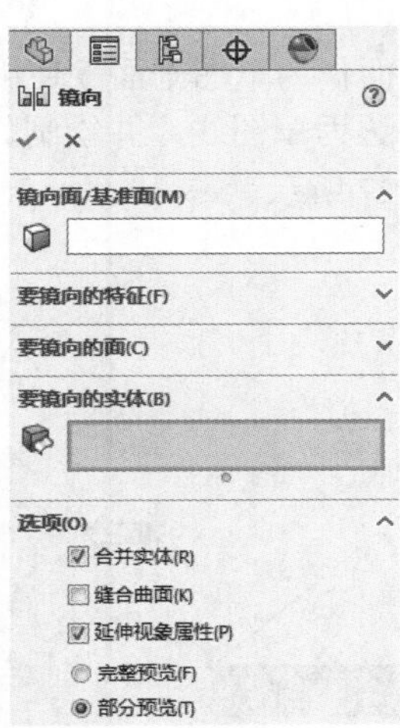

图 7-25 【镜像】面板

特征的复制和镜像都是在源实体特征的基础上产生新的一模一样的特征，但是它们对于特征的修改和是否联动却有很大差异。

- 镜像出来的实体没有草图，无法单独编辑，只能对源特征进行编辑从而使镜像的特征也发生相应的变化。
- 镜像的特征与源特征并无关联，可以直接修改镜像的特征，源特征不会产生联动变化。

技术要点

若所需创建特征与源特征保持绝大部分相同，而且后续需要保持同步联动，用户可以采用【镜像】工具生成新特征后，再对生成的实体特征进行拉伸和切除等操作。若所需创建特征与源特征保持绝大部分相同，但是后续它们需要保持各自独立，用【复制】工具，然后可以单独修改复制生成的特征草图。

上机操作——镜像

01 新建零件文件。

02 以上视基准面作为草图平面，绘制草图并创建拉伸凸台，如图 7-26 所示。

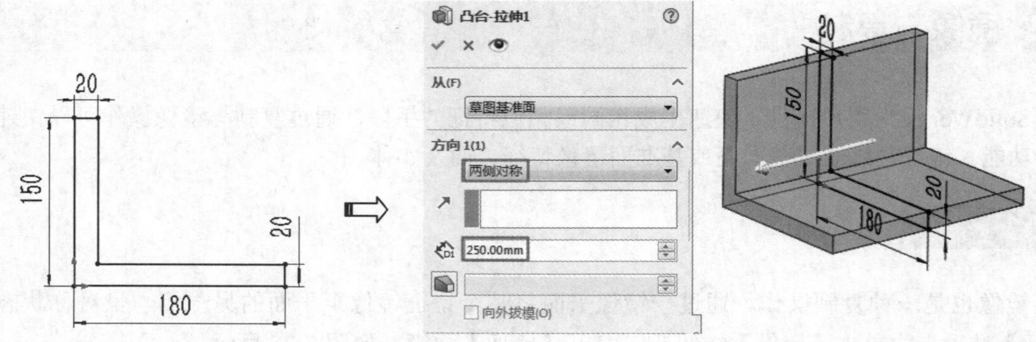

图 7-26　创建拉伸凸台

03 选择凸台左端面作为草图平面，使用【草图】选项卡中的【转换实体引用】工具，转换凸台两条棱边为草图线，并绘制斜线连接两端。退出草图模式后创建拉伸凸台生成左侧板，如图 7-27 所示。

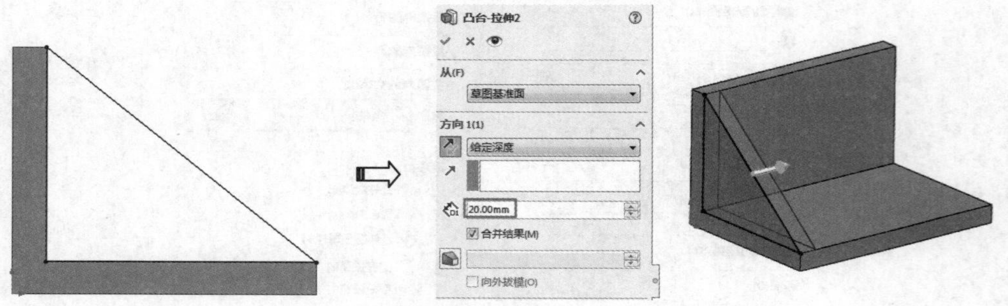

图 7-27　创建左侧板

04　单击【镜像】按钮，打开【镜像】面板。首先选择上视基准面作为镜像平面，再选择上一步创建的拉伸凸台作为要镜像的特征，单击【确定】按钮完成镜像操作，结果如图 7-28 所示。

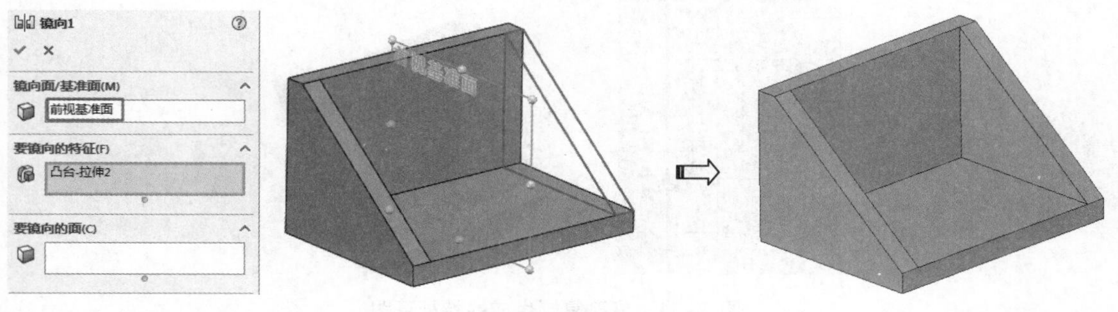

图 7–28　镜像凸台

05　以凸台竖直内表面为草图平面绘制草图，单击【拉伸切除】按钮，在弹出的【拉伸切除】面板中选择“完全贯穿”的切除方式，创建拉伸切除，如图 7-29 所示。

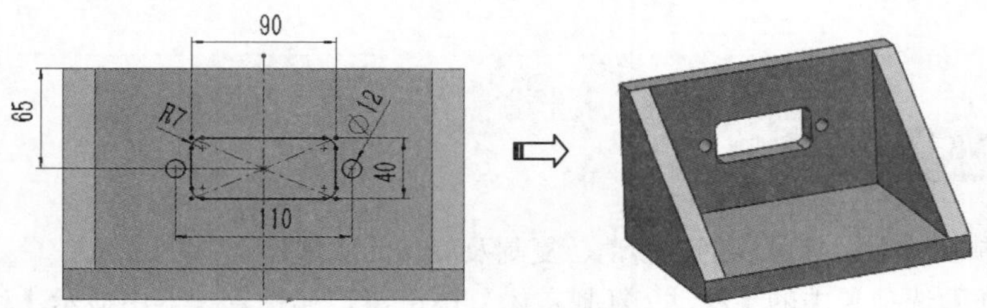

图 7–29　创建拉伸切除

06　在特征设计树中选择上一步创建的拉伸切除特征，在键盘上按 Ctrl+C 组合键，单击选择凸台上表面，并在键盘上按 Ctrl+V 组合键，弹出【复制确认】对话框，单击【删除】按钮，即可在模型中看到安装孔特征已经复制到底板上，如图 7-30 所示。

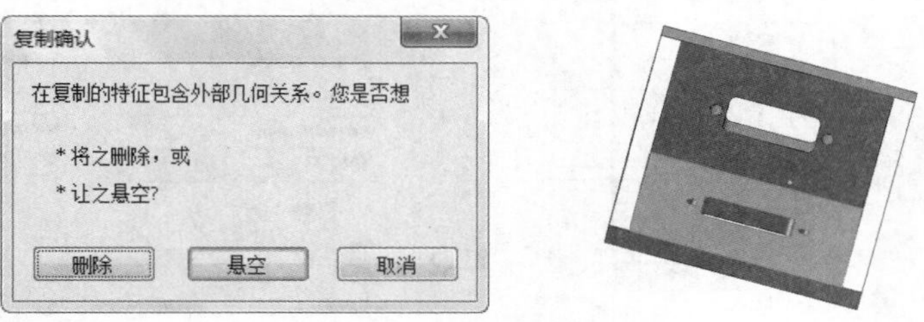

图 7–30　复制拉伸切除特征

技术要点

由于待复制安装孔特征草图在原来草图平面中相对于参考对象完全定义，在复制到新的平面上时其参考将丢失，因此需要删除其外部几何关系，然后在新的草图平面上进行修改。

07　在设计树中右击复制生成的特征草图，在弹出的下拉菜单中选择【编辑草图】工具，对特征草图重新标注尺寸和添加几何关系，使草图完全定义，如图 7-31 所示。

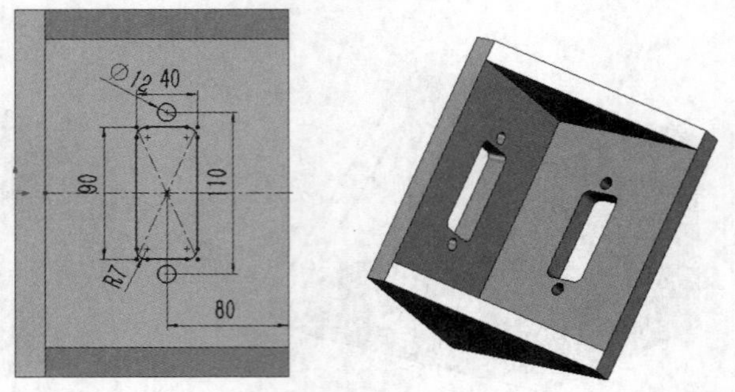

图 7–31　修改复制生成的特征草图

技术要点

对于复杂草图生成的特征，可以采用特征复制生成，然后编辑生成特征的草图，从而达到设计要求。

7.2.2　移动 / 复制实体

【移动 / 复制实体】工具可以创建移动、复制及旋转的实体。

单击【特征】选项卡中的【移动 / 复制实体】按钮，属性管理器中显示【移动 / 复制实体】面板，如图 7-32 所示。

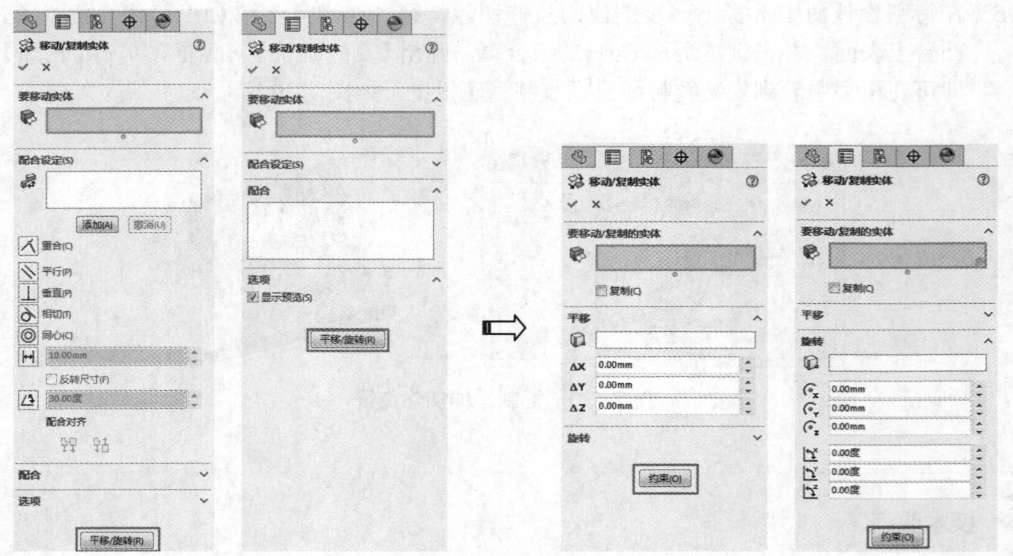

图 7–32 【移动 / 复制实体】面板

创建移动 / 复制实体的范例如图 7-33 所示。

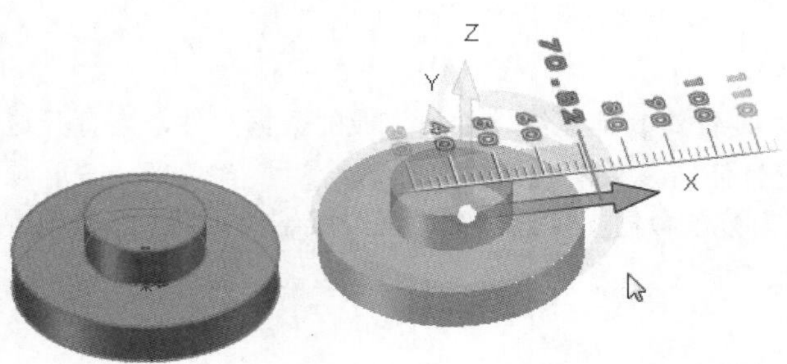

图 7-33　移动并复制实体

7.3 数据迁移工具

SolidWorks 向用户提供了用于特征修改及数据转换的工具，如图 7-34 所示。

图 7-34　数据迁移工具

技术要点

在选项卡位置上单击右键，选择弹出式菜单中的【数据迁移】选项即可将此选项卡在功能区中显示出来，如图 7-35 所示。

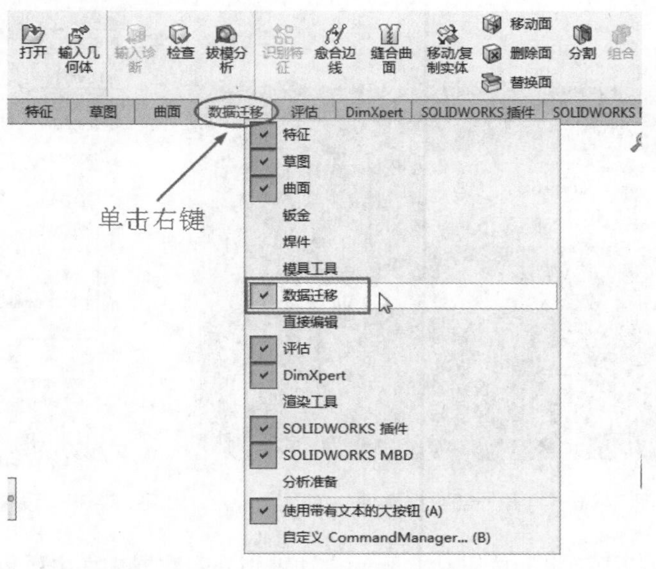

图 7-35　调出【数据迁移】选项卡

7.3.1 识别特征

【识别特征】工具主要针对其他三维软件所生成的数据文件，当打开这些非 SolidWorks 数据文件时，会默认为一个没有任何参数的几何模型，这给初学者带来一些麻烦。所以，使用【识别特征】工具可以自动识别出外部数据文件的详细特征组成结构。

技术要点

【识别特征】工具也仅仅能识别出给予草图的特征、修改特征及曲面特征，对于那些其他软件有的功能，而 SolidWorks 却没有的特征是无法识别的。此外，导入数据中如果存在特征重叠，也是不能进行识别的。

上机操作——识别特征

01 打开本例素材源文件——由 UG 软件生成的“显示器 .prt”文件。打开时暂时不要进行“输入诊断”操作，如图 7-36 所示。

02 在【数据迁移】选项卡中单击【识别特征】按钮，打开【Feature Works】面板。在此面板中设置识别模式为“自动”，特征类型为“标准特征”，【自动特征】选项区中所有特征选项均勾选，如图 7-37 所示。

图 7–36　打开外部数据文件

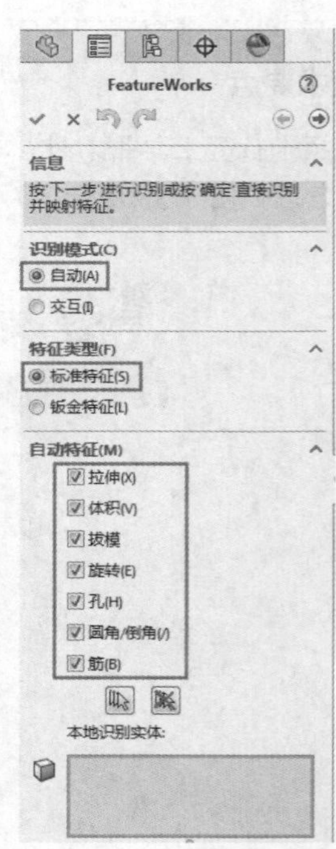

图 7–37　设置识别特征选项

03 单击面板中的【确定】按钮，开始自动识别外部数据文件中所包含的特征参数，识别完成后，可以在设计树中查看识别的所有特征，如图 7-38 所示。

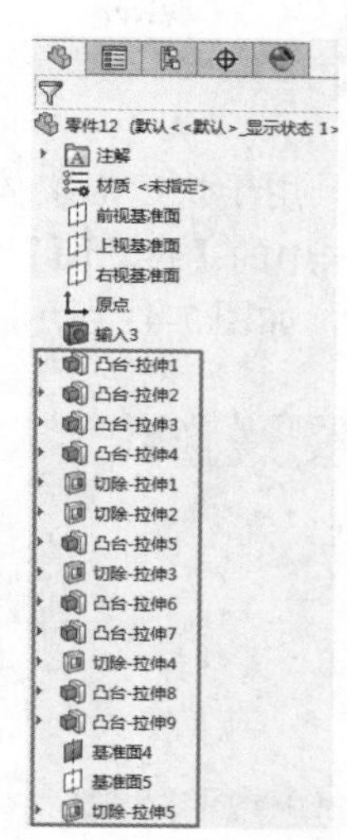

图 7-38　识别特征

04　从识别结果看，所有的内含特征全部被识别出来。

7.3.2　分割

分割是从单一实体生成多个实体。可在现有零件或在单独零件中生成实体。

使用分割特征可从现有零件生成多个零件。可以生成单独的零件文件，并从新零件形成装配体。可将单个零件文档分割成多实体零件文档。

单击【数据迁移】选项卡（或者【特征】选项卡）中的【分割】按钮，属性管理器中显示【分割】面板，如图 7-39 所示。将实体模型进行分割的范例如图 7-40 所示。剪裁工具可以是平面、曲面或基准面。

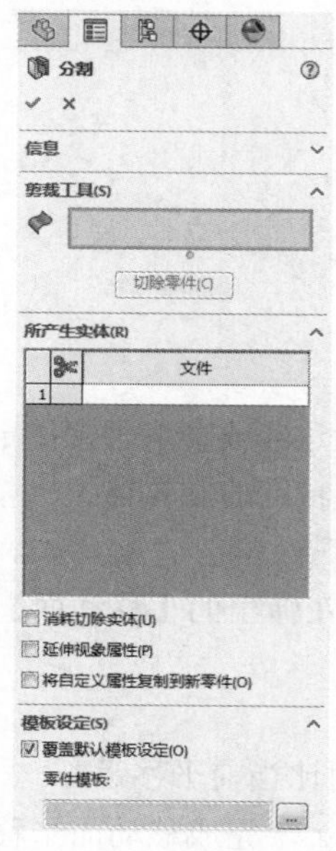

图 7-39 【分割】面板

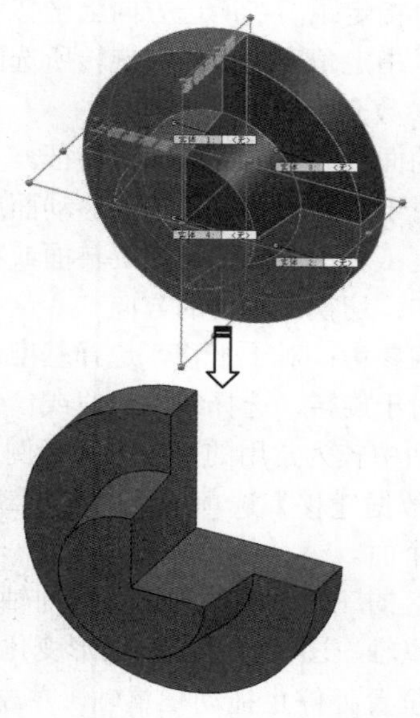

图 7-40　分割实体模型

7.3.3 移动面

【移动面】工具用于快速对实体表面进行等距偏移、平移和旋转，从而快速修改实体。单击【数据迁移】选项卡中的【移动面】按钮，激活【移动面】工具后弹出【移动面】面板，并在图形区中出现三重轴，如图 7-41 所示。

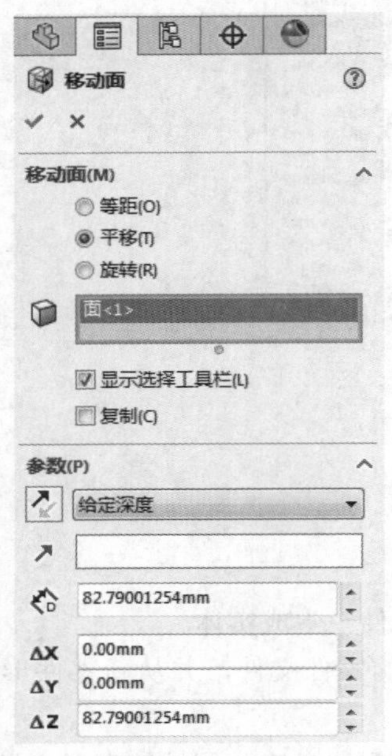

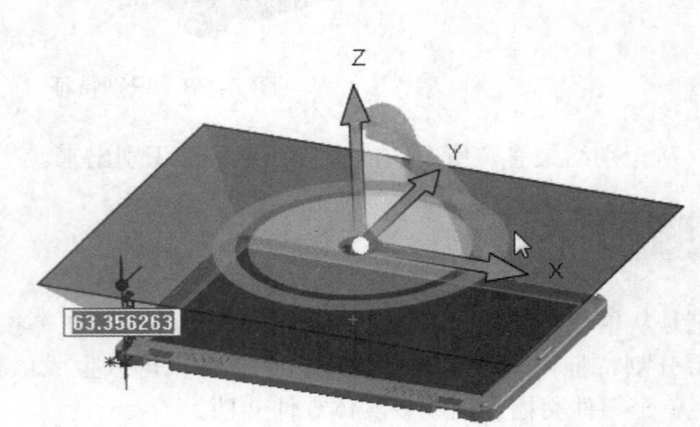

图 7-41 【移动面】面板与移动面示意图

移动面有 3 种方式，分别介绍如下。

- 等距：以指定距离等距移动所选面或特征。
- 平移：以指定距离在所选方向上平移所选面或特征。
- 旋转：以指定角度绕所选轴旋转所选面或特征。

移动面相关参数介绍如下。

- 要移动的面：列举选择的面或特征。
- 距离：对于等距和平移，设定移动面或特征的距离。
- 拔模角度：对于旋转，设定旋转面或特征的角度。
- 反转方向：切换面移动的方向。
- 参数方向参考：对于平移，选择基准面、平面、线性边线或参考轴来指定移动面或特征的方向。对于旋转，选择线性边线或参考轴来指定面或特征的旋转轴。

下面以移动面中较为常用的平移方式为例，介绍其操作步骤。

01 单击【数据迁移】选项卡中的【移动面】按钮，在弹出的【移动面】面板中选择待移动的 3 个面。

02 在图形区的三重轴中选择平移方向轴。

03 拖动三重轴，图形区预览出图形变化并标尺显示，对比当前平移距离。

04 在合适位置处停止拖动三重轴，单击【确定】按钮，完成移动面平移操作，如图 7-42 所示。

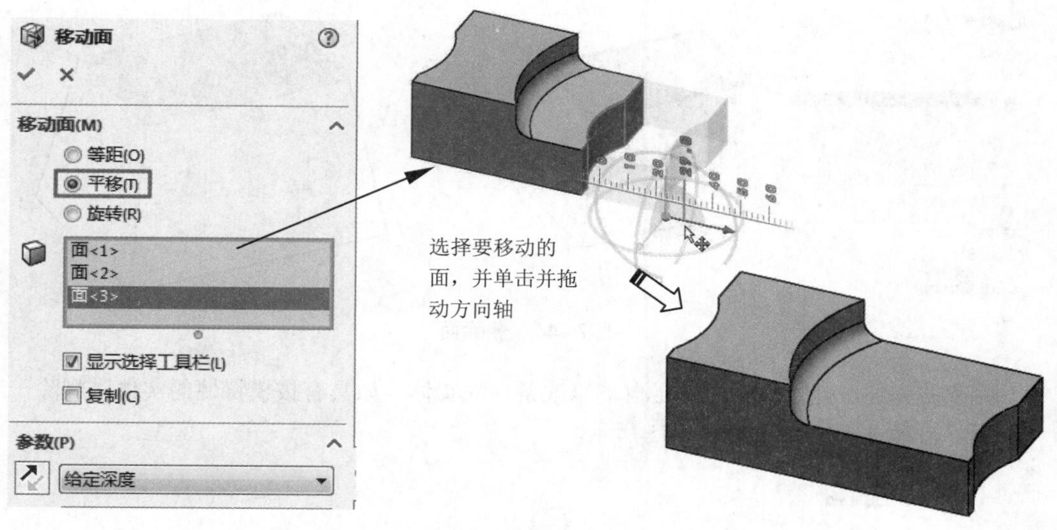

图 7-42　移动面操作

技术要点

若需要对实体造型进行修改，在外部输入文件（如 igs 格式、step 格式文件）没有任何特征的情况下很难对模型进行编辑，此时移动面的使用就变得至关重要，此功能可以直接对外部输入文件进行造型修改。

7.3.4　删除面

【删除面】工具可以将实体的一个或多个面删除，删除后原实体将变为曲面。单击【删除面】按钮，打开【删除面】面板，如图 7-43 所示。

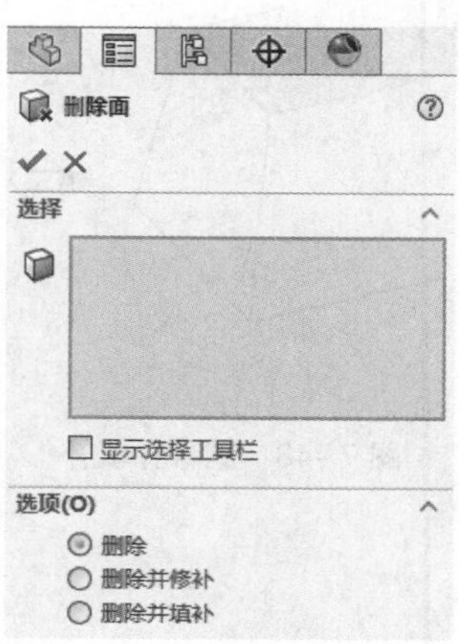

图 7-43 【删除面】面板

- 删除：此选项将删除所选的面，实体变成曲面，如图 7-44 所示。

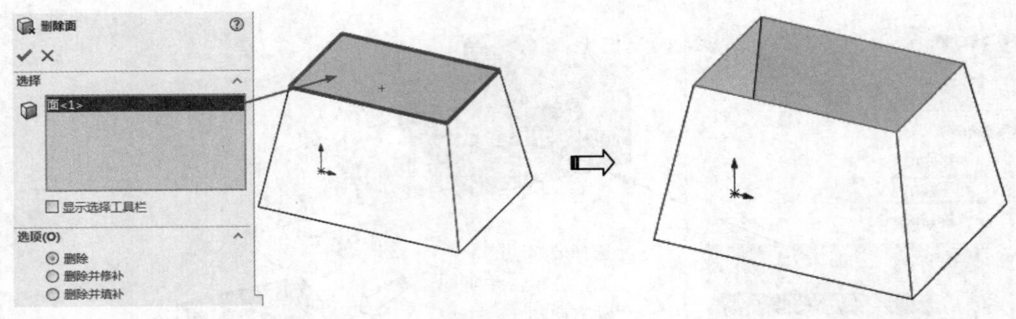

图 7-44　删除面

- 删除并修补：此选项针对满足自动修改条件的实体，如具有拔模特性的实体，删除一个面后，自动进行修补，如图 7-45 所示。

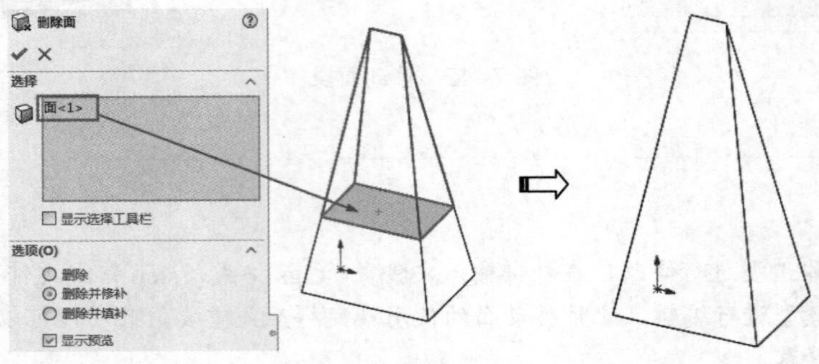

图 7-45　删除并修补

- 删除并填补：删除实体中某个面后，将自动对遗留的孔洞进行填补并填充实物，重新生成实体，如图 7-46 所示。

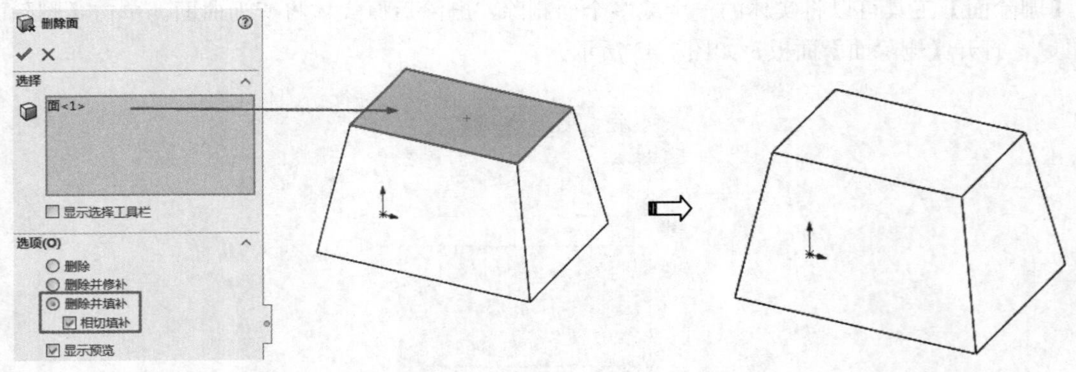

图 7-46　删除并填补

7.3.5　替换面

【替换面】工具以新曲面实体替换曲面或实体中的面。

替换曲面实体不必与旧的面具有相同的边界。当替换面时，原来实体中的相邻面自动延伸并剪裁到替换曲面实体，新的面剪裁。

单击【替换面】按钮，打开【替换面】面板，如图 7-47 所示。替换面可以替换一组面，也可以同时替换多组面。

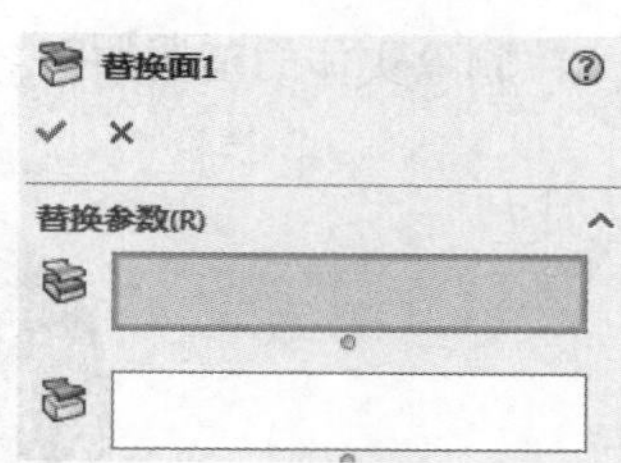

图 7-47 【替换面】面板

上机操作——替换面

01　打开本例素材源文件“替换面 .SLDPRT”，如图 7-48 所示。

02　单击【替换面】按钮，首先选择要替换的面（要改变的面），接着再选择替换曲面（即形状参考面），如图 7-49 所示。

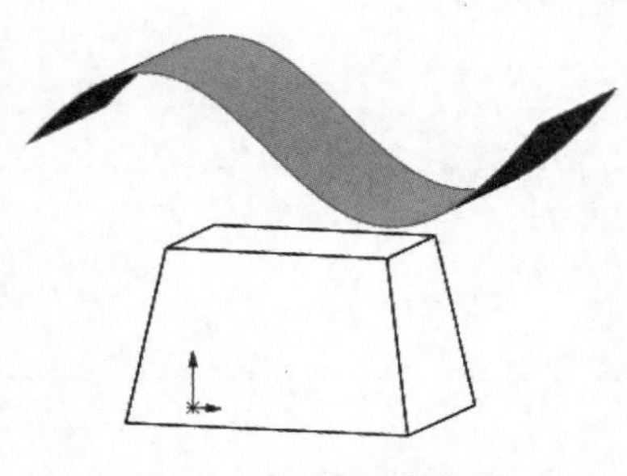

图 7-48　源文件模型

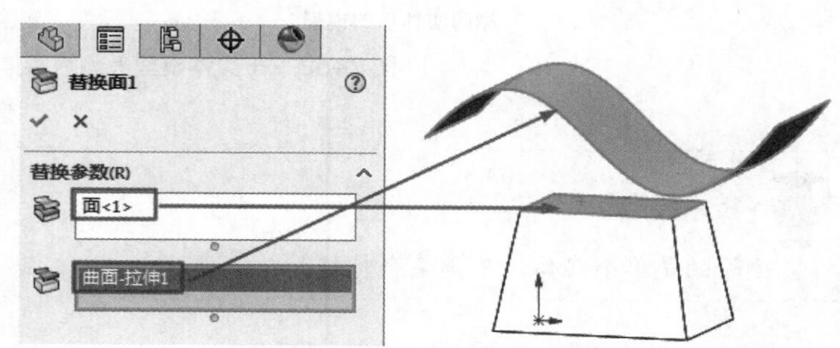

图 7-49　选择要替换的面和替换面

03　单击【确定】按钮，自动完成替换操作，结果如图 7-50 所示。

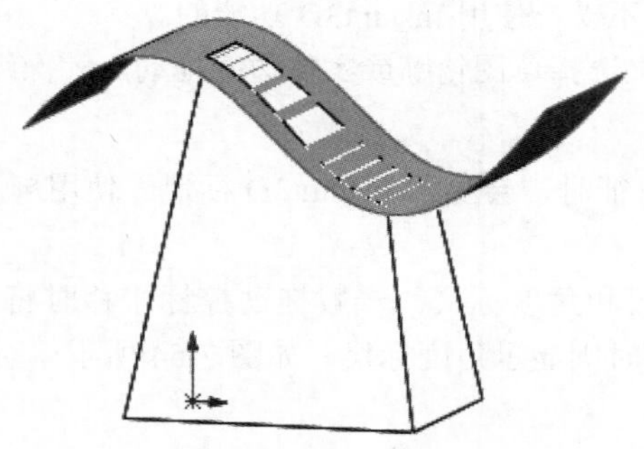

图 7-50　替换的结果

7.4 其他修改实体工具

7.4.1　删除 / 保留实体

删除 / 保留实体是删除一个或多个实体或曲面实体。

单击【特征】选项卡中的【删除 / 保留实体】按钮，属性管理器中显示【删除 / 保留实体】面板，如图 7-51 所示。

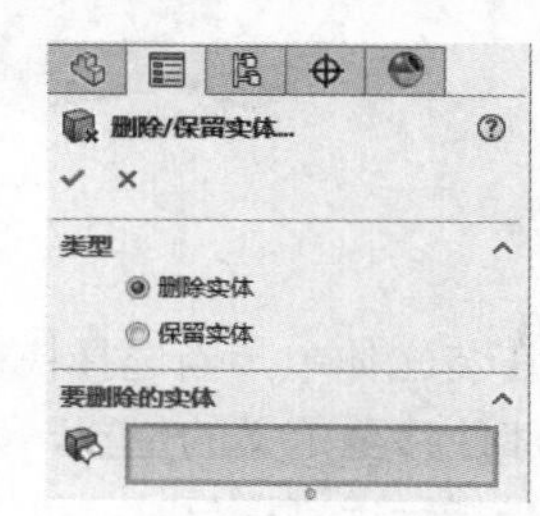

图 7-51 【删除 / 保留实体】面板

删除实体的范例如图 7-52 所示。

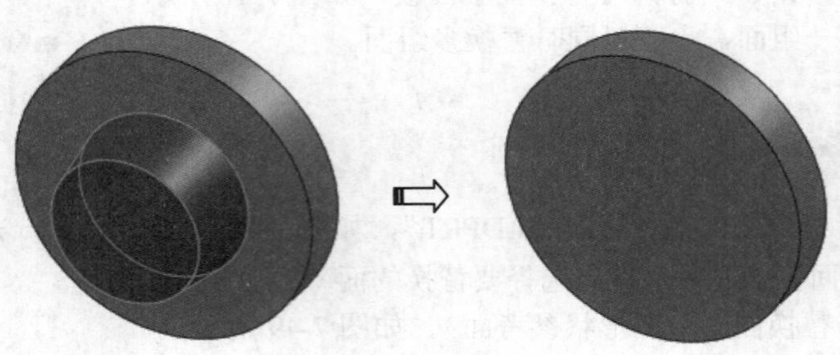

图 7-52 在实体模型上删除实体

技术要点

删除的是单个实体，不是某个特征。

7.4.2 使用 Instant3D 编辑特征

在 SolidWorks 中，用户可以使用 Instant3D 功能来拖动几何体和尺寸操纵杆以生成和修改特征。在草图模式或工程图模式中是不支持使用 Instant3D 功能的。

可以使用 Instant3D 功能来选择草图轮廓或实体边并拖动尺寸操纵杆以生成和修改特征。

1. Instant3D 标尺

在拖动控标生成或修改特征时，会显示 Instant3D 标尺。使用屏幕上的标尺可精确测量特征的修改。

Instant3D 标尺包括直标尺和角度标尺。一般拖动控标平移时将显示直标尺，如图 7-53 所示。在使用三重轴环旋转活动剖面时则显示角度标尺，如图 7-54 所示。

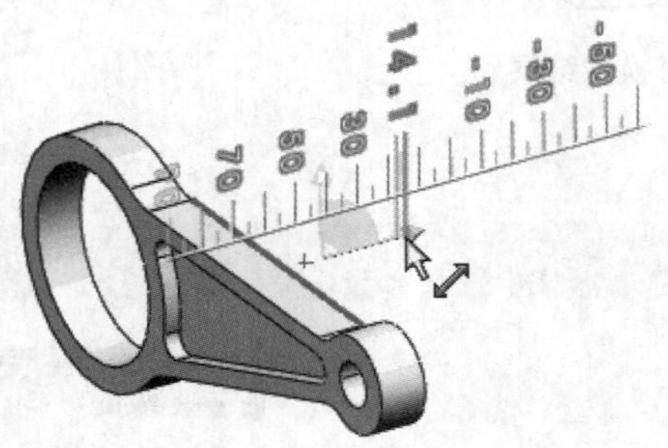

图 7-53 直标尺

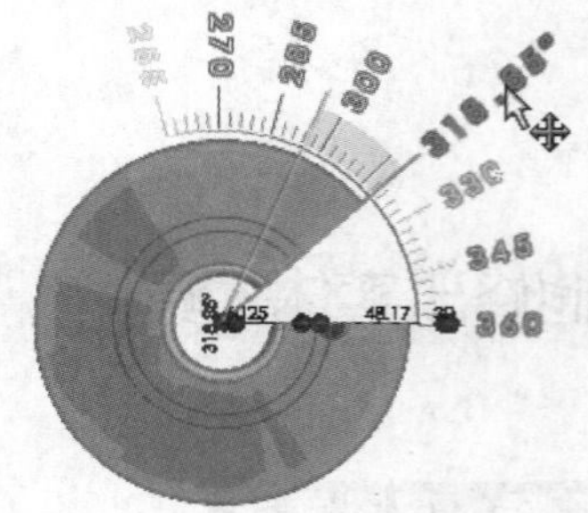

图 7-54 角度标尺

在装配体中，当选择快捷菜单上的【以三重轴移动】命令时，标尺会以三重轴显示，以便能够将零部件移至定义的位置，如图 7-55 所示。

当指针远离标尺时，可以自由拖动尺寸，在标尺上移动指针可捕捉到标尺增量，如图 7-56 所示。

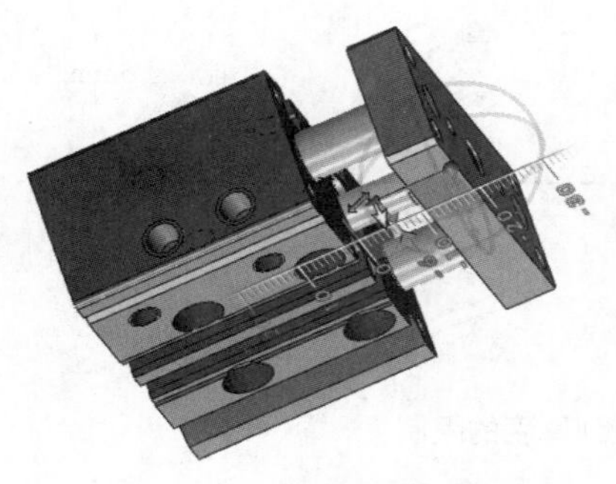

图 7–55　装配体中的标尺

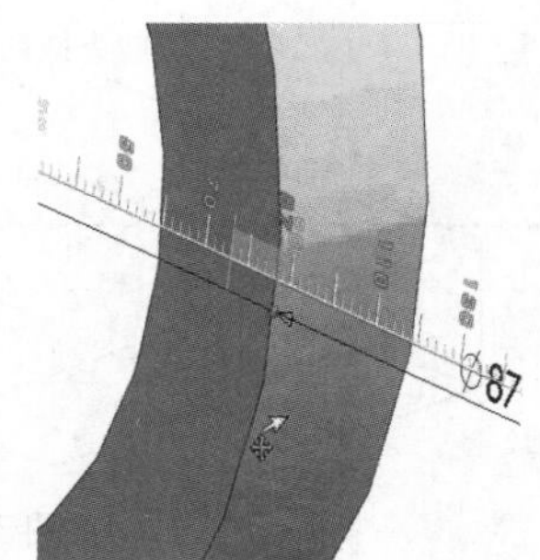

图 7–56　自由拖动尺寸

2. 拖动控标指针生成特征

在特征上选择一边线或面，随后显示拖动控标。选择边线与面所显示的控标有所不同。若选择边线，将显示双箭头的控标，表示可以从 4 个方向拖动；若选择面，则会显示一个箭头的控标，这意味着只能从两个方向拖动，如图 7-57 所示。

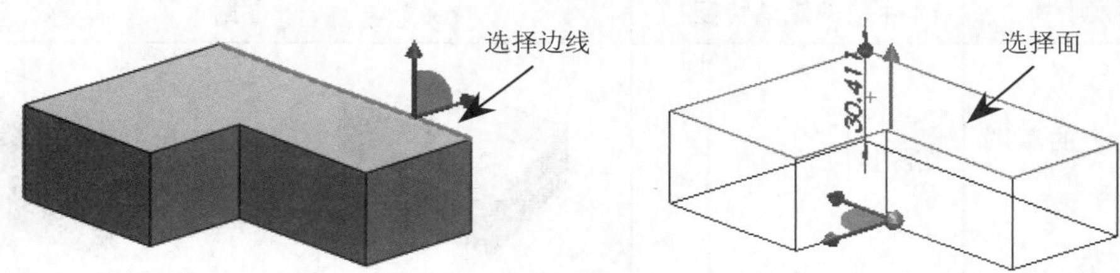

图 7–57　选择不同对象所显示的控标

若是双箭头的控标，可以任意拖动而不受特征厚度的限制，如图 7-58 所示。在拖动过程中，尺寸操纵杆上以黄色显示的距离段为拖动距离。

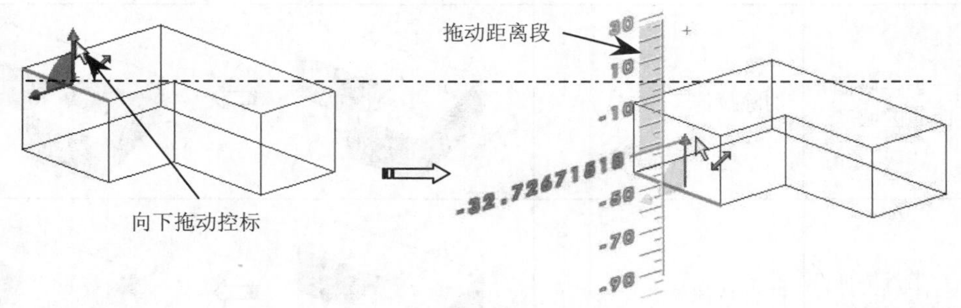

图 7–58　拖动控标不受厚度限制

若是单箭头的控标，在拖动面时则要受厚度的限制，拖动后生成的新特征不得低于 5mm，如图 7-59 所示。

技术要点

当选择的边为竖直方向的边时，拖动控标可创建拔模特征，即绕另一侧的实体边旋转。

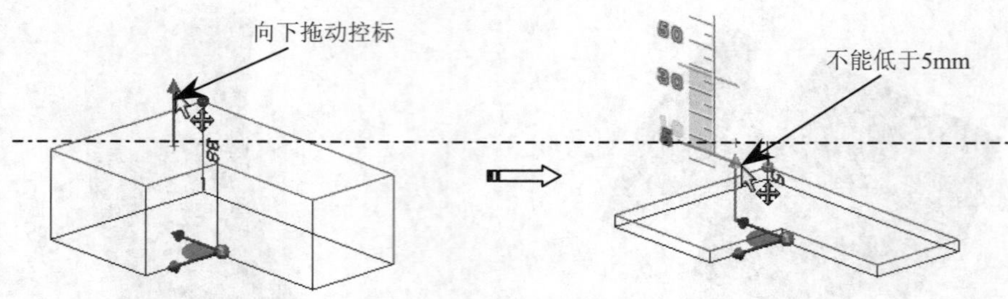

图 7–59　拖动控标受到厚度的限制

3. 拖动草图至现有几何体生成特征

将草图轮廓拖至现有几何体时，草图轮廓拓扑和用户选择轮廓的位置将决定所生成的特征的默认类型。表 7-1 列出了草图曲线与现有几何体的位置关系及拖动控标所生成的默认特征类型。

表 7-1　草图曲线与现有几何体的位置关系及生成的默认特征

选择原则	生成的默认特征	图解
选择全在面上的草图曲线	切除拉伸	
选择面外的草图曲线	凸台拉伸	
草图曲线一半接触面，选择接触面的区域	切除拉伸	
草图曲线一半接触面，选择不接触面的区域	凸台拉伸	

4. 拖动控标创建对称特征

用户可以选择草图轮廓，拖动控标并按住 M 键，创建出具有对称性的新特征，如图 7-60 所示。

5. 修改特征

用户可以拖动控标来修改面和边线。使用三重轴中心可以将整个特征拖动或复制（复制特征需按住 Ctrl 键）到其他面上，如图 7-61 所示。

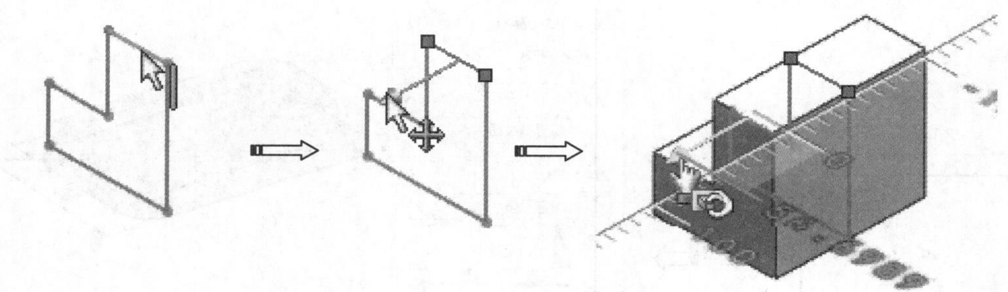

图 7-60　拖动控标创建对称特征

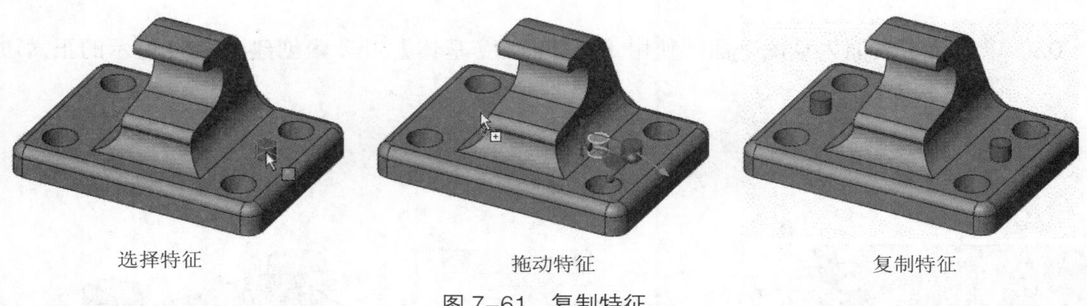

图 7-61　复制特征

在按住 Ctrl 键的同时拖动圆角，可以将其复制到模型的另一条边线上，如图 7-62 所示。

图 7-62　复制圆角

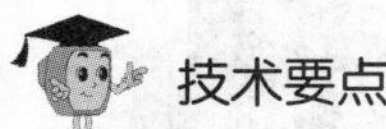

技术要点

如果某实体不可拖动，该控标就会变为黑色⟶，或在尝试拖动实体时出现⊘图标。此时，特征不受支持或受到限制。

上机操作——使用 Instant3D 编辑实体

01　新建零件文件。

02　使用【拉伸凸台 / 基体】工具，在前视基准平面上创建图 7-63 所示的拉伸凸台。

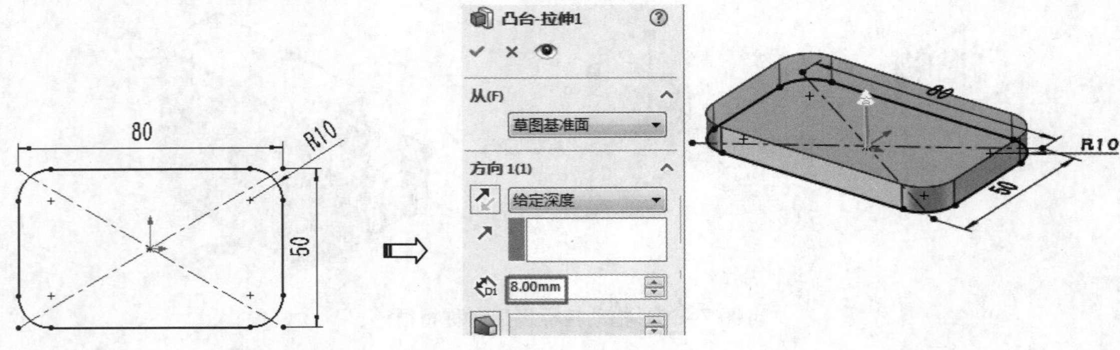

图 7–63　创建拉伸凸台

03　以凸台上表面为草图平面，使用【拉伸凸台 / 基体】工具创建图 7-64 所示的正六边形凸台。

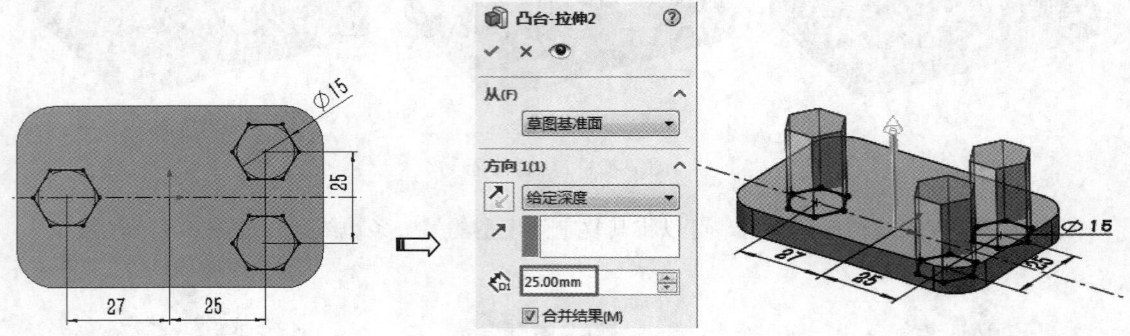

图 7–64　拉伸生成六棱柱

04　以凸台上表面为草图平面，使用【拉伸凸台 / 基体】工具创建图 7-65 所示的圆形凸台。

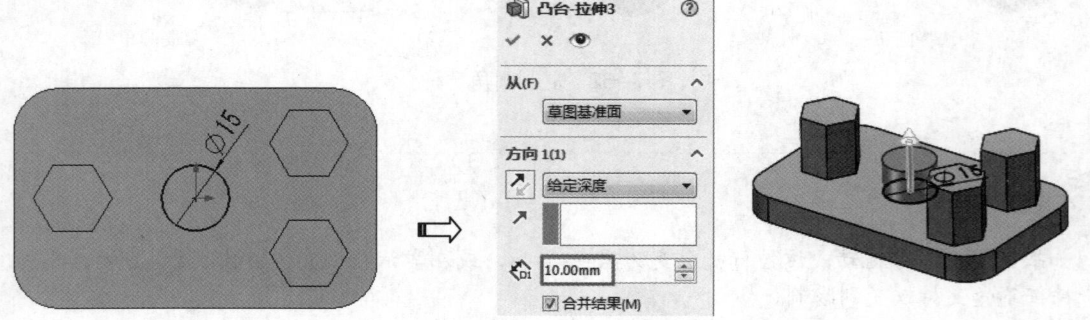

图 7–65　创建圆形凸台

05　单击【特征】选项卡中的【Instant3D】按钮，单击凸台上表面，在弹出的三重轴中拖动箭头，完成用【Instant3D】工具对底板的修改，如图 7-66 所示。

06　单击【Instant3D】按钮，单击中心圆柱凸台上表面，在弹出的三重轴中拖动箭头，完成对圆柱的修改，如图 7-67 所示。

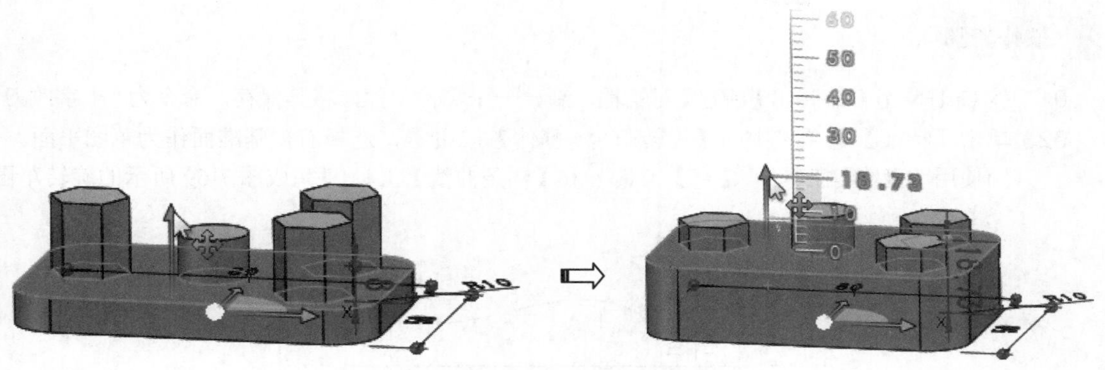

图 7–66　使用 Instant3D 修改底板

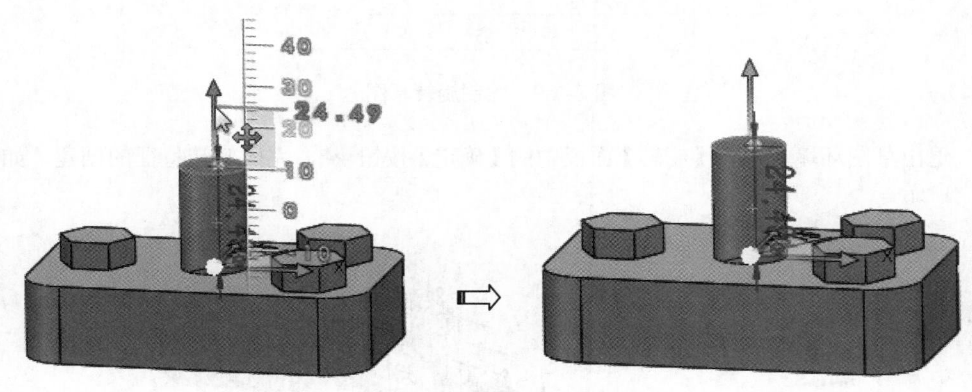

图 7–67　修改圆柱

7.5 实战案例——十字改刀建模

十字改刀主要由手柄部分和尖端工作部分组成，手柄采用旋转生成，尖端工作部分则通过倒角、扫描切除和圆周阵列形成，如图 7-68 所示。

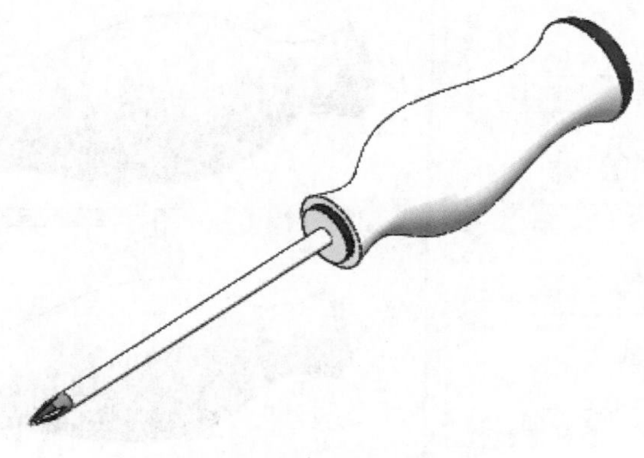

图 7–68　十字改刀

操作步骤

01 按 Ctrl+N 组合键弹出【新建】对话框，新建一个零件文件，将其保存，命令为“十字改刀”。

02 单击【特征】选项卡中的【旋转凸台 / 基体】按钮，选择右视基准面作为草图平面。分别使用【直线】工具、【点】工具和【样条曲线】工具完成图 7-69 所示的旋转草图。

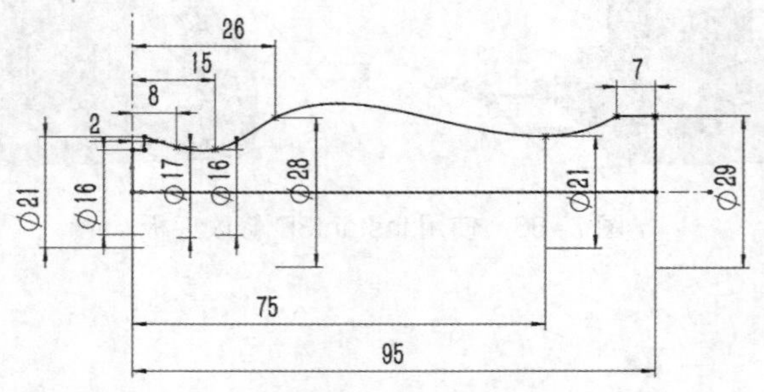

图 7-69 绘制旋转草图

03 退出草图环境，单击【旋转】面板中的【确定】按钮，完成旋转特征的创建，如图 7-70 所示。

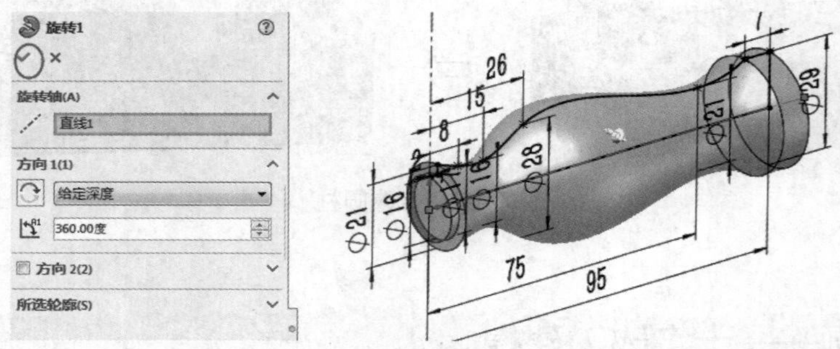

图 7-70 创建旋转特征

04 单击【圆角】按钮，属性管理器中显示【圆角】面板。在图形区中选择要创建圆角的边线，在面板中输入圆角半径值为 7，单击【确定】按钮完成圆角特征的创建，如图 7-71 所示。

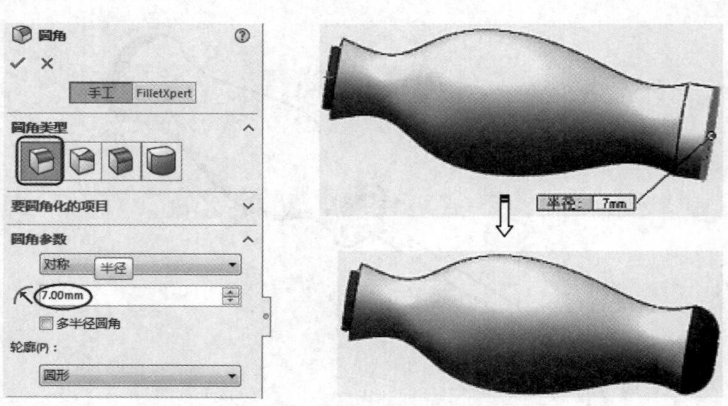

图 7-71 创建圆角特征

05　单击【拉伸凸台 / 基体】按钮，选择零件小端端面作为草图平面，以坐标原点为圆心绘制一个圆并标注圆的直径为 5mm，退出草图模式后创建出图 7-72 所示的拉伸凸台。

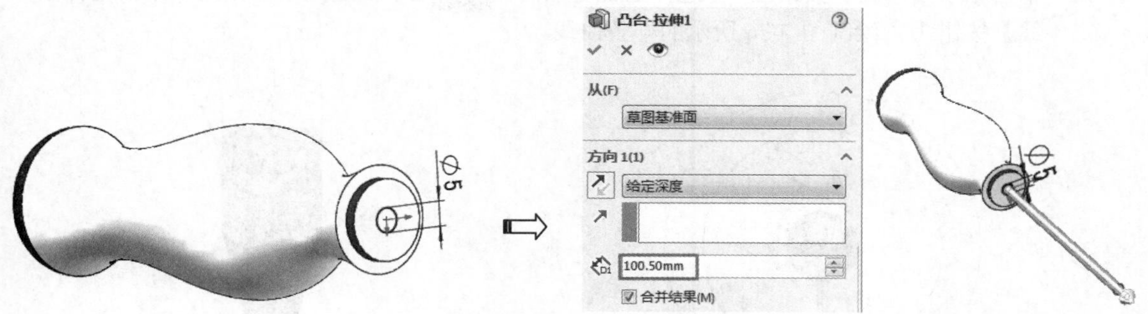

图 7–72　创建拉伸凸台

06　单击【拉伸切除】按钮，选择零件左端面为草图平面，以坐标原点为圆心绘制一个圆并标注圆的直径为 5mm，确认后在【切除 - 拉伸】面板中输入拉伸值为 12mm，创建图 7-73 所示的拉伸切除特征。

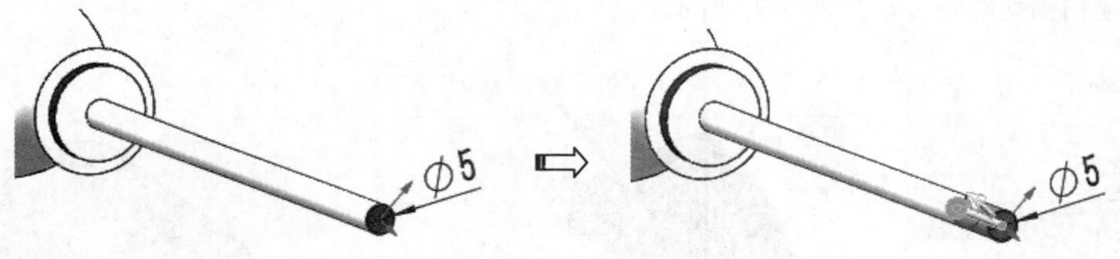

图 7–73　创建拉伸切除形成改刀尖端部位

07　单击【特征】选项卡中的【倒角】按钮，选择“边线”为螺丝刀刀尖部分的外圆棱边，选择“角度距离”的倒角方式并输入距离值为 7mm、角度值为 15°，创建图 7-74 所示的倒角特征。

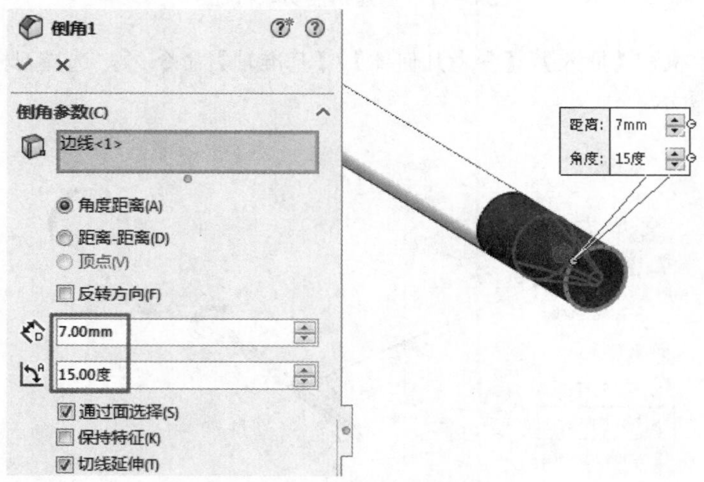

图 7–74　在改刀刀尖部位创建倒角

08 单击【草图绘制】按钮，选择刀尖端面为草图平面，在草图模式中绘制等边三角形，边长为3mm，左顶点距圆心距离为0.3mm，如图7-75所示。

09 单击【草图绘制】按钮，选择上视基准面作为草图平面进入草图模式。单击【样条曲线】按钮，绘制图7-76所示的样条曲线。

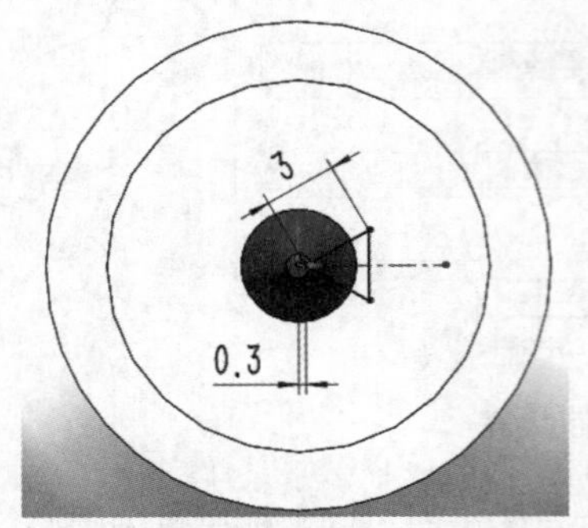

图7–75 绘制扫描切除轮廓草图

图7–76 绘制扫描切除路径草图

10 单击【扫描切除】按钮，选择等边三角形草图为扫描轮廓，选择样条曲线为路径，创建扫描切除特征，如图7-77所示。

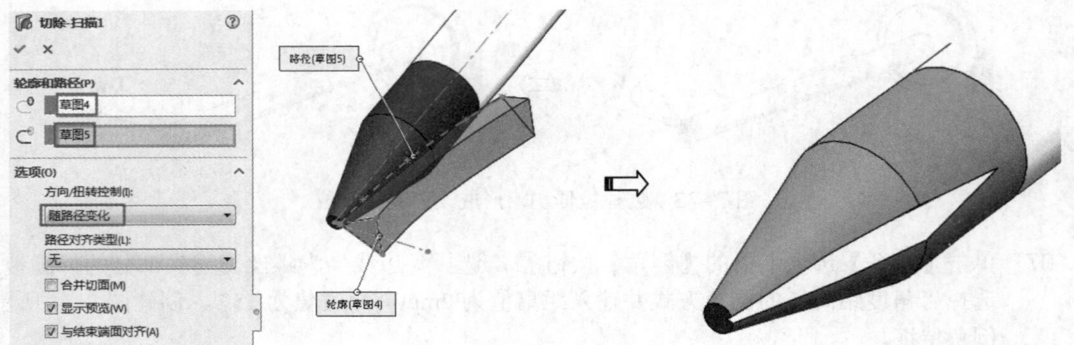

图7–77 创建扫描切除特征

11 在菜单栏中执行【插入】/【参考几何体】/【基准轴】命令，选择刀杆柱面创建基准轴，如图7-78所示。

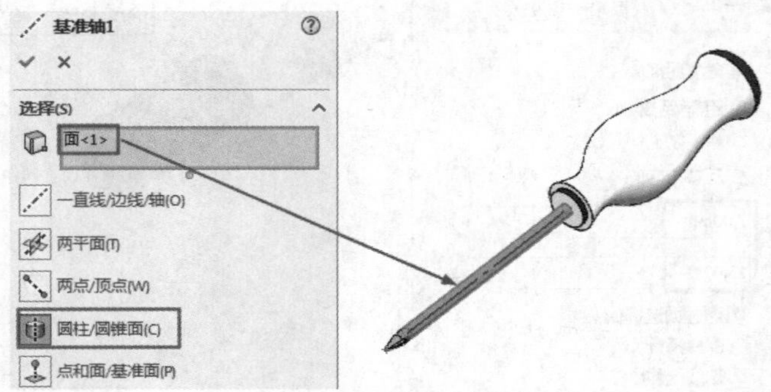

图7–78 创建基准轴

12　在【特征】选项卡中单击【圆周阵列】按钮，选择所创建的基准轴作为“阵列轴”，选择扫描切除特征作为“要阵列的特征”，设置为“等间距”的实例数为 4，如图 7-79 所示。十字改刀创建完成的结果如图 7-80 所示。

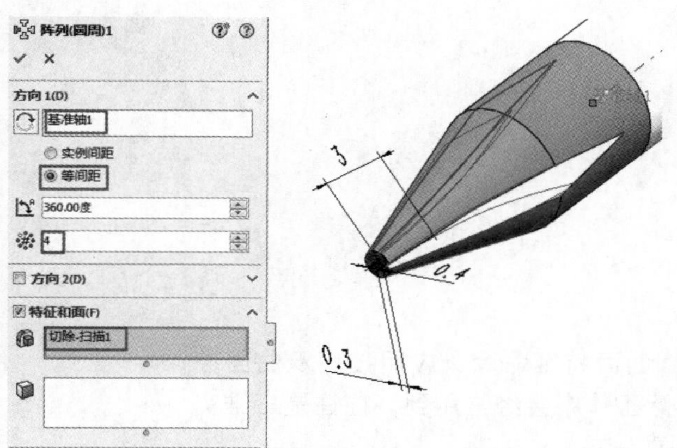

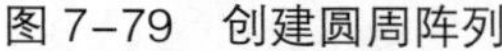
图 7-79　创建圆周阵列

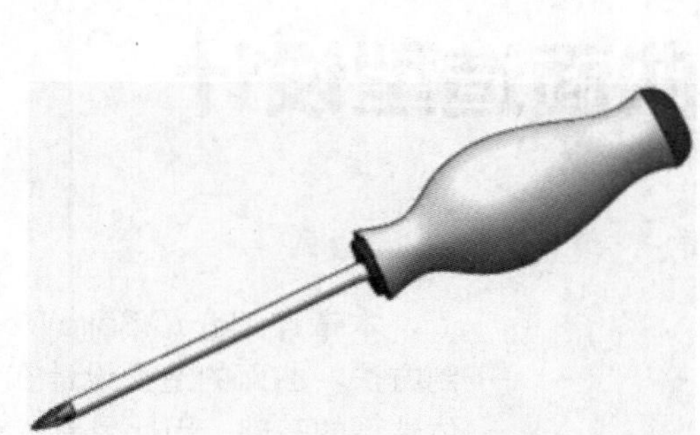

图 7-80　十字改刀模型

Chapter 8

第 8 章 曲面造型设计

本章详细介绍 SolidWorks 曲面特征命令、应用技巧及曲面控制方法。曲面的造型设计在实际工作中会经常用到，往往是三维实体造型的基础，因此要熟练掌握。

知识要点

- 基本草图的曲面工具
- 基于曲面的曲面工具

8.1 基于草图的曲面工具

用户可以在标准工具栏任意位置单击鼠标右键，在出现的快捷菜单中选择“曲面”命令，就会出现图 8-1 所示的【曲面】工具条。

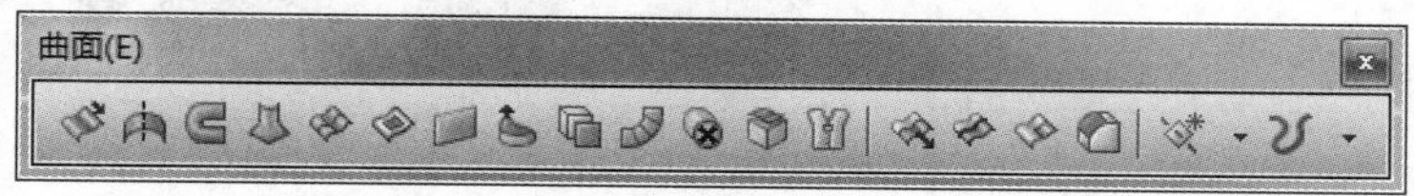

图 8–1 【曲面】工具条

还可以在【曲面】选项卡中选择曲面命令来创建曲面，如图 8-2 所示。

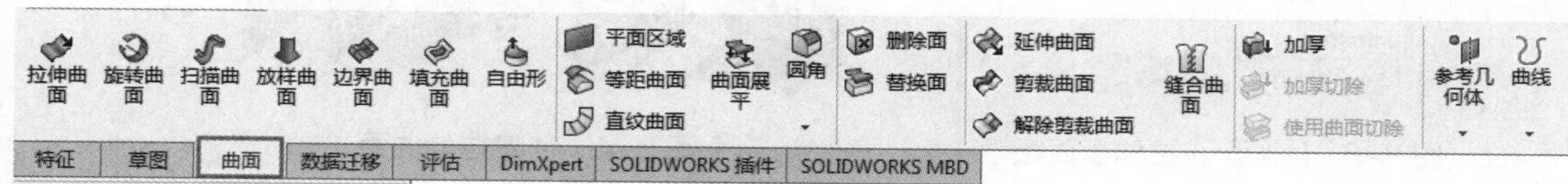

图 8–2 【曲面】选项卡中的曲面命令

8.1.1 常规曲面工具

前面提到几个常规的曲面工具与【特征】选项卡中的几个实体特征工具属性设置相同，下面列出了几种曲面的常用方法。

1. 拉伸曲面

拉伸曲面与拉伸凸台 / 基体特征的含义是相同的，都是基于草图沿指定方向进行拉伸。不同的是结果，拉伸凸台 / 基体的结果是实体特征，拉伸曲面的结果是曲面特征。

技术要点

拉伸凸台 / 基体的轮廓如果是封闭的，则创建实体，如果是开放的，则创建加厚实体，但不能创建曲面。拉伸曲面工具不能创建实体，也不能创建薄壁实体特征。

在【曲面】选项卡中单击【拉伸曲面】按钮，选择一个草图平面并完成草图绘制后，将显示【曲面 - 拉伸】面板，如图 8-3 所示。图 8-4 所示为选择文字轮廓后创建的“给定深度”拉伸曲面。

2. 旋转曲面

要创建旋转曲面，必须具备两个条件：旋转轮廓和中心线。旋转轮廓可以是开放的，也可以是封闭的，中心线可以是草图中的直线、中心线或构造线，也可以是基准轴。

在【曲面】选项卡中单击【旋转曲面】按钮，打开【曲面 - 旋转】面板，如图 8-5 所示。图 8-6 所示为选择样条曲线轮廓并绕轴旋转 180° 后所创建的旋转曲面。

3. 扫描曲面

扫描曲面是将绘制的草图轮廓沿绘制或指定的路径进行扫掠而生成的曲面特征。要创建扫描曲面也需要具备两个基本条件：扫描轮廓和路径。图 8-7 所示为扫描曲面的创建过程。

图 8–3 【曲面 – 拉伸】面板

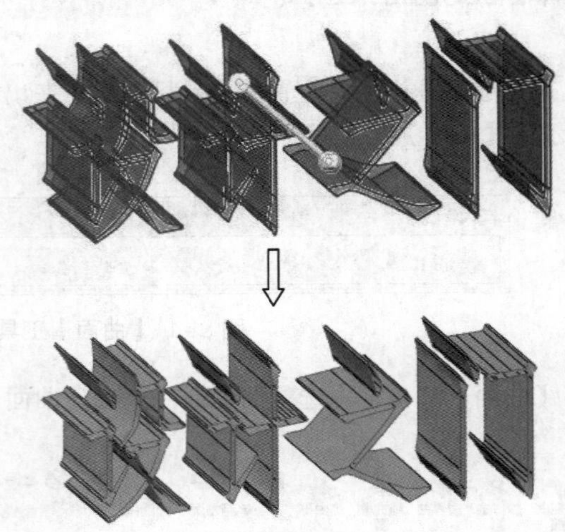

图 8–4 创建拉伸曲面

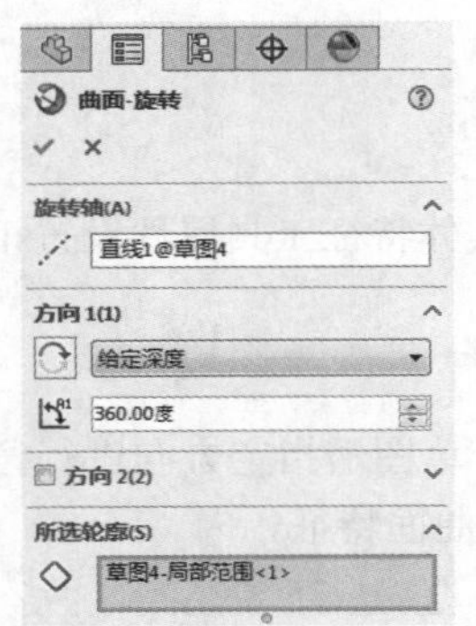

图 8–5 【曲面 – 旋转】面板

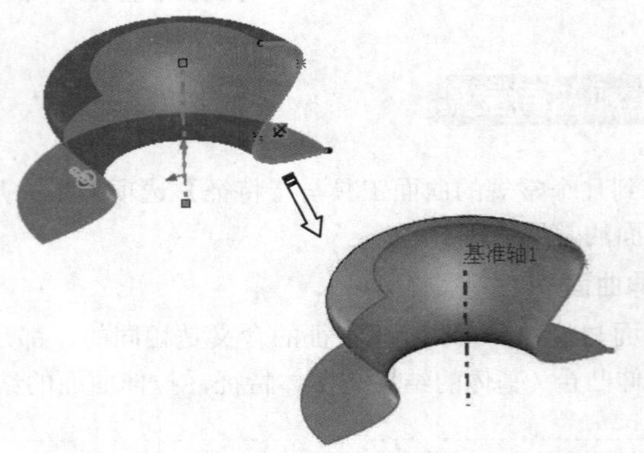

图 8–6 创建旋转曲面

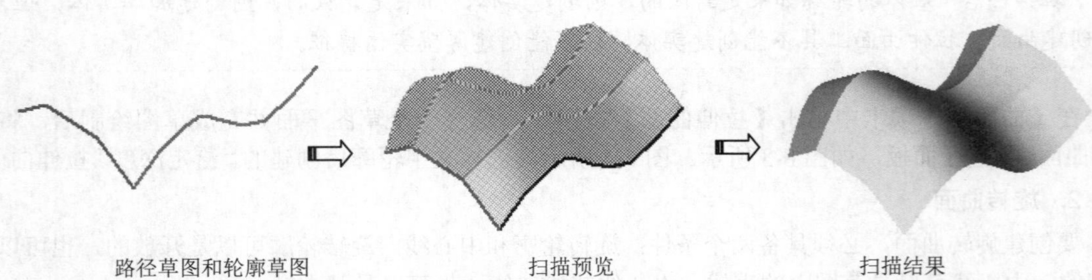

图 8–7 扫描曲面的创建

技术要点

也可以在模型面上绘制扫描路径，或用模型边线作为路径。

4．放样曲面

要创建放样曲面，必须绘制多个轮廓，每个轮廓的基准平面不一定要平行。除了绘制多个轮廓，对于一些特殊形状的曲面，还需绘制引导线。

技术要点

当然，也可以在 3D 草图中将所有轮廓都绘制出来。

图 8-8 所示为放样曲面的创建过程。

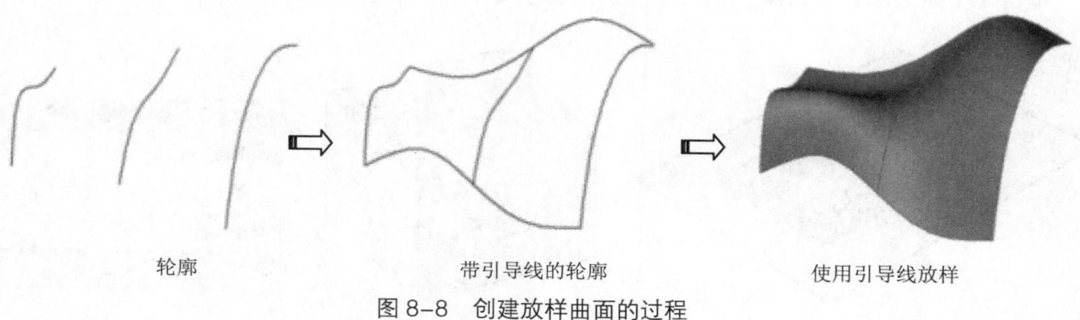

图 8–8　创建放样曲面的过程

5．边界曲面

边界曲面是以双向在轮廓之间生成边界曲面。边界曲面特征可用于生成在两个方向上（曲面所有边）相切或曲率连续的曲面。大多数情况下，这样产生的结果比放样工具产生的结果质量更高。

边界曲面有两种情况：一种是一个方向上的单一曲线到点，另一种就是两个方向上的相交曲线，如图 8-9 所示。

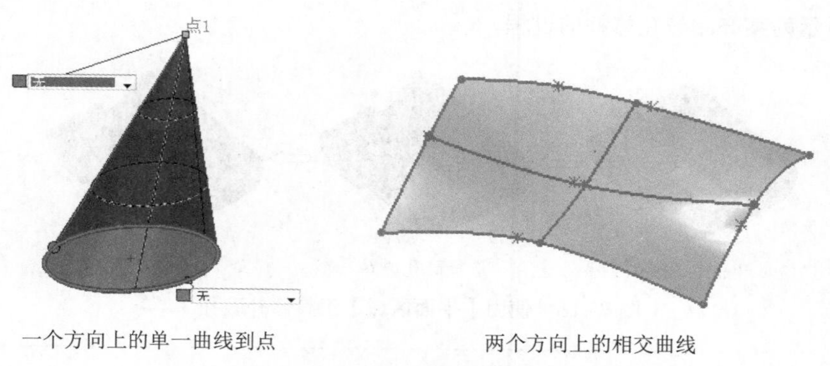

图 8–9　边界曲面的两种情况

技术要点

方向 1 和方向 2 在属性面板中可以完全相互交换。无论使用方向 1 还是方向 2 选择实体，都会获得同样的结果。

8.1.2 平面区域工具

平面区域工具是使用草图或一组边线来生成平面区域。使用该工具可以由草图生成有边界的平面，草图可以是封闭轮廓，也可以是一对平面实体。

可以从以下所具备的条件来创建平面区域。

- 非相交闭合草图。
- 一组闭合边线。
- 多条共有平面分型线，如图 8-10 所示。
- 一对平面的曲线或边线，如图 8-11 所示。

单击【平面区域】按钮，属性管理器中显示【平面区域】面板，如图 8-12 所示。

图 8-10 多条共有平面分型线

图 8-11 一对平面的边线

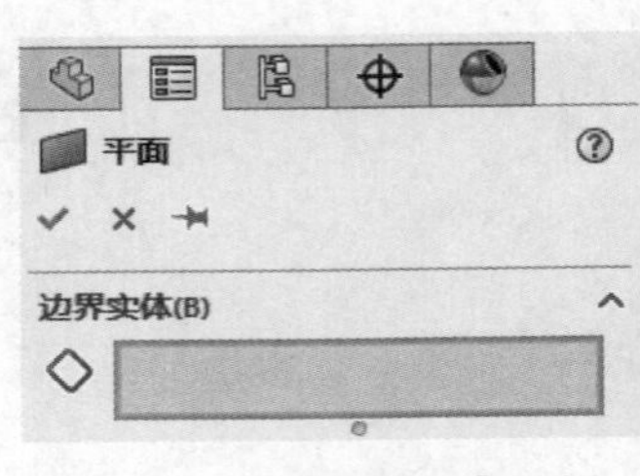

图 8-12 【平面区域】面板

技术要点

平面区域工具主要还是用在模具产品拆模工作上，即修补产品中出现的破孔，以此获得完整的分型面。

图 8-13 所示为某产品破孔修补的过程。

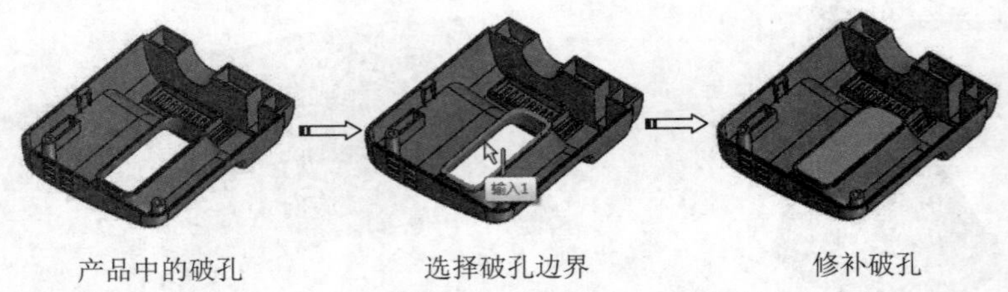

产品中的破孔　　选择破孔边界　　修补破孔

图 8-13 使用【平面区域】工具修补破孔

技术要点

平面区域工具只能修补平面中的破孔，不能修补曲面中的破孔。

上机操作——田螺造型

01 新建零件文件。

02　在菜单栏中执行【插入】/【曲线】/【螺旋线 / 涡状线】命令，打开【螺旋线 / 涡状线】面板。

03　选择上视基准面为草图平面，绘制圆形草图 1，如图 8-14 所示。

04　退出草图环境后，在【螺旋线 / 涡状线】面板中设置图 8-15 所示的螺旋线参数。

05　单击【确定】按钮完成螺旋线的创建。

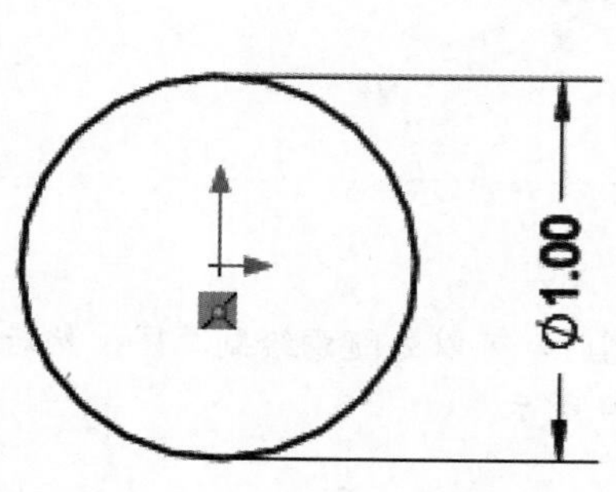

图 8–14　绘制草图 1

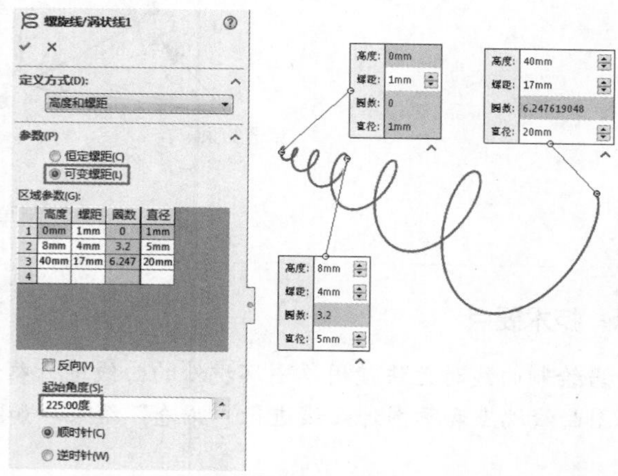

图 8–15　设置螺旋线参数

技术要点

要设置或修改高度和螺距，需选择“高度和螺距”定义方式。若还需要修改圈数，再选择“高度和圈数”定义方式即可。

06　使用【草图绘制】工具，在前视基准面上绘制图 8-16 所示的草图 2。

07　使用【基准面】工具，选择螺旋线和螺旋线端点作为第一参考和第二参考，创建垂直于端点的基准面 1，如图 8-17 所示。

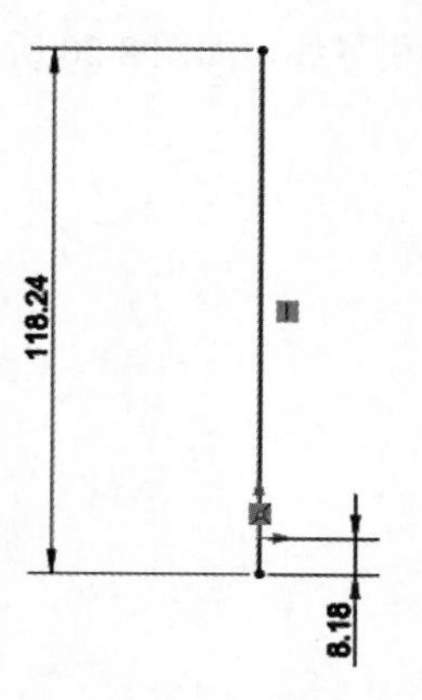

图 8–16　绘制草图 2

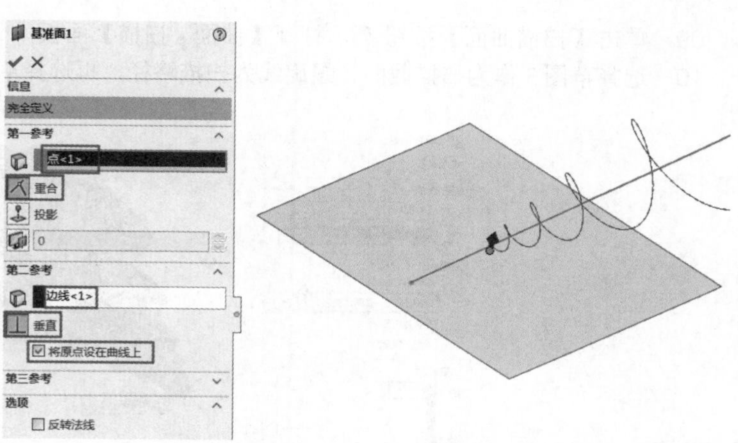

图 8–17　创建基准面 1

08　使用【草图绘制】工具，在基准面 1 上绘制图 8-18 所示的草图 3。

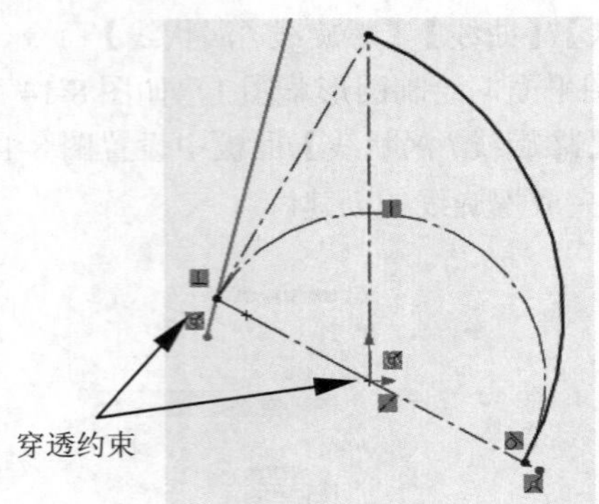

图 8-18　绘制草图 3

技术要点

当绘制曲线时无法使用草图环境外的曲线进行参考绘制时，可以先随意绘制草图，然后选取草图曲线端点和草图外曲线进行“穿透”约束，如图 8-19 所示。

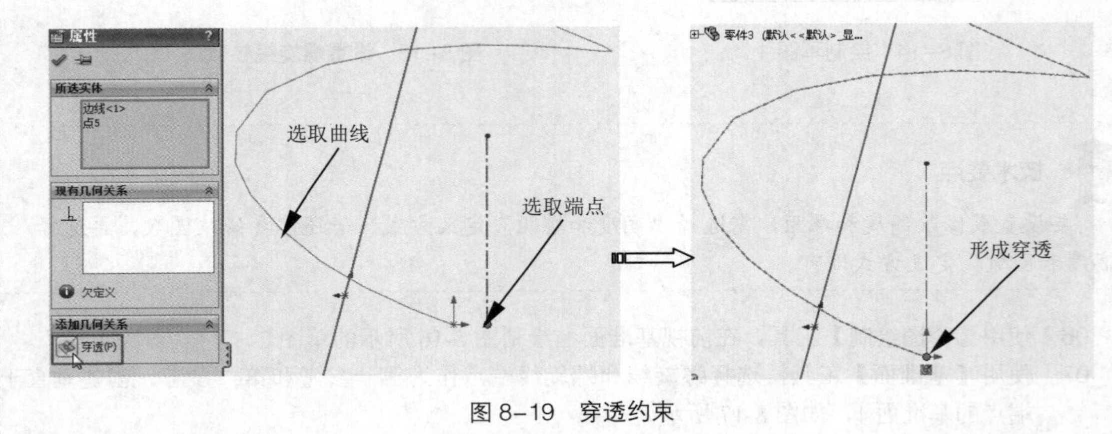

图 8-19　穿透约束

09　单击【扫描曲面】按钮，打开【曲面 - 扫描】面板。

10　选择草图 3 作为扫描截面、螺旋线为扫描路径，再选择草图 2 作为引导线，如图 8-20 所示。

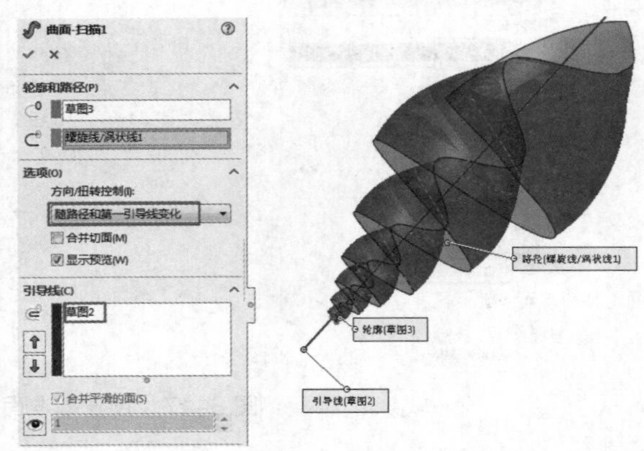

图 8-20　设置扫描曲面选项

11　单击【确定】按钮✔，完成扫描曲面的创建。

12　使用【螺旋线 / 涡状线】工具，选择上视基准面为草图平面，在原点绘制直径为 1 的圆形草图后，完成图 8-21 所示的螺旋线的创建。

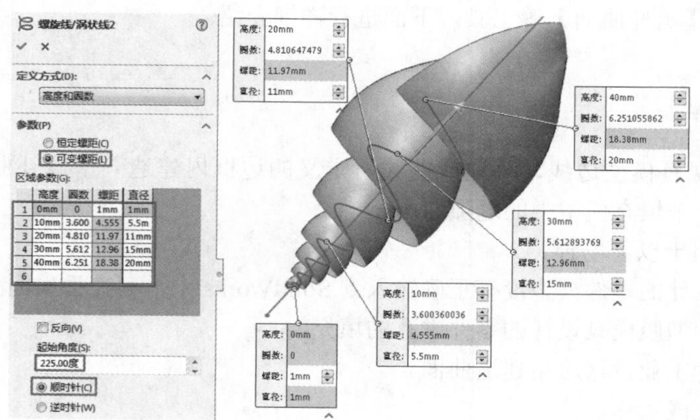

图 8-21　创建螺旋线

13　使用【草图绘制】工具，在基准面 1 上绘制图 8-22 所示的圆弧草图。

14　单击【扫描曲面】按钮，打开【曲面 - 扫描】面板。按图 8-23 所示的设置，创建扫描曲面。

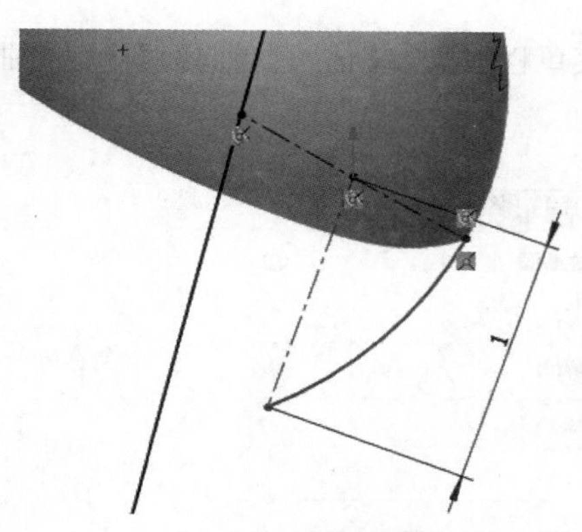

图 8-22　绘制草图

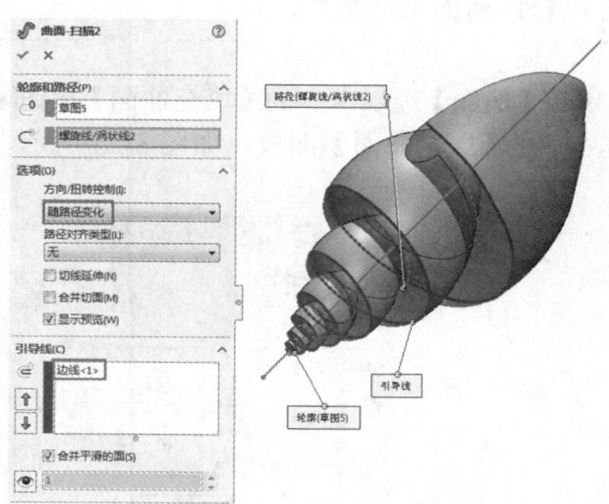

图 8-23　创建扫描曲面

最终完成的结果如图 8-24 所示。

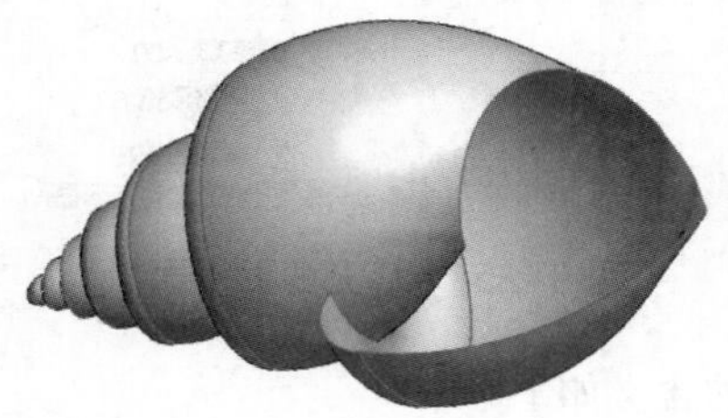

图 8-24　创建完成的田螺曲面

8.2 基于曲面的曲面工具

高级曲面工具是指用于创建复杂外形的曲面工具，如【填充曲面】【等距曲面】【直纹曲面】【中面】【延展曲面】及【延伸曲面】等工具，下面进行详细介绍。

8.2.1 填充曲面

填充曲面是在现有模型边线、草图或曲线所定义的边框内建造一个修补曲面。用户可以使用此特征工具来建造一个填充模型中的缝隙曲面。

填充曲面一般用于以下场合。

- 其他软件设计的零件模型没有正确输入到 SolidWorks 中，存在丢失面的情况。
- 用作核心和型腔模具设计的零件中孔的填充。
- 根据需要为工业设计应用建造曲面。
- 通过填充生成实体。
- 作为独立实体的特征或合并那些特征。

技术要点

【平面区域】工具只能修补平面中的破孔，而【填充曲面】工具既可以修补平面中的破孔，还可以修改曲面上的破孔。

单击【曲面】选项卡中的【填充曲面】按钮，或在菜单栏中执行【插入】/【曲面】/【填充曲面】命令，打开【填充曲面】面板，如图 8-25 所示。

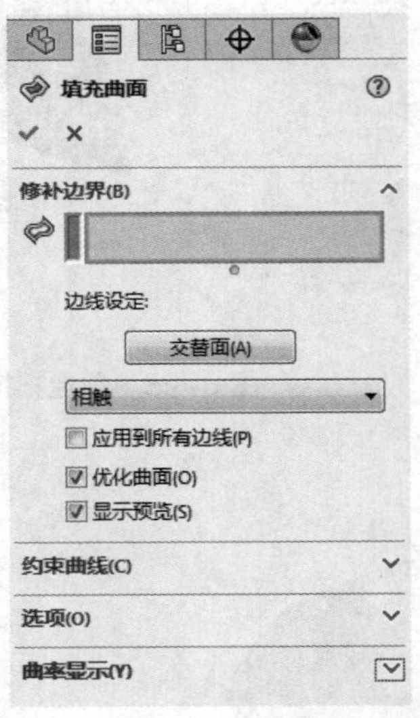

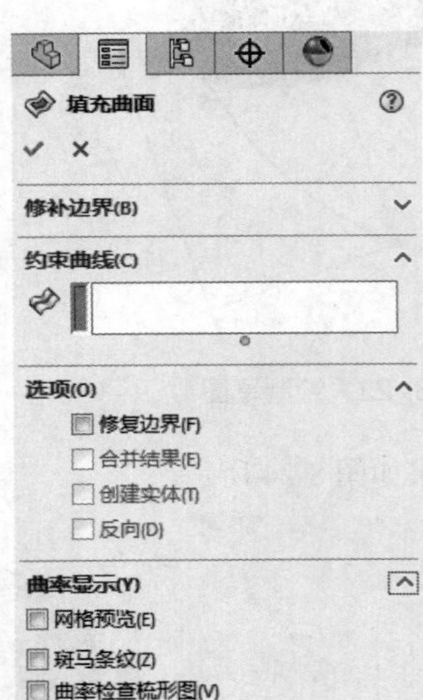

图 8-25 【填充曲面】面板

【填充曲面】面板中各选项的含义如下。

- 修补边界：选取构成破孔的边界。

技术要点

所选的边界必须是封闭的，开放的边界不能修补。

- 交替面：切换边界所在的面。当曲率控制设为“相切”时，此边界面不同，所产生的曲面也会不同，如图 8-26 所示。

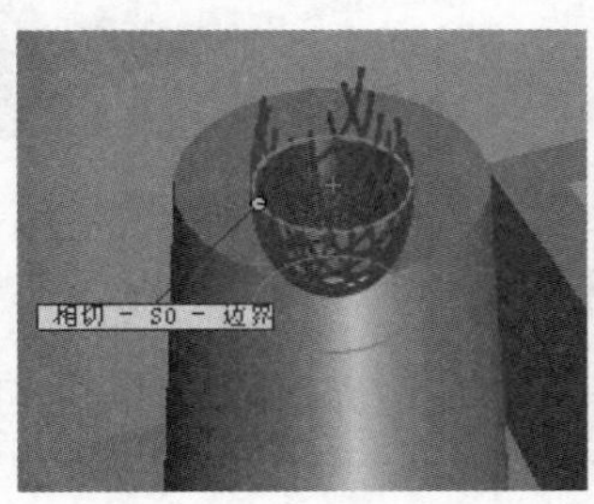

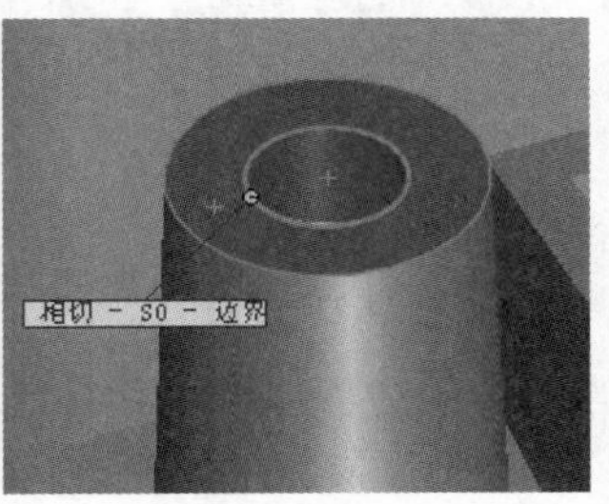

图 8–26　切换边界面会产生不同的修补结果

- 曲率控制：对于修补曲面破孔，曲率控制很重要，可以帮助用户沿着产品的曲面形状来修补破孔。曲率控制方法包括 3 种，分别是相触、相切和曲率，图 8-27 所示为 3 种曲率的控制。

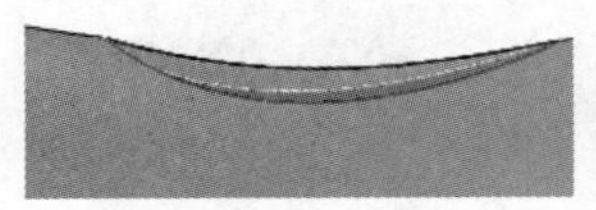

相触（G0）

相切（G1）

曲率（G2）

图 8–27　曲率的控制

技术要点

从图 8-27 所示的曲率控制对比显示，连续性越好，曲面就越光顺。

- 应用到所有边线：勾选此复选框，可将相同的曲率控制应用到所有边线。

技术要点

如果将相触及相切应用到不同边线后选择此功能，将应用当前选择到所有边线。

- 优化曲面：为 N 边曲面（至少三边）选择【优化曲面】选项。【优化曲面】选项将应用与“放样曲面”相类似的简化曲面修补方式。优化的曲面修补的潜在优势包括重建速度加快，以及当与模型中的其他特征一起使用时稳定性增强。
- 显示预览：勾选此复选框，显示填充曲面的预览情况。
- 网格预览：勾选此复选框，填充曲面将以网格显示。

- 约束曲线：约束曲线相当于引导线，就是对填充曲面进行约束的参考曲线，图 8-28 所示为添加约束曲线后的填充曲面对比。

图 8–28 有无约束曲线的填充曲面结果

- 修复边界：当所选的边界曲面中存在缝隙时（使边界不能封闭），可以勾选此复选框，自动修复间隙，构造一个有效的填充边界，如图 8-29 所示。

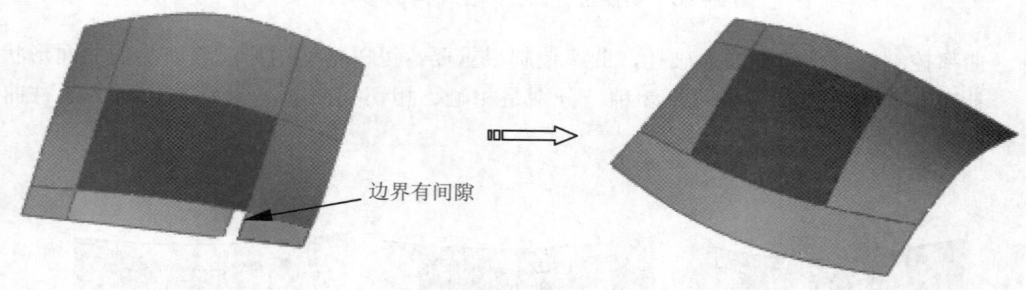

图 8–29 修复边界

- 合并结果：勾选此复选框，将填充曲面与周边的曲面缝合。
- 创建实体：如果创建的填充曲面与周边曲面形成封闭，勾选【合并结果】和【创建实体】复选框，会生成实体特征。
- 反向：勾选此复选框，更改填充曲面的方向。

上机操作——修补产品破孔

01 打开本例的素材源文件“灯罩 .sldprt”。

02 从产品上看，存在 5 个小孔和 1 个大孔，鉴于模具分模要求，将曲面修补在产品外侧，即外侧表面的孔边界上，如图 8-30 所示。

03 单击【填充曲面】按钮，打开【填充曲面】面板，依次选取大孔中的边界，如图 8-31 所示。

技术要点

修补边界可以不按顺序进行选取，不会影响修补效果。

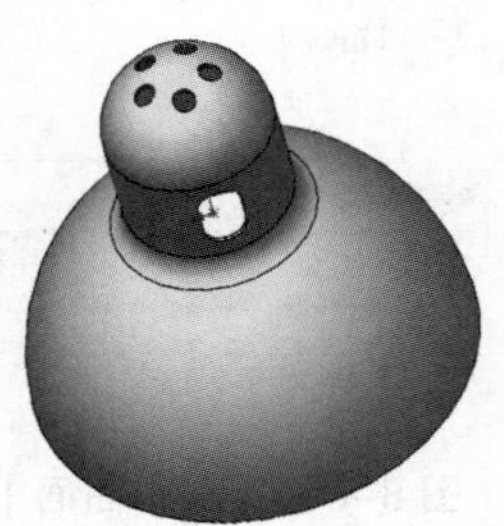

图 8-30　查看孔

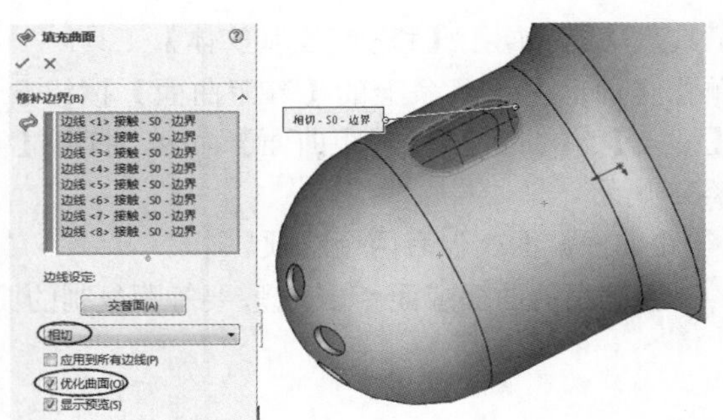

图 8-31　选取大孔边界

04　单击【交替面】按钮，改变边界曲面，如图 8-32 所示。

技术要点

更改边界曲面可以使修补曲面与产品外表面形状保持一致。

05　单击【确定】按钮✓完成大孔的修补，如图 8-33 所示。

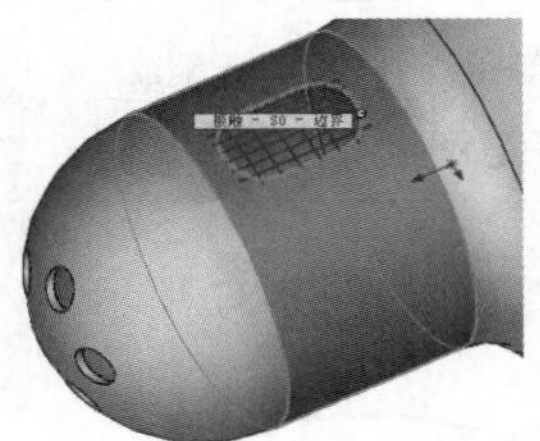

图 8-32　更改边界曲面

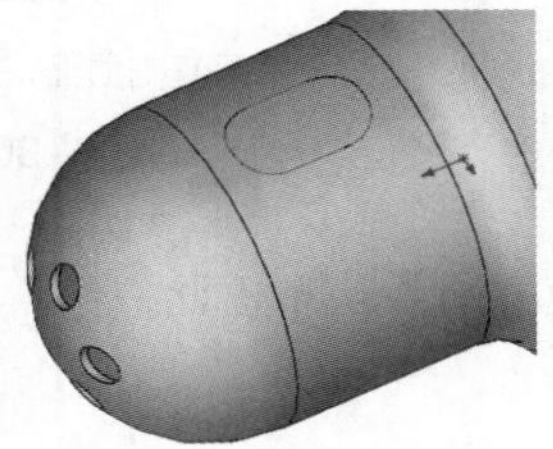

图 8-33　完成大孔修补

06　同理，再执行 5 次【填充曲面】命令，对其余 5 个小孔也按此方法进行修补，曲率控制方式为“曲率”，结果如图 8-34 所示。

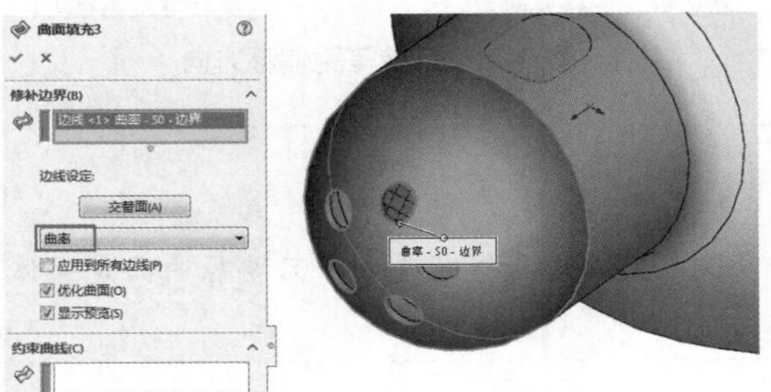

图 8-34　修补其余 5 个小孔

8.2.2　等距曲面

【等距曲面】工具用来创建基于原曲面的等距缩放曲面，当偏移距离为 0 时，实为一个复制曲面的工具，功能等同于【移动 / 复制实体】工具。

单击【曲面】工具条上的【等距曲面】按钮，或在菜单栏中执行【插入】/【曲面】/【等距曲面】命令，打开【等距曲面】面板，如图 8-35 所示。

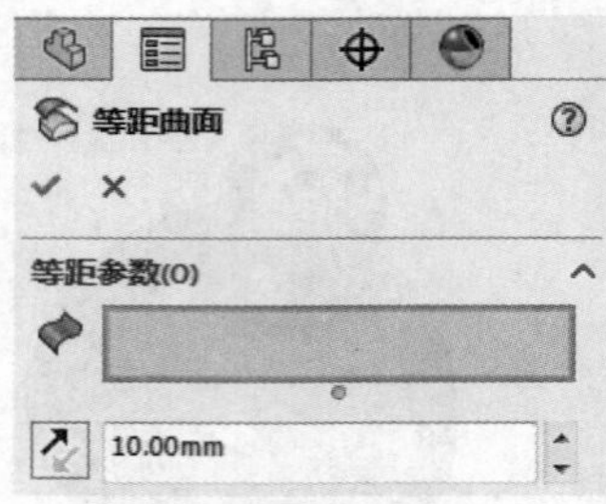

图 8-35 【等距曲面】面板

【等距曲面】面板仅有两个选项。

- 要等距的曲面或面：选取要等距复制的曲面或平面。

技术要点

对于曲面，等距复制将产生缩放曲面；对于平面，等距复制不会缩放，如图 8-36 所示。

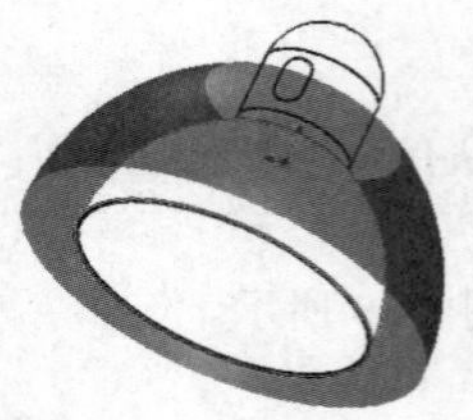
等距复制曲面，缩放

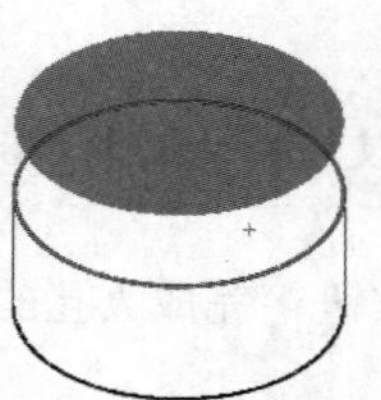
等距复制平面，无缩放

图 8-36 曲面与平面的等距复制

- 反转等距方向：单击此按钮，更改等距偏移方向，如图 8-37 所示。

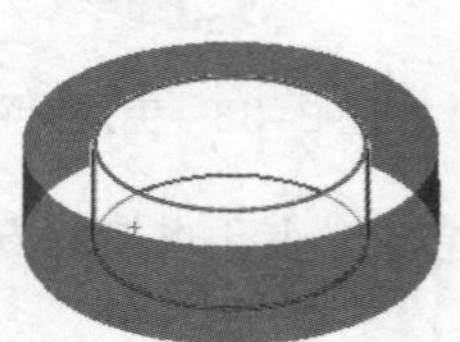
默认等距偏移方向

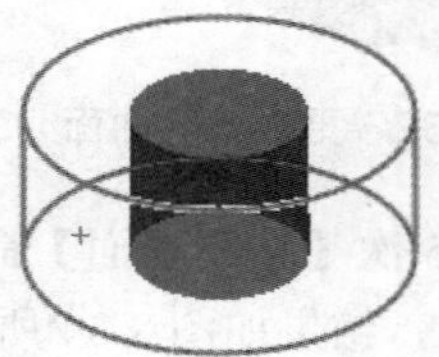
反转等距偏移方向

图 8-37 反转等距偏移方向

技术要点

无论在模型中选择多少个曲面进行等距复制，只要原曲面是整体的，等距复制后仍然是整体。

8.2.3 直纹曲面

【直纹曲面】工具是通过实体、曲面的边来定义曲面的工具。单击【直纹曲面】按钮，打开【直纹曲面】面板，如图 8-38 所示。

面板中提供了 5 种直纹曲面的创建类型，介绍如下。

1. 相切于曲面

“相切于曲面”类型可以创建相切于所选曲面的延伸面，如图 8-39 所示。

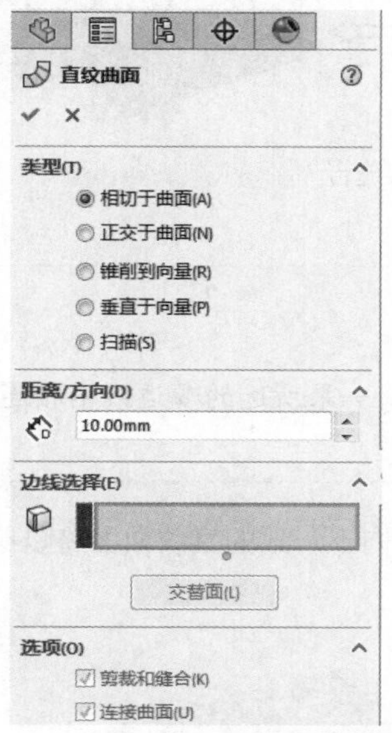

图 8–38 【直纹曲面】面板

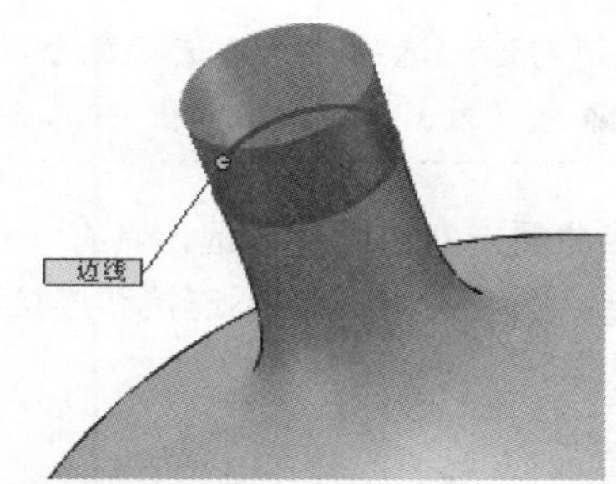

图 8–39　相切于曲面的直纹曲面

技术要点

【直纹曲面】工具不能创建基于草图和曲线的曲面。

- 交替面：如果所选的边线为两个模型面的公共边，可以单击【交替面】按钮切换相切曲面，来获取想要的曲面，如图 8-40 所示。

图 8–40　交替面

技术要点

如果所选边线为单边，【交替面】按钮将灰显不可用。

- 剪裁和缝合：当所选的边线为两个或两个以上且相连，【剪裁和缝合】选项被激活。此选项用来剪裁和缝合所产生的直纹曲面，如图 8-41 所示。

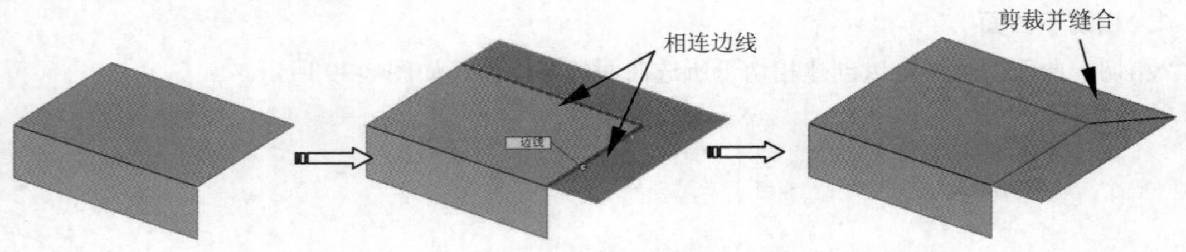

图 8-41　直纹曲面的剪裁和缝合

技术要点

如果取消勾选此选项，将不进行缝合，但会自动剪裁。如果所选的多边线不相连，那么勾选此选项就不再有效。

- 连接曲面：勾选此复选框，具有一定夹角且延伸方向不一致的直纹曲面将以圆弧过渡进行连接，图 8-42 所示为不连接和连接的情况。

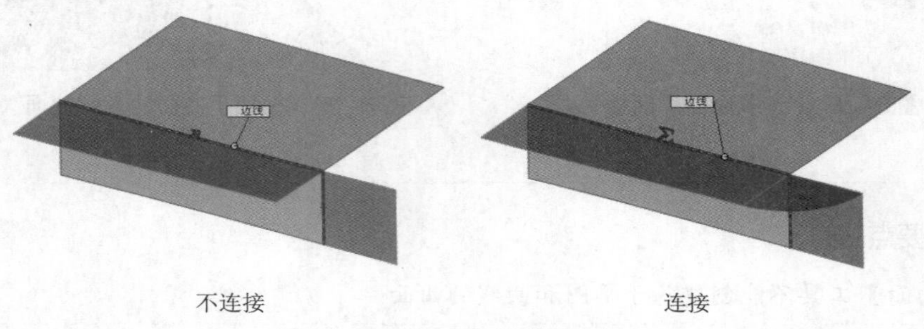

图 8-42　连接曲面

2. 正交于曲面

“正交于曲面”类型是创建与所选曲面边正交（垂直）的延伸曲面，如图 8-43 所示。单击【反向】按钮可改变延伸方向，如图 8-44 所示。

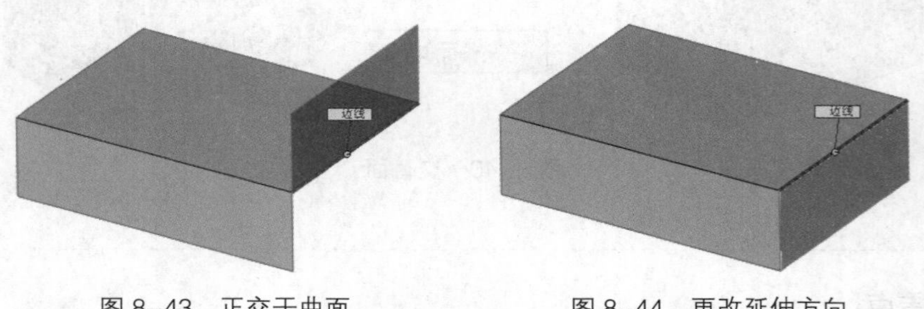

图 8-43　正交于曲面　　　　图 8-44　更改延伸方向

3. 锥削到向量

“锥削到向量”类型可创建沿指定向量成一定夹角（拔模斜度）的延伸曲面，如图 8-45 所示。

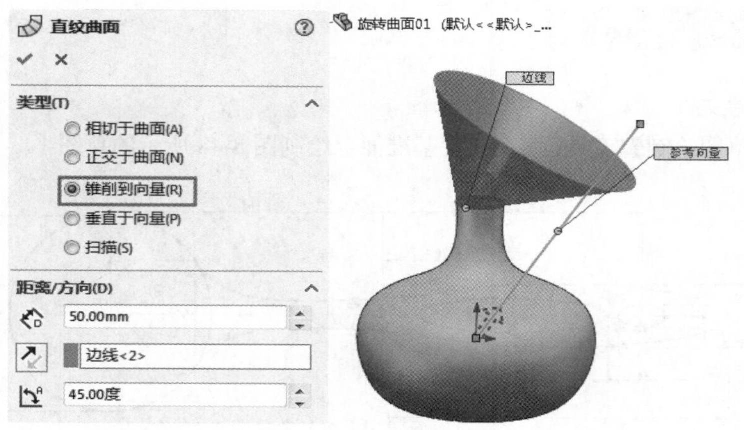

图 8–45　锥削到向量

4. 垂直于向量

“垂直于向量”类型可创建沿指定向量成垂直角度的延伸曲面，如图 8-46 所示。

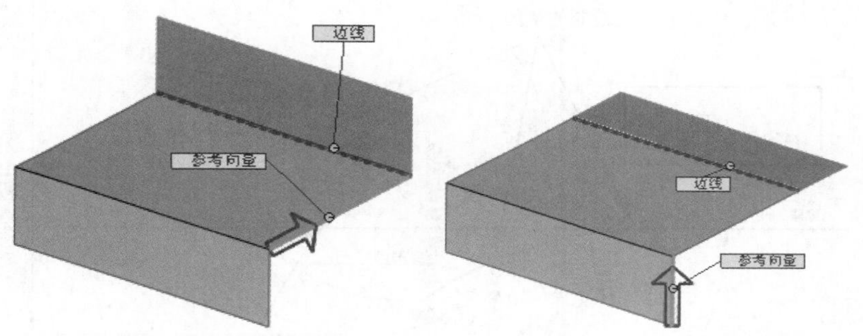

图 8–46　垂直于向量

5. 扫描

“扫描”类型可创建沿指定参考边线、草图及曲线的延伸曲面，如图 8-47 所示。

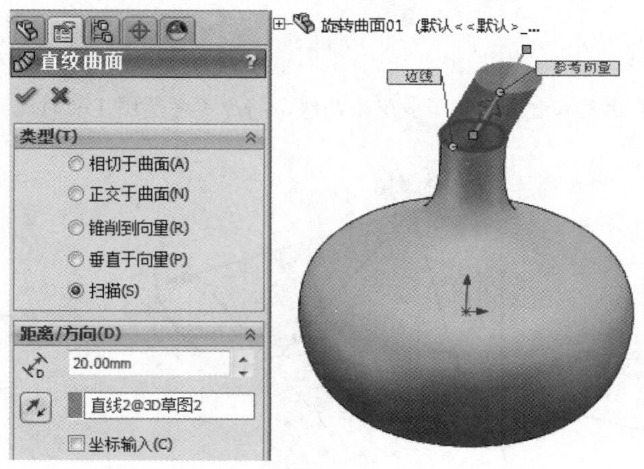

图 8–47　扫描

上机操作——金属汤勺造型

01 新建零件文件。

02 使用【草图绘制】工具 在前视基准面上绘制图 8-48 所示的草图 1。

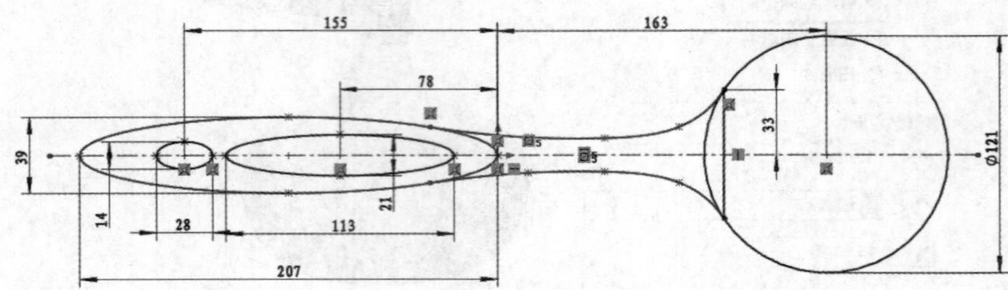

图 8-48 绘制草图 1

03 再使用【草图绘制】工具 在上视基准面上绘制图 8-49 所示的草图 2。

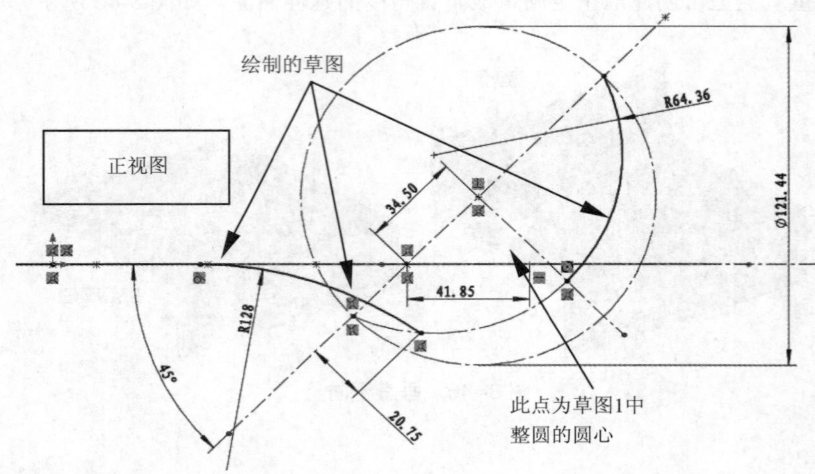

图 8-49 绘制草图 2

技术要点

由于线条比较多，为了让大家看清绘制了多少条曲线，将原参考草图 1 暂时隐藏，如图 8-50 所示。

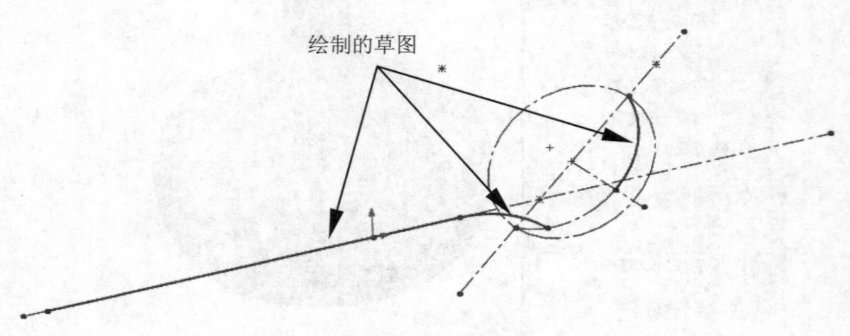

图 8-50 隐藏草图 1 观察草图 2

04　使用【拉伸曲面】工具，选择草图 2 中的部分曲线来创建拉伸曲面，如图 8-51 所示。

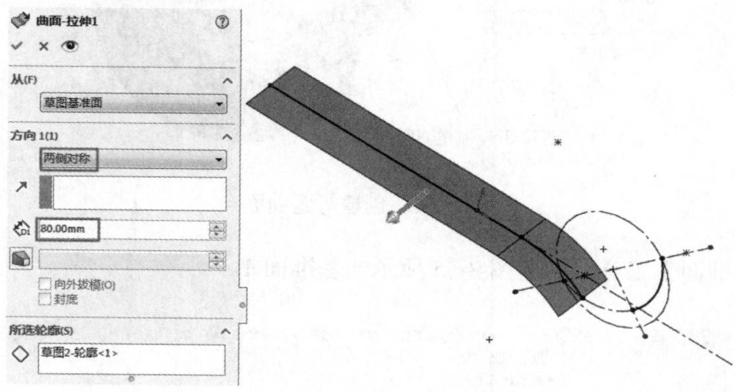

图 8-51　创建拉伸曲面

05　使用【旋转曲面】工具，选择图 8-52 所示的旋转轮廓和旋转轴来创建旋转曲面。

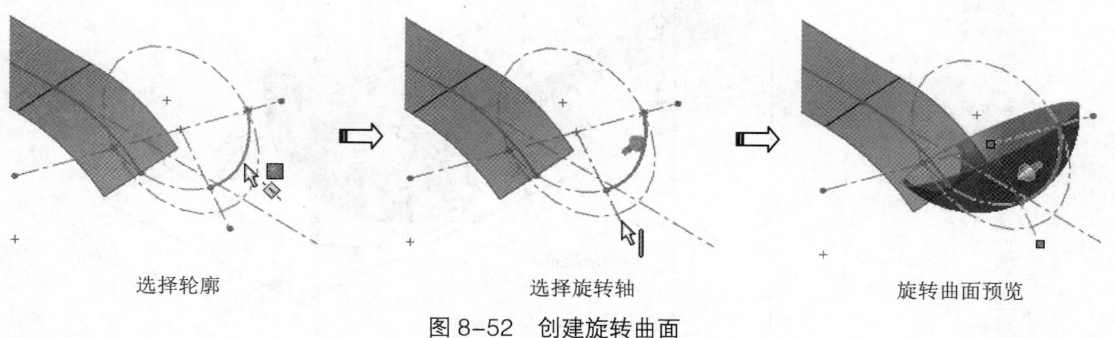

图 8-52　创建旋转曲面

06　使用【剪裁曲面】工具，选择“标准剪裁”类型，选择草图 1 作为剪裁工具，再在拉伸曲面中选择要保留的曲面部分，如图 8-53 所示。

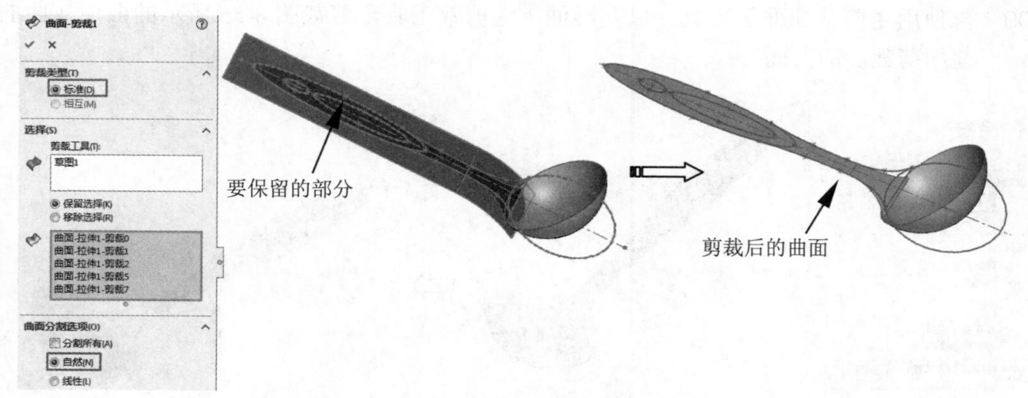

图 8-53　剪裁曲面

07　单击【等距曲面】按钮，打开【曲面 - 等距】面板，选择图 8-54 所示的曲面进行等距复制。

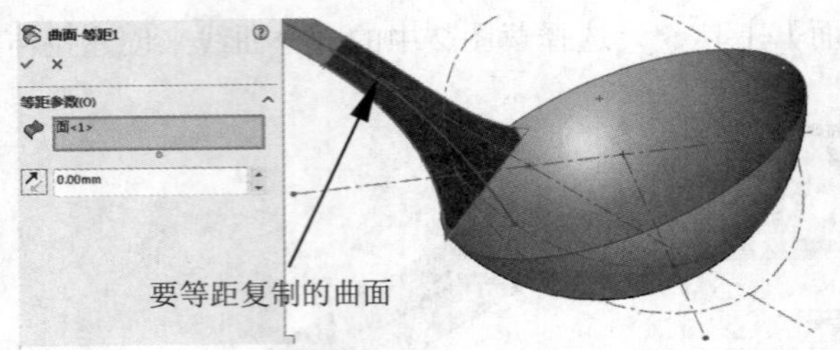

图 8-54　创建等距曲面

08　使用【基准面】工具，创建图 8-55 所示的基准面 1。

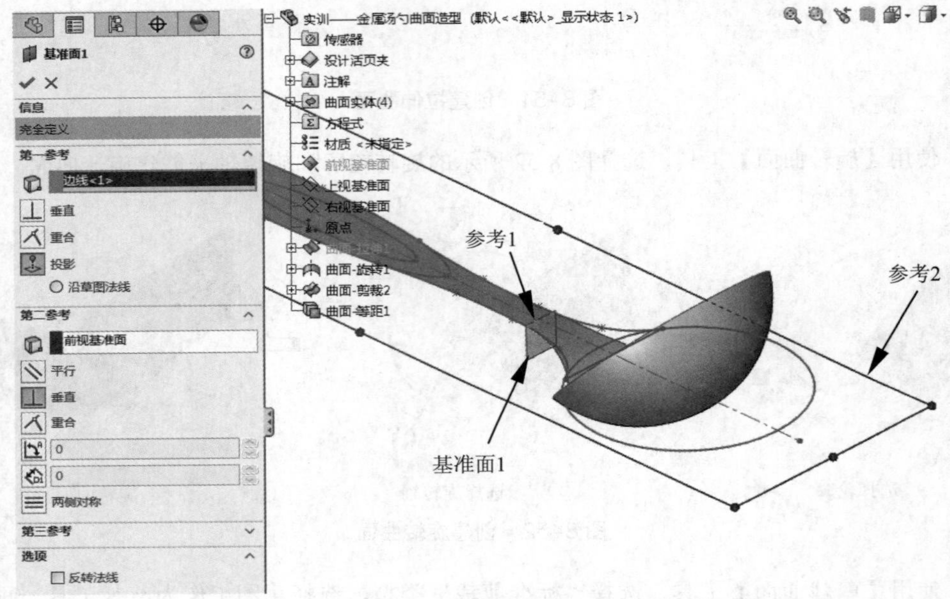

图 8-55　创建基准面 1

09　再使用【剪裁曲面】工具，以基准面 1 为剪裁工具，剪裁图 8-56 所示的曲面（此曲面为前面剪裁后的曲面）。

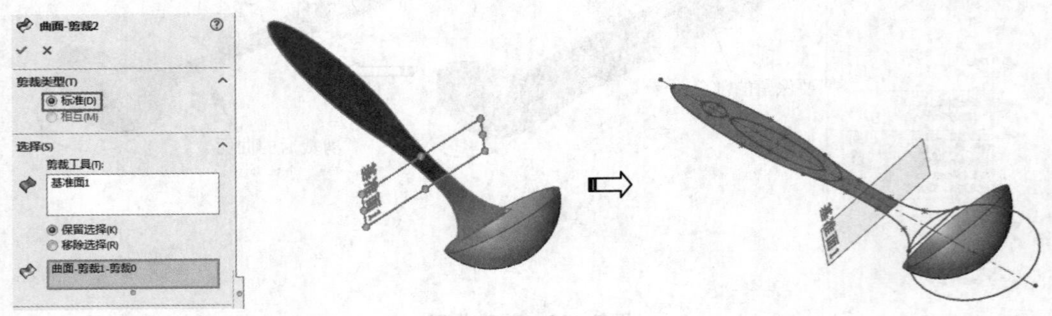

图 8-56　剪裁曲面

10　单击【加厚】按钮，打开【加厚】面板。选择剪裁后的曲面进行加厚，厚度为 10，单击【确定】按钮完成加厚，如图 8-57 所示。

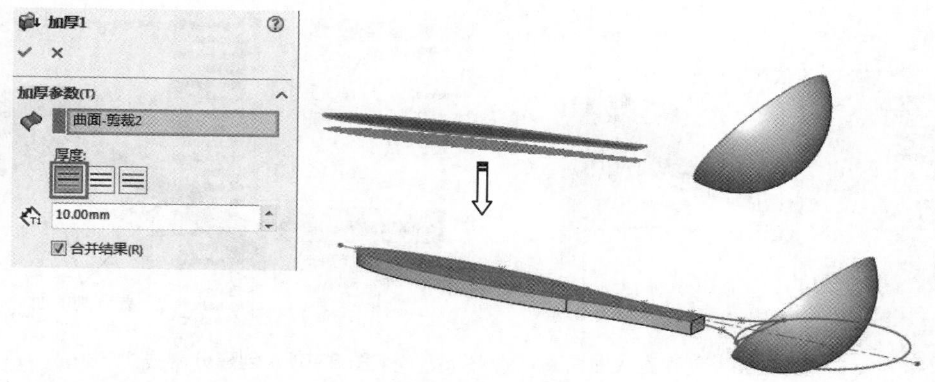

图 8–57　创建加厚特征

11　使用【圆角】工具，对加厚的曲面进行圆角处理，半径为 3，结果如图 8-58 所示。

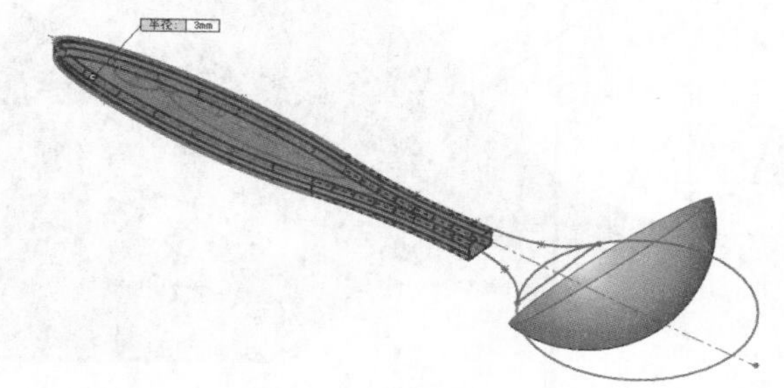

图 8–58　创建圆角

12　单击【删除面】按钮，然后选择图 8-59 所示的两个面进行删除。

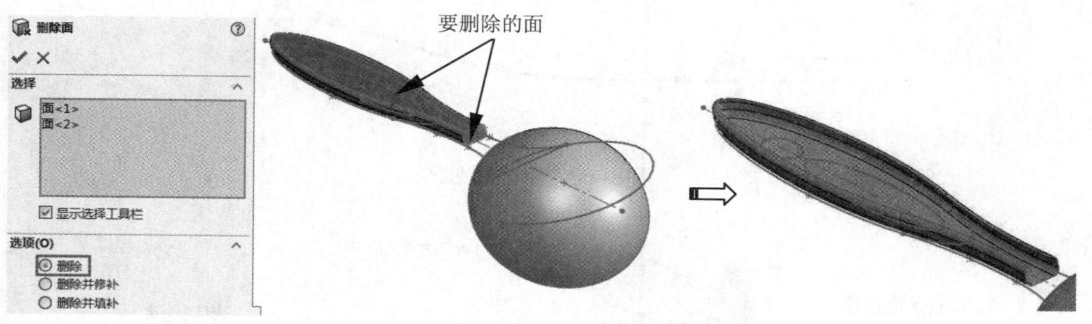

图 8–59　删除面

13　使用【直纹曲面】工具，选择等距曲面 1 上的边来创建直纹曲面，如图 8-60 所示。

14　使用【分割线】工具 分割线，选择上视基准面作为分割工具，选择两个曲面作为分割对象，创建图 8-61 所示的分割线 1。

15　再使用【分割线】工具 分割线，创建图 8-62 所示的分割线 2。

16　在上视基准面上绘制图 8-63 所示的草图 3。

17　使用【投影曲线】工具 投影曲线，将草图 3 投影到直纹曲面上，如图 8-64 所示。

18　随后再在上视基准面上绘制图 8-65 所示的草图 4。

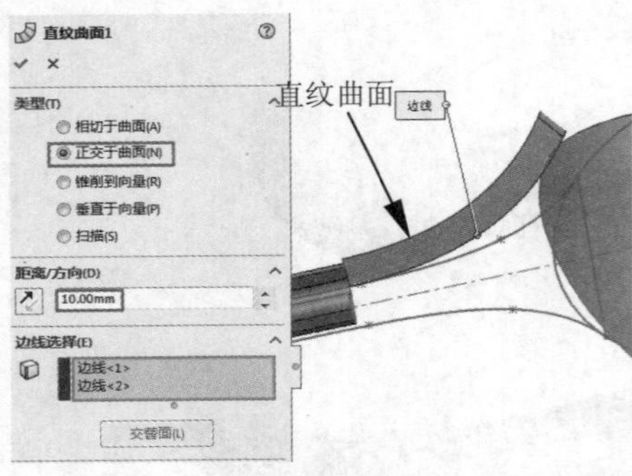

图 8-60 创建直纹曲面

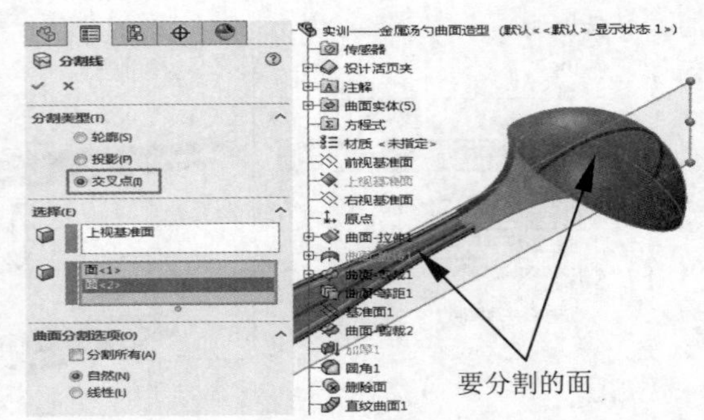

图 8-61 创建分割线 1

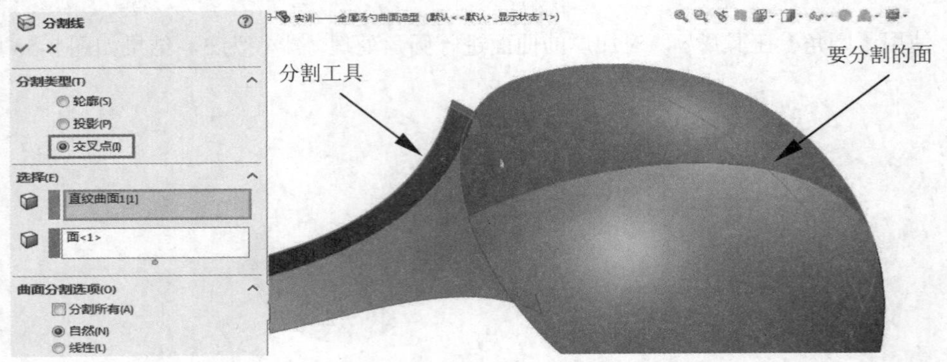

图 8-62 创建分割线 2

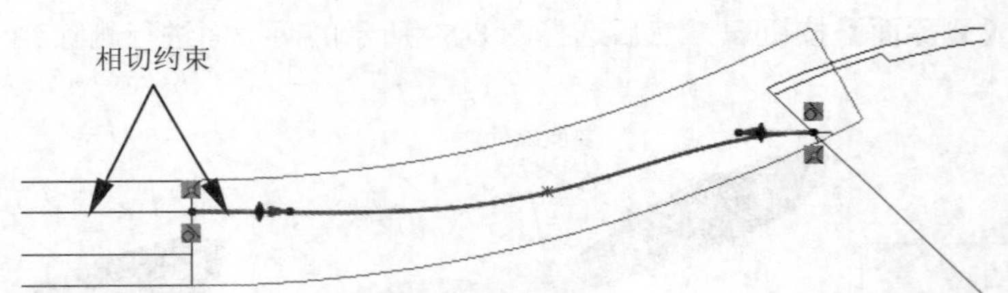

图 8-63 绘制草图 3

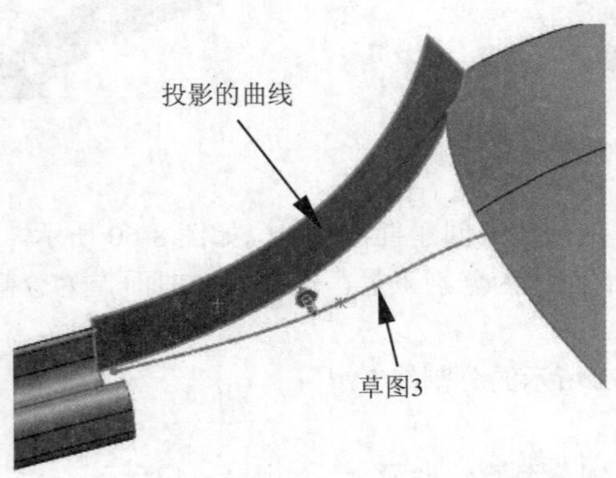

图 8-64 投影草图 3

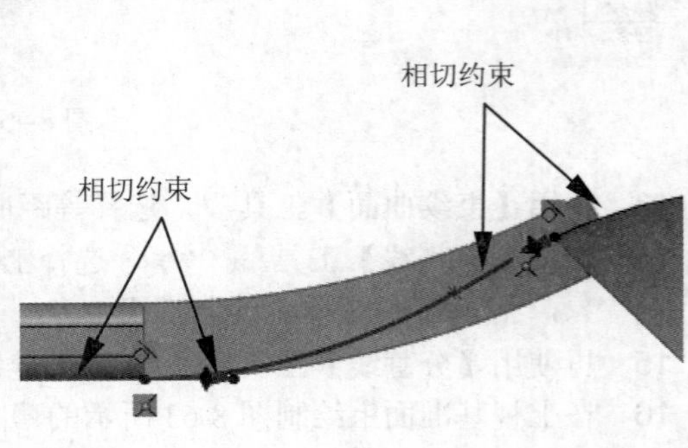

图 8-65 绘制草图 4

19　使用【组合曲线】工具，选择图 8-66 所示的 3 个边创建组合曲线。

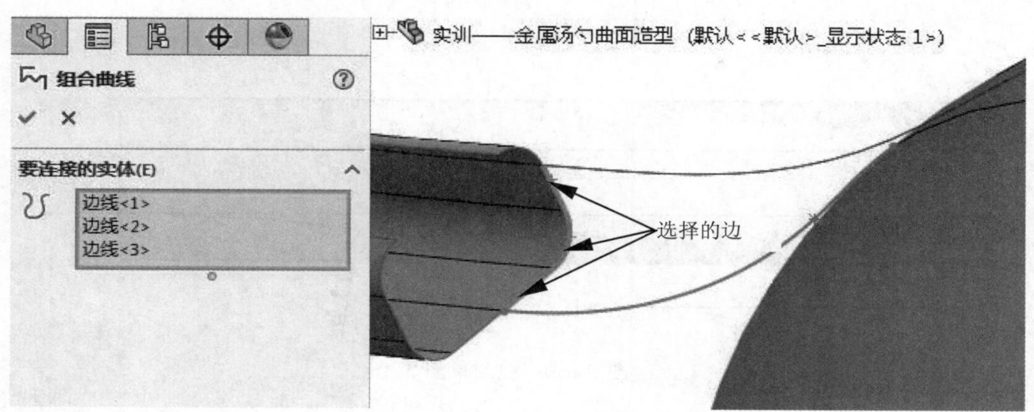

图 8-66　创建组合曲线

20　使用【曲面 - 放样】工具，创建图 8-67 所示的放样曲面。

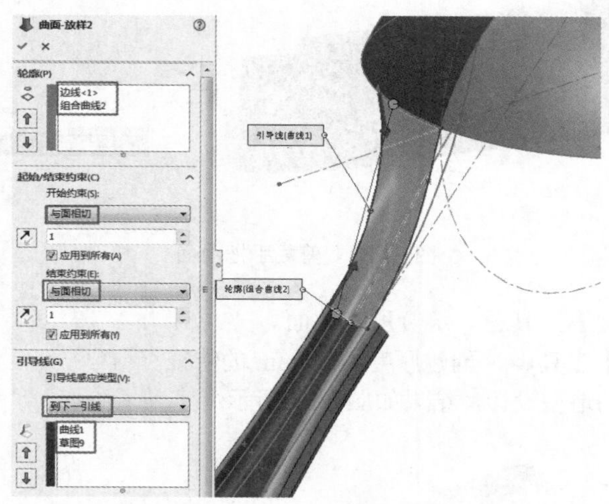

图 8-67　创建放样曲面

21　使用【镜像】工具，将放样曲面镜像至上视基准面的另一侧，如图 8-68 所示。

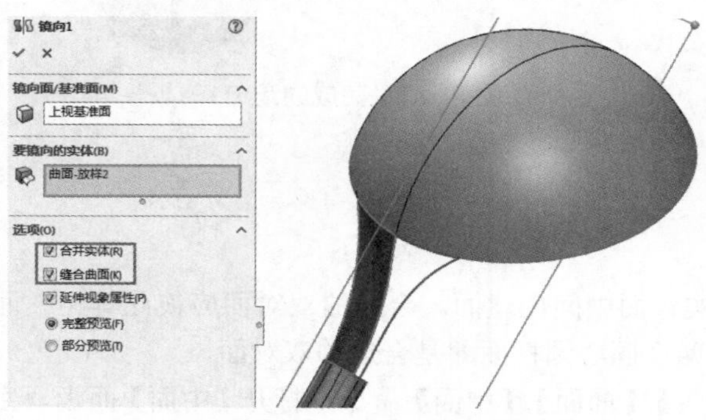

图 8-68　镜像放样曲面

22　在上视基准面上绘制图 8-69 所示的草图 5。

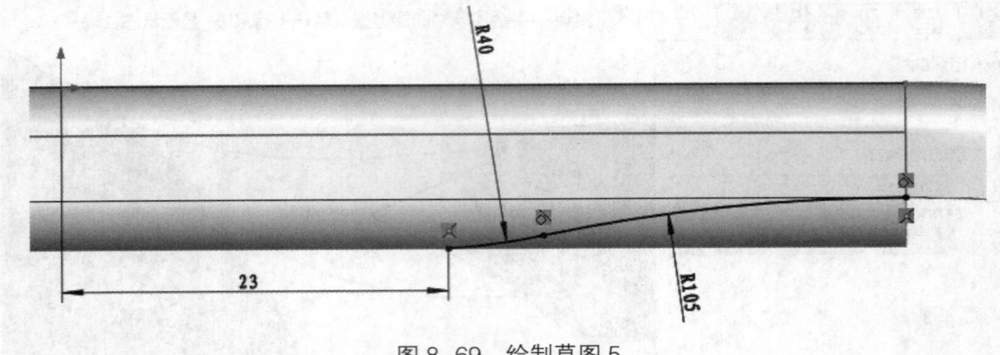

图 8–69　绘制草图 5

23　再使用【剪裁曲面】工具，用草图 5 中的曲线剪裁手把曲面，如图 8-70 所示。

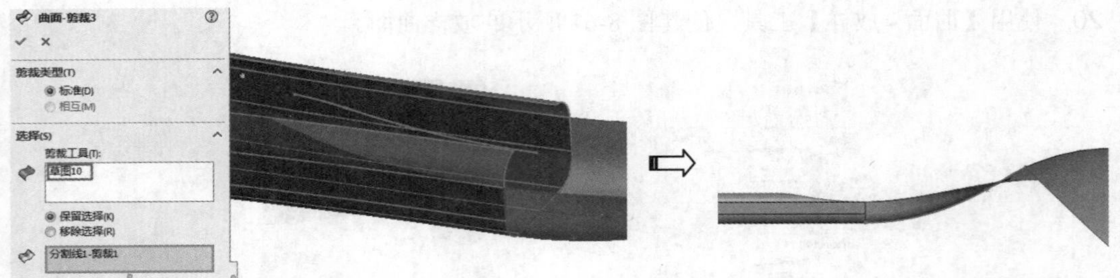

图 8–70　剪裁手把曲面

24　使用【缝合曲面】工具，缝合所有曲面。

25　再使用【加厚】工具，创建厚度为 0.8mm 的特征。

至此，完成了汤勺的造型设计，结果如图 8-71 所示。

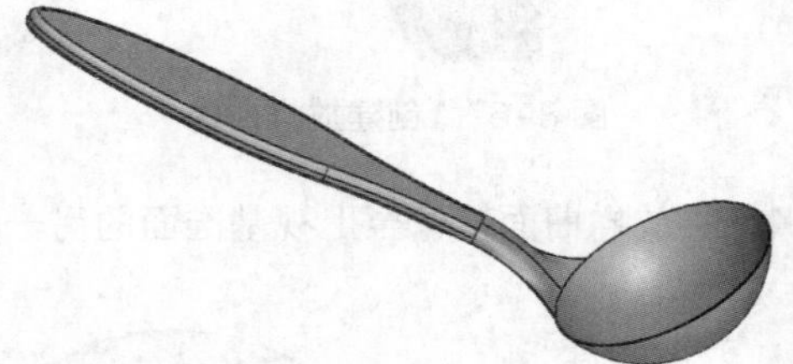

图 8–71　完成的汤勺

8.2.4　中面

“中面”就是在两组实体面中间创建面。合适的双对面应彼此等距。面必须属于同一实体。例如，两个平行的基准面或两个同心圆柱面即是合适的双对面。

在菜单栏中执行【插入】/【曲面】/【中面】命令，打开【中面】面板。生成中面的过程如图 8-72 所示。

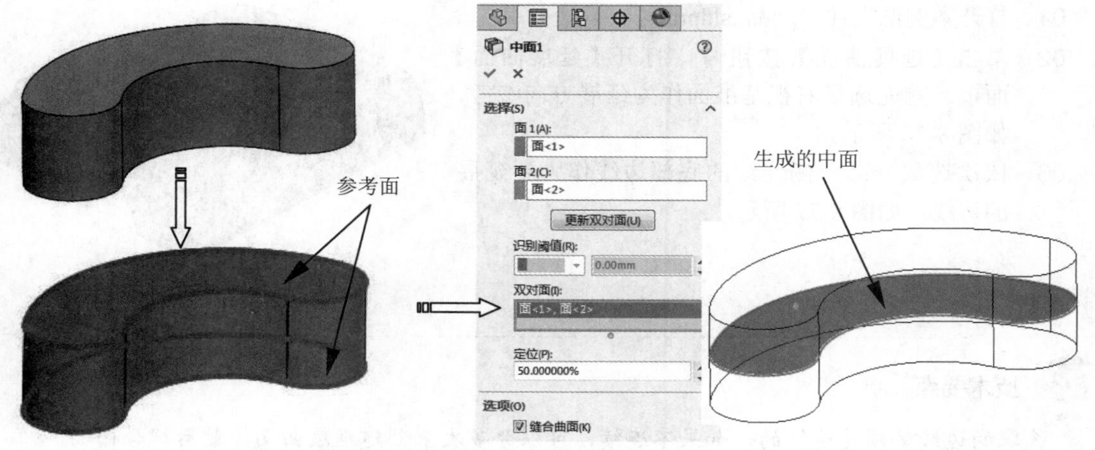

图 8-72　生成中面的过程

8.2.5　延展曲面

“延展曲面”工具是通过选择平面参考来创建实体或曲面边线的新曲面。多数情况下，我们也使用此工具来设计简单产品的模具分型面。

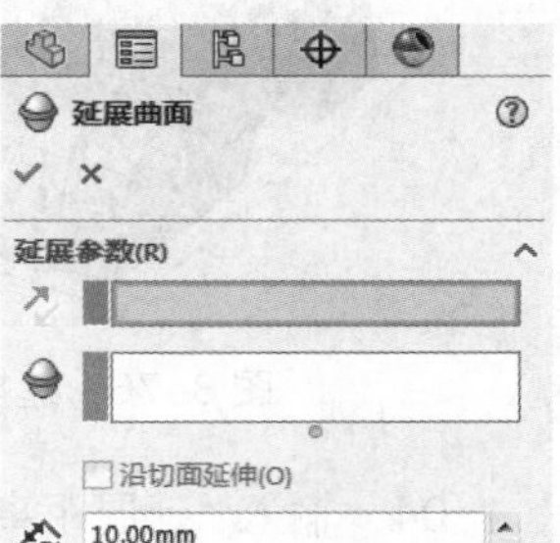

图 8-73 【延展曲面】面板

单击【延展曲面】按钮，打开【延展曲面】面板，如图 8-73 所示。【延展曲面】面板中各属性的含义如下。

- 延展方向参考：激活此收集器，为创建延展曲面来选择延展方向，延展方向与所选平面为同一方向，即平行于所选平面（包括基准平面）。
- 反转延展方向：单击此按钮，将改变延展方向。
- 要延展的边线：选取要延展的实体边或曲面边。

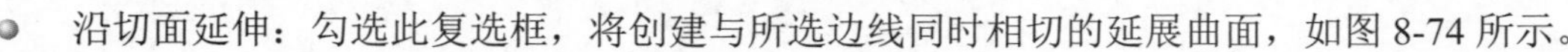

- 沿切面延伸：勾选此复选框，将创建与所选边线同时相切的延展曲面，如图 8-74 所示。

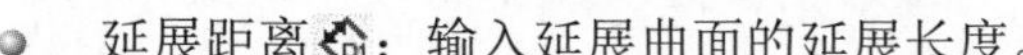

- 延展距离：输入延展曲面的延展长度。

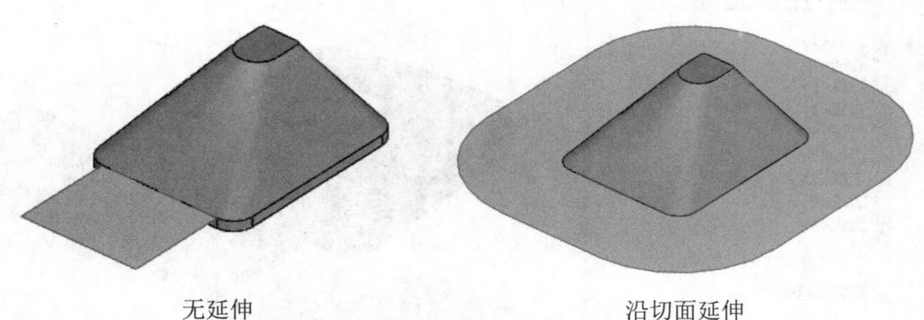

图 8-74　沿切面延伸的延展曲面

上机操作——创建产品模具分型面

使用延展曲面工具，创建图 8-75 所示的某产品模具分型面。

01 打开本例源文件“产品 .sldprt”。

02 单击【延展曲面】按钮，打开【延展曲面】面板。首先选择右视基准面作为延展方向参考，如图 8-76 所示。

03 依次选取产品一侧连续的底部边线作为要延展的边线，如图 8-77 所示。

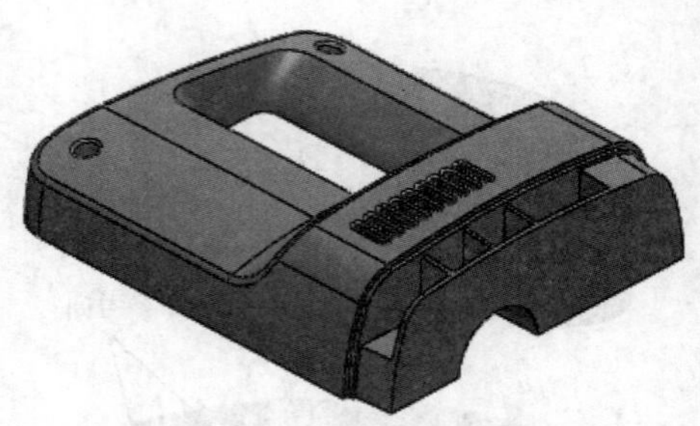

图 8–75 某产品模具分型面

技术要点

选取的边线必须是连续的，如果不连续，可以分多次来创建延展曲面，最后缝合曲面。

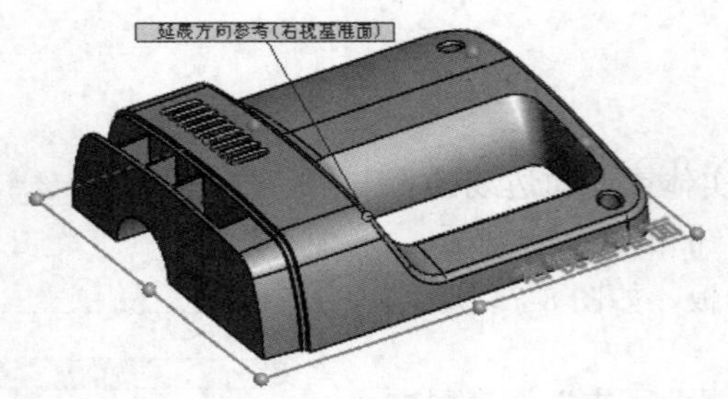

图 8–76 选择延展方向参考

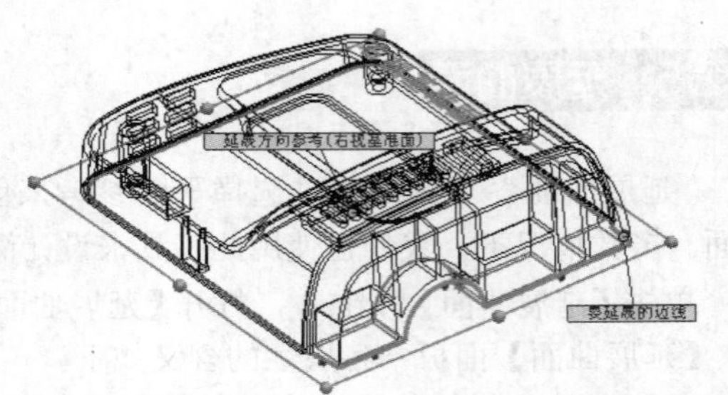

图 8–77 选择要延展的一侧边线

04 输入“延展距离”值为 100，单击【确定】按钮，完成延展曲面的创建，如图 8-78 所示。

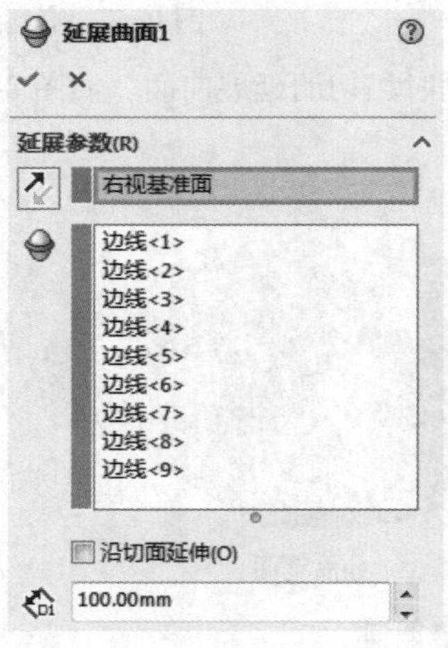

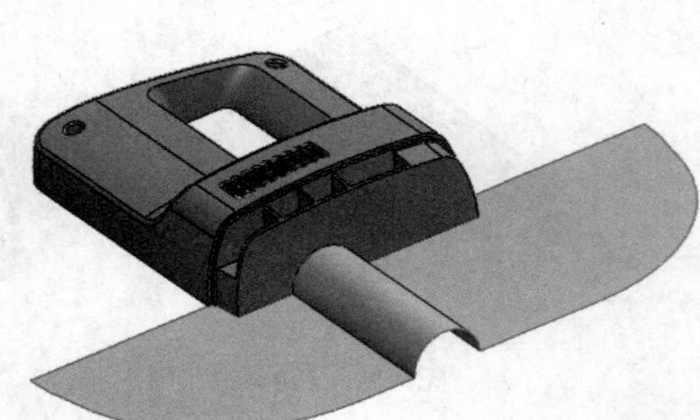

图 8–78 创建产品一侧的延展曲面

05 同理，继续选择产品底部其余方向侧的边线来创建延展曲面，结果如图 8-79 所示。

06 最后使用【缝合曲面】工具，将两个延展曲面缝合成为一个整体，完成模具外围分型面的创建。

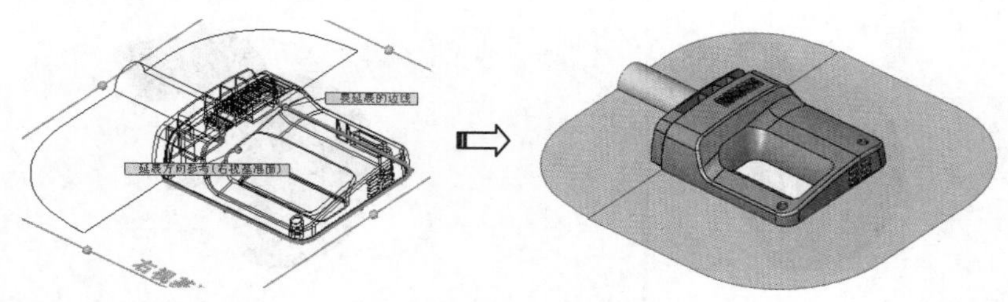

图 8-79　创建延展曲面

8.2.6　延伸曲面

“延伸曲面”工具是基于已有曲面而创建新曲面，与前面所介绍的延展曲面不同，延伸的终止条件有多重选择，可以沿不同方向延伸，但截面会有变化。延展曲面只能跟所选平面平行，截面是恒定的。

此外，延展曲面可以针对实体或曲面，而延伸曲面只能基于曲面进行创建。

技术要点

对于边线，曲面沿边线的基准面延伸；对于面，曲面沿面的所有边线延伸，除那些连接到另一个面的以外。

单击【延伸曲面】按钮，打开【延伸曲面】面板，如图 8-80 所示。【延伸曲面】面板中各选项的含义如下。

- 拉伸的边线 / 面：激活所选面 / 边线收集器，在图形区中选择要延伸的面或边线。
- 终止条件：有 3 种终止条件供选择——距离、成形到某一点、成形到某一面，如图 8-81 所示。
- 延伸类型：包括“同一曲面”和“线性”。“同一曲面”是沿曲面的几何体延伸曲面，如图 8-82 所示；“线性”是沿边线相切于原有曲面来延伸曲面，如图 8-83 所示。

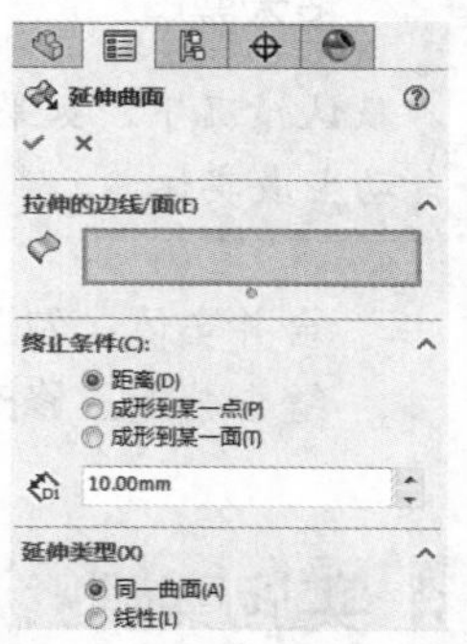

图 8-80 【延伸曲面】面板

按输入的距离值进行延伸

将曲面延伸到指定的点或顶点

将曲面延伸到指定的平面或基准面

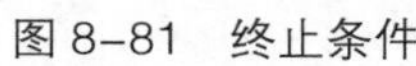

图 8-81　终止条件

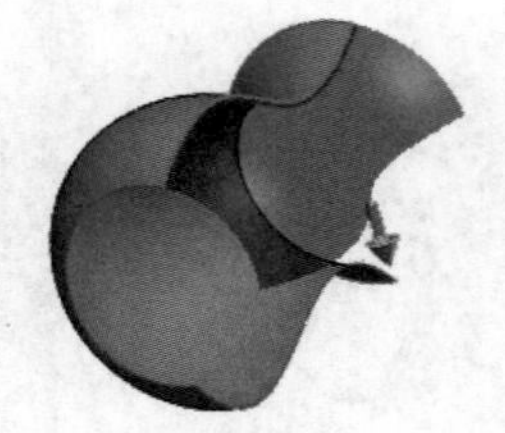

图 8-82　同一曲面延伸

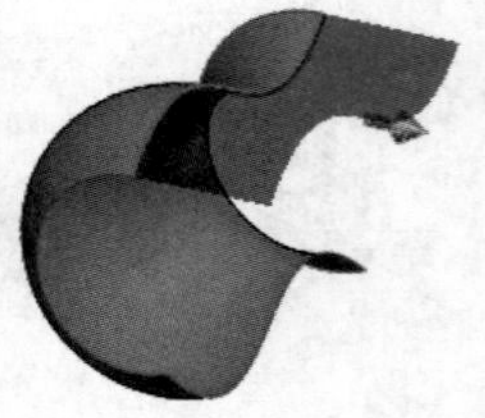

图 8-83　线性延伸

8.2.7　缝合曲面

缝合曲面是将两个或多个相邻、不相交的曲面组合在一起。缝合曲面工具用于将相连的曲面连接为一个曲面。缝合曲面对于设计模具意义重大，因为缝合在一起的面，在操作中会作为一个面来处理，这样就可以一次选择多个缝合在一起的面。

单击【缝合曲面】按钮，打开【缝合曲面】面板，如图 8-84 所示。面板中各选项的含义如下。

- 要缝合的曲面和面：为创建缝合曲面特征选取要缝合的多个面。
- 创建实体：勾选此复选框，将缝合后的封闭曲面转换成实体。

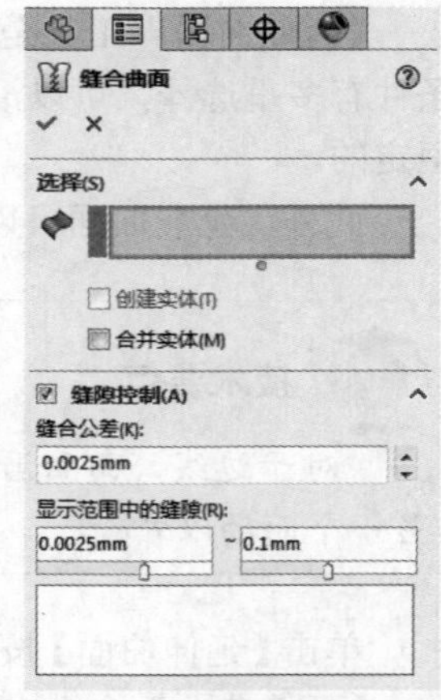

图 8-84 【缝合曲面】面板

技术要点

默认情况下，如果缝合的曲面是封闭的，不勾选此复选框，也会自动生成实体。

- 合并实体：勾选此复选框，将缝合后的实体与其他实体进行合并。
- 缝合公差：修改缝合曲面的公差，缝隙大的公差值就大，反之则取较小值。

8.3 实战案例：烟斗造型

下面使用旋转曲面、剪裁曲面、扫描、扫描切除及缝合曲面等功能，设计图 8-85 所示的烟斗。

操作步骤

01 新建零件文件。

02 使用【草图绘制】工具，选择右视基准面作为草图平面，进入草图环境。

03 在菜单栏中执行【工具】/【草图工具】/【草图图片】命令，打开本例的素材图片“烟斗 .bmp”，如图 8-86 所示。

04 将图片旋转并移到图 8-87 所示的位置，然后在原点位置绘制一个构造线圆，作为参考来辅助调整图片的位置和角度。

05 使用【样条曲线】工具按烟斗图片的轮廓来绘制草图 1，如图 8-88 所示。

图 8–85　烟斗

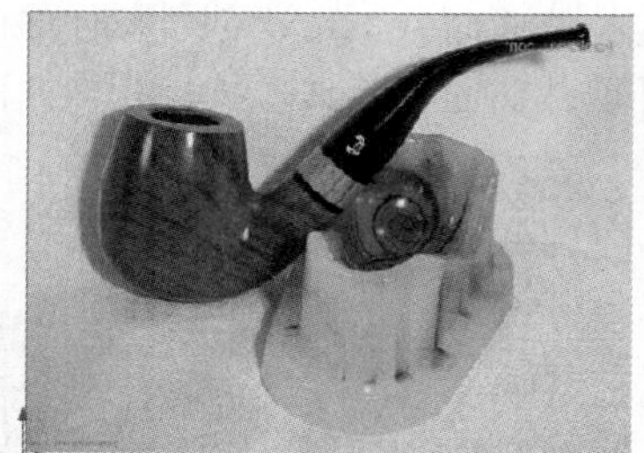

图 8–86　导入草图图片

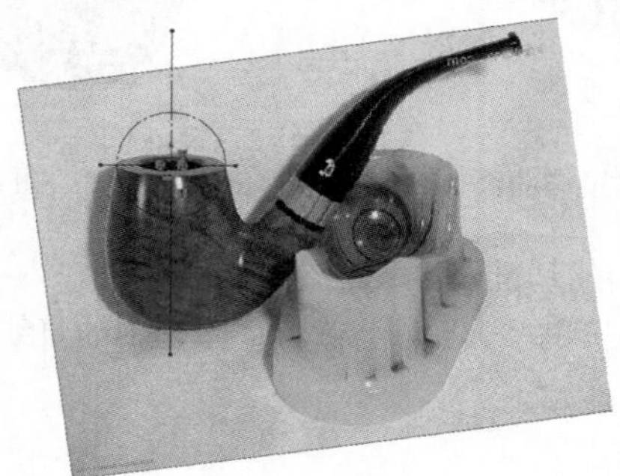

图 8–87　对正草图图片

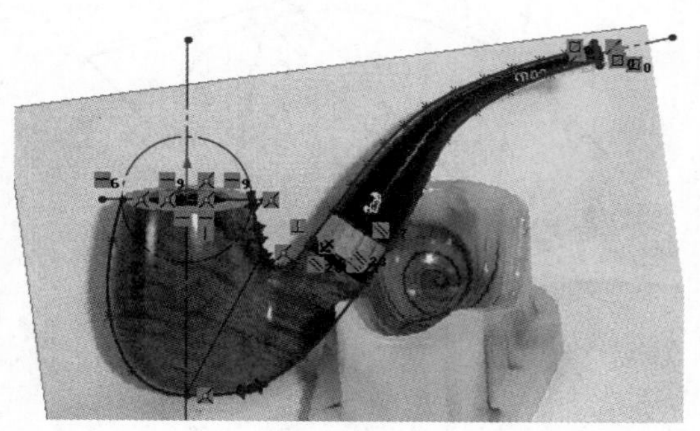

图 8–88　参考图片绘制草图 1

06　使用【旋转曲面】工具，创建图 8-89 所示的旋转曲面。

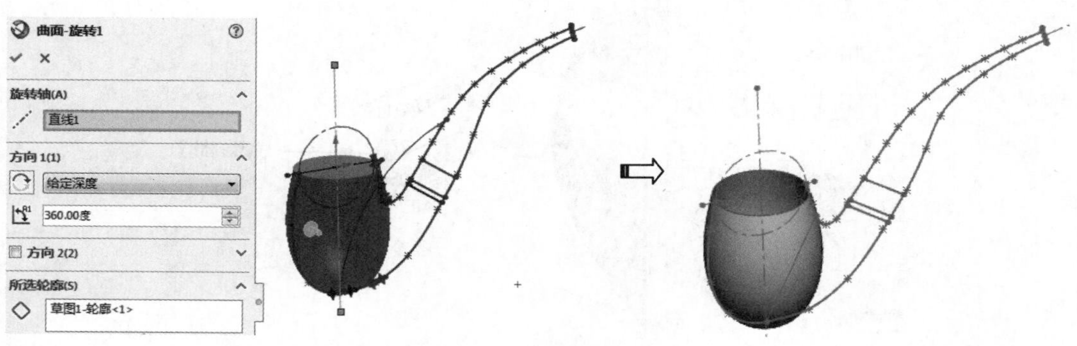

图 8–89　创建旋转曲面

07　使用【拉伸曲面】工具创建拉伸曲面 1，如图 8-90 所示。

08　使用【剪裁曲面】工具，用拉伸曲面 1 剪裁旋转曲面，结果如图 8-91 所示。

图 8-90　创建拉伸曲面 1　　　　图 8-91　剪裁曲面

09　使用【基准面】工具创建基准面 1，如图 8-92 所示。

10　在基准面 1 上绘制圆（草图 2），圆上点与草图 1 中的直线 2 端点重合，如图 8-93 所示。

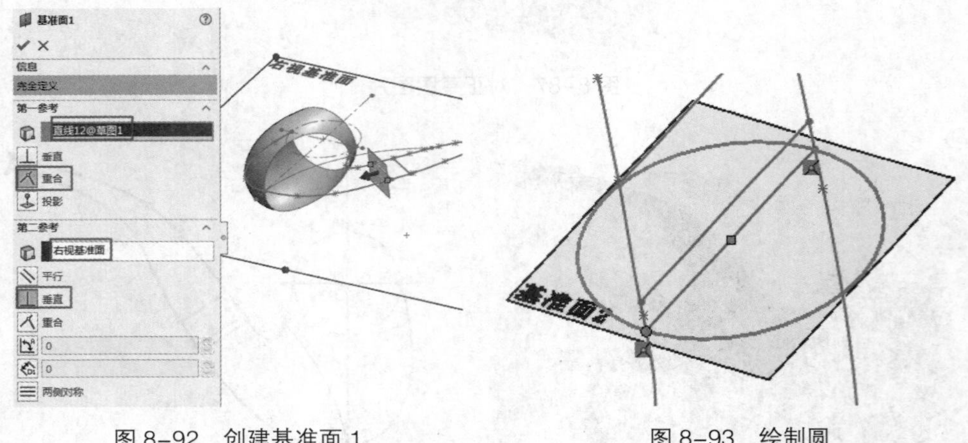

图 8-92　创建基准面 1　　　　图 8-93　绘制圆

11　使用【拉伸曲面】工具创建拉伸曲面 2，如图 8-94 所示。

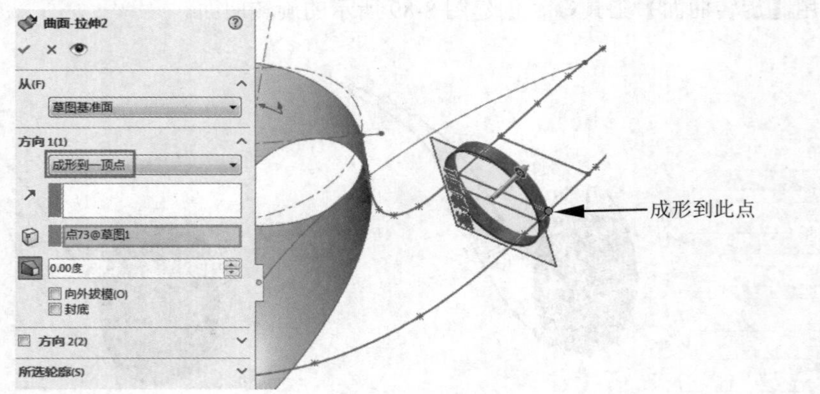

图 8-94　创建拉伸曲面 2

12　在右视基准面上先后绘制草图 3 和草图 4，如图 8-95 和图 8-96 所示。

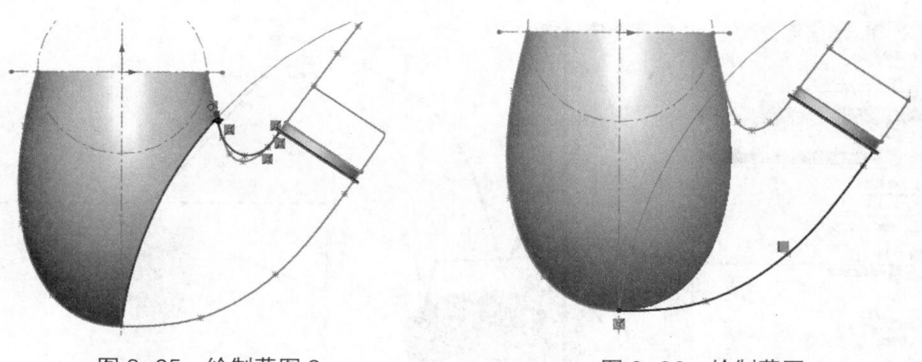

图 8–95　绘制草图 3　　　　图 8–96　绘制草图 4

13　使用【曲面 - 放样】工具，创建图 8-97 所示的放样曲面。

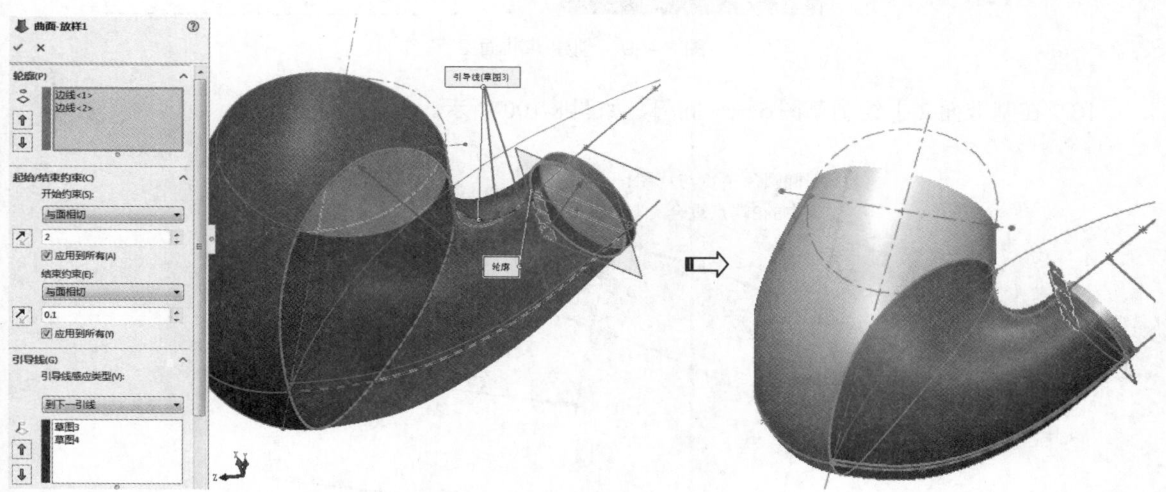

图 8–97　创建放样曲面

14　使用【延伸曲面】工具，创建图 8-98 所示的延伸曲面。

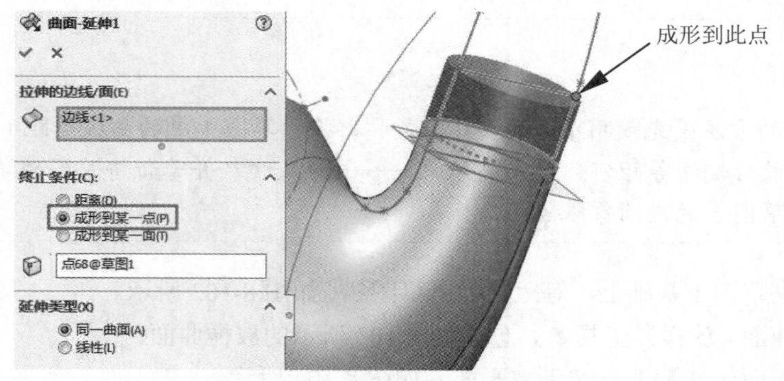

图 8–98　创建延伸曲面

15　使用【基准面】工具 基准面 创建基准面 2，如图 8-99 所示。

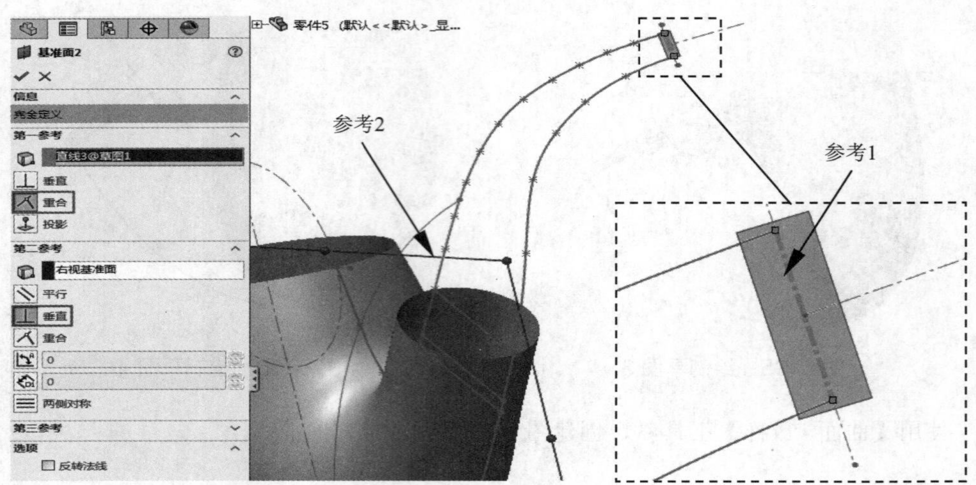

图 8–99　创建基准面 2

16　在基准面 2 上绘制草图 5——椭圆，如图 8-100 所示。

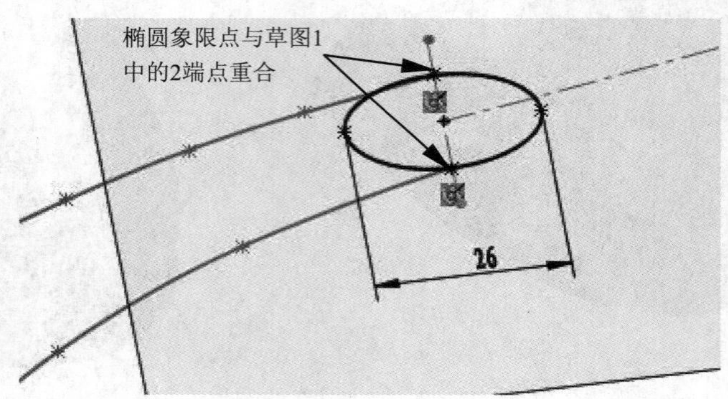

图 8–100　绘制草图 5

17　在右视基准面上绘制草图 6，如图 8-101 所示。

技术要点

绘制草图 6 的方法是先使用【等距实体】工具，将原草图 1 中的曲线等距（偏距为 0）偏移，然后剪裁草图，最后删除等距实体的相关约束——等距尺寸，并重新将草图的端点分别约束在延伸曲面端点和草图 5 的椭圆象限点上。

18　同理，在草图 1 基础上，等距绘制出草图 7，如图 8-102 所示。

19　使用【曲面 - 放样】工具，创建图 8-103 所示的放样曲面。

20　使用【平面区域】工具创建平面，如图 8-104 所示。

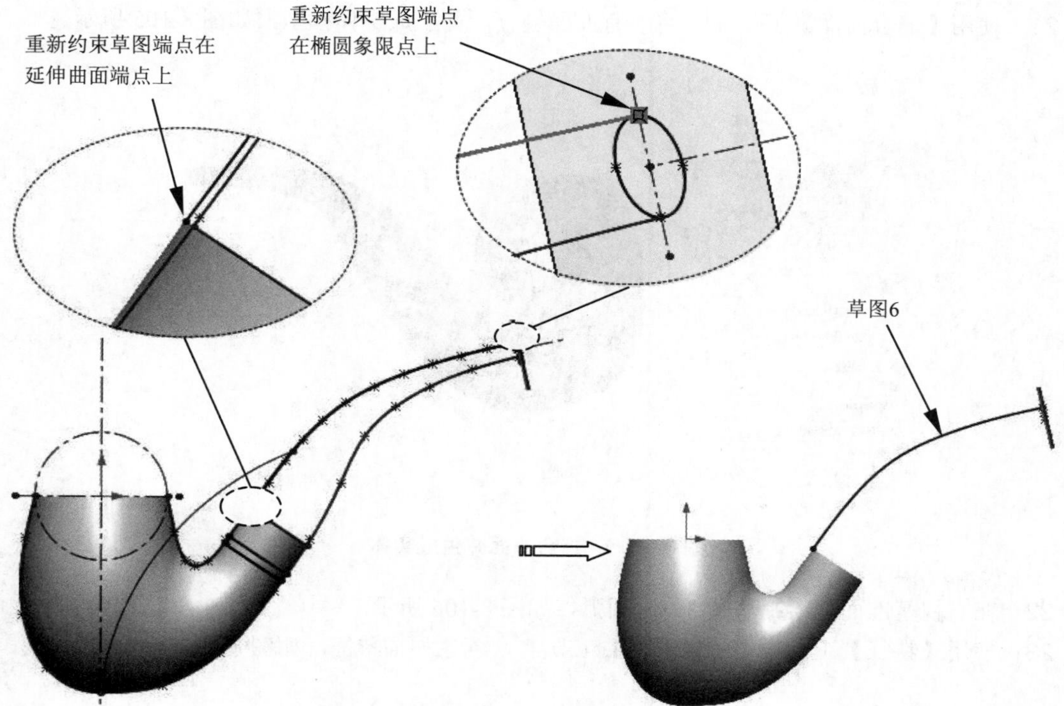

图 8-101　绘制草图 6

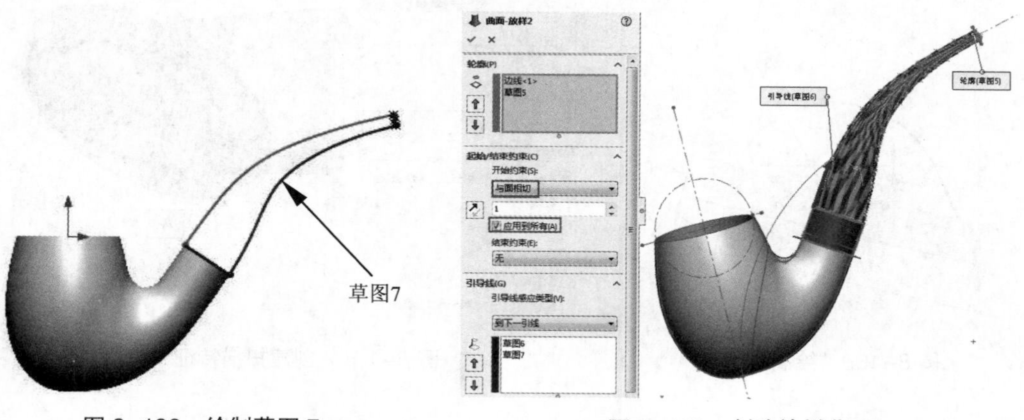

图 8-102　绘制草图 7　　　　图 8-103　创建放样曲面

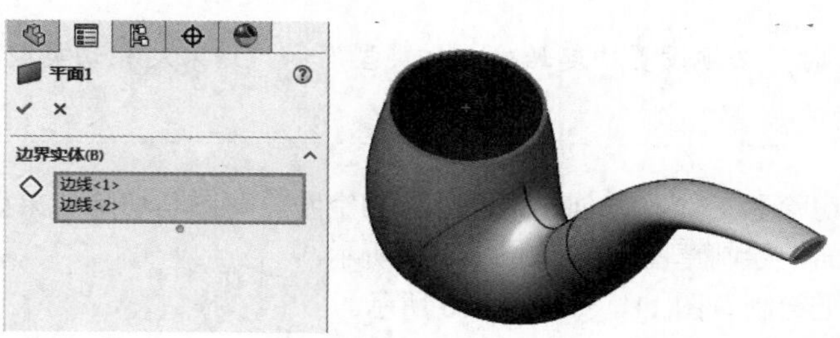

图 8-104　创建平面

21　使用【缝合曲面】工具，将所有曲面缝合，并生成实体模型，如图 8-105 所示。

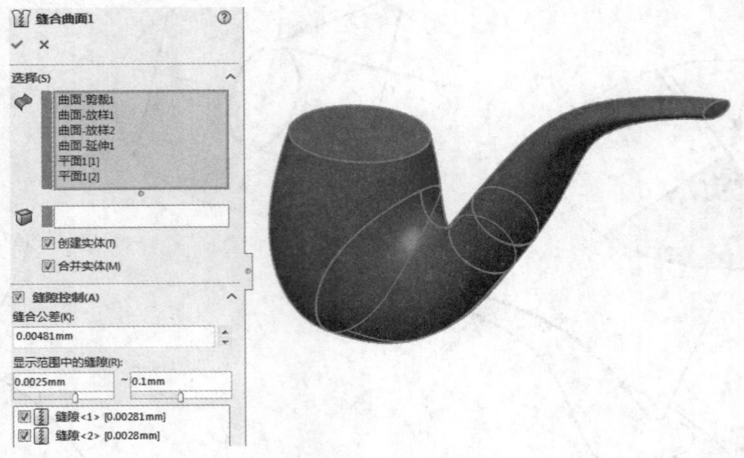

图 8-105　缝合曲面并生成实体

22　在右视基准面上绘制草图 8——圆弧，如图 8-106 所示。

23　使用【特征】工具条中的【扫描】工具，创建扫描特征，如图 8-107 所示。

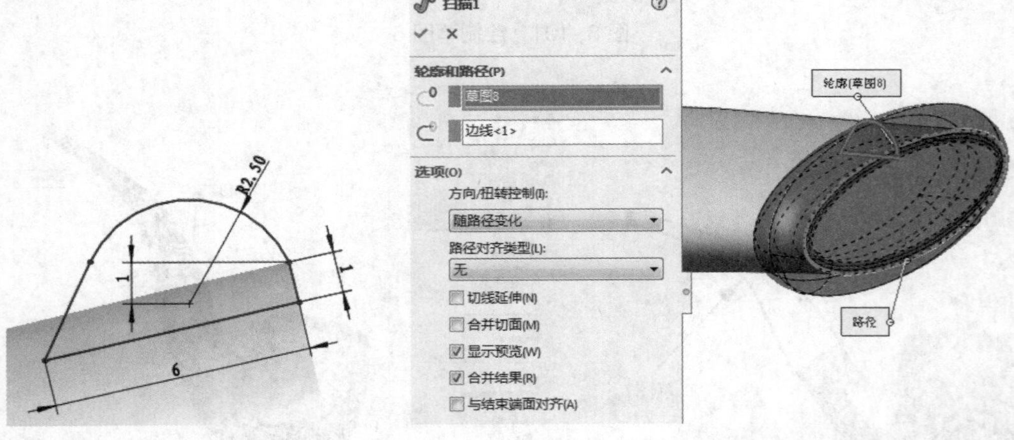

图 8-106　绘制草图 8　　　　图 8-107　创建扫描特征

技术要点

在创建扫描特征时，必须设置“起始处相切类型”和“结束处相切类型”的选项为“无”。否则无法创建扫描特征。

24　使用【旋转切除】工具，创建烟斗部分的空腔。草图与切除结果如图 8-108 所示。

25　在右视基准面上绘制草图 10，如图 8-109 所示。

26　在烟嘴平面上绘制草图 11，如图 8-110 所示。

27　使用【扫描切除】工具，创建图 8-111 所示的扫描切除特征。

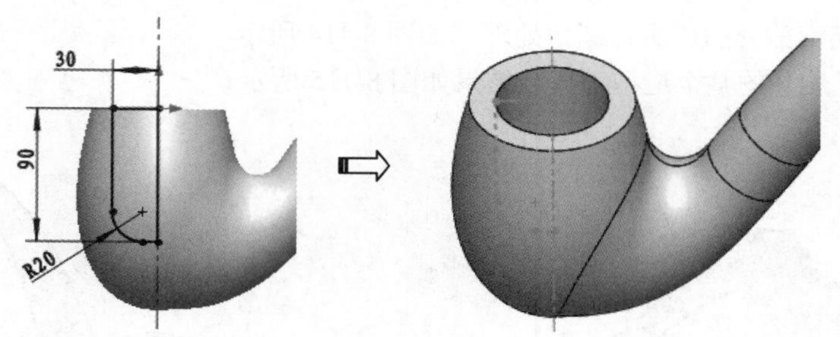

图 8-108　创建旋转切除特征

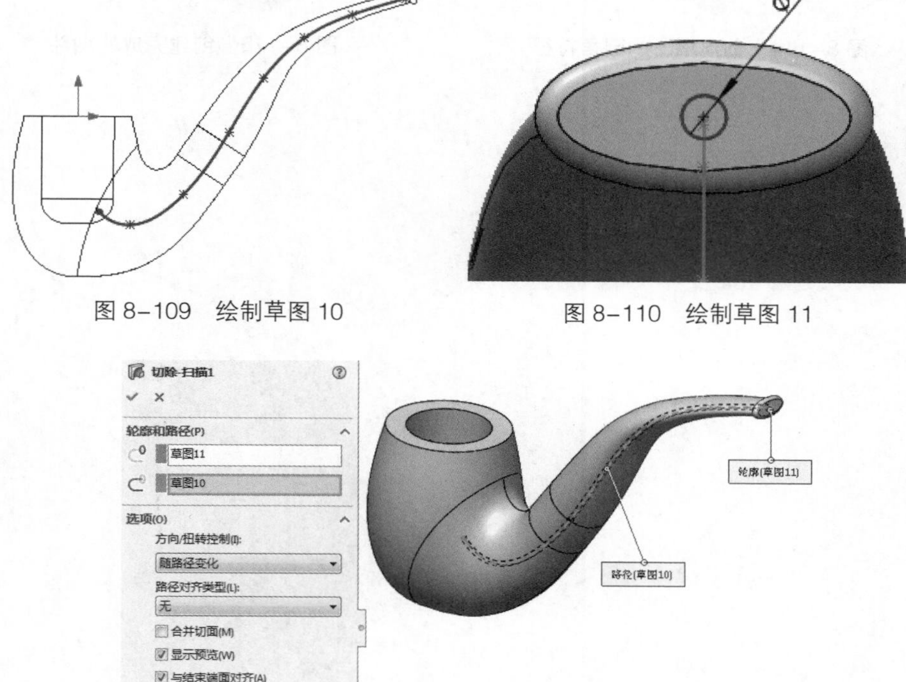

图 8-109　绘制草图 10

图 8-110　绘制草图 11

图 8-111　创建扫描切除特征

28　使用【倒角】工具 倒角，为烟斗外侧的边创建倒角特征，如图 8-112 所示。

29　使用【圆角】工具 圆角，为烟斗内侧的边创建圆角特征，如图 8-113 所示。

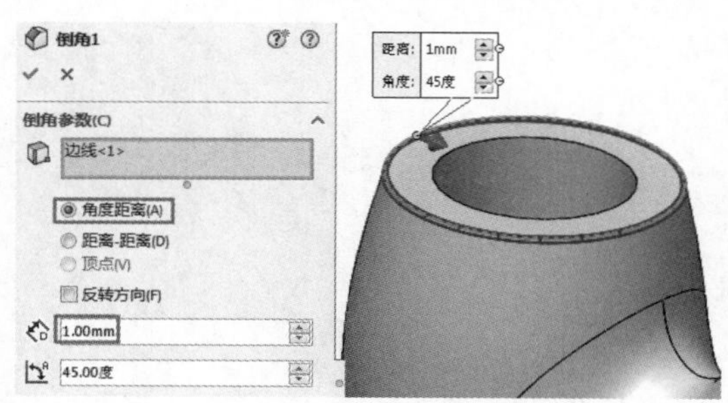

图 8-112　创建倒角特征

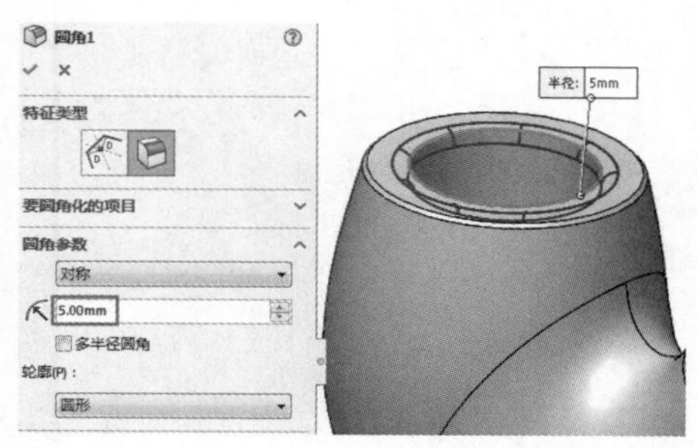

图 8-113　创建圆角特征

30 最后对烟嘴部分的边进行圆角处理，如图 8-114 所示。

至此，完成了烟斗的整个造型工作，结果如图 8-115 所示。

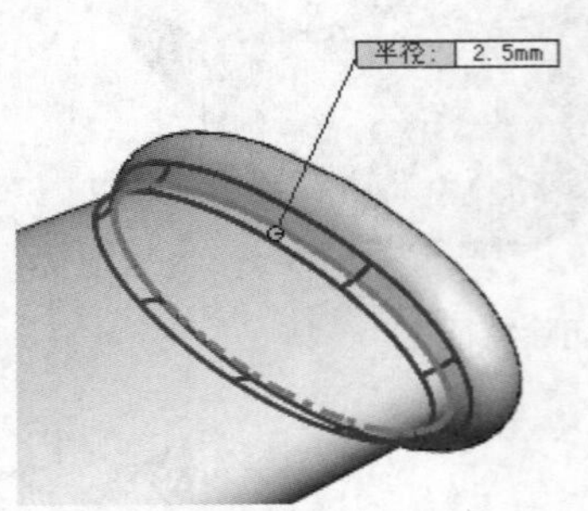

图 8-114 创建烟嘴的圆角特征

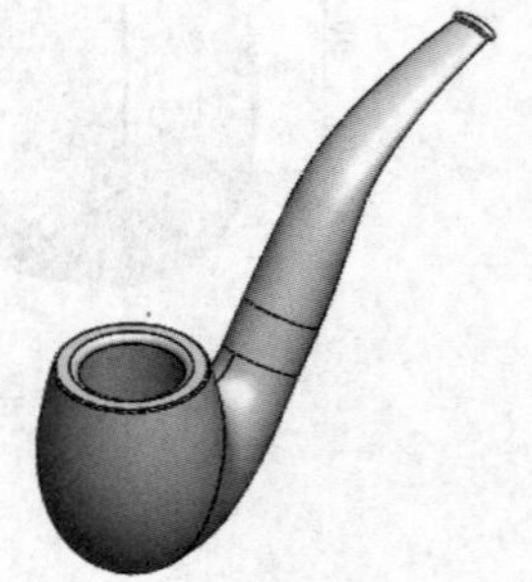
图 8-115 创建完成的烟斗

Chapter 9

第9章 零件装配设计

本章介绍 SolidWorks 机械装配设计的基本操作，装配环境下零部件的调入，在装配体中为零部件间添加配合关系，装配体中零部件的复制、阵列与镜像，子装配体的操作，装配体的检查及爆炸视图，大型装配体的简化及装配体的统计与干涉检查等内容。希望通过对本章的学习，初学者能熟练掌握装配体的设计方法和操作过程，能将已经设计好的零部件模型按要求装配在一起，生成装配体模型，直观逼真地表达零部件之间的配合关系，并为即将创建装配工程图作好准备。

知识要点

- 装配概述
- 开始装配体
- 控制装配体
- 布局草图
- 装配体检测
- 爆炸视图

9.1 装配概述

装配是根据技术要求将若干零部件接合成部件或将若干个零部件和部件接合成产品的劳动过程。装配是整个产品制造过程中的后期工作，各部件需正确地装配，才能形成最终产品。如何从零部件装配成产品并达到设计所需要的装配精度，这是装配工艺要解决的问题。

9.1.1 计算机辅助装配

计算机辅助装配工艺设计是用计算机模拟装配人员编制装配工艺，自动生成装配工艺文件。因此，计算机辅助装配可以缩短编制装配工艺的时间，减少劳动量，同时也提高了装配工艺的规范化程度，并能对装配工艺进行评价和优化。

1. 产品装配建模

产品装配建模是一个能完整、正确地传递不同装配体设计参数、装配层次和装配信息的产品模型。它是产品设计过程中数据管理的核心，是产品开发和支持设计灵活变动的强有力工具。

产品装配建模不仅描述了零、部件本身的信息，而且还描述产品零、部件之间的层次关系、装配关系，以及不同层次的装配体中的装配设计参数的约束和传递关系。

建立产品装配模型的目的在于建立完整的产品装配信息表达，一方面使系统对产品设计能进行全面支持；另一方面它可以为CAD系统中的装配自动化和装配工艺规划提供信息源，并对设计进行分析和评价，图9-1所示为基于CAD系统进行装配的产品零、部件。

图9–1 基于CAD系统进行装配的产品零、部件

2. 装配特征的定义与分类

从不同的应用角度，特征有不同的分类。根据产品装配的有关知识，零部件的装配性能不仅取决于零部件本身的几何特性（如轴孔配合有无倒角），还部分取决于零部件的非几何特征（如零部件的重量、精度等）和装配操作的相关特征（如零部件的装配方向、装配方法及装配力的大小等）。

根据以上所述，装配特征的完整定义即是与零部件装配相关的几何、非几何信息及装配操作的过程信息。装配特征可分为几何装配特征、物理装配特征和装配操作特征3种类型。

- 几何装配特征：几何装配特征包括配合特征几何元素、配合特征几何元素的位置、配合类型和零部件位置等属性。

- 物理装配特征：与零部件装配有关的物理装配特征属性，包括零部件的体积、重量、配合面粗糙度、刚性及黏性等。
- 装配操作特征：指装配操作过程中零部件的装配方向，装配过程中的阻力、抓拿性、对称性、有无定向与定位特征，装配轨迹及装配方法等属性。

9.1.2　装配环境的进入

进入装配环境有两种方法：第一种是在新建文件时，在弹出的【新建 SOLIDWORKS 文件】对话框中选择【装配体】模板，单击【确定】按钮即可新建一个装配体文件，并进入装配环境，如图 9-2 所示。第二种则是在零部件环境中，执行菜单栏中的【文件】/【从零部件制作装配体】命令，切换到装配环境。

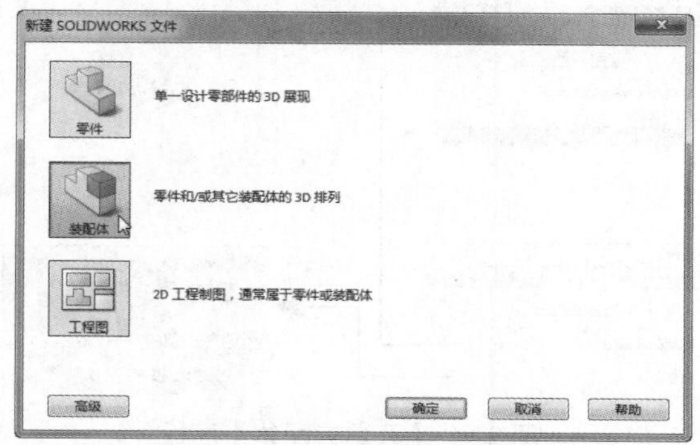

图 9–2　新建装配体文件

当新建一个装配体文件或打开一个装配体文件时，即进入 SolidWorks 装配环境。SolidWorks 装配操作界面和零部件模式的界面相似，装配体界面同样具有菜单栏、选项卡、设计树、控制区和零部件显示区。在左侧的控制区中列出了组成该装配体的所有零部件。在设计树最底端还有一个配合的文件夹，包含了所有零部件之间的配合关系，如图 9-3 所示。

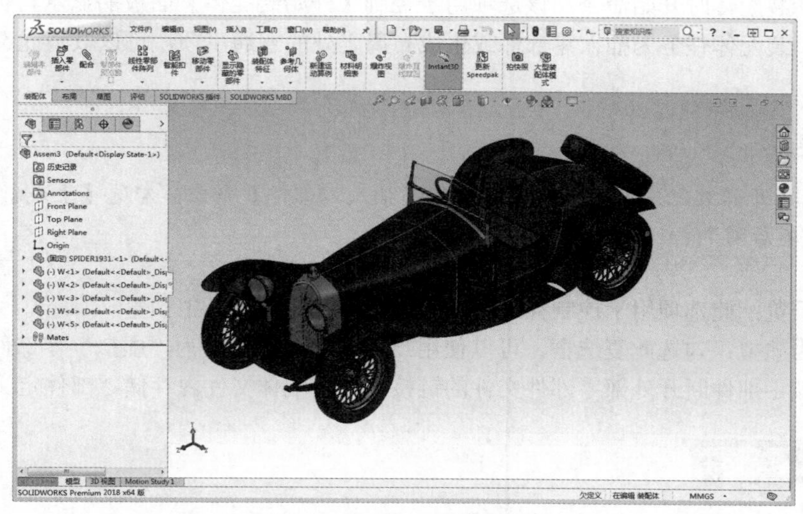

图 9–3　SolidWorks 装配操作界面

由于 SolidWorks 提供了用户自己定制界面的功能，本书中的装配操作界面可能与读者实际应用有所不同，但大部分界面应是一致的。

9.2 开始装配体

当用户新建装配体文件并进入装配环境时，属性管理器中显示【开始装配体】面板，如图 9-4 所示。

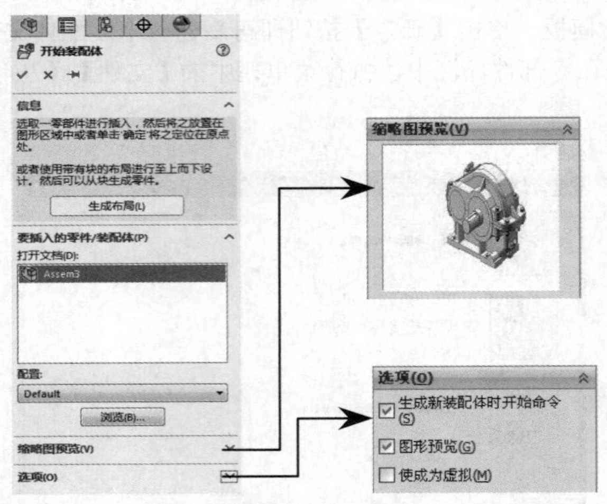

图 9-4 【开始装配体】面板

在面板中，用户可以单击【生成布局】按钮，直接进入布局草图模式，绘制用于定义装配零部件位置的草图。

用户还可以单击【浏览】按钮，浏览要打开的装配体文件位置并将其插入装配环境，然后再进行装配的设计、编辑等操作。

在面板的【选项】选项区中包含 3 个复选项，其含义如下。

- 生成新装配体时开始命令：该选项用于控制【开始装配体】面板的显示与否。如果用户的第一个装配体任务为插入零部件或生成布局之外的普通事项，可以取消此选项的勾选。

技术要点

若要关闭【开始装配体】面板，可以执行【插入零部件】命令，勾选【生成新装配体时开始命令】复选框后随即打开该面板。

- 图形预览：此选项用于控制插入的装配模型是否在图形区中预览。
- 使成为虚拟：勾选此复选框，可以使用户插入的零部件成为“虚拟”零部件。使零部件成为虚拟零部件断开外部零部件文件的链接并在装配体文件内存储零部件定义。

9.2.1 插入零部件

插入零部件功能可以将零部件添加到新的或现有装配体中。插入零部件功能包括以下几种装配方法：插入零部件、新零部件、新装配体和随配合复制。

1. 插入零部件

【插入零部件】工具用于将零部件插入现有装配体中。用户选择自下而上的装配方式后，先在零部件模式造型，可以使用该工具将零部件插入装配体，然后使用“配合”来定位零部件。

单击【插入零部件】按钮，属性管理器中显示【插入零部件】面板。【插入零部件】面板中的选项设置与【开始装配体】面板是相同的，这里就不重复介绍了。

技术要点

在自上而下的装配设计过程中，第一个插入的零部件我们可以把它叫作“主零部件”，因为后插入的零部件将以它作为装配参考。

2. 新零部件

使用【新零部件】工具，可以在关联的装配体中设计新的零部件。在设计新零部件时可以使用其他装配体零部件的几何特征。只有在用户选择了自上而下的装配方式后，才可使用此工具。

技术要点

在生成关联装配体的新零部件之前，可指定默认行为将新零部件保存为单独的外部零部件文件或作为装配体文件内的虚拟零部件。

在【装配体】选项卡中执行了【新零部件】命令后，特征管理器设计树中显示一个空的“[零部件 1^ 装配体 1]”虚拟装配体文件，且指针变为，如图 9-5 所示。

当指针在设计树中移动至基准面位置时，指针则变为，如图 9-6 所示。指定一个基准面后，就可以在插入的新零部件文件中创建模型了。

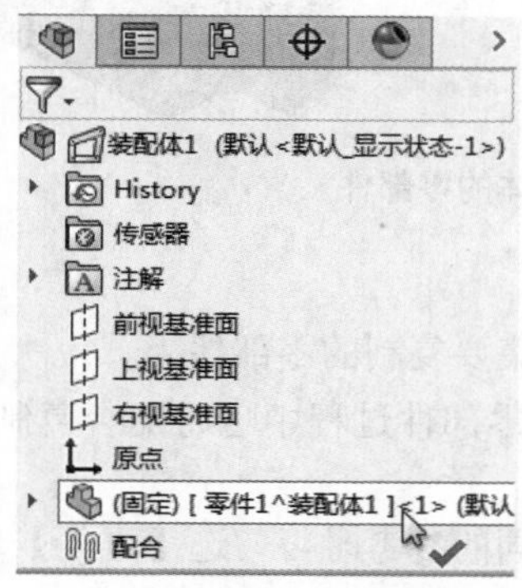

图 9–5　设计树中的新零部件文件

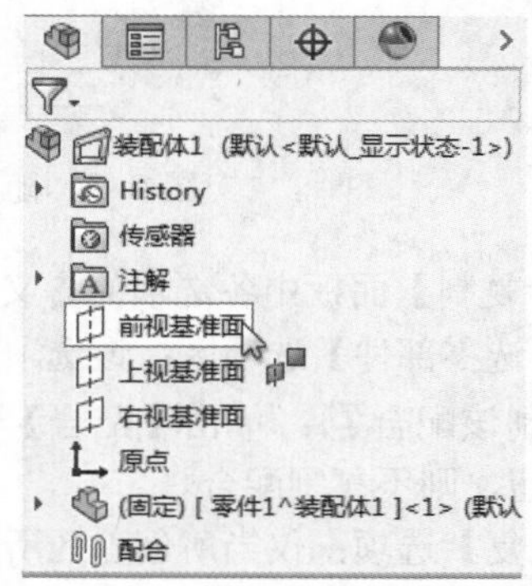

图 9–6　欲选择基准面时的指针

对于内部保存的零部件，可不选取基准面，而是单击图形区域的一个空白区域，此时一个空白零部件就添加到装配体中了。用户可编辑或打开空白零部件文件并生成几何体。零部件的原点与装配体的原点重合，则零部件的位置是固定的。

技术要点

在生成关联装配体的新零部件之前，要想使虚拟的新零部件文件变为单独的外部装配体文件，只需将虚拟的零部件文件另外保存即可。

3. 新装配体

当需要在任何一层装配体层次中插入子装配体时，可以使用【新装配体】工具。当创建了子装配体后，可以用多种方式将零部件添加到子装配体中。

插入新的子装配体的装配方法也是自上而下的设计方法。插入的新子装配体文件也是虚拟的装配体文件。

4. 随配合复制

当使用【随配合复制】工具复制零部件或子装配体时，可以同时复制其关联的配合。例如，在【装配体】选项卡中执行【随配合复制】命令后，在减速器装配体中复制其中一个“被动轴通盖”零部件时，属性管理器中显示【随配合复制】面板，面板中显示了该零部件在装配体中的配合关系，如图 9-7 所示。

图 9–7 随配合复制减速器装配体的零部件

【随配合复制】面板中各选项的含义如下。

- 【所选零部件】选项区：该选项区下的列表用以收集要复制的零部件。
- 复制该配合◎：单击【配合】按钮，即可在复制零部件过程中也将配合复制，再单击此按钮，则不复制配合。
- 【重复】选项：仅当所创建的所有复制件都使用相同的参考时可勾选【重复】复选框。
- 要配合到的新实体▭：激活此列表，在图形区域中选择新配合参考。
- 反转配合对齐↗：单击此按钮，改变配合对齐方向。

9.2.2 配合

配合就是在装配体零部件之间生成几何约束关系。

当零部件被调入到装配体时，除了第一个调入的零部件或子装配体之外，其他的都没有添加配合，位置处于任意的“浮动”状态。在装配环境，处于“浮动”状态的零部件可以分别沿 3 个坐标轴移动，也可以分别绕 3 个坐标轴转动，即共有 6 个自由度。

当给零部件添加装配关系后，可消除零部件的某些自由度，限制零部件的某些运动，此种情况称为不完全约束。当添加的配合关系将零部件的 6 个自由度都消除时，称为完全约束，零部件将处于“固定”状态，如同插入的第一个零部件一样（默认情况下为“固定”），无法进行拖动操作。

技术要点

一般情况下，第一个插入的零部件位置是固定的，但也可以执行右键菜单中的【浮动】命令，取消其“固定”状态。

在【装配体】选项卡中单击【配合】按钮，属性管理器中显示【配合】面板。面板中的【配合】选项卡下包括用于添加标准配合、机械配合和高级配合的选项。【分析】选项卡下的选项用于分析所选的配合，如图 9-8 所示。

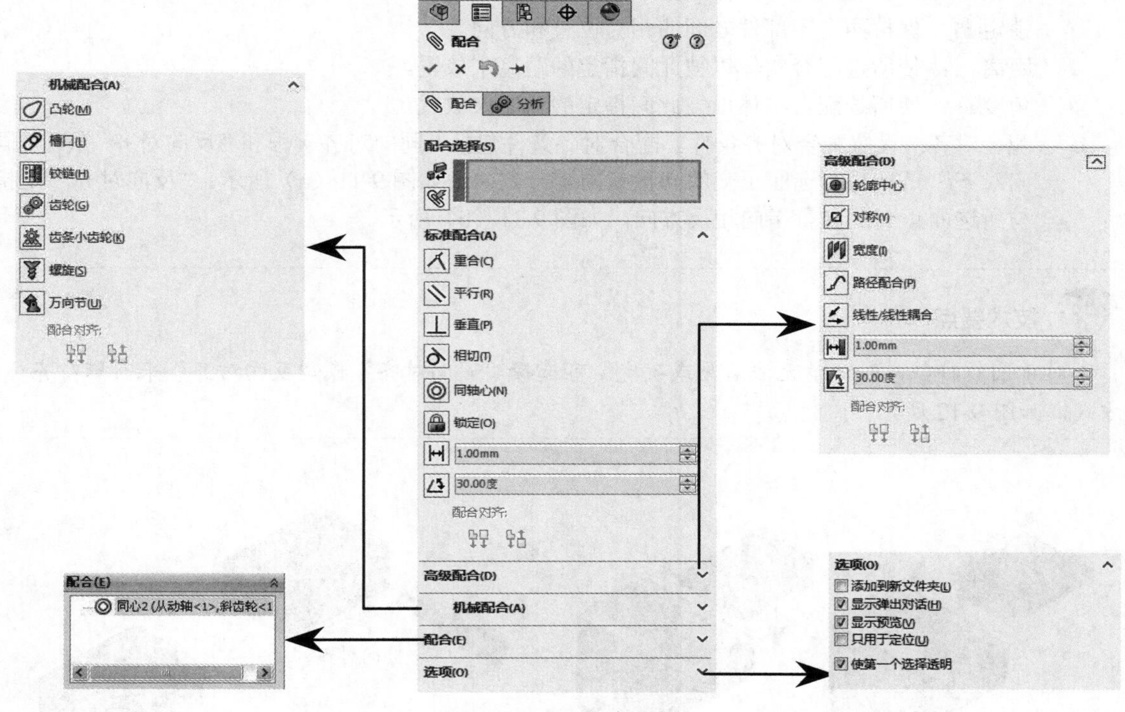

图 9-8 【配合】面板

1.【配合选择】选项区

该选项区用于选择要添加配合关系的参考实体。激活【要配合的实体】选项，选择要配合在一起的面、边线、基准面等。这是单一的配合，范例如图 9-9 所示。

“多配合”模式选项是用于多个零部件与同一参考的配合，范例如图 9-10 所示。

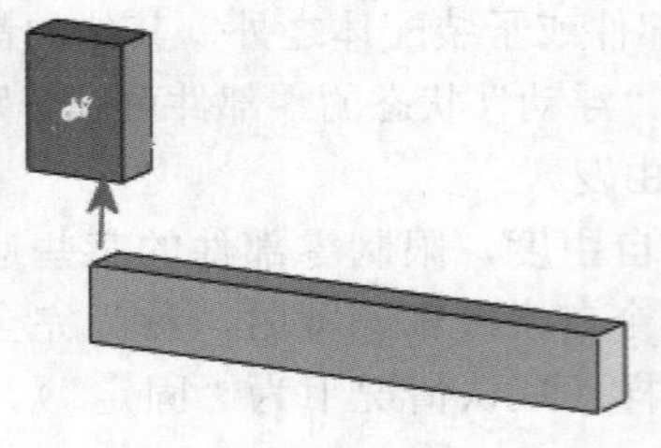
图 9-9　单一配合

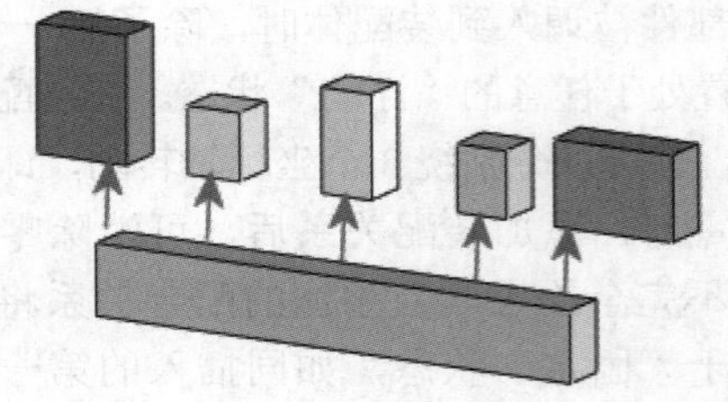
图 9-10　多配合

2. 标准配合

该选项区用于选择配合类型。SolidWorks 提供了 9 种标准配合类型，介绍如下。

- 重合：将所选面、边线及基准面定位（相互组合或与单一顶点组合），使其共享同一个无限基准面。定位两个顶点使它们彼此接触。
- 平行：使所选的配合实体相互平行。
- 垂直：使所选配合实体以彼此间成 90° 角度放置。
- 相切：使所选配合实体以彼此间相切来放置（至少有一选择项必须为圆柱面、圆锥面或球面）。
- 同轴心：使所选配合实体放置于共享同一中心线处。
- 锁定：保持两个零部件之间的相对位置和方向。
- 距离：使所选配合实体以彼此间指定的距离来放置。
- 角度：使所选配合实体以彼此间指定的角度来放置。
- 配合对齐：设置配合对齐条件。配合对齐条件包括"同向对齐"和"反向对齐"。"同向对齐"是指与所选面正交的向量指向同一方向，如图 9-11（a）所示。"反向对齐"是指与所选面正交的向量指向相反方向，如图 9-11（b）所示。

技术要点

对于圆柱特征，轴向量无法看见或确定。可选择"同向对齐"或"反向对齐"来获取对齐方式，如图 9-12 所示。

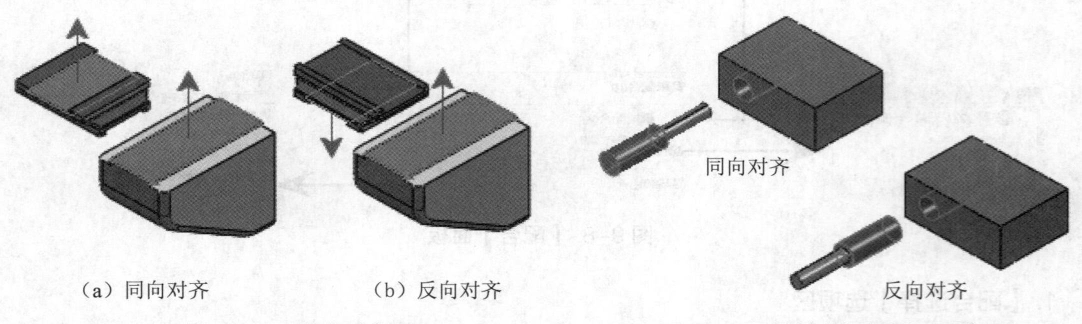

（a）同向对齐　（b）反向对齐

图 9-11　配合对齐　　图 9-12　圆柱特征的配合对齐

3. 高级配合

【高级配合】选项区提供了相对比较复杂的零部件配合类型。表 9-1 列出了 7 种高级配合类型的说明及图解。

表 9-1　7 种高级配合类型的说明及图解

高级配合	说明	图解
轮廓中心	将矩形和圆形轮廓互相中心对齐，并完全定义组件	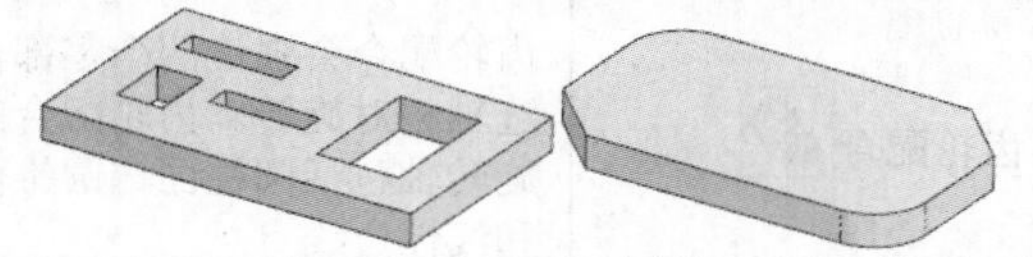
对称配合	对称配合强制使两个相似的实体相对于零部件的基准面或平面或装配体的基准面对称	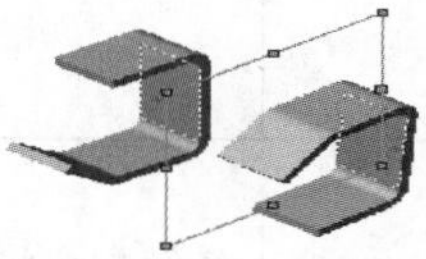
宽度配合	宽度配合使零部件位于凹槽宽度内的中心	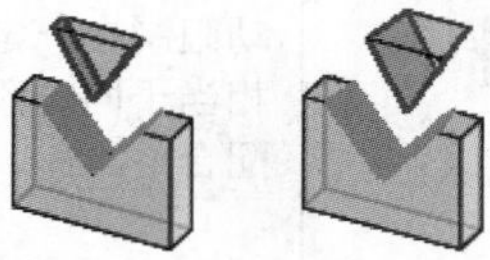
路径配合	路径配合将零部件上所选的点约束到路径	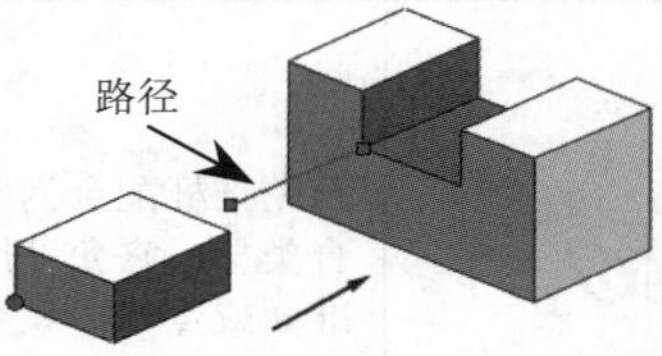 路径
线性 / 线性耦合	线性 / 线性耦合配合在一个零部件的平移和另一个零部件的平移之间建立几何关系	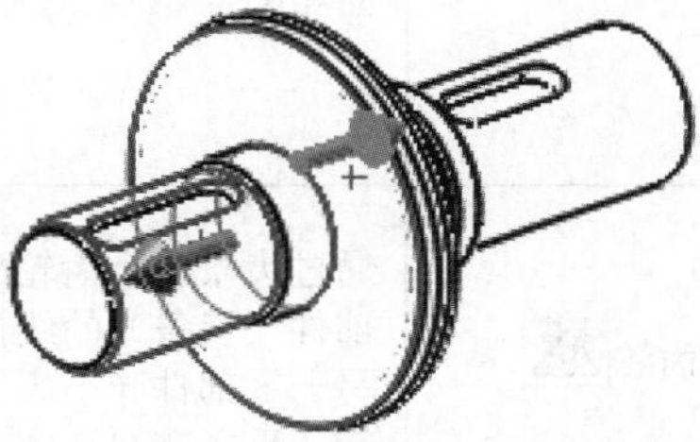
距离配合	距离配合允许零部件在一定数值范围内移动	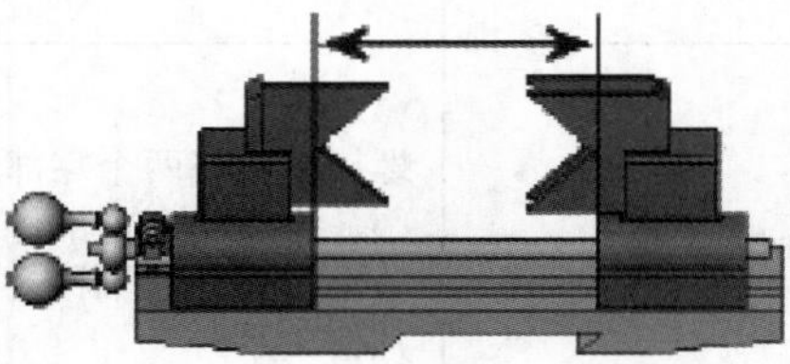
角度配合	角度配合允许零部件在角度配合一定数值范围内移动	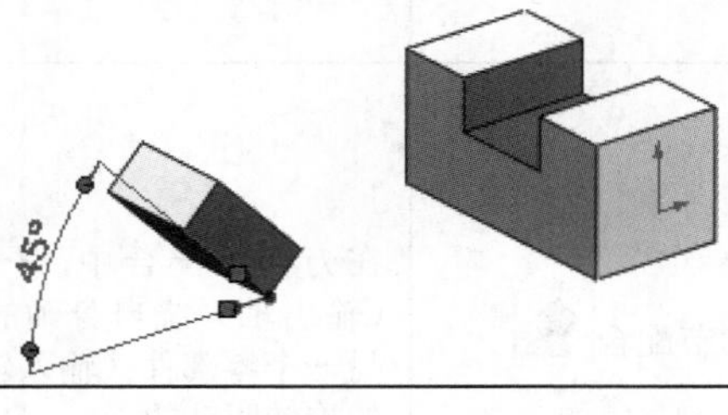 45°

4. **机械配合**

在【机械配合】选项区中提供了 6 种用于机械零部件装配的配合类型，如表 9-2 所示。

表 9-2　6 种机械配合类型的说明及图解

机械配合	说明	图解
齿轮配合	齿轮配合会强迫两个零部件绕所选轴相对旋转。齿轮配合的有效旋转轴包括圆柱面、圆锥面、轴和线性边线	
铰链配合	铰链配合将两个零部件之间的转动限制在一定的范围内。其效果相当于同时添加同心配合和重合配合	
凸轮配合	凸轮推杆配合为一相切或重合配合类型。它允许用户将圆柱、基准面或点与一系列相切的拉伸曲面相配合	
齿条小齿轮	通过齿条和小齿轮配合，某个零部件（齿条）的线性平移会引起另一零部件（小齿轮）做圆周旋转，反之亦然	
螺旋配合	螺旋配合将两个零部件约束为同心，还在一个零部件的旋转和另一个零部件的平移之间添加纵倾几何关系	
万向节配合	在万向节配合中，一个零部件（输出轴）绕自身轴的旋转是由另一个零部件（输入轴）绕其轴的旋转驱动的	

5.【配合】选项区

【配合】选项区包含【配合】面板打开时添加的所有配合或正在编辑的所有配合。当配合列表框中有多个配合时，可以选择其中一个进行编辑。

6.【选项】选项区

【选项】选项区包含用于设置配合的选项，选项含义如下。

- 添加到新文件夹：勾选此复选框后，新的配合会出现在特征管理器设计树的【配合】文件夹中。
- 显示弹出对话：勾选此复选框后，用户添加标准配合时会出现配合文字选项卡。
- 显示预览：勾选此复选框，在为有效配合选择了足够对象后便会出现配合预览。
- 只用于定位：勾选此复选框，零部件会移至配合指定的位置，但不会将配合添加到特征管理器设计树中。配合会出现在【配合】选项区中，以便用户编辑和放置零部件，但当关闭【配合】面板时，不会有任何内容出现在特征管理器设计树中。

9.3 控制装配体

在 SolidWorks 装配过程中，当出现相同的多个零部件装配时使用"阵列"或"镜像"，可以避免多次插入零部件的重复操作。使用"移动"或"旋转"，可以平移或旋转零部件。

9.3.1 零部件的阵列

在装配环境下，SolidWorks 向用户提供了 3 种常见的零部件阵列类型：圆周零部件阵列、线性零部件阵列和阵列驱动零部件阵列。

1. 圆周零部件阵列

此种阵列类型可以生成零部件的圆周阵列。在【装配体】选项卡的【线性零部件阵列】下拉菜单中选择【圆周零部件阵列】命令 圆周零部件阵列，属性管理器中显示【圆周阵列】面板，如图 9-13 所示。当指定阵列轴、角度和实例数（阵列数）及要阵列的零部件后，就可以生成零部件的圆周阵列，如图 9-14 所示。

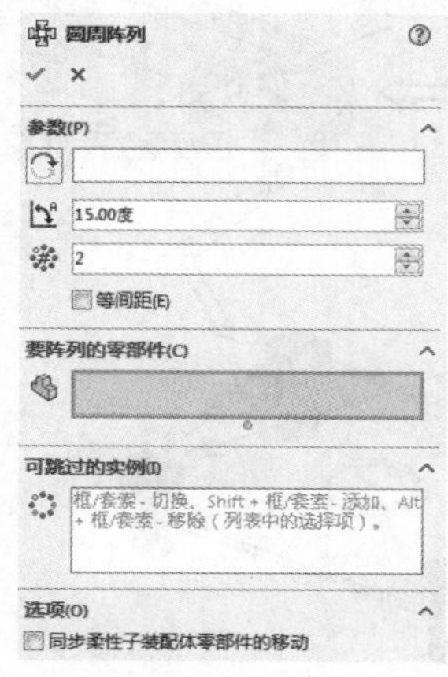

图 9-13 【圆周阵列】面板

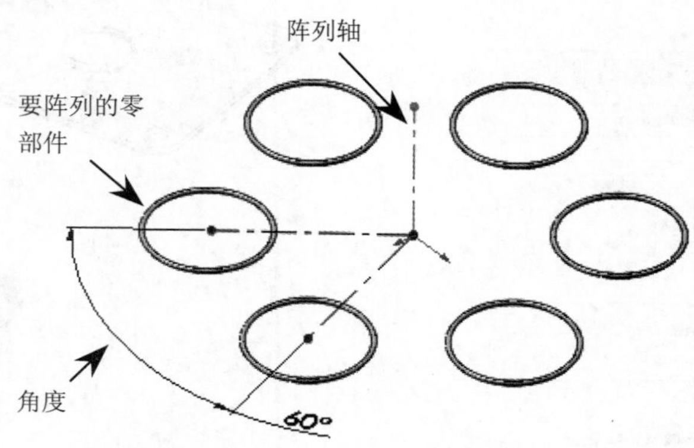

图 9-14　生成的圆周零部件阵列

若要将阵列中的某个零部件跳过，在激活“可跳过的实例”列表框后，再选择要跳过显示的零部件即可。

2. 线性零部件阵列

此种阵列类型可以生成零部件的线性阵列。在【装配体】选项卡中单击【线性零部件阵列】按钮，属性管理器中显示【线性阵列】面板，如图 9-15 所示。当指定了线性阵列的方向 1、方向 2，以及各方向的间距、实例数之后，即可生成零部件的线性阵列，如图 9-16 所示。

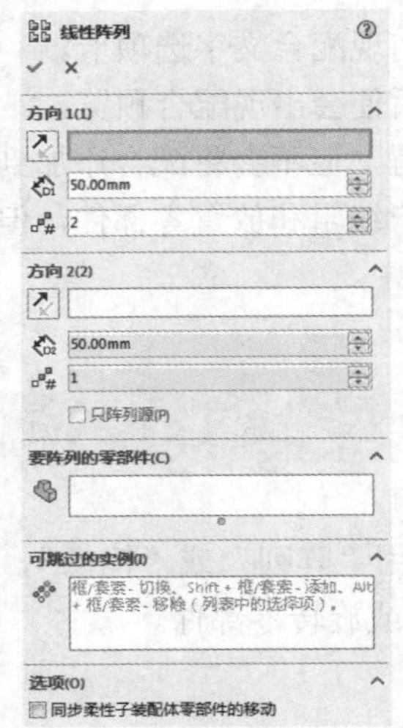

图 9-15 【线性阵列】面板

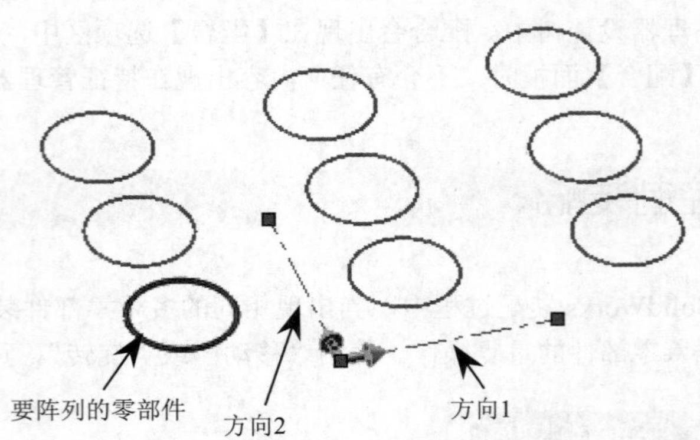

图 9-16 生成的线性零部件阵列

3. 阵列驱动零部件阵列

此种类型是根据参考零部件中的特征来驱动的，在装配 Toolbox 标准件时特别有用。

在【装配体】选项卡的【线性零部件这里】下拉菜单中选择【特征驱动特征零部件阵列】命令 阵列驱动零部件阵列，属性管理器中显示【阵列驱动】面板，如图 9-17 所示。例如，当指定了要阵列的零部件（螺钉）和驱动特征（孔面）后，系统自动计算出孔盖上有多少个相同尺寸的孔并生成阵列，如图 9-18 所示。

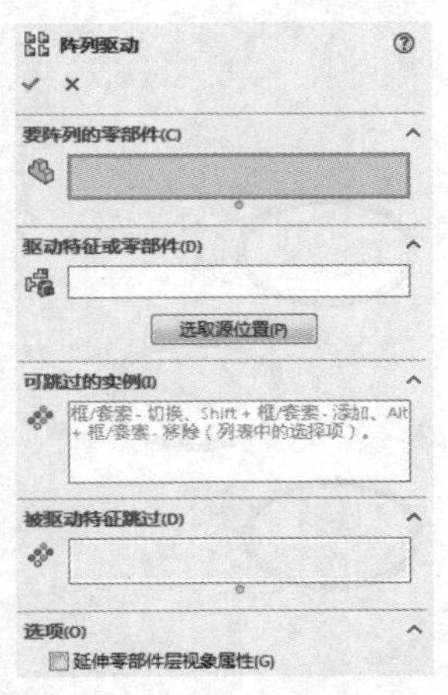

图 9-17 【阵列驱动】面板

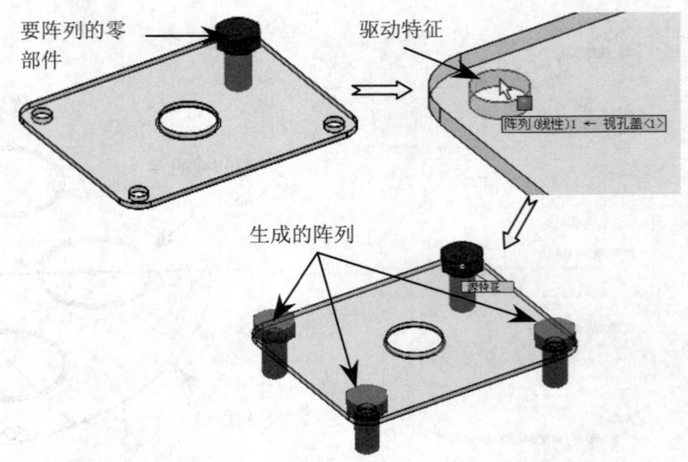

图 9-18 生成阵列驱动零部件阵列

9.3.2　零部件的镜像

当固定的参考零部件为对称结构时，可以使用“零部件的镜像”工具来生成新的零部件。新零部件可以是源零部件的复制版本或是相反方位版本。

复制版本与相反方位版本之间的生成差异如下。

- 复制类型：源零部件的新实例将添加到装配体中，不会生成新的文档或配置。复制零部件的几何体与源零部件完全相同，只有零部件方位不同，如图 9-19 所示。
- 相反方位类型：会生成新的文档或配置。新零部件的几何体是镜像所得的，所以与源零部件不同，如图 9-20 所示。

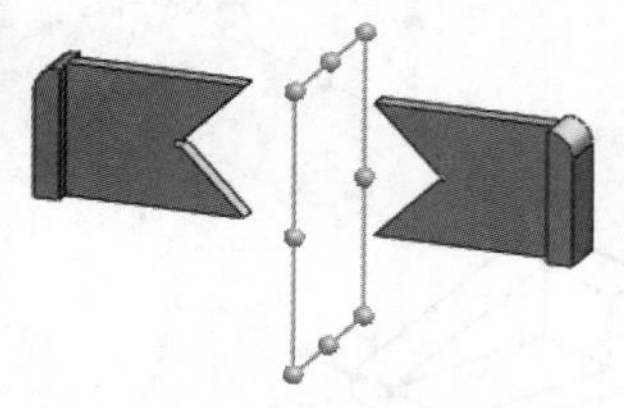

图 9-19　复制类型

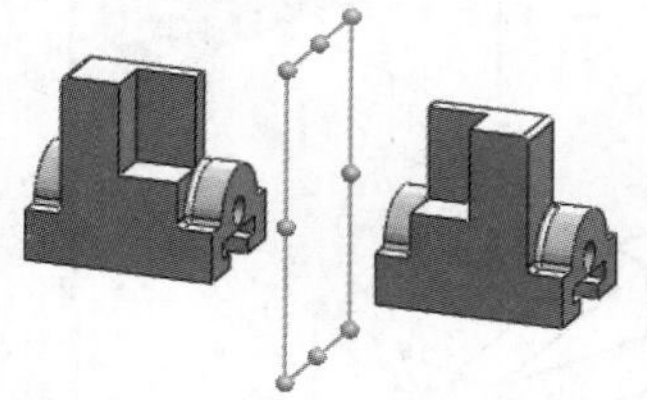

图 9-20　相反方位类型

在【装配体】选项卡的【线性零部件阵列】下拉菜单中选择【镜像零部件】命令 镜向零部件，属性管理器中显示【镜像零部件】面板，如图 9-21 所示。

当选择了镜像基准面和要镜像的零部件以后（完成第 1 个步骤），在面板顶部单击【下一步】按钮进入第 2 个步骤。在第 2 个步骤中，用户可以为镜像的零部件选择镜像版本和定向方式，如图 9-22 所示。

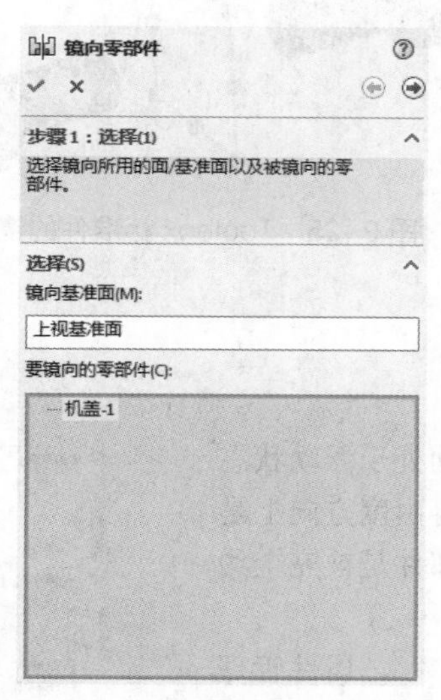

图 9-21　【镜像零部件】面板

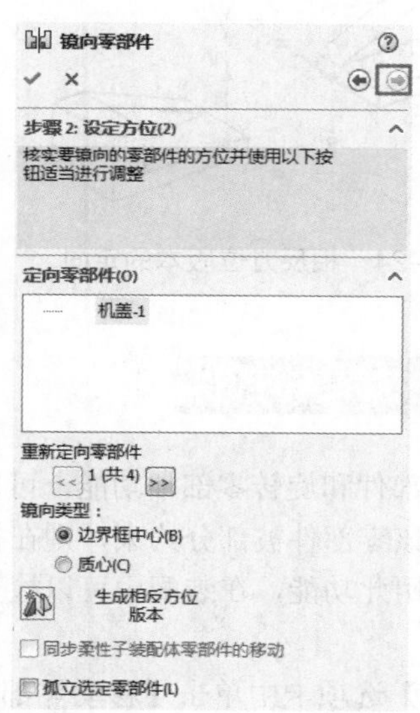

图 9-22　第 2 个步骤

在第 2 个步骤中，复制版本的定向方式有 4 种，如图 9-23 所示。

相反方位版本的定向方式仅有一种，如图 9-24 所示。生成相反方位版本的零部件后，图标会显示在该项目旁边，表示已经生成该项目的一个相反方位版本。

技术要点

对于设计库中的 Toolbox 标准件，镜像零部件操作后的结果只能是复制类型，如图 9-25 所示。

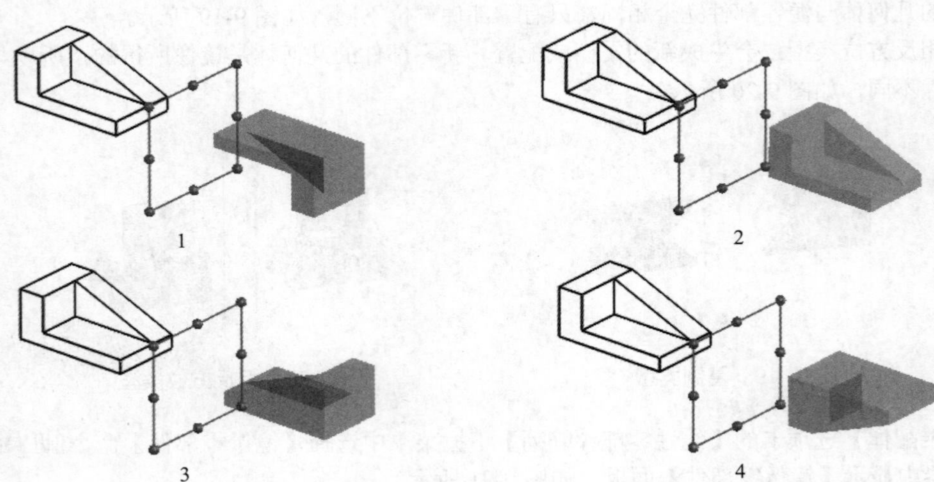

图 9-23 复制版本的 4 种定向方式

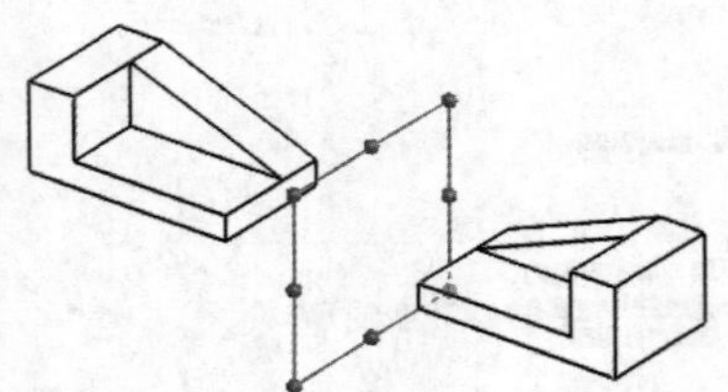

图 9-24 相反方位版本的定向

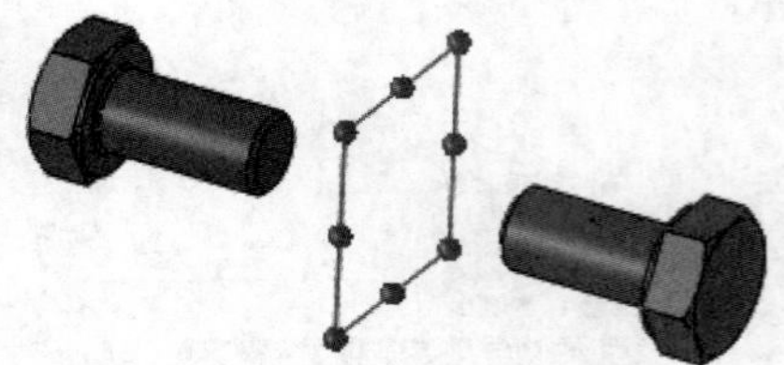

图 9-25 Toolbox 标准件的镜像

9.3.3 移动或旋转零部件

使用移动零部件和旋转零部件功能，可以任意移动处于浮动状态的零部件。如果该零部件被部分约束，则在被约束的自由度方向上是无法运动的。使用此功能，在装配中可以检查哪些零部件是被完全约束的。

在【装配体】选项卡中单击【移动零部件】按钮，属性管理器中显示【移动零部件】面板，如图 9-26 所示。【移动零部件】面板和【旋转零部件】面板的选项设置是相同的。

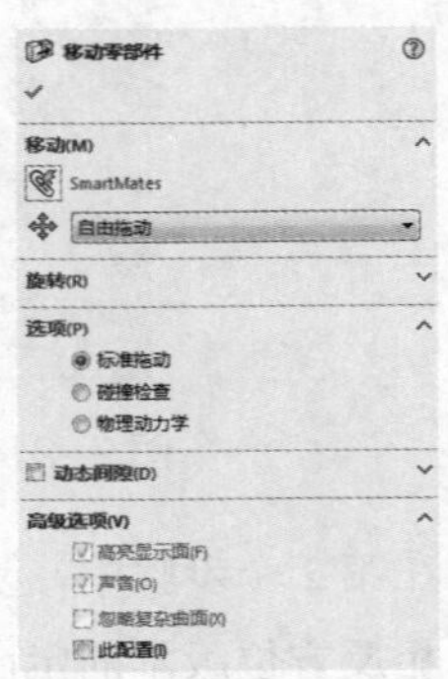

图 9-26 【移动零部件】面板

9.4 布局草图

布局草图对装配体的设计来说是一个非常有用的工具，使用装配布局草图可以控制零部件和特征的尺寸及位置。对装配布局草图的修改会引起所有零部件的更新，如果再采用装配设计表还可进一步扩展此功能，自动创建装配体的配置。

9.4.1 布局草图的功能

装配环境的布局草图有如下功能。

1. 确定设计意图

所有的产品设计都有一个设计意图，不管它是创新设计还是改良设计。总设计师最初的想法、草图、计划、规格及说明都可以用来构成产品的设计意图。它可以帮助每个设计者更好地理解产品的规划和零部件的细节设计。

2. 定义初步的产品结构

产品结构包含了一系列的零部件，以及它们所继承的设计意图。产品结构可以这样构成：在它里面的子装配体和零部件都可以只包含一些从顶层继承的基准和骨架或复制的几何参考，而不包括任何本身的几何形状或具体的零部件，还可以把子装配体和零部件在没有任何装配约束的情况下加入装配之中。这样做的好处是，这些子装配体和零部件在设计的初期是不确定也不具体的，但是仍然可以在产品规划设计时把它们加入装配中，从而可以为并行设计做准备。

3. 在整个装配骨架中传递设计意图

重要零部件的空间位置和尺寸要求都可以作为基本信息，放在顶层基本骨架中，然后传递给各个子系统，每个子系统就从顶层装配体中获得了所需要的信息，进而它们就可以在获得的骨架中进行细节设计了，因为它们基于同一设计基准。

4. 子装配体和零部件的设计

当代表顶层装配的骨架确定，设计基准传递下去之后，可以进行单个零部件的设计。这里，可以采用两种方法进行零部件的详细设计：一种方法是基于已存在的顶层基准，设计好零部件再进行装配；另一种方法是在装配关系中建立零部件模型。零部件模型建立好以后，管理零部件之间的相互关联性。用添加方程式的形式来控制零部件与零部件之间及零部件与装配件之间的关联性。

9.4.2 布局草图的建立

由于自上而下设计是从装配模型的顶层开始，通过在装配环境建立零部件来完成整个装配模型设计的方法，为此，在装配设计的最初阶段，按照装配模型的最基本的功能和要求，在装配体顶层构筑布局草图，用这个布局草图来充当装配模型的顶层骨架。随后的设计过程基本上都是在这个基本骨架的基础上进行复制、修改、细化和完善，最终完成整个设计过程。

要建立一个装配布局草图，可以在【开始装配体】面板中单击【生成布局】按钮，随后进入 3D 草图模式。在特征管理器设计树中将生成一个“布局”文件，如图 9-27 所示。

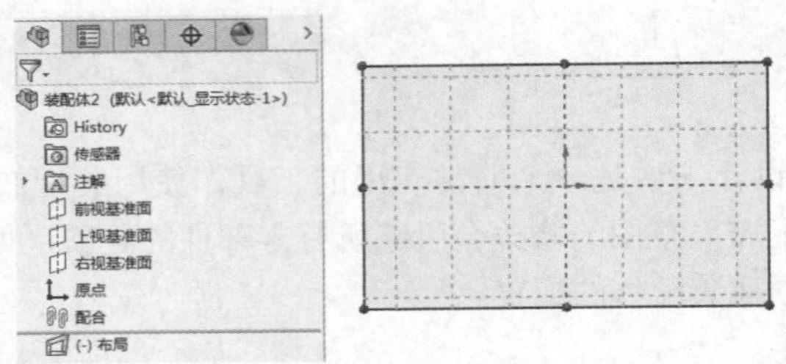

图 9–27　进入 3D 草图模式并生成布局文件

9.4.3　基于布局草图的装配体设计

布局草图能够代表装配模型的主要空间位置和空间形状，能够反映构成装配体模型的各个零部件之间的拓扑关系，它是整个自上而下装配设计展开过程中的核心，是各个子装配体之间相互联系的中间桥梁和纽带。因此，在建立布局草图时，更注重在最初的装配总体布局中捕获和抽取各子装配体和零部件间的相互关联性和依赖性。

例如，在布局草图中绘制出图 9-28 所示的草图，完成布局草图绘制后单击【布局】按钮退出 3D 草图模式。

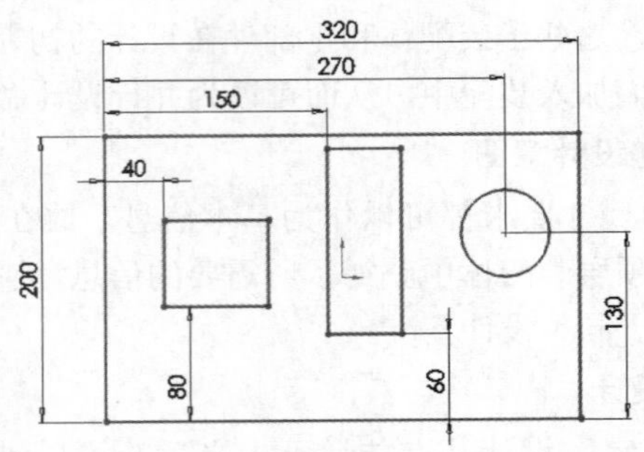

图 9–28　绘制布局草图

从绘制的布局草图中可以看出，整个装配体由 4 个零部件组成。在【装配体】选项卡中使用【新零部件】工具，生成一个新的零部件文件。在特征管理器设计树中选中该零部件文件并选择右键菜单中的【编辑】命令，即可激活新零部件文件，也就是进入零部件设计模式创建新零部件文件的特征。

使用【特征】选项卡中的【拉伸凸台 / 基体】工具，是利用布局草图的轮廓，重新创建 2D 草图，并创建出拉伸特征，如图 9-29 所示。

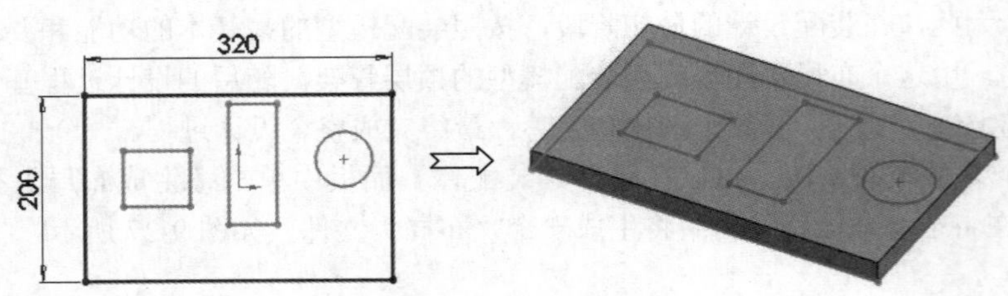

图 9–29　创建拉伸特征

拉伸特征创建后在【草图】选项卡中单击【编辑零部件】按钮，完成装配体第一个零部件的设计。同理，再使用相同操作方法依次创建出其余的零部件，最终设计完成的装配体模型如图 9-30 所示。

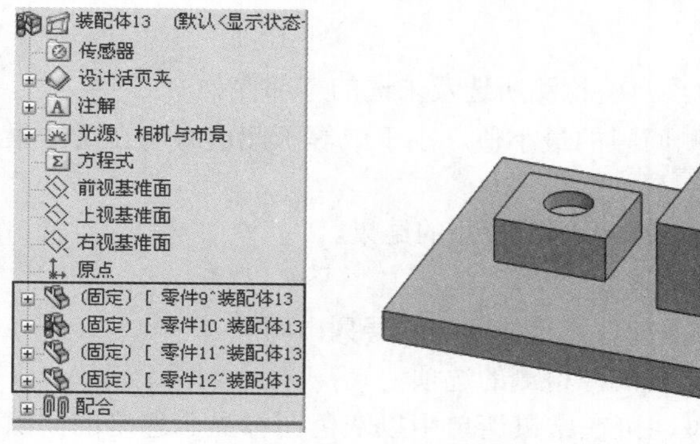

图 9-30　使用布局草图设计的装配体模型

9.5 装配体检测

零部件在装配环境下完成装配以后，为了找出装配过程中产生的问题，需使用 SolidWorks 提供的检测工具检测装配体中各零部件之间存在的间隙、碰撞和干涉，使装配设计得到改善。

9.5.1 间隙验证

【间隙验证】工具用来检查装配体中所选零部件之间的间隙。使用该工具可以检查零部件之间的最小距离，并报告不满足指定的“可接受的最小间隙”的间隙。

在【装配体】选项卡中单击【间隙验证】按钮，属性管理器中显示【间隙验证】面板，如图 9-31 所示。

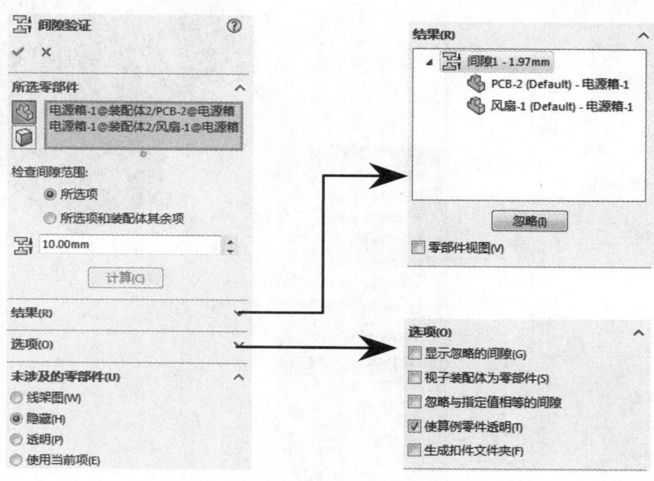

图 9-31　【间隙验证】面板

【间隙验证】面板中各选项区、选项的含义如下。

- 【所选零部件】选项区：该选项区用来选择要检测的零部件，并设定检测的间隙值。

检查间隙范围：指定只检查所选实体之间的间隙，还是检查所选实体和装配体其余实体之间的间隙。

所选项：只检测所选的零部件。

所选项和装配体其余项：单选此项，将检测所选及未选的零部件。

可接受的最小间隙：设定检测间隙的最小值。小于或等于此值时将在【结果】选项区中列出报告。

- 【结果】选项区：该选项区用来显示间隙检测的结果。

忽略：单击此按钮，将忽略检测结果。

零部件视图：勾选此复选框，按零部件名称非间隙编号列出间隙。

【选项】选项区：该选项区用来设置间隙检测的选项。

显示忽略的间隙：勾选此复选框，可在结果清单中以灰色图标显示忽略的间隙。当取消勾选时，忽略的间隙将不会列出。

视子装配体为零部件：勾选此复选框，将子装配体作为一个零部件，而不会检测子装配体中的零部件间隙。

忽略与指定值相等的间隙：勾选此复选框，将忽略与设定值相等的间隙。

使算例零件透明：以透明模式显示正在验证其间隙的零部件。

生成扣件文件夹：将扣件（如螺母和螺栓）之间的间隙隔离为单独文件夹。

- 【未涉及的零部件】选项区：使用选定模式来显示间隙检查中未涉及的所有零部件。

9.5.2 干涉检查

使用【干涉检查】工具，可以检查装配体中所选零部件之间的干涉。在【装配体】选项卡中单击【干涉检查】按钮，属性管理器中显示【干涉检查】面板，如图 9-32 所示。

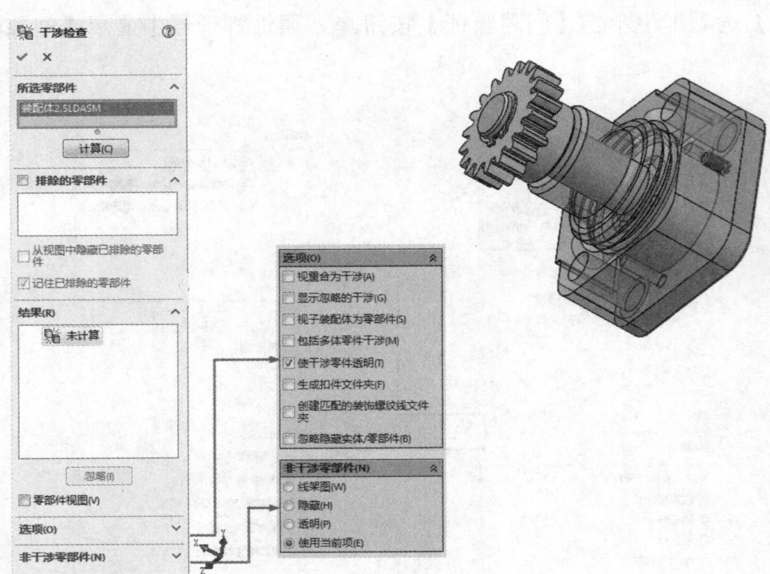

图 9-32 【干涉检查】面板

【干涉检查】面板中的属性设置与【间隙验证】面板中的属性设置基本相同，现将【选项】选项区中不同的选项含义介绍如下。

- 视重合为干涉：勾选此复选框，将零部件重合视为干涉。
- 显示忽略的干涉：勾选此复选框，将在【结果】选项区列表中以灰色图标显示忽略的干涉；反之，则不显示。
- 包括多体零件干涉：勾选此复选框，将报告多实体零部件中实体之间的干涉。

技术要点

默认情况下，除非预选了其他零部件，否则显示顶层装配体。当检查一个装配体的干涉情况时，其所有零部件将被检查。如果选取单一零部件，则只报告出涉及该零部件的干涉。

9.5.3　孔对齐

在装配过程中，使用【孔对齐】工具可以检查所选零部件之间的孔是否未对齐。在【装配体】选项卡中单击【孔对齐】按钮，属性管理器中显示【孔对齐】面板。在面板中设定“孔中心误差”后，单击【计算】按钮，系统将自动计算整个装配体中是否存在孔中心误差，计算的结果将列表于【结果】选项区中，如图 9-33 所示。

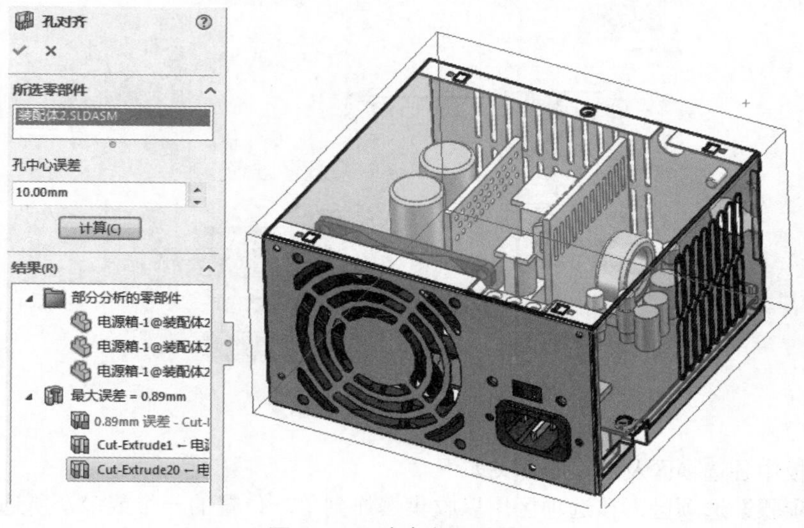

图 9-33　孔中心误差检查

9.6　爆炸视图

装配体爆炸视图是装配模型中组件按装配关系偏离原来的位置的拆分图形。爆炸视图的创建可以方便用户查看装配体中的零部件及其相互之间的装配关系。装配体的爆炸视图如图 9-34 所示。

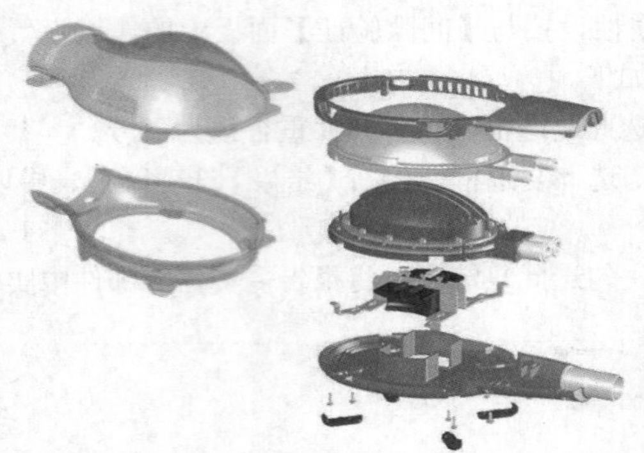

图 9-34　装配体的爆炸视图

9.6.1　生成或编辑爆炸视图

在【装配体】选项卡中单击【爆炸视图】按钮，属性管理器中显示【爆炸】面板，如图 9-35 所示。

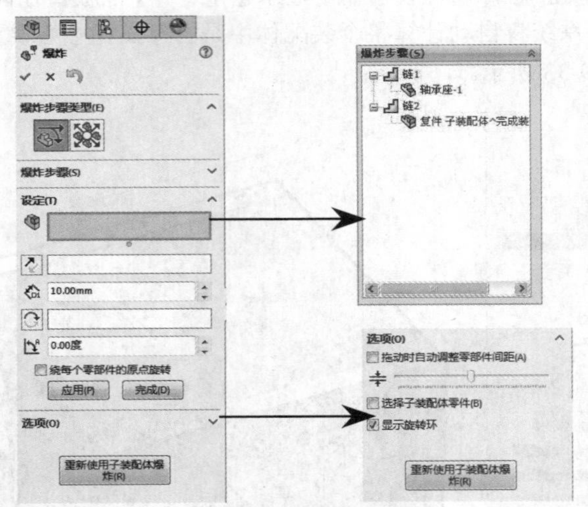

图 9-35 【爆炸】面板

【爆炸】面板中各选项区及选项的含义如下。

- 【爆炸步骤】选项区：该选项区用以收集爆炸到单一位置的一个或多个所选零部件。要删除爆炸视图，可以删除爆炸步骤中的零部件。
- 【设定】选项区：该选项区用于设置爆炸视图的参数。

爆炸步骤的零部件：激活此列表，在图形区选择要爆炸的零部件，随后图形区显示三重轴，如图 9-36 所示。

技术要点

只有在改变零部件位置的情况下，所选的零部件才会显示在【爆炸步骤】选项区列表中。

爆炸方向：显示当前爆炸步骤所选的方向。可以单击【反向】按钮改变方向。

爆炸距离：输入值以设定零部件的移动距离。

应用：单击此按钮，可以预览移动后的零部件位置。

完成：单击此按钮，保存零部件移动的位置。

【选项】选项区中选项的含义如下。

- 拖动时自动调整零部件间距：勾选此复选框，将沿轴自动均匀地分布零部件组的间距。
- 调整零部件链之间的间距：拖动滑块来调整放置的零部件之间的距离。
- 选择子装配体零件：勾选此复选框，可选择子装配体的单个零部件；反之则选择整个子装配体。
- 重新使用子装配体爆炸：使用先前在所选子装配体中定义的爆炸步骤。

除了在面板中设定爆炸参数来生成爆炸视图外，用户可以自由拖动三重轴的轴来改变零部件在装配体中的位置，如图 9-37 所示。

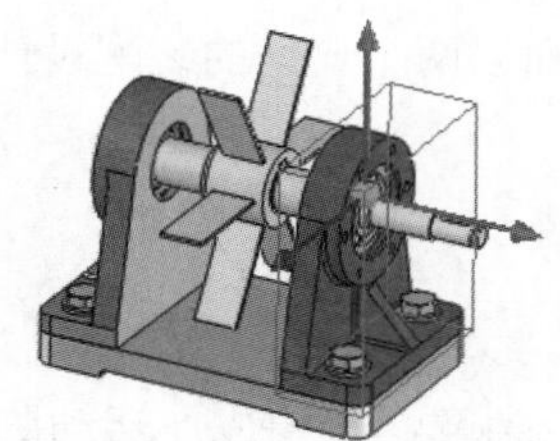

图 9-36　显示三重轴

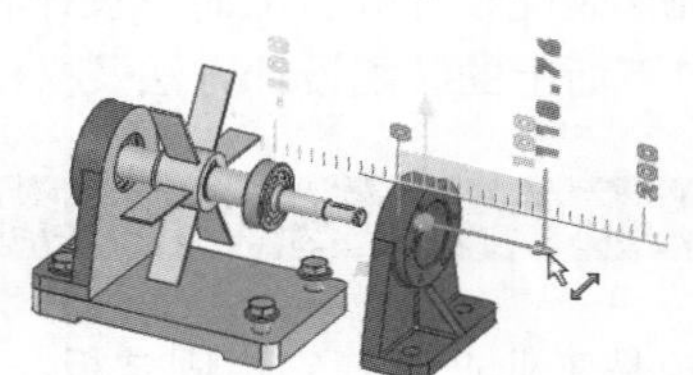

图 9-37　拖动三重轴来改变零部件的位置

9.6.2　添加爆炸直线

爆炸视图创建以后，可以添加爆炸直线来表达零部件在装配体中所移动的轨迹。在【装配体】选项卡中单击【爆炸直线草图】按钮，属性管理器中显示【步路线】面板，并自动进入 3D 草图模式，且系统弹出【爆炸草图】工具条，如图 9-38 所示。【步路线】面板可以通过在【爆炸草图】选项卡中单击【步路线】按钮来打开或关闭。

在 3D 草图模式使用【直线】工具来绘制爆炸直线，如图 9-39 所示。绘制后将以幻影线显示。

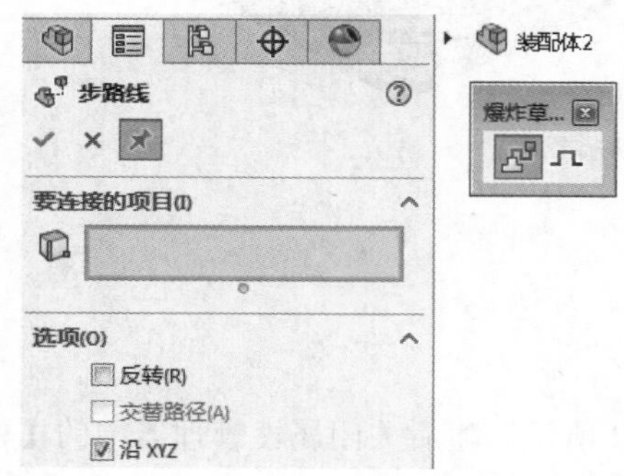

图 9-38 【步路线】面板和【爆炸草图】工具条

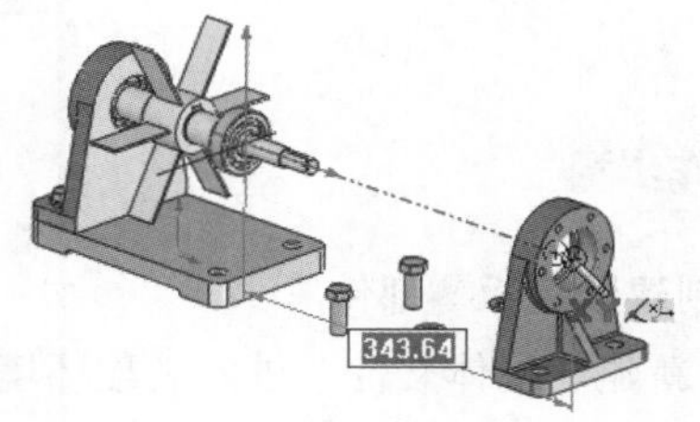

图 9-39　绘制爆炸直线

在【爆炸草图】工具条中单击【转折线】按钮，然后在图形区中选择爆炸直线并拖动草图线条以将转折线添加到该爆炸直线中，如图 9-40 所示。

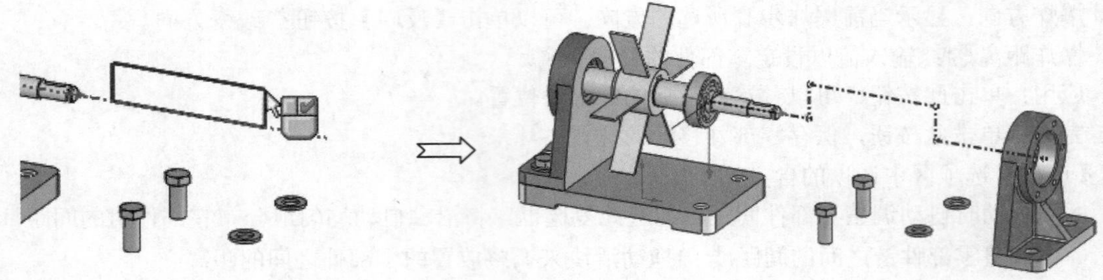

图 9-40　添加转折线到爆炸直线中

9.7 综合实战

SolidWorks 装配设计分自上而下设计和自下而上设计。下面以两个典型的装配设计实例来说明自上而下和自下而上的装配设计方法及操作过程。

9.7.1 自上而下——脚轮装配设计

活动脚轮是工业产品，它由固定板、支承架、塑胶轮、轮轴及螺母构成。活动脚轮也就我们常说的万向轮，它的结构允许 360° 旋转。

活动脚轮的装配设计方式是自上而下，即在总装配体结构下，依次构建出各零部件模型。装配设计完成的活动脚轮如图 9-41 所示。

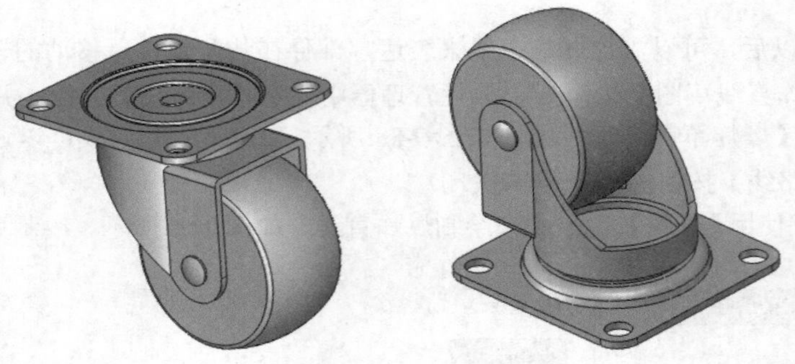

图 9-41　活动脚轮

操作步骤

1. 创建固定板零部件

01　新建装配体文件，进入装配环境，如图 9-42 所示。随后关闭属性管理器中的【开始装配体】面板。

02　在【装配体】选项卡中单击【插入零部件】按钮下方的下三角按钮，然后选择【新零部件】命令 新零件，随后建立一个新零部件文件，然后将该零部件文件重命名为“固定板”，如图 9-43 所示。

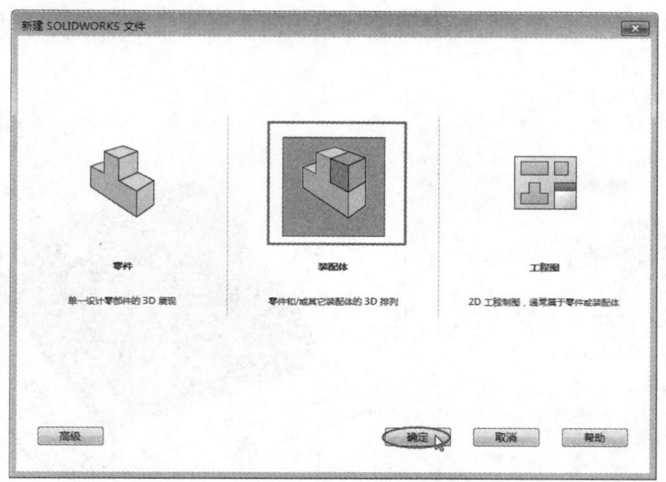

图 9-42　新建装配体

03　选择该零部件，然后在【装配体】选项卡中单击【编辑零部件】按钮，进入零部件设计环境。

04　在零部件设计环境中，使用【拉伸凸台 / 基体】工具，选择前视基准面作为草图平面，进入草图模式绘制出图 9-44 所示的草图。

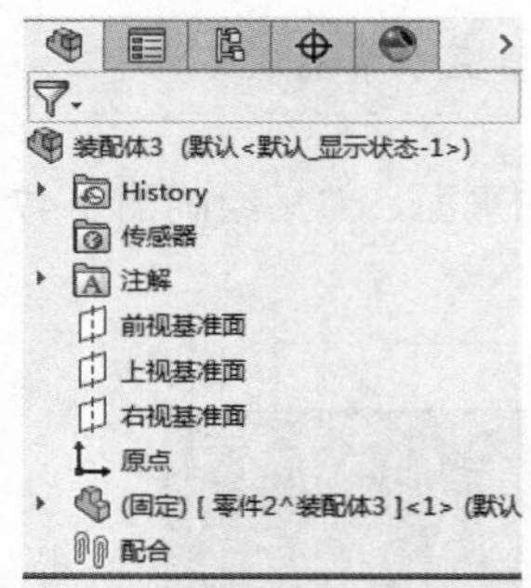

图 9-43　新建零部件文件并重命名

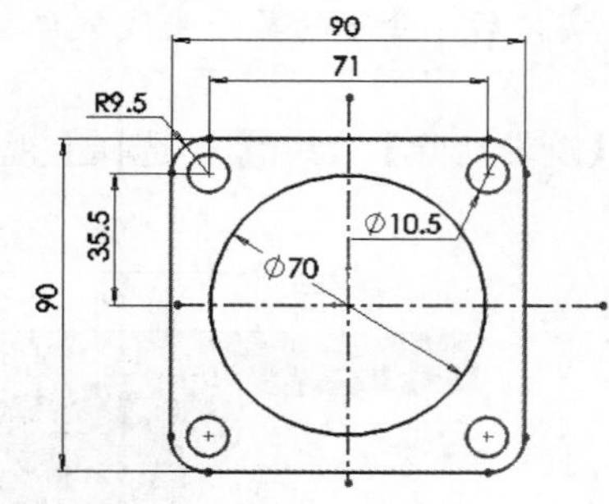

图 9-44　绘制草图

05　在【凸台 - 拉伸】面板中重新选择轮廓草图，设置图 9-45 所示的拉伸参数后完成圆形实体的创建。

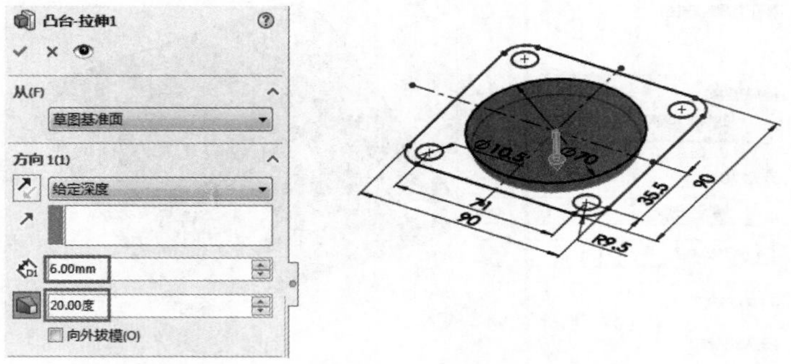

图 9-45　创建圆形实体

06　再使用【拉伸凸台/基体】工具，选择余下的草图曲线来创建实体特征，如图9-46所示。

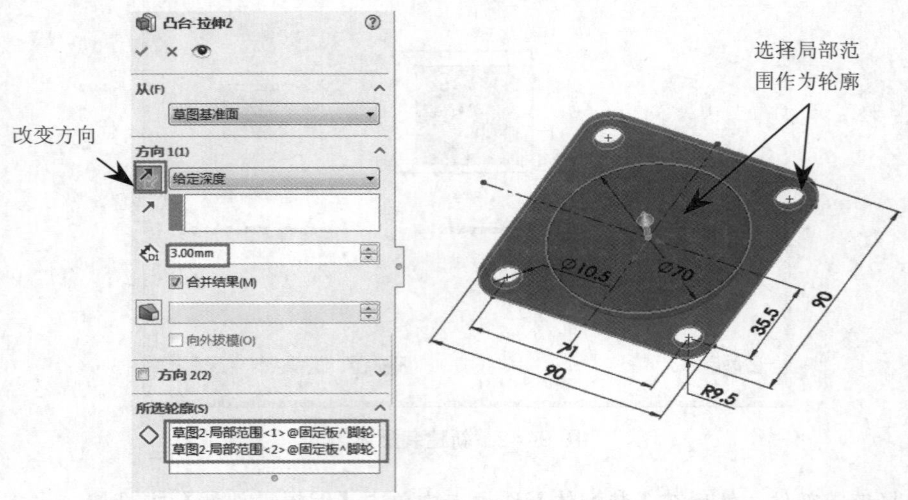

图 9–46　创建由其余草图曲线作为轮廓的实体

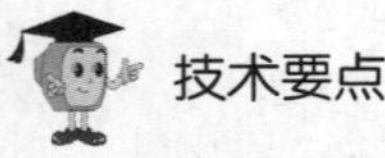

技术要点

创建拉伸实体后，余下的草图曲线被自动隐藏，此时需要显示草图。

07　使用【旋转切除】工具，选择上视基准面作为草图平面，然后绘制图9-47所示的草图。

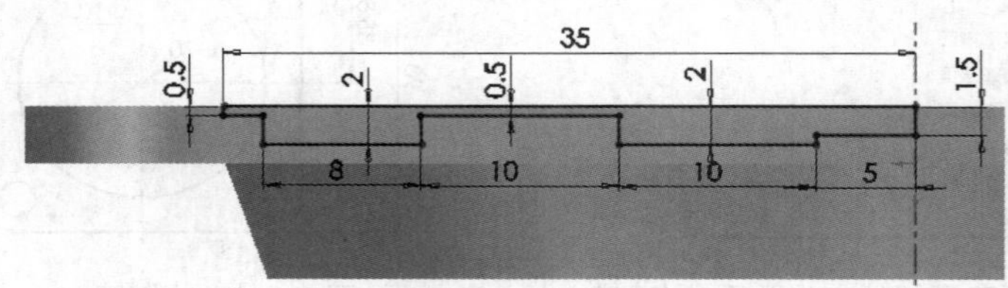

图 9–47　绘制旋转实体的草图

08　退出草图模式后，以默认的旋转切除参数来创建旋转切除特征，如图9-48所示。

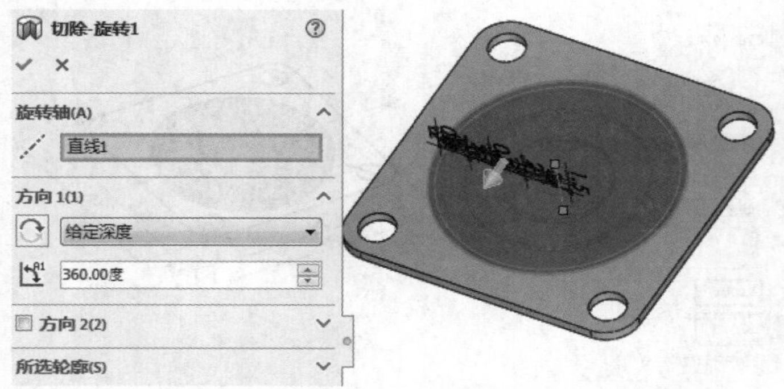

图 9–48　创建旋转切除特征

09　最后使用【圆角】工具，为实体创建半径分别为 5、1 和 0.5 的圆角特征，如图 9-49 所示。

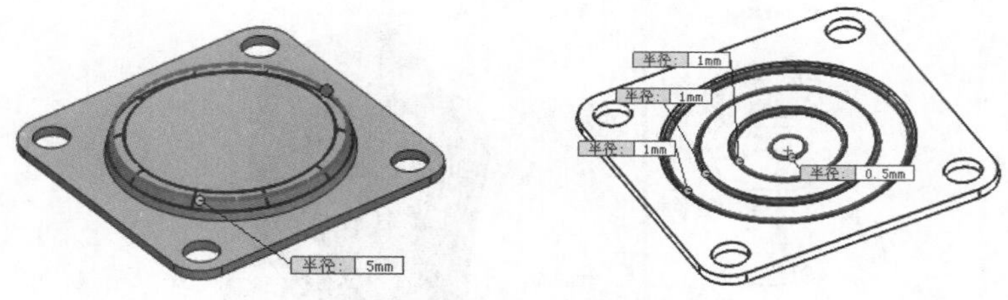

图 9-49　创建圆角特征

10　在选项卡中单击【编辑零部件】按钮，完成固定板零部件的创建。

2. 创建支承架零部件

01　在装配环境插入第 2 个新零部件文件，并重命名为“支承架”。

02　选择支承架零部件，然后单击【编辑零部件】按钮，进入零部件设计环境。

03　使用【拉伸凸台 / 基体】工具，选择固定板零部件的圆形表面作为草图平面，然后绘制出图 9-50 所示的草图。

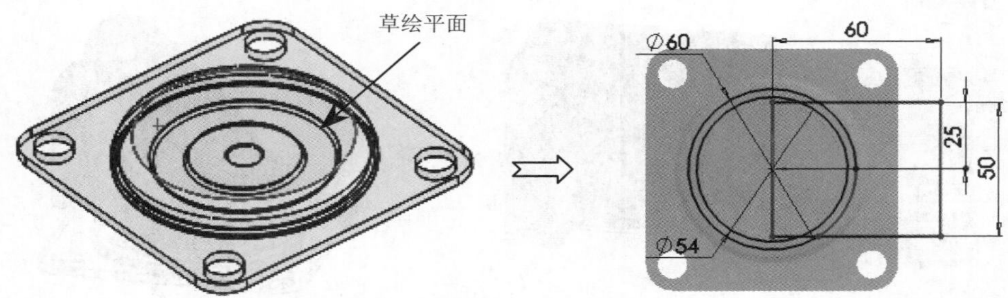

图 9-50　选择草图平面并绘制草图

04　退出草图模式后，在【凸台 - 拉伸】面板中重新选择拉伸轮廓（直径为 54 的圆），并输入拉伸深度值为 3，如图 9-51 所示，最后关闭面板完成拉伸实体的创建。

05　再使用【拉伸凸台 / 基体】工具，选择上一个草图中的圆（直径为 60）来创建深度为 80 的实体，如图 9-52 所示。

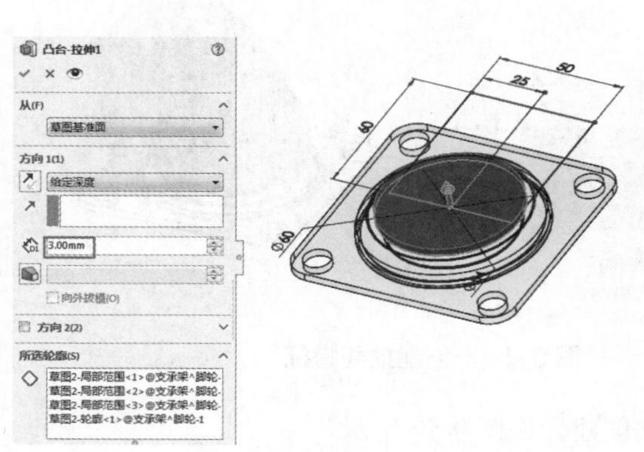

图 9-51　创建拉伸实体

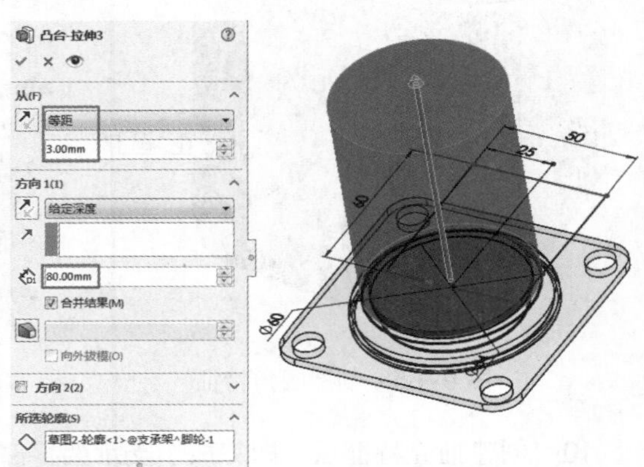

图 9-52　创建圆形实体

06 同理，再使用【拉伸凸台 / 基体】工具选择矩形来创建实体，如图 9-53 所示。

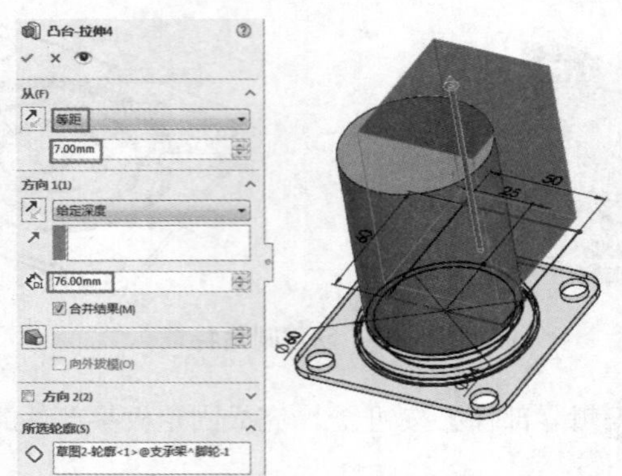

图 9–53 创建矩形实体

07 使用【拉伸切除】工具，选择上视基准面作为草图平面，绘制轮廓草图后再创建出图9-54所示的拉伸切除特征。

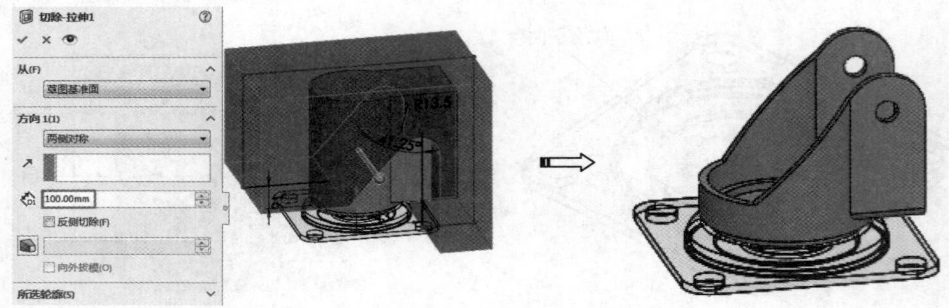

图 9–54 创建拉伸切除特征

08 使用【圆角】工具，在实体中创建半径为 3 的圆角特征，如图 9-55 所示。

09 使用【抽壳】工具，选择图 9-56 所示的面来创建厚度为 3 的抽壳特征。

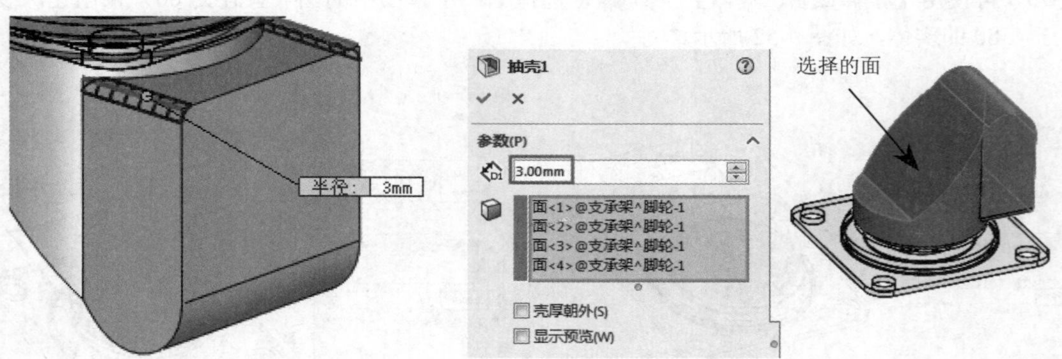

图 9–55 创建圆角特征　　图 9–56 创建抽壳特征

10 创建抽壳特征后，即完成了支承架零部件的创建，如图 9-57 所示。

11 使用【拉伸切除】工具，在上视基准面上创建出支承架的孔，如图 9-58 所示。

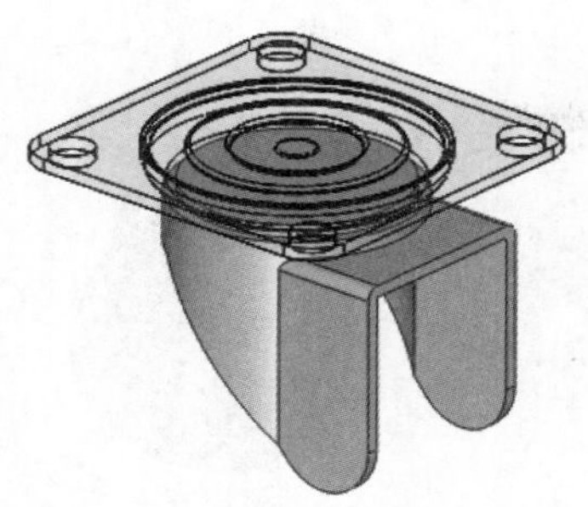

图 9–57　支承架

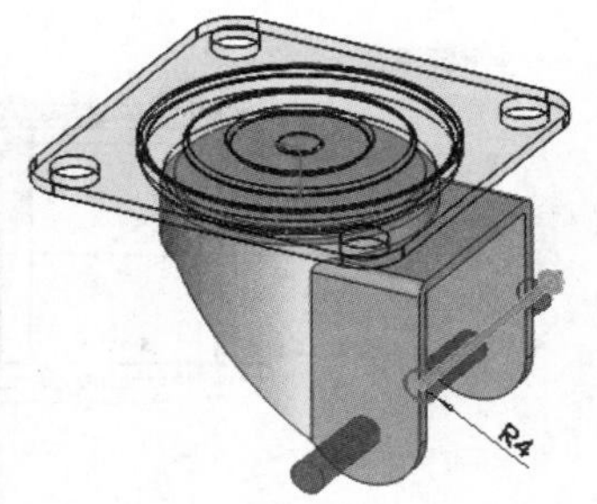

图 9–58　创建支承架上的孔

12　完成支承架零部件的创建后，单击【编辑零部件】按钮，退出零部件设计环境。

3. 创建塑胶轮、轮轴及螺母零部件

01　在装配环境下插入新零部件并重命名为“塑胶轮”。

02　编辑“塑胶轮”零部件进入装配设计环境。使用【点】工具，在支承架的孔中心创建一个点，如图 9-59 所示。

03　使用【基准面】工具，选择右视基准面作为第一参考，选择点作为第二参考，然后创建新基准面，如图 9-60 所示。

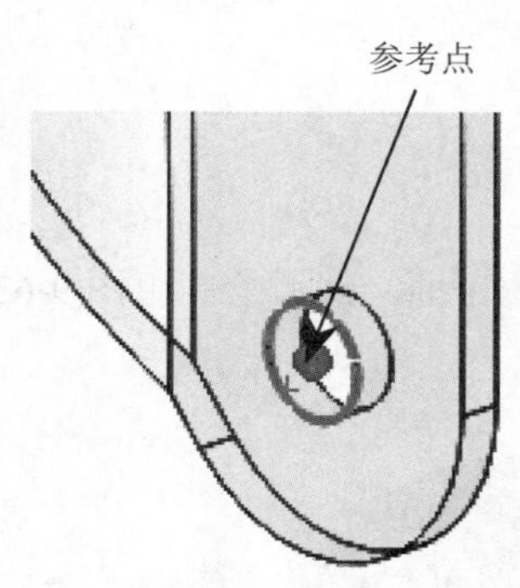

图 9–59　创建参考点

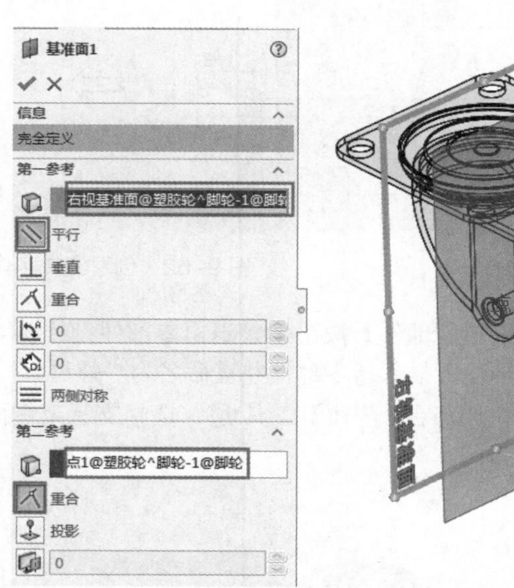

图 9–60　创建新基准面

技术要点

在选择第二参考时，参考点是看不见的。这需要展开图形区中的特征管理器设计树，然后再选择参考点。

04　使用【旋转凸台 / 基体】工具，选择参考基准面作为草图平面，绘制图 9-61 所示的草图后，完成旋转实体的创建。

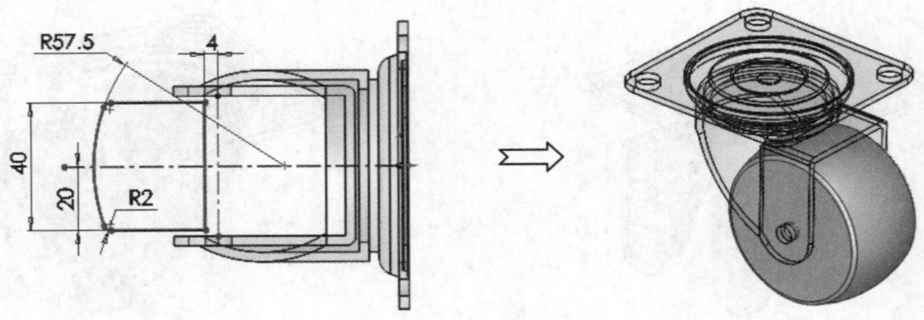

图 9-61　创建旋转实体

05　此旋转实体即为塑胶轮零部件。单击【编辑零部件】按钮，退出零部件设计环境。

06　在装配环境下插入新零部件并重命名为“轮轴”。

07　编辑“轮轴”零部件并进入零部件设计环境中。使用“旋转凸台 / 基体”工具，选择“塑胶轮”零部件中的参考基准面作为草图平面，然后创建出图 9-62 所示的旋转实体。此旋转实体即为轮轴零部件。

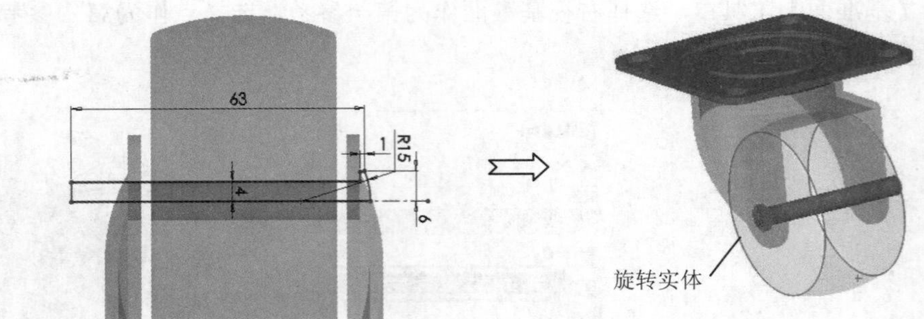

图 9-62　创建旋转实体

08　单击【编辑零部件】按钮，退出零部件设计环境。

09　在装配环境下插入新零部件并重命名为“螺母”。

10　使用【拉伸凸台 / 基体】工具，选择支承架侧面作为草图平面，然后绘制出图 9-63 所示的草图。

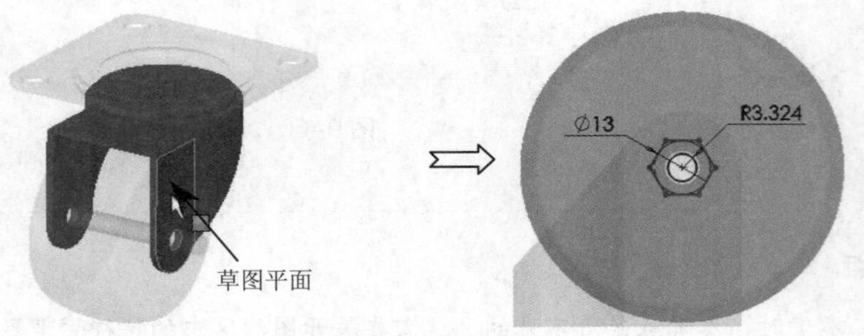

图 9-63　选择草图平面并绘制草图

11　退出草图模式后，创建出深度为 7.9 的拉伸实体，如图 9-64 所示。

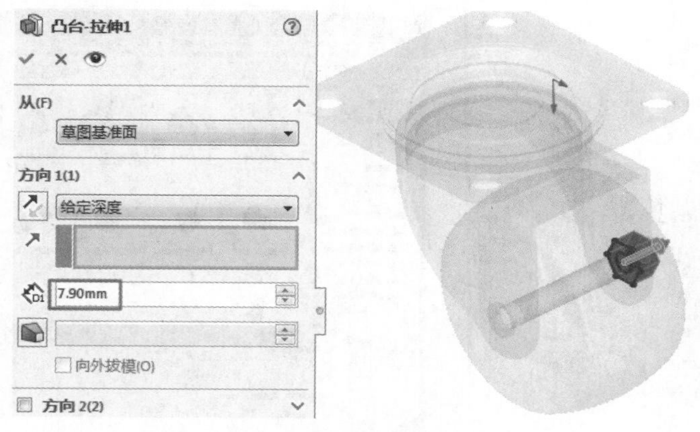

图 9-64　创建拉伸实体

12　使用【旋转切除】工具，选择"塑胶轮"零部件中的参考基准面作为草图平面，进入草图模式后绘制图 9-65 所示的草图，退出草图模式后创建出旋转切除特征。

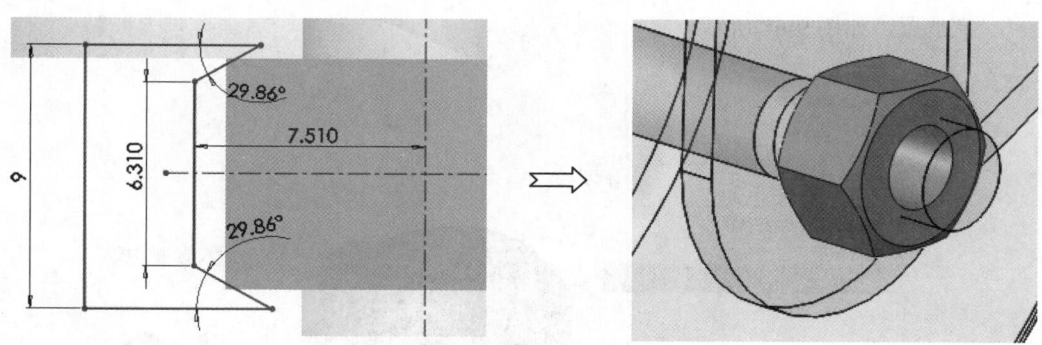

图 9-65　创建旋转切除特征

13　单击【编辑零部件】按钮，退出零部件设计环境。

14　至此，活动脚轮装配体中的所有零部件已全部设计完成。最后将装配体文件保存，并重命名为"脚轮"。

9.7.2　自下而上——台虎钳装配设计

台虎钳是安装在工作台上用以夹稳加工工件的工具。

台虎钳主要由两大部分构成：固定钳座和活动钳座。本例中将使用装配体的自下而上的设计方法来装配台虎钳。台虎钳装配体如图 9-66 所示。

1. 装配活动钳座子装配体

01　新建装配体文件，进入装配环境。

02　在属性管理器的【开始装配体】面板中单击【浏览】按钮，然后将本例素材文件"活动钳口 .sldprt"插入装配环境，如图 9-67 所示。

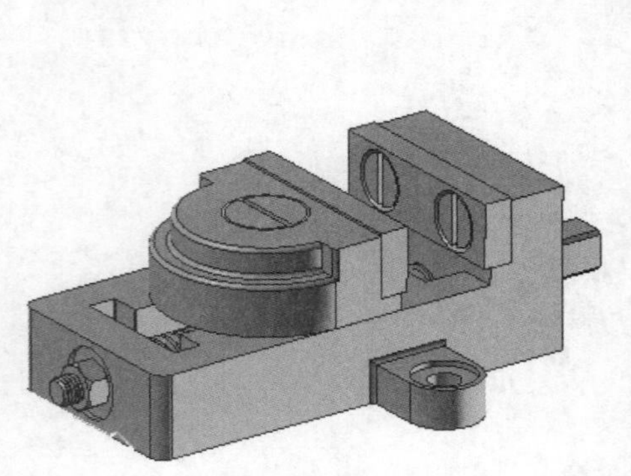

图 9-66 台虎钳装配体

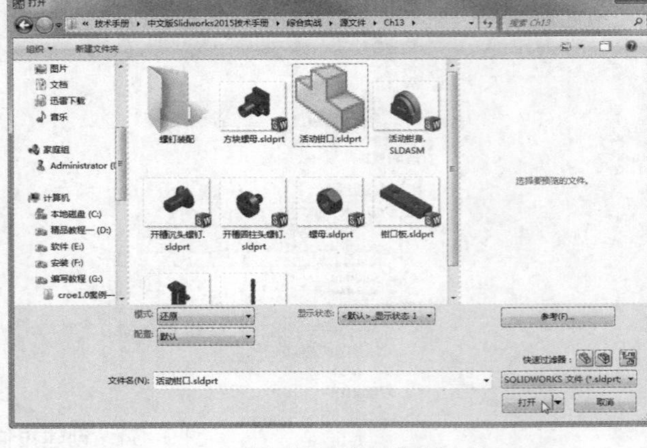

图 9-67 插入零部件到装配环境

03 在【装配体】选项卡中单击【插入零部件】按钮，属性管理器中显示【插入零部件】面板。在该面板中单击【浏览】按钮，将“钳口板 .sldprt”零部件文件插入装配环境并任意放置，如图 9-68 所示。

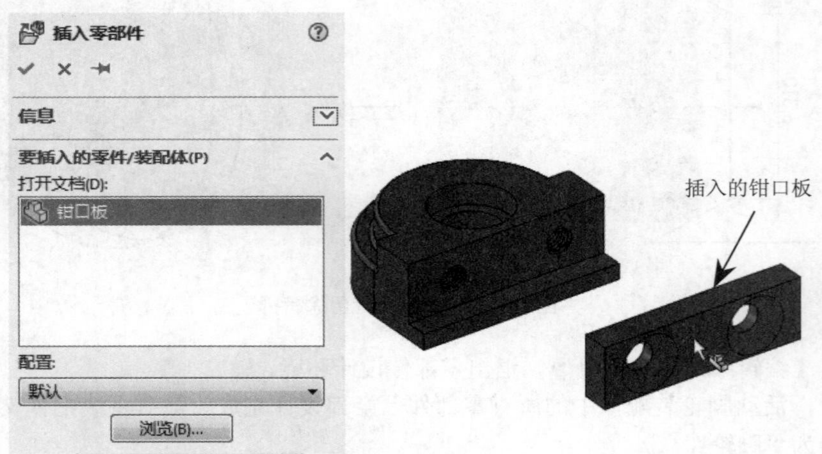

图 9-68 插入钳口板

04 同理，依次将“开槽沉头螺钉 .sldprt”和“开槽圆柱头螺钉 .sldprt”零部件插入装配环境，如图 9-69 所示。

05 在【装配体】选项卡中单击【配合】按钮，属性管理器中显示【配合】面板。在图形区中选择钳口板的孔边线和活动钳口中的孔边线作为要配合的实体，如图 9-70 所示。

06 随后钳口板自动与活动钳口孔对齐，并弹出标准配合工具栏。在该工具栏中单击【添加 / 完成配合】按钮，完成“同轴心”配合，如图 9-71 所示。

07 接着在钳口板和活动钳口零部件上各选择一个面作为要配合的实体，随后钳口板自动与活动钳口完成“重合”配合，在标准配合工具栏中单击【添加 / 完成配合】按钮完成配合，如图 9-72 所示。

08 选择活动钳口顶部的孔边线与开槽圆柱头螺钉的边线作为要配合的实体，并完成“同轴心”配合，如图 9-73 所示。

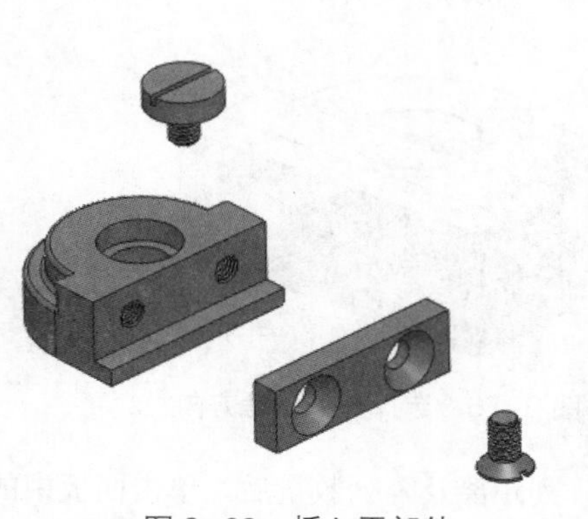

图 9–69　插入零部件

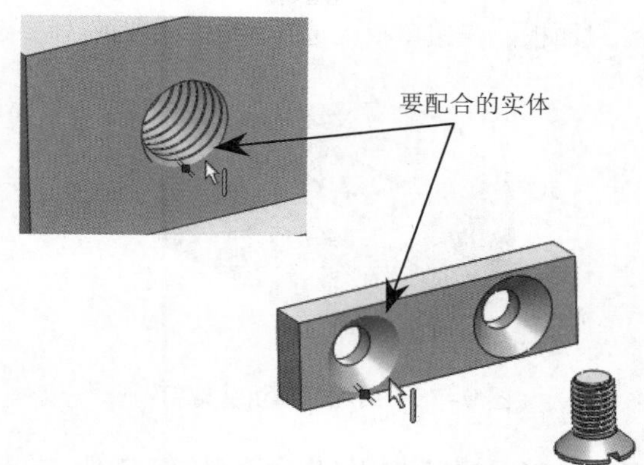

图 9–70　选择要配合的实体

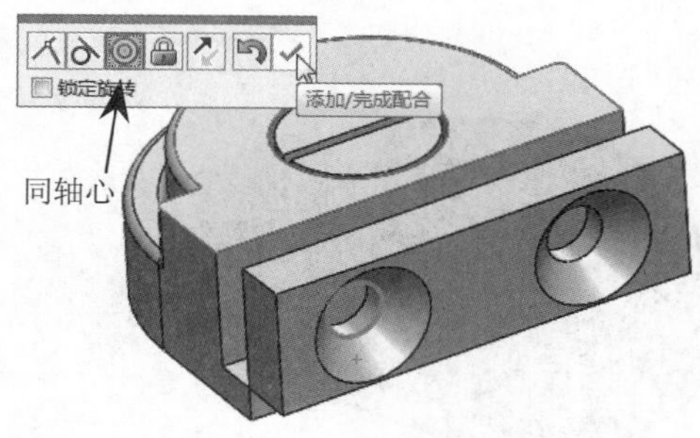

图 9–71　零部件的同轴心配合

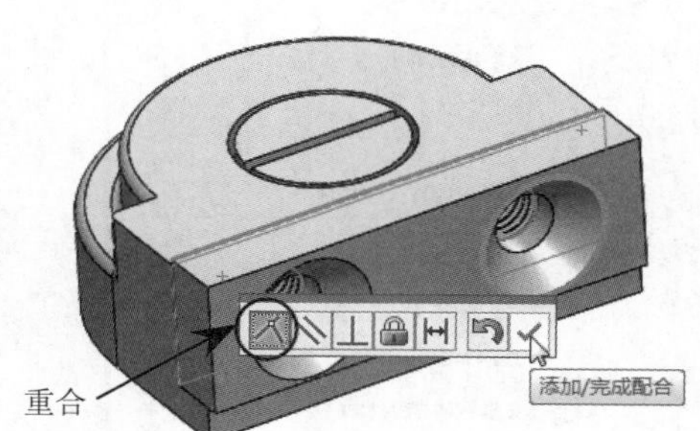

图 9–72　零部件的重合配合

技术要点

一般情况下，有孔的零部件使用“同轴心”配合与“重合”配合或“对齐”配合；无孔的零部件可用除“同轴心”外的配合。

09　选择活动钳口顶部的孔台阶面与开槽沉头螺钉的台阶面作为要配合的实体，并完成“重合”配合，如图 9-74 所示。

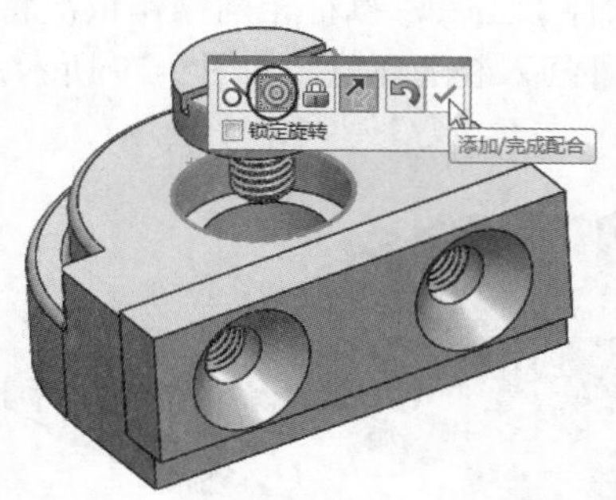

图 9–73　零部件的同轴心配合

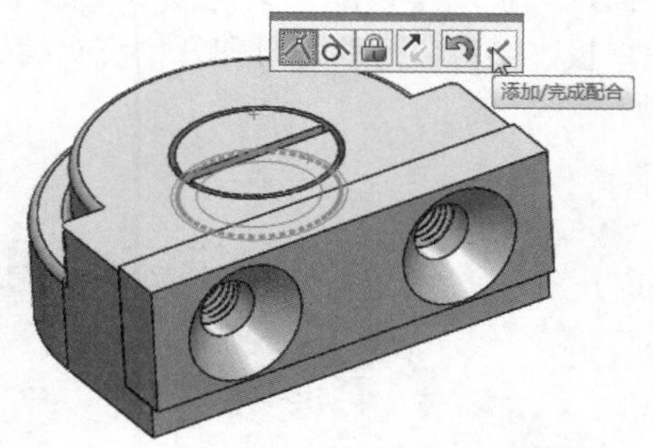

图 9–74　零部件的重合配合

10　同理，对开槽沉头螺钉与活动钳口使用“同轴心”配合和“重合”配合，结果如图 9-75 所示。

11　在【装配体】选项卡中单击【线性零部件阵列】按钮，属性管理器中显示【线性阵列】

面板，在钳口板上选择一边线作为阵列参考方向，如图 9-76 所示。

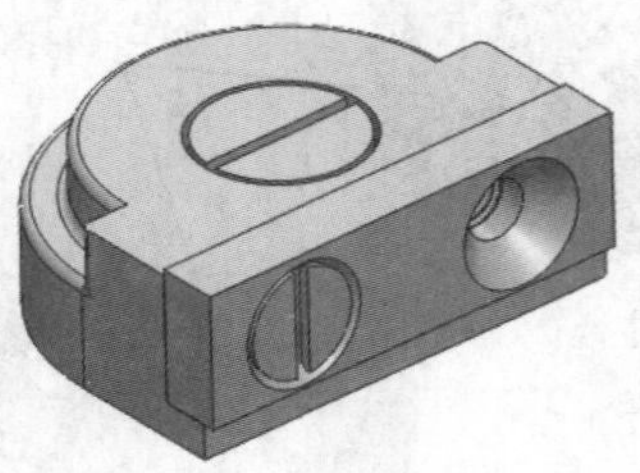

图 9–75　装配开槽沉头螺钉

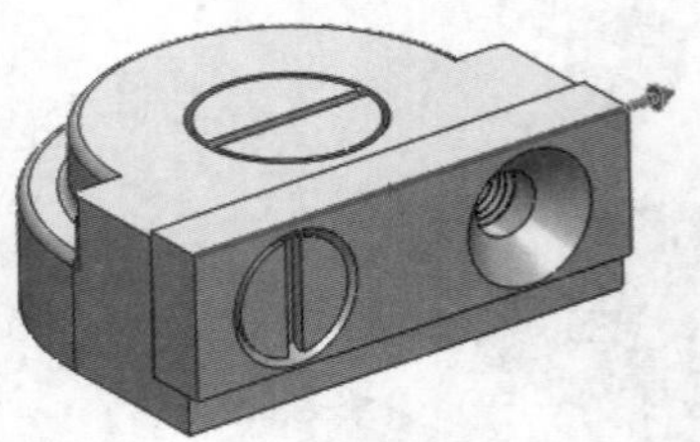

图 9–76　选择阵列参考方向

12　选择开槽沉头螺钉作为阵列的零部件，在输入阵列距离及阵列数量后，单击面板中的【确定】按钮，完成零部件的阵列，如图 9-77 所示。

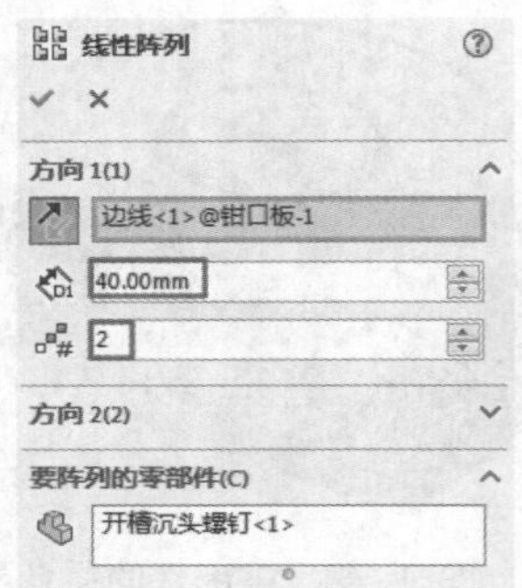

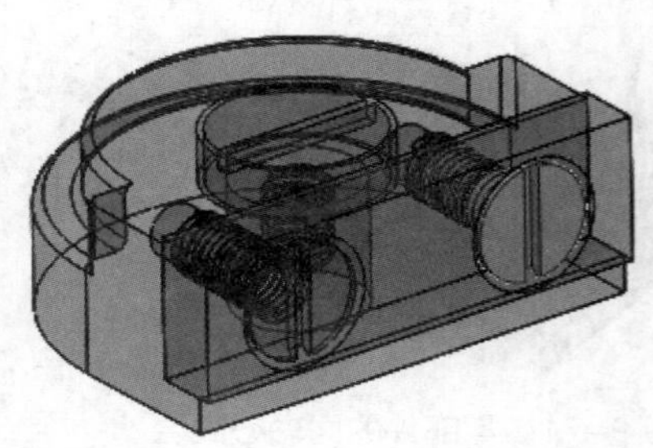

图 9–77　线性阵列开槽沉头螺钉

13　至此，活动钳座装配体设计完成，最后将装配体文件另存为“活动钳座 .SLDASM”，然后关闭窗口。

2. 装配固定钳座

01　新建装配体文件，进入装配环境。

02　在属性管理器的【开始装配体】面板中单击【浏览】按钮，然后将“钳座 .sldprt”零部件文件插入装配环境，以此作为固定零部件，如图 9-78 所示。

03　同理，使用【装配体】选项卡中的【插入零部件】工具，执行相同操作依次将丝杠、钳口板、螺母、方块螺母和开槽沉头螺钉等零部件插入装配环境，如图 9-79 所示。

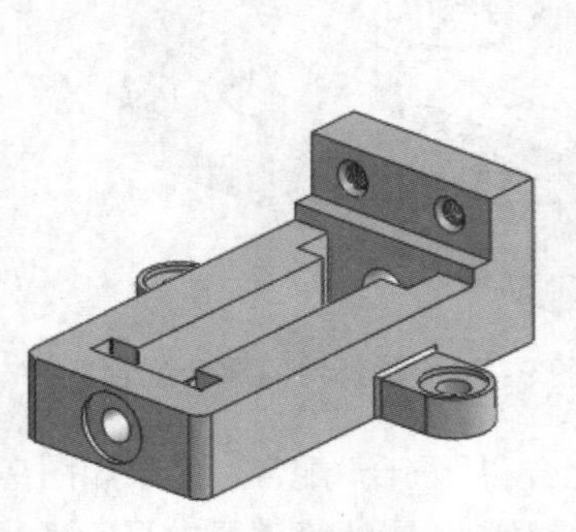

图 9–78　插入固定零部件

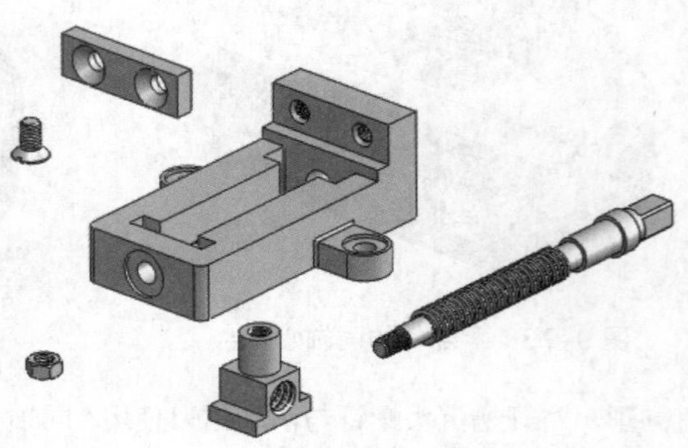

图 9–79　插入其他零部件

04　首先装配丝杠到钳座上。使用【配合】工具，选择丝杠圆形部分的边线与钳座孔边线作为要配合的实体，使用“同轴心”配合。选择丝杠圆形台阶面和钳座孔台阶面作为要配合的实体，并使用“重合”配合，配合的结果如图 9-80 所示。

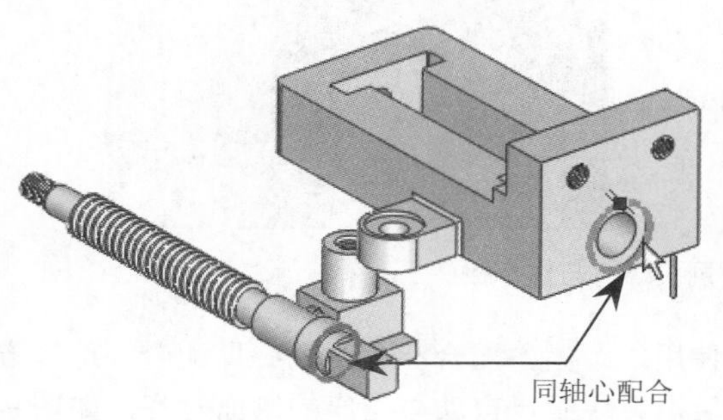

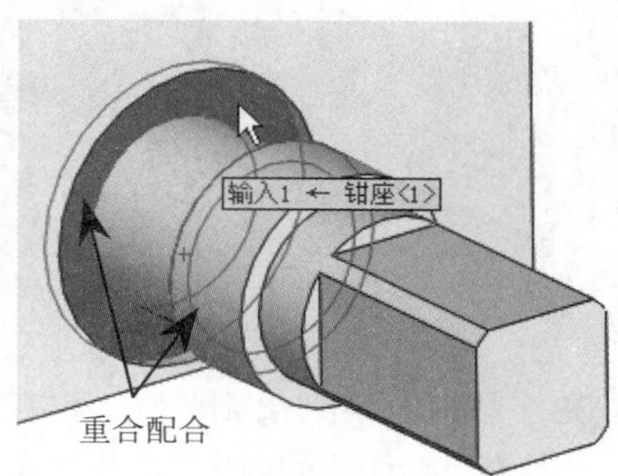

图 9-80　配合丝杠与钳座

05　装配螺母到丝杠上。螺母与丝杠的配合也使用“同轴心”配合和“重合”配合，如图 9-81 所示。

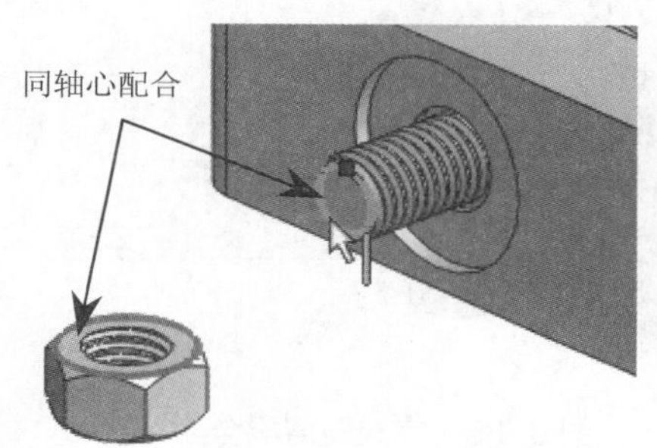

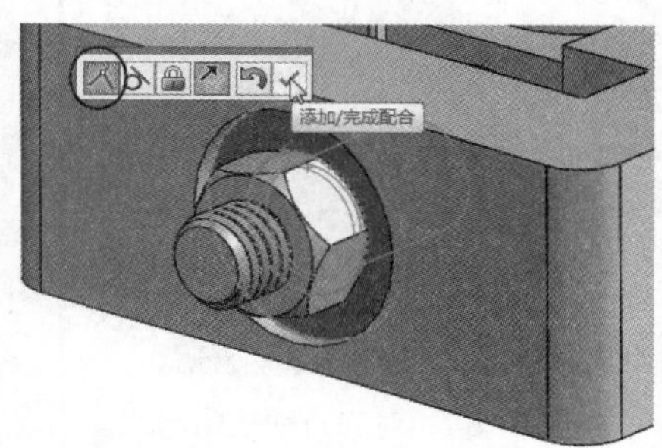

图 9-81　配合螺母和丝杠

06　装配钳口板到钳座上。装配钳口板时使用“同轴心”配合和“重合”配合，如图 9-82 所示。

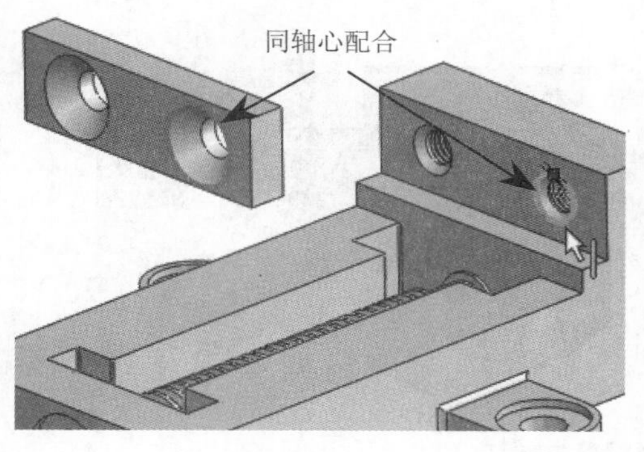

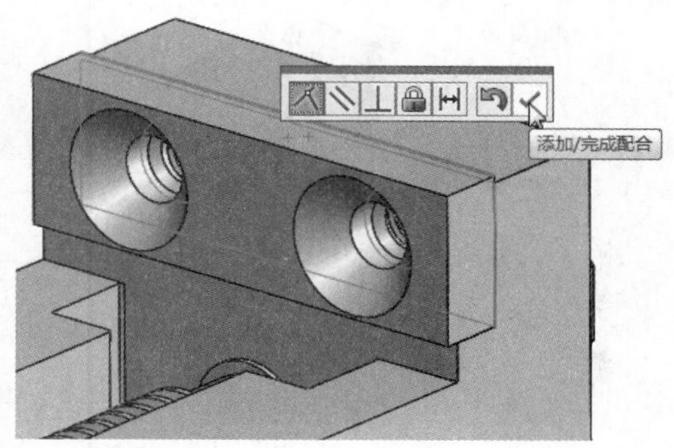

图 9-82　配合钳口板与钳座

07　装配开槽沉头螺钉到钳口板。装配钳口板时使用“同轴心”配合和“重合”配合，如图 9-83 所示。

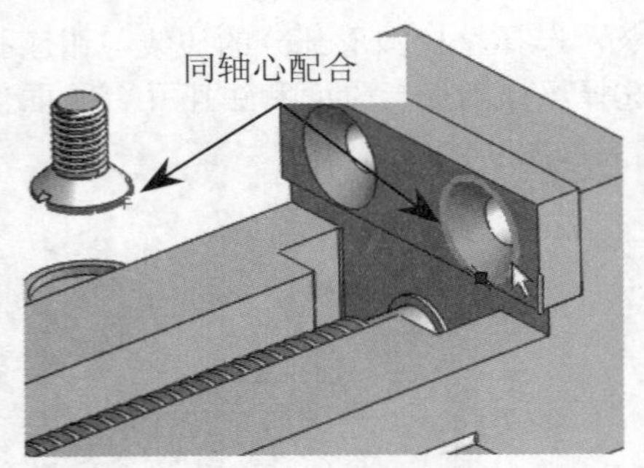

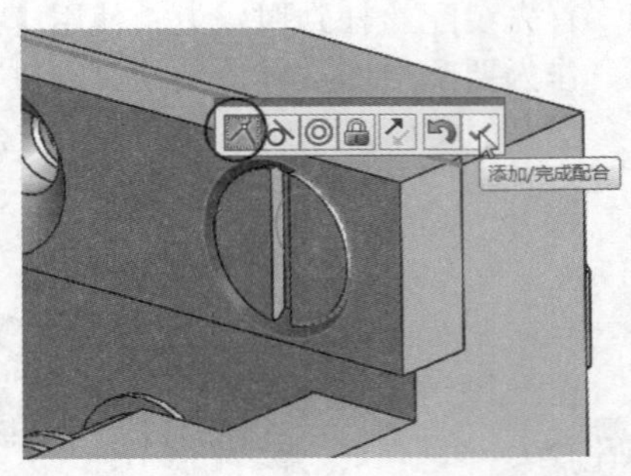

图 9-83　配合开槽沉头螺钉与钳口板

08　装配方块螺母到丝杠。装配时方块螺母使用“距离”配合和“同轴心”配合。选择方块螺母上的面与钳座面作为要配合的实体后，方块螺母自动与钳座的侧面对齐，如图 9-84 所示。此时，在标准配合工具栏中单击【距离】按钮，然后在距离文本框中输入值 70，再单击【添加 / 完成配合】按钮，完成距离配合，如图 9-85 所示。

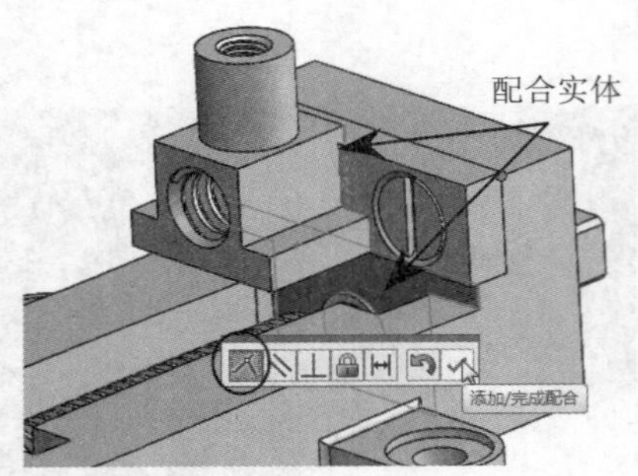

图 9-84　对齐方块螺母与钳座

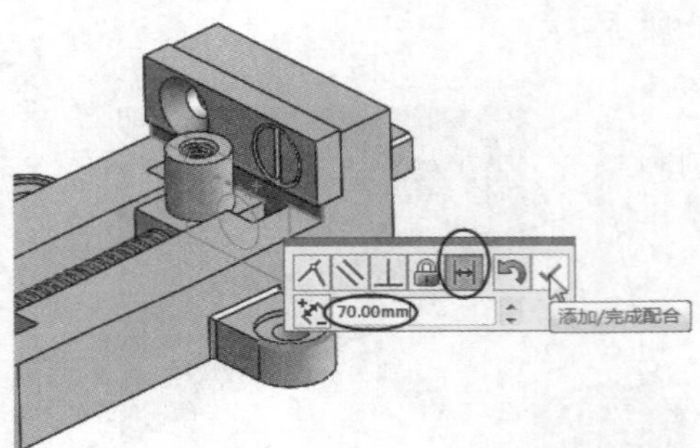

图 9-85　完成距离配合

09　接着对方块螺母和丝杠再使用“同轴心”配合，配合完成的结果如图 9-86 所示。配合完成后，关闭【配合】面板。

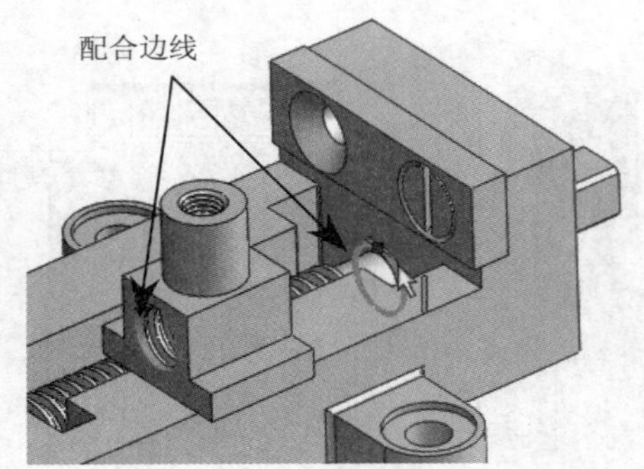

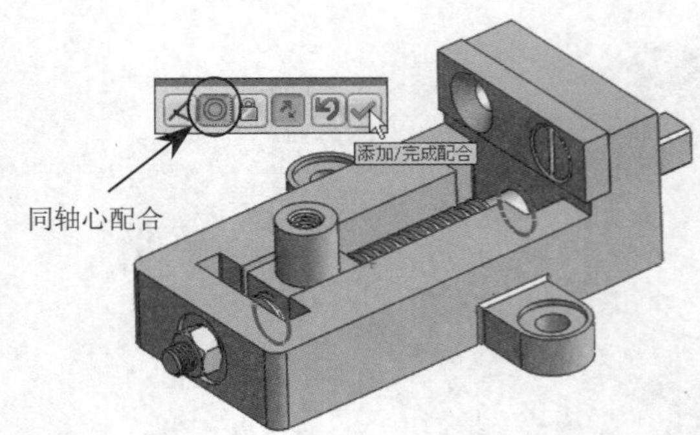

图 9-86　配合方块螺母与丝杠

10　使用【线性阵列】工具，阵列开槽沉头螺钉，如图 9-87 所示。

3. 插入子装配体

01　在【装配体】选项卡中单击【插入零部件】按钮，属性管理器中显示【插入零部件】面板。

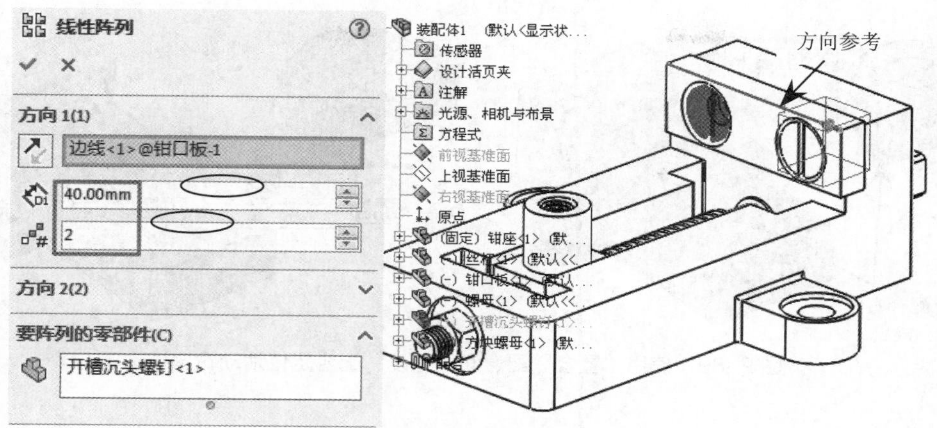

图 9–87　线性阵列开槽沉头螺钉

02　在面板中单击【浏览】按钮，然后在【打开】对话框中将先前另存为“活动钳座”的装配体文件打开，如图 9-88 所示。

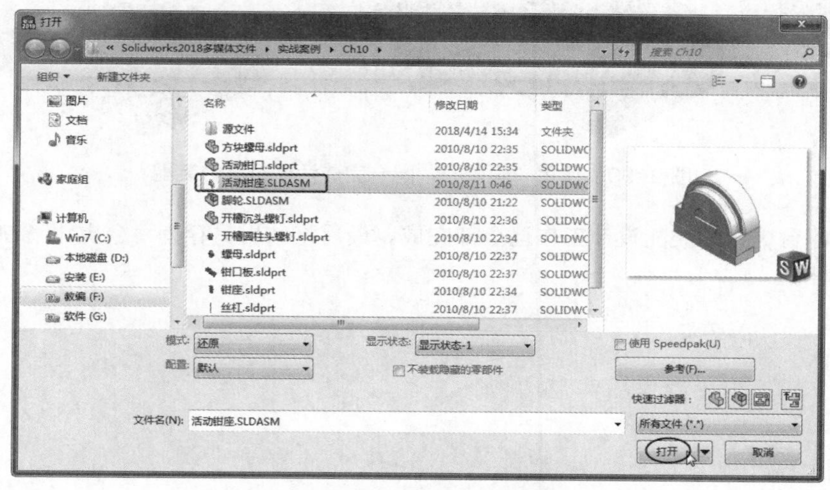

图 9–88　打开“活动钳座”装配体文件

技术要点

在【打开】对话框中，需先将“文件类型”设定为“装配体（*asm；*sldasm）”以后，才可选择子装配体文件。

03　打开装配体文件后，将其插入装配环境并任意放置。

04　添加配合关系，将活动钳座装配到方块螺母上。装配活动钳座时先使用“重合”配合和“角度”配合将活动钳座的方位调整好，如图 9-89 所示。

05　再使用“同轴心”配合，使活动钳座与方块螺母完全地同轴配合在一起，如图 9-90 所示。完成配合后关闭【配合】面板。

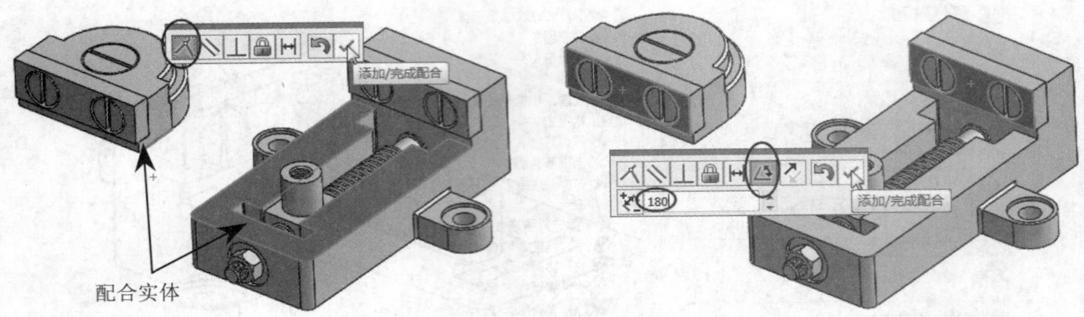

图 9-89　使用“重合”配合和“角度”配合定位活动钳座

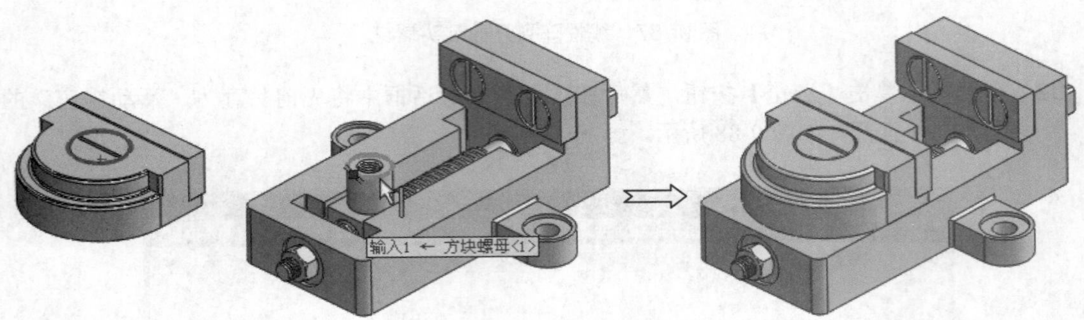

图 9-90　使用“同轴心”配合完成活动钳座的装配

06　至此，台虎钳的装配设计工作已全部完成。最后将结果另存为“台虎钳 .SLDASM”装配体文件。

Chapter 10

第 10 章 机械工程图设计

本章所介绍的内容包括 SolidWorks 2018 工程图环境设置、建立工程图、修改工程图、标注尺寸、注写技术要求、创建材料明细表和转换为 AutoCAD 文档等。

知识要点

- 工程图概述
- 标准工程视图
- 派生视图
- 标注图纸

10.1 工程图概述

在 SolidWorks 中，使用生成的三维零件图和装配体图，可以直接生成工程图。随后便可对其进行尺寸标注、表面粗糙度符号标注及公差配合等。

也可以直接使用二维几何绘制生成工程图，而不必考虑所设计的零件模型或装配体，所绘制出的几何实体和参数尺寸一样，可以为其添加多种几何关系。工程图文件的扩展名为“.slddrw”，新工程图名称是使用所插入的第一个模型的名称，该名称出现在标题栏中。

10.1.1 设置工程图选项

1. 工程图属性设置

单击【系统选项 - 普通】对话框中的【文档属性】选项卡，用户可以分别对绘图标准、注解、尺寸、表格、单位、出详图等参数进行设置，图 10-1 所示为注解的设置页面。

技术要点

文件属性一定要根据实际情况设置正确，特别是总的绘图标准，否则将影响后续的投影视角和标注标准。

2. 设置图纸投影视角

投影视图有“第一视角”和“第三视角”。

当工程图中投影类型不符合设计制图要求时，用户可用通过以下步骤实现切换。在图形区右击，在弹出的快捷菜单中选择【属性】命令，弹出【图纸属性】对话框，如图 10-2 所示。用户可在【投影类型】下选择【第一视角】选项或【第三视角】选项实现视角的转换。

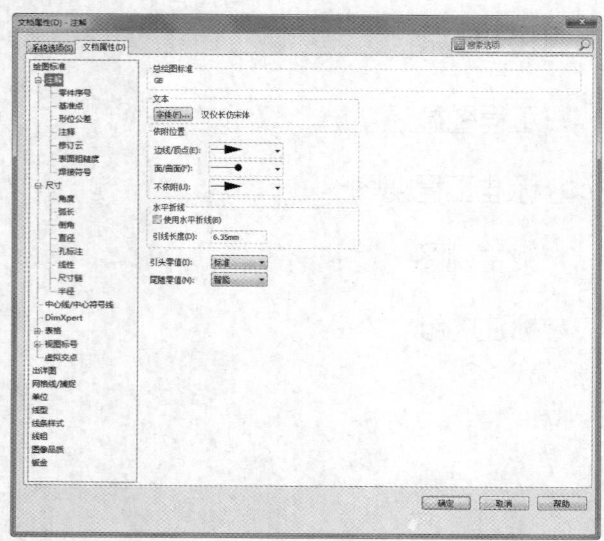

图 10–1 【注解】设置页面

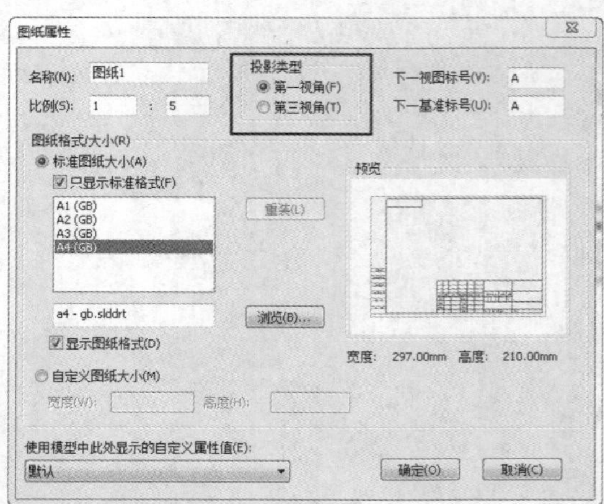

图 10–2 工程图视角转换

技术要点

工程图中视角的类型决定了投影方向，视角错误将导致生成投影视图错误，重者将导致生成零件错误。在出图时必须检查视角，保证其正确。

10.1.2　建立工程图文件

工程图通常包含一个零部件或装配体的多个视图。在创建工程图之前，需要保存零部件的三维模型。

技术要点

有时也将工程图当作二维绘图软件使用，它较 AutoCAD 最明显的优势在于能够快速修改尺寸和标注，快速创建图形。

1. 创建一个工程图

创建一个工程图的操作步骤如下。

01　单击【标准】工具栏上的【新建】按钮，或依次执行【文件】/【新建】命令，打开图 10-3 所示的【新建 SOLIDWORKS 文件】对话框。

02　在【新建 SOLIDWORKS 文件】对话框中单击【高级】按钮，弹出图 10-4 所示的【模板】选项卡。

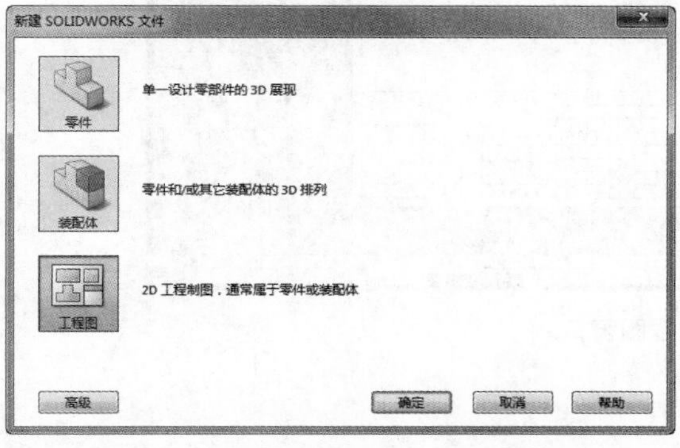

图 10-3 【新建 SOLIDWORKS 文件】对话框

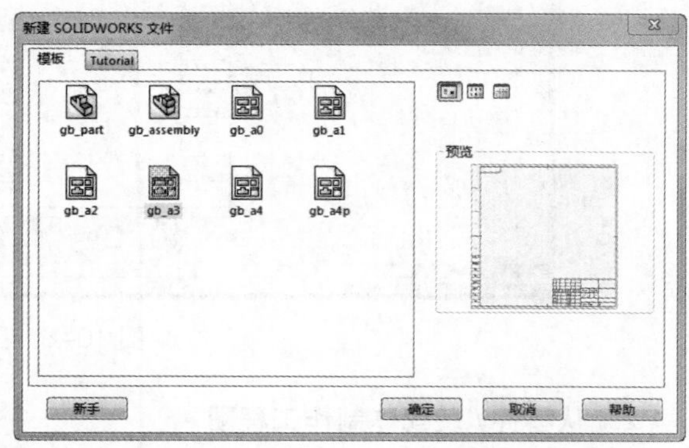

图 10-4 【模板】选项卡

03　在【模板】选项卡中选择图纸模板，然后单击【确定】按钮，也可加载图纸模板。

04　加载图纸模板后弹出图 10-5 所示的窗口，用户可通过单击【浏览】按钮打开需要制作工程图的零件来生成工程图。

05　用户也可以单击【取消】按钮直接进入工程图窗口，当前图纸的大小和比例等信息显示在窗口底部的状态栏中，如图 10-6 所示。

06　至此，已经成功进入工程图环境，接下来需要在工程图中创建视图和标注相关尺寸、注写技术要求等具体操作。

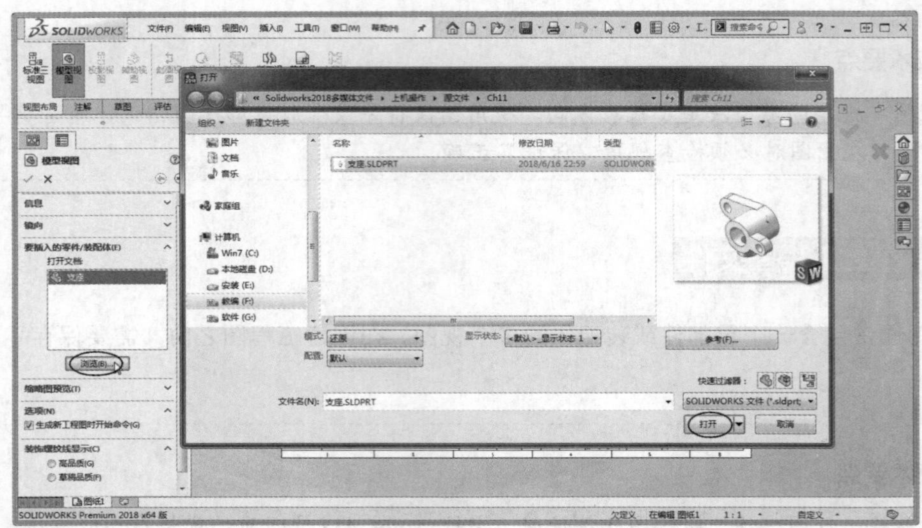

图 10–5　浏览方式生成工程图

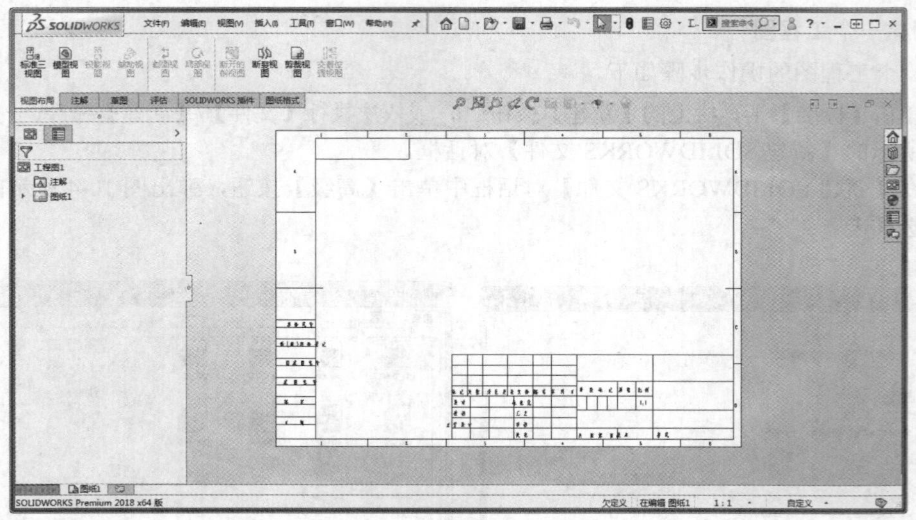

图 10–6　工程图窗口

2. 从零件 / 装配体制作工程图

从零件 / 装配体制作工程图的操作步骤如下。

01　在零件设计环境中载入模型，然后在菜单栏中执行【文件】/【从零件制作工程图】命令，打开【新建 SOLIDWORKS 文件】对话框，选择一个图纸模板后单击【确定】按钮进入工程图模式。

02　在【任务窗格】中展开视图调色板，如图 10-7 所示。将面板中用户选定的作为主视图的视图拖到图纸区域，单击后即可将主视图放置在光标所在位置。

03　依次沿各个方向移动光标，出现虚线引导线，相应的视图预览也会显示出来（通常作三视图只需沿主视图下方和右方移动制作对应的俯视图和左视图），在合适位置处单击确认即可完成该视图的创建，如图 10-8 所示。

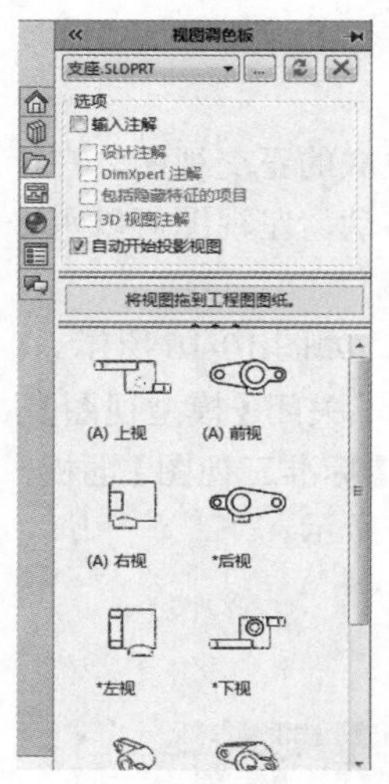

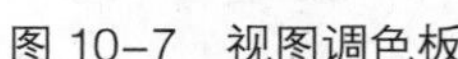
图 10–7　视图调色板

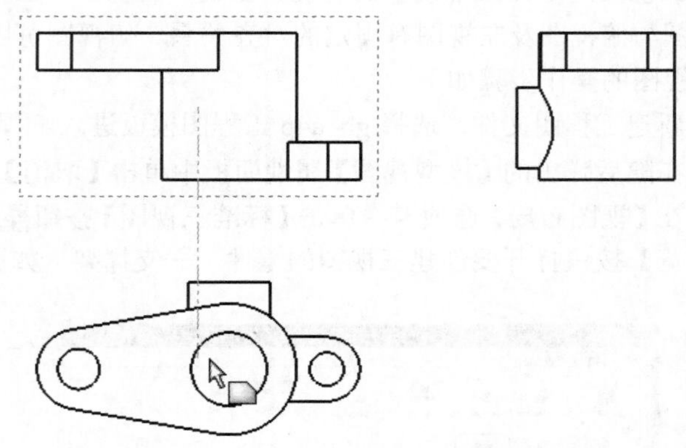

图 10–8　单击放置投影视图

3. 在一个工程图文件中建立多张工程图

在实际情况下，一个复杂的零件或装配体需要多张图纸才能将其表达完整，这样就需要在一个工程图文件中建立多张工程图，即在已有工程图文件中添加工程图。

添加工程图有以下 3 种方法。

- 单击图纸底部的图纸名称右边的【添加图纸】按钮。
- 在图纸底部的图纸名称上右击，在弹出的菜单中选择【添加图纸】命令。
- 在工程图图纸区域空白处右击，弹出图 10-9 所示的下拉菜单，选择其中的【添加图纸】命令。

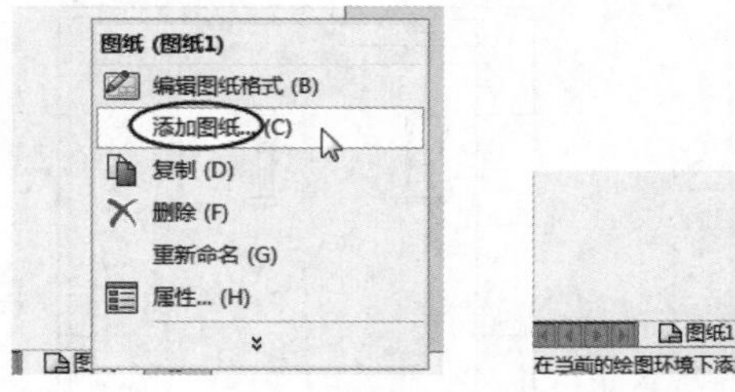

图 10–9　添加工程图

技术要点

添加的工程图图纸默认为原来图纸的格式。

10.2 标准工程视图

标准工程视图包括标准三视图、模型视图、空白视图、预定义视图和相对视图。

10.2.1 标准三视图

标准三视图是零件三维模型的前视、左视、上视 3 个正交投影生成的正交视图。在标准三视图中，主视图与俯视图及左视图有固定的对齐关系。俯视图可以竖直移动，左视图可以水平移动。创建标准三视图的操作步骤如下。

01 新建工程图文件，选择 gb_a4p 工程图模板进入工程图环境，如图 10-10 所示。

02 在随后弹出的【模型视图】属性面板中单击【取消】按钮 ×，关闭【模型视图】属性面板。

03 在【视图布局】选项卡中单击【标准三视图】按钮，弹出【标准三视图】面板，单击【浏览】按钮打开要创建三视图的零件——支撑架，如图 10-11 所示。

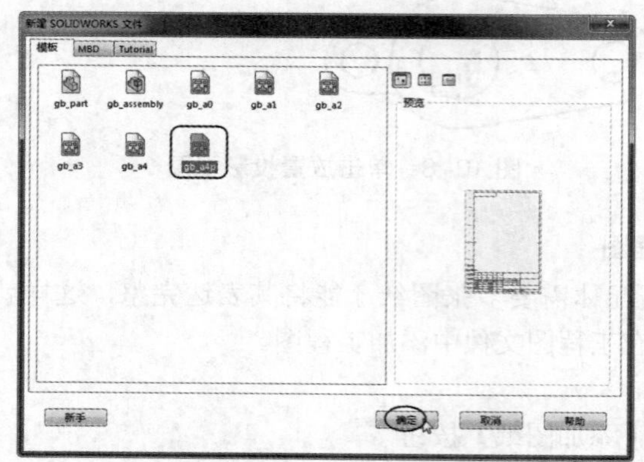

图 10-10 选择工程图模板

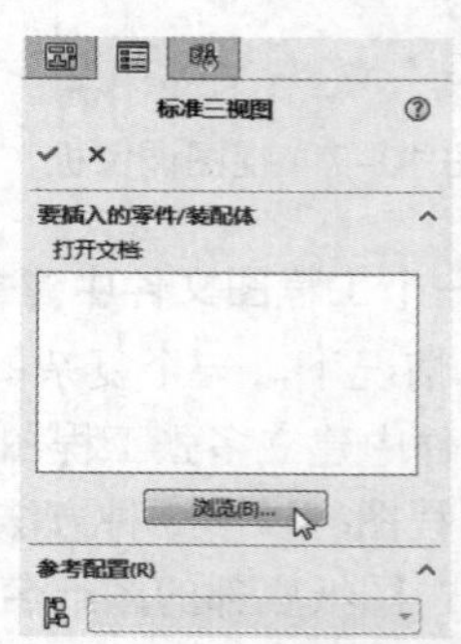

图 10-11 单击【浏览】按钮打开模型

04 随后系统自动创建标准三视图，如图 10-12 所示。

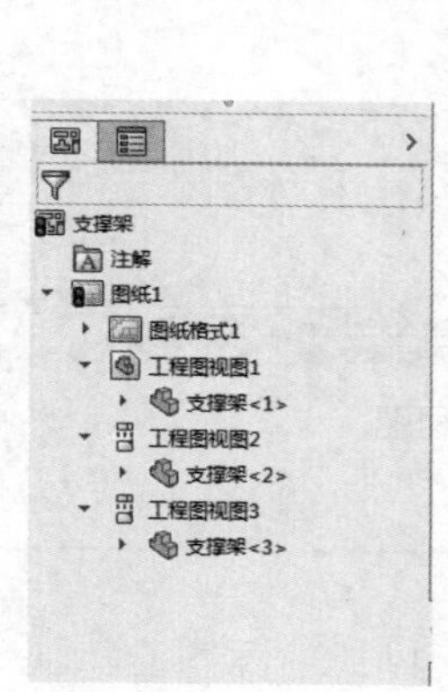

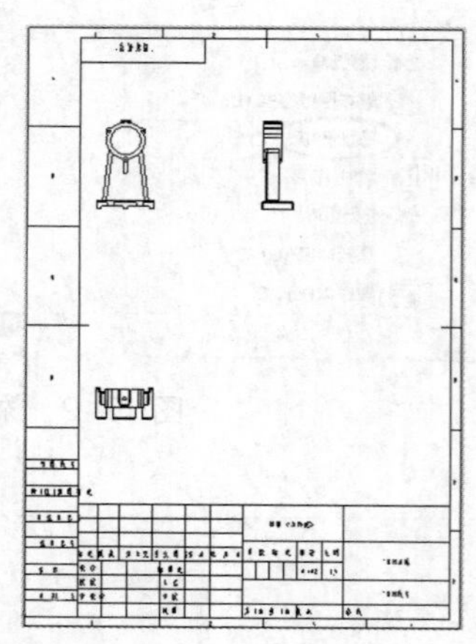

图 10-12 自动生成支撑架的标准三视图

技术要点

用标准方法生成的三视图，以默认的图纸比例插入零件三视图，后期还需要重新定义视图的比例。

10.2.2　模型视图

用户可以自主选择所需的模型视图来建立工程图视图。创建模型三视图的操作步骤如下。

01　新建工程图文件，选择 gb_a4p 工程图模板进入工程图环境，如图 10-13 所示。

02　在随后弹出的【模型视图】面板中单击【浏览】按钮，选择本例源文件“支撑架 .sldprt”，如图 10-14 所示。

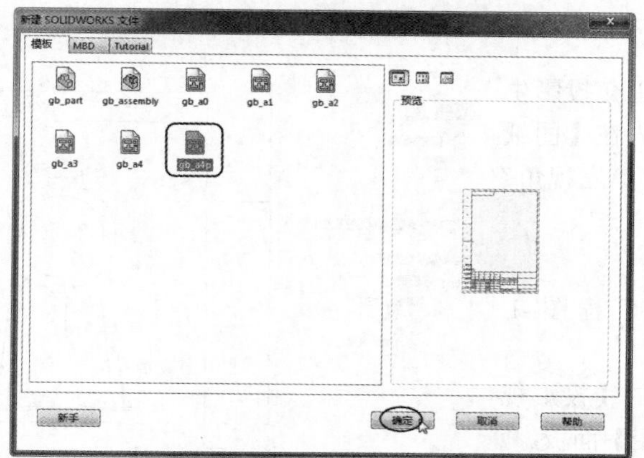

图 10-13　选择工程图模板

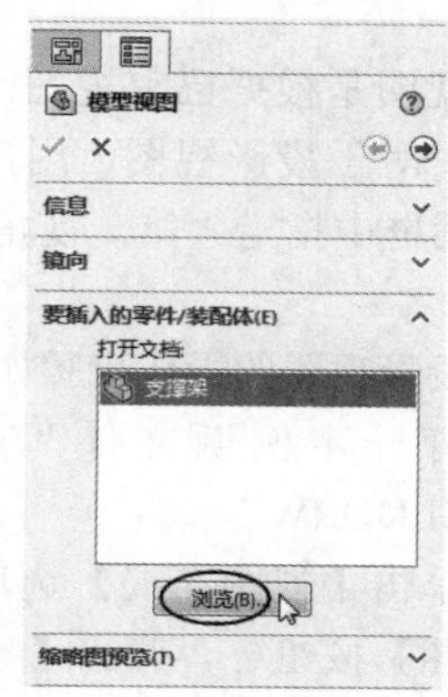

图 10-14 【模型视图】面板

03　在【模型视图】面板的【方向】选项区中勾选【生成多视图】复选框，然后单击【前视】【上视】和【左视】按钮，设置用户自定义的图纸比例为 1∶2.2，单击【确定】按钮✓，生成支撑架的标准三视图，如图 10-15 所示。

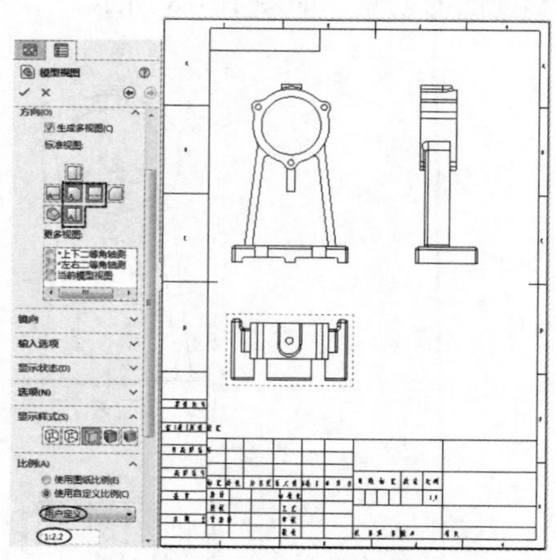

图 10-15　创建支撑架的标准三视图

技术要点

模型视图方式不仅能生成标准三视图，还可以根据需要选择系统提供的 7 个视图中的任意一个或多个视图。

10.3 派生视图

派生的工程视图，是在已有视图基础上生成新的工程图。派生工程图包括投影视图、辅助视图、局部视图、剪裁视图、剖面视图等。用户在进行工程图中视图方位的决定时，可以先生成一个主体视图，然后根据该零部件工程图的表达需要添加派生的工程视图。

10.3.1 投影视图

投影视图是根据已有视图，通过正交投影生成的视图。对于投影视图，用户可预先在【图纸属性】对话框中指定“第一视角”或“第三视角”投影类型。

生成投影视图的操作步骤如下。

01 打开本例源文件“支撑架工程图-1.SLDDRW”。

02 单击【视图布局】选项卡中的【投影视图】按钮，弹出【投影视图】面板。

03 在图形中选择一个用于创建投影视图的视图，如图 10-16 所示。

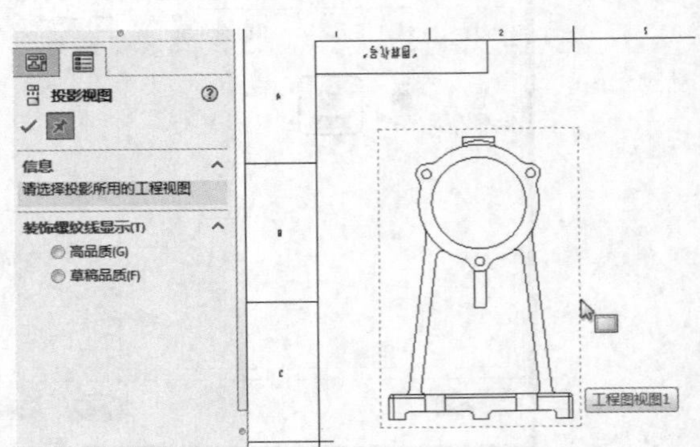

图 10-16 选择要投影的视图

04 将投影视图向下移动到合适位置。在系统默认情况下，投影视图只能沿着投影方向移动，而且与源视图保持对齐，如图 10-17 所示。单击放置投影视图。

05 同理，再将另一投影视图向右平移到合适位置，单击放置投影视图。最后单击【确认】按钮，完成全部投影视图的创建，如图 10-18 所示。

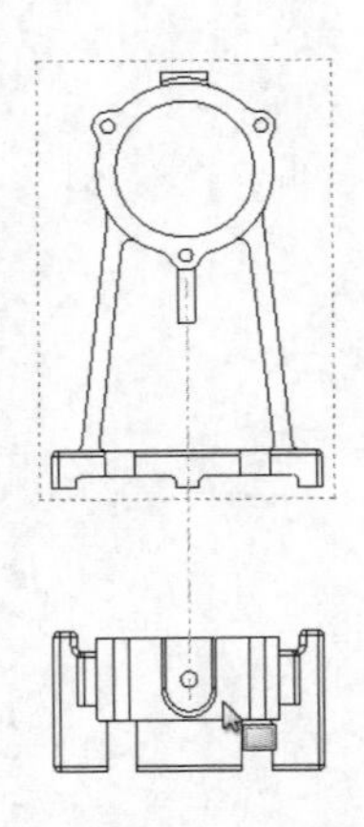
图 10-17 移动投影视图

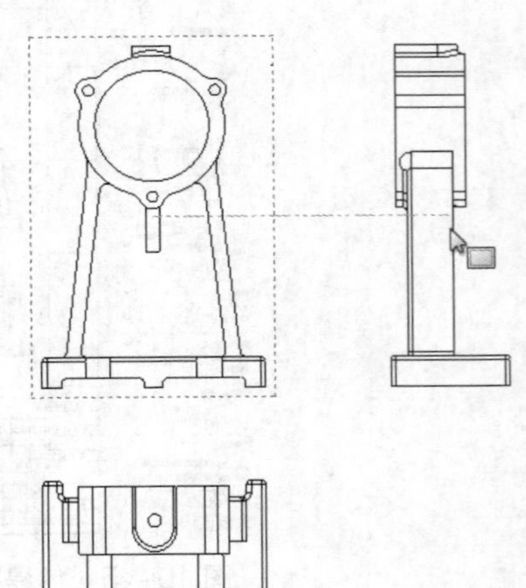
图 10-18 创建另一投影视图

10.3.2 剖面视图

剖面视图是用一条剖切线分割父视图生成的，属于派生视图，然后借助于分割线拉出预览投影，在工程图投影位置上生成一个剖面视图。剖面视图可以直线剖切面或是用阶梯剖切割线定义的等距剖切面。剖切线还可以包括同心圆弧。

剖切平面可以是单一剖切面，或者是用阶梯剖切割线定义的等距剖切面。其中用于生成剖面视图的父视图可以是已有的标准视图或派生视图，并且可以生成剖面视图的剖面视图。生成剖面视图的操作步骤如下。

01　打开本例源文件“支撑架工程图 -2.SLDDRW”。

02　单击【视图布局】选项卡中的【剖面视图】按钮，在弹出的【剖面视图辅助】面板中选择【水平】切割线类型，在图纸的主视图中将光标移至待剖切的位置，光标处自动显示出黄色的辅助剖切线，如图 10-19 所示。

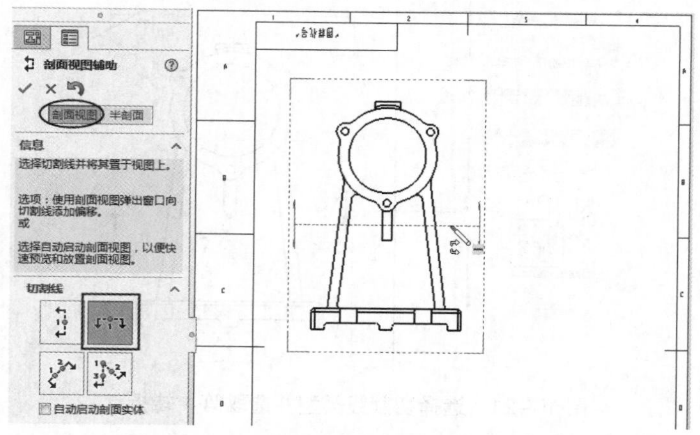

图 10-19　选择切割线类型并确定剖切位置

03　单击放置切割线，在弹出的选项工具栏中单击【确定】按钮，然后在主视图下方放置剖切视图，如图 10-20 所示。最后单击【剖面视图 A-A】面板中的【确定】按钮，完成剖面视图的创建。

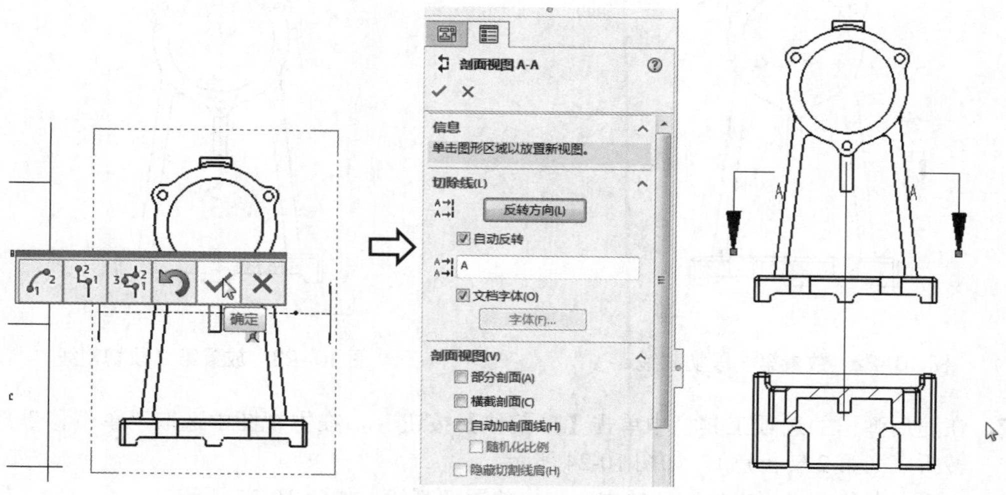

图 10-20　放置 A-A 剖面视图

技术要点

如果切割线的投影箭头指向上，可以在【剖面视图 A-A】面板中单击【反转方向】按钮改变投影方向。

04 单击【剖面视图】按钮，在弹出的【剖面视图辅助】面板中选择【对齐】切割线类型，然后在主视图中选取切割线的第 1 转折点，如图 10-21 所示。

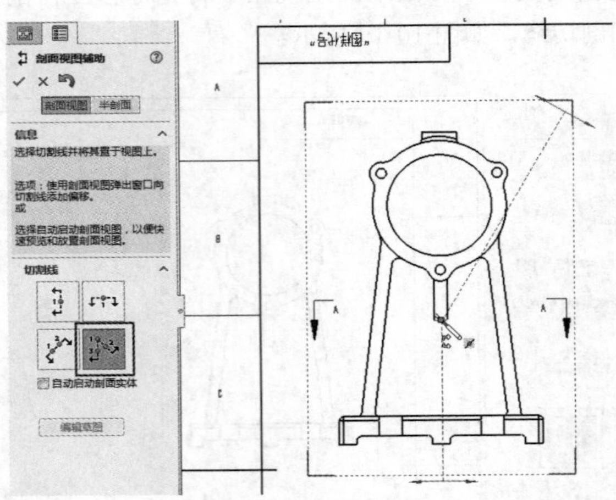

图 10-21 选择切割线类型并选取第 1 转折点

05 选取主视图中的“圆心”约束点放置第 1 段切割线，如图 10-22 所示。

06 在主视图中选取一点来放置第 2 段切割线，如图 10-23 所示。

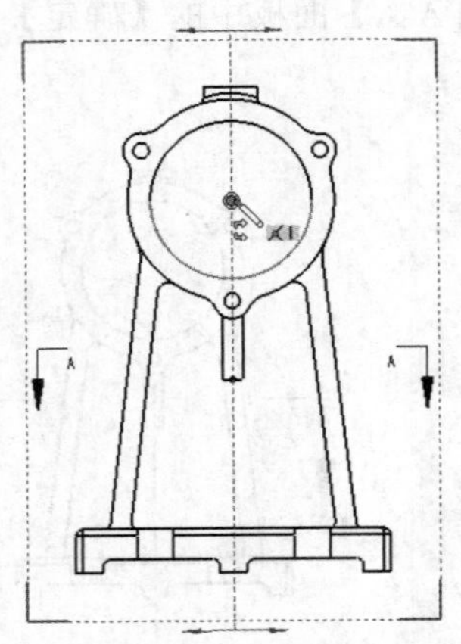

图 10-22 放置第 1 段切割线

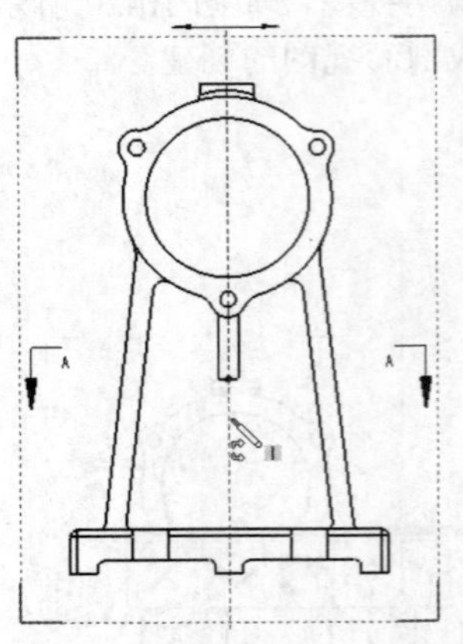

图 10-23 放置第 2 段切割线

07 在随后弹出的选项工具栏中单击【单偏移】按钮，在主视图中选取“单偏移”形式的转折点（第 2 转折点），如图 10-24 所示。

08 水平向左移动光标来选取孔的中心点来放置切割线，如图 10-25 所示。

09 单击选项工具栏中的【确定】按钮，将 B-B 剖面视图放置于主视图的右侧，如图 10-26 所示。

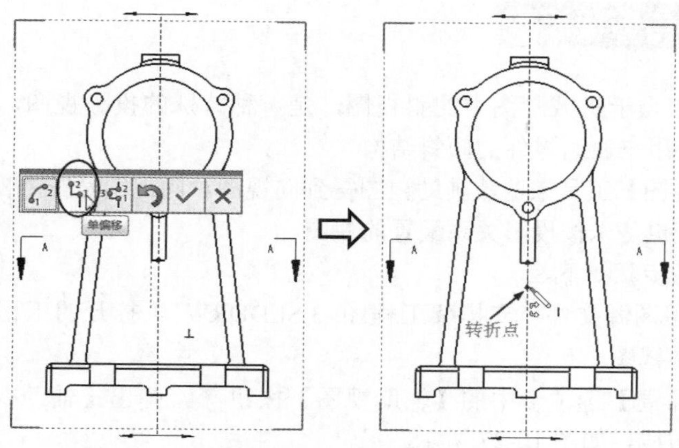

图 10-24　选取第 2 转折点

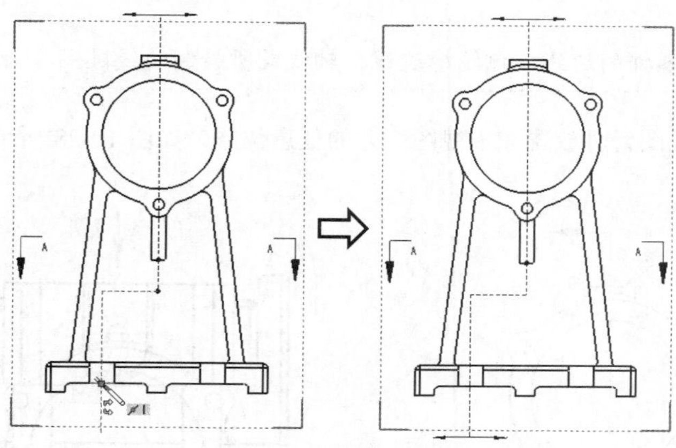

图 10-25　选取孔中心点放置切割线

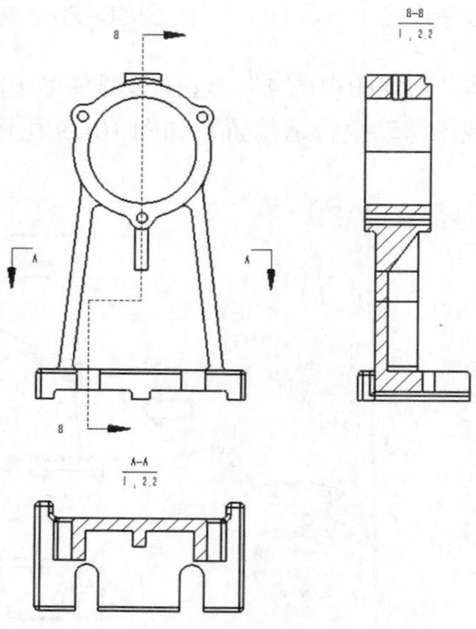

图 10-26　放置 B-B 剖面视图

10.3.3 辅助视图与剪裁视图

辅助视图的用途相当于机械制图中的斜视图，是一种特殊的投影视图，在恰当的角度上向选定的面或轴进行投影，用来表达零件的倾斜结构。

可以使用【剪裁视图】工具来剪裁辅助视图得到向视图。向视图是在主视图或其他视图上注明投射方向所得的视图，也是未按投影关系配置的视图。

创建零件向视图的步骤如下。

01 打开本例工程图源文件“支撑架工程图-3.SLDDRW”。打开的工程图中已经创建了主视图和两个剖切视图。

02 单击【视图布局】选项卡中的【辅助视图】按钮，弹出【辅助视图】面板。在主视图中选择参考边线，如图 10-27 所示。

技术要点

参考边线可以是零件的边线、侧轮廓边线、轴线或所绘制的线段。

03 随后将辅助视图暂时放置在主视图下方的任意位置，如图 10-28 所示。

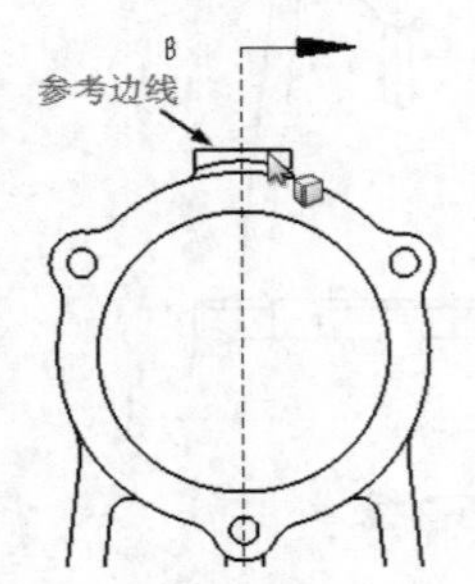

图 10-27 选择参考边线

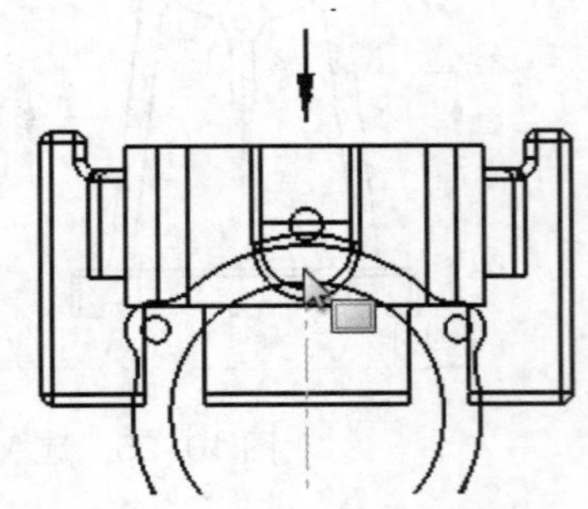

图 10-28 放置辅助视图

04 在工程图设计树中右击“工程图视图 4”，选择右键菜单中的【视图对齐】/【解除对齐关系】命令，接着再将辅助视图移动至合适位置，如图 10-29 所示。

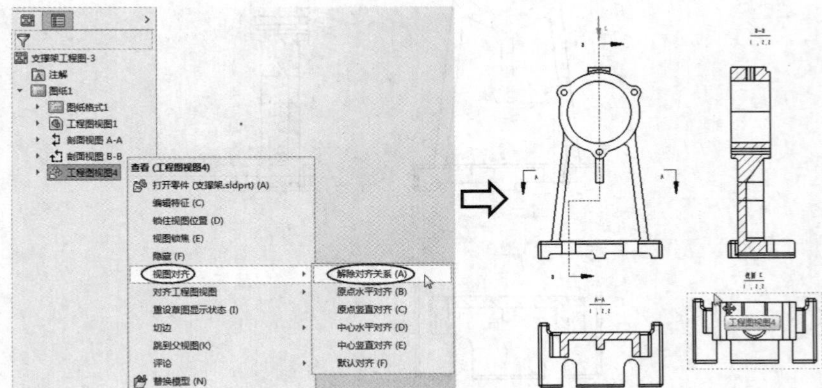

图 10-29 解除对齐关系后移动辅助视图

05　在【草图】选项卡中单击【边角矩形】按钮，在辅助视图中绘制一个矩形，如图 10-30 所示。

06　选中矩形的一条边，再单击【剪裁视图】按钮，完成辅助视图的剪裁，结果如图 10-31 所示。

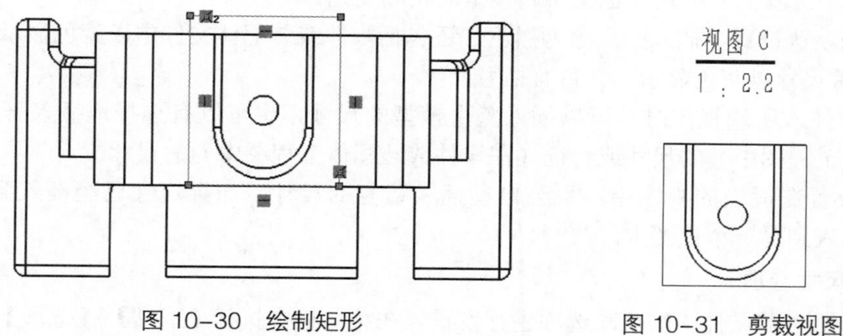

图 10-30　绘制矩形　　　　图 10-31　剪裁视图

07　选中剪裁后的辅助视图，在弹出的【工程图视图 4】面板中勾选【无轮廓】复选框，单击【确定】按钮后取消向视图中草图轮廓的显示，最终完成的向视图如图 10-32 所示。

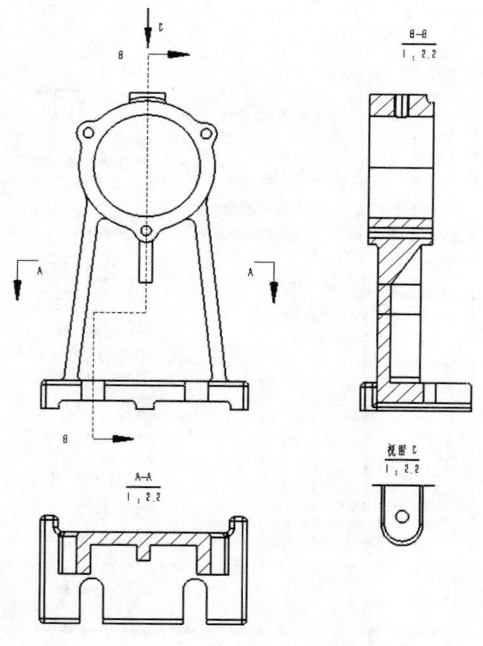

图 10-32　完成向视图的创建

10.4 标注图纸

标注是绘制工程图的重要环节，通过标注尺寸、标注公差、注写技术要求等将设计者的设计意图和对零部件的要求完整地表达出来。

10.4.1 标注尺寸

草图、模型、工程图是全相关的，模型变更会反映到工程图中。通常在生成每个零件特征时已经包含尺寸信息，系统会自动将这些尺寸信息添加进工程图中。在模型中改变尺寸会更新工程图，在工程图中改变插入的尺寸也会引起模型的相应变化。

根据系统默认设置，插入的尺寸为黑色，还包括零件或装配体文件中以蓝色显示的尺寸（如拉伸深度）。参考尺寸以灰色显示，并带有括号。

当将尺寸插入所选视图时，可以插入整个模型的尺寸，也可以有选择地插入一个或多个零部件（在装配体工程图中）的尺寸或特征（在零件或装配体工程图中）的尺寸。

尺寸只放置在适当的视图中，不会自动插入重复的尺寸。如果尺寸已经插入到一个视图内，则它不会再插入到另一个视图中。

1. 设置尺寸选项

用户可以对当前文件中的尺寸选项进行设置。在菜单栏中执行【工具】/【选项】命令，在【文档属性】选项卡中选择【尺寸】选项，如图 10-33 所示，用户可以根据需要进行相关选项的设置。

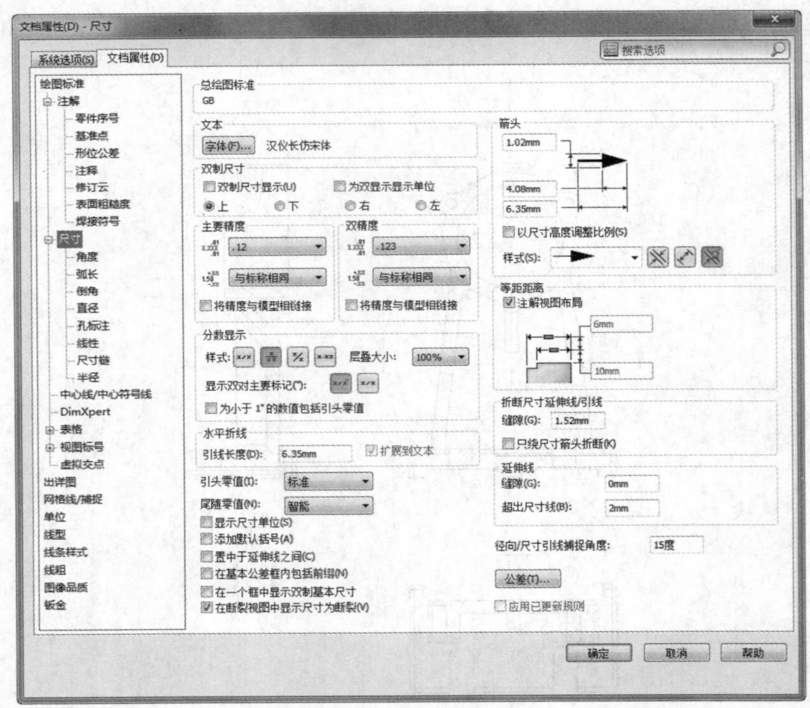

图 10-33　尺寸选项设定页面

在工程图图形区域中，单击选择某个尺寸后，将弹出该尺寸的面板，如图 10-34 所示。用户可以选择【数值】【引线】【其他】选项卡进行设置。比如在【数值】选项卡中，可以设置尺寸公差/精度、自定义新的数值覆盖原来数值、设置双制尺寸等。

2. 自动标注工程图尺寸

用户可以使用自动标注工程图尺寸工具将参考尺寸作为基准尺寸、链和尺寸插入工程图视图中，还可以在工程图视图内的草图中使用自动标注尺寸工具。

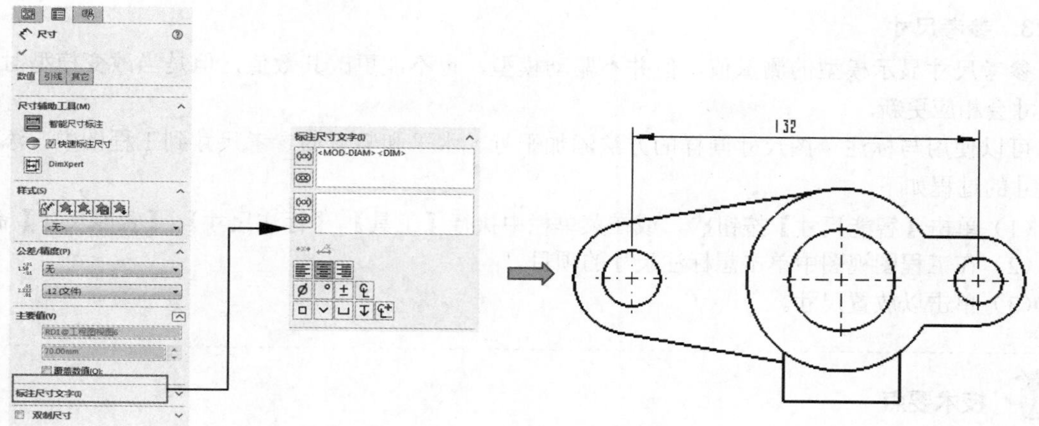

图 10-34 【尺寸】面板

自动标注工程图尺寸的操作步骤如下。

（1）在工程图文档中，单击【注解】选项卡中的【智能尺寸】按钮，在弹出的【尺寸】面板中，单击【自动标注尺寸】标签。

（2）在【自动标注尺寸】面板中设定属性，选择待标注视图，然后单击【确定】按钮，即可实现自动标注尺寸，如图 10-35 所示。

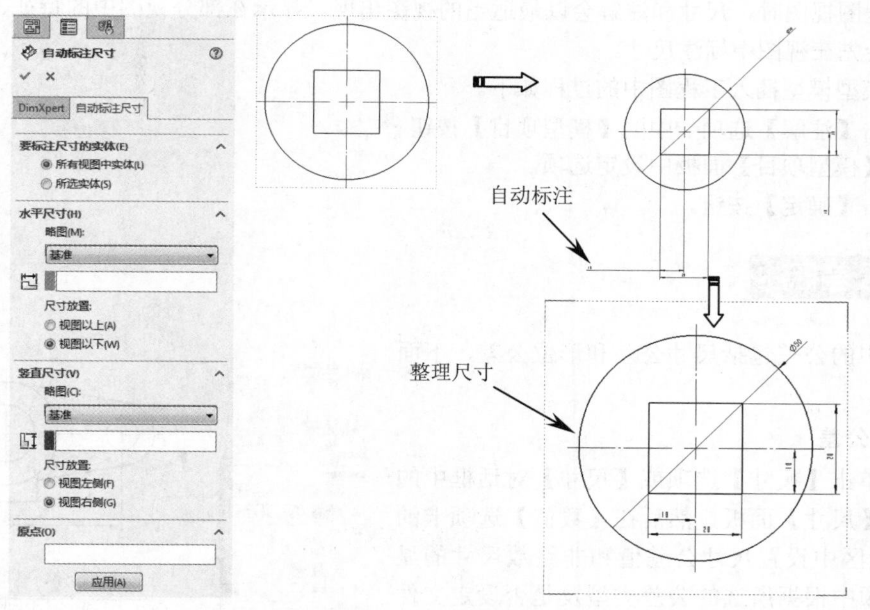

图 10-35 自动标注尺寸

技术要点

【自动标注尺寸】命令使用后，系统自动标出的尺寸排列杂乱，需要用户重新整理尺寸才能使图形标注美观大方。因为自动标注不可控也不能体现设计意图，因此在实际工程图标注中很少使用。

3. 参考尺寸

参考尺寸显示模型的测量值，但并不驱动模型，也不能更改其数值，但是当改变模型时，参考尺寸会相应更新。

可以使用与标注草图尺寸同样的方法添加平行、水平和竖直的参考尺寸到工程图中。添加参考尺寸的过程如下。

（1）单击【智能尺寸】按钮，或在菜单栏中执行【工具】/【标注尺寸】/【智能尺寸】命令。

（2）在工程图视图中单击想标注尺寸的项目。

（3）单击以放置尺寸。

技术要点

按照默认设置，参考尺寸放在圆括号中，如要防止括号出现在参考尺寸周围，在菜单栏中执行【工具】/【选项】命令，打开【系统选项】对话框，在【文档属性】选项卡的【尺寸】选项区中取消【添加默认括号】复选框的选择。

4. 插入模型项目

可以将模型文件（零件或装配体）中的尺寸、注解及参考几何体插入工程图。

可以将项目插入所选特征、装配体零部件、装配体特征、工程视图或所有视图中。将插入项目到所有工程图视图时，尺寸和注解会以最适当的视图出现。显示在部分视图中的特征、局部视图或剖面视图会先在视图中标注尺寸。

将现有模型模型插入工程图中的过程如下。

（1）单击【注解】选项卡中的【模型项目】按钮。

（2）在【模型项目】面板中设定选项。

（3）单击【确定】按钮。

10.4.2 公差标注

工程图中的公差包括尺寸公差和形位公差，下面分别介绍。

1. 尺寸公差

可通过单击【尺寸】选项或【尺寸】对话框中的公差来激活【尺寸】面板，然后在【数值】选项卡的【公差】选项区中设置尺寸公差值和非整数尺寸的显示，可用选项中根据所选的公差类型及是否设定文件选项或应用规格到所选的尺寸而定。

设置尺寸公差的过程如下。

（1）单击工程视图上任一尺寸。

（2）在【尺寸】面板中设置尺寸公差的各种选项，尺寸公差选项及范例如图 10-36 所示。

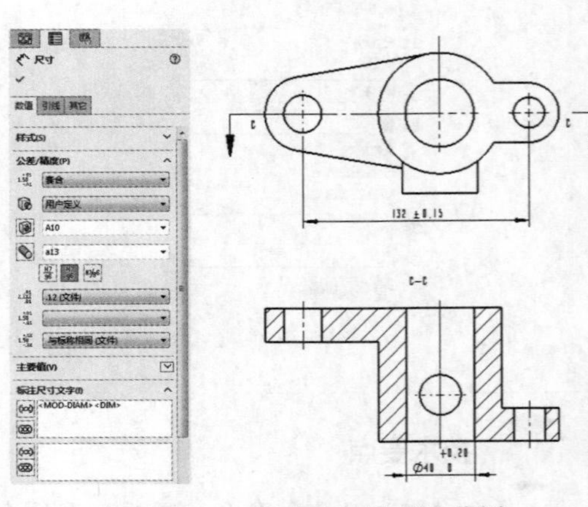

图 10-36　尺寸公差选项及范例

（3）单击【确定】按钮。

10.4.3　注解的标注

可以将所有类型的注解添加到工程图文件中，可以将大多数类型添加到零件或装配体文档中，然后将其插入工程图文档。在所有类型的文档中，注解的行为方式与尺寸相似。可以在工程图中生成注解。

注解包括注释、表面粗糙度、形位公差、零件序号、自动零件序号、基准特征、焊接符号、中心符号线和中心线等内容，图 10-37 所示为轴的零件图。

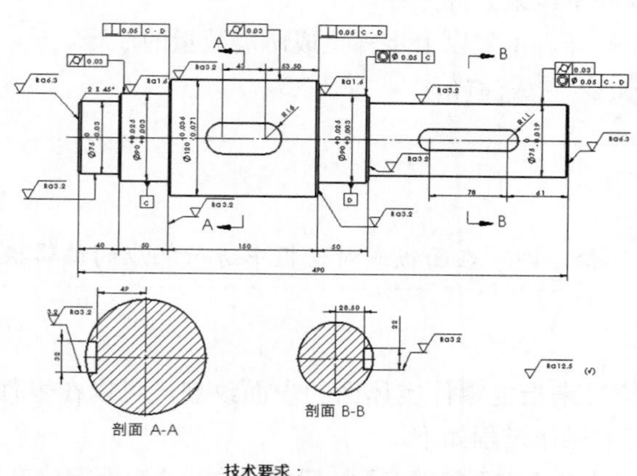

图 10-37　工程图的注解内容

1. 注释

在文档中，注释可为自由浮动或固定的，也可带有一条指向某项（面、边线或顶点）的引线而放置。注释可以包含简单的文字、符号、参数文字或超文本链接。生成注释的过程如下。

（1）单击【注解】选项卡中的【注释】按钮A，弹出【注释】面板，如图 10-38 所示。

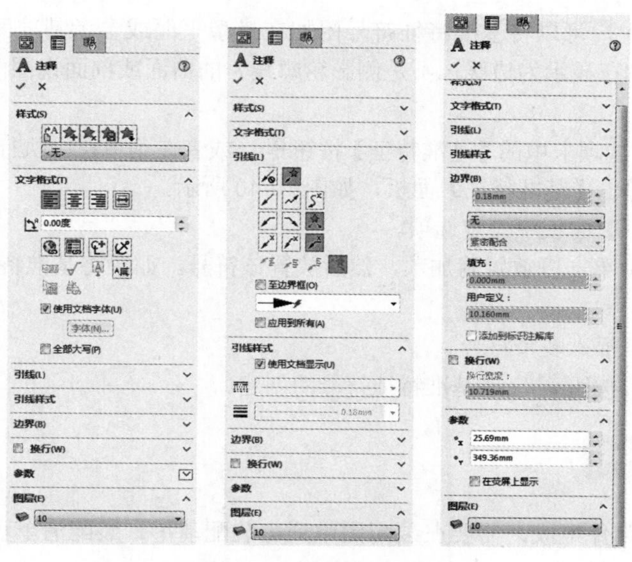

图 10-38 【注释】面板

（2）在【注释】面板中设定选项。

（3）如果注释有引线，单击以放置引线。

（4）再次单击来放置注释，可单击并拖动边界线。

（5）生成边界框。在输入文字前单击并拖动边界框。单击以放置注释，然后拖动控标根据需要调整边界框。

（6）输入文字。

（7）在【格式化】选项卡中设定选项。

（8）在图形区域的注释外单击来完成注释。

（9）保持【注释】面板打开，重复以上步骤生成所需数量的注释。

（10）单击【确定】按钮✔完成注释。

技术要点

若要编辑注释，双击注释，即可在面板或对话框中进行相应的编辑操作。

2. 表面粗糙度符号

可以使用表面粗糙度符号来指定零件实体面的表面纹理。可以在零件、装配体或工程图文档中选择面。输入表面粗糙度的操作过程如下。

（1）单击【注解】选项卡中的【表面粗糙度】按钮√，弹出【表面粗糙度】面板，如图 10-39 所示。

（2）在面板中设定属性。

（3）在图形区域中单击以放置符号。

（4）对于多个实例，根据需要单击多次以放置多条引线。

（5）编辑每个实例。可以在面板中更改每个符号实例的文字和其他项目。

（6）对于引线，如果符号带引线，单击一次放置引线，然后再次单击以放置符号。

（7）单击【确定】按钮✔完成表面粗糙度符号的创建。

3. 基准特征符号

在零件或装配体中，可以将基准特征符号附加在模型平面或参考基准面上。在工程图中，可以将基准特征符号附加在显示为边线（不是侧影轮廓线）的曲面或剖面视图面上。插入基准特征符号的操作过程如下。

（1）单击【注解】选项卡中的【基准特征】按钮，或者在菜单栏中执行【插入】/【注解】/【基准特征符号】命令，弹出【基准特征】面板，如图 10-40 所示。

（2）在【基准特征】面板中设定选项。

（3）在图形区域中单击以放置附加项，然后放置该符号。如果将基准特征符号拖离模型边线，则会添加延伸线。

（4）根据需要继续插入多个符号。

（5）单击【确定】按钮✔完成基准特征符号的创建。

10.4.4 材料明细表

装配体由多个零部件组成，需要在装配图中列出装配清单。装配清单可以通过材料明细表来快速生成。

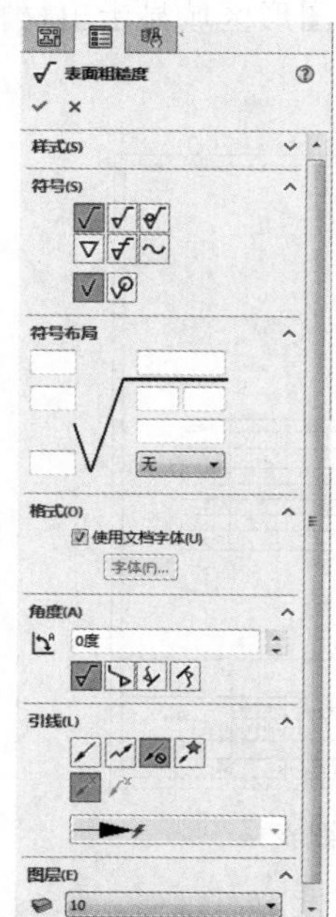

图 10-39 【表面粗糙度】面板

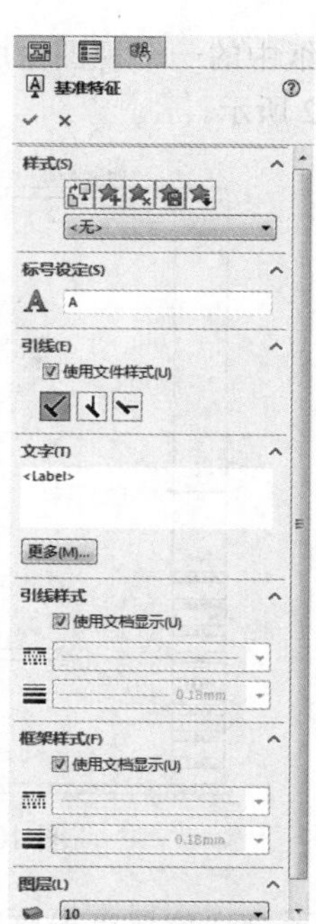

图 10-40 【基准特征】面板

1. 生成材料明细表

在装配图中生成材料明细表的步骤如下。

01　在菜单栏中执行【插入】/【材料明细表】命令，打开【材料明细表】面板，如图 10-41 所示。

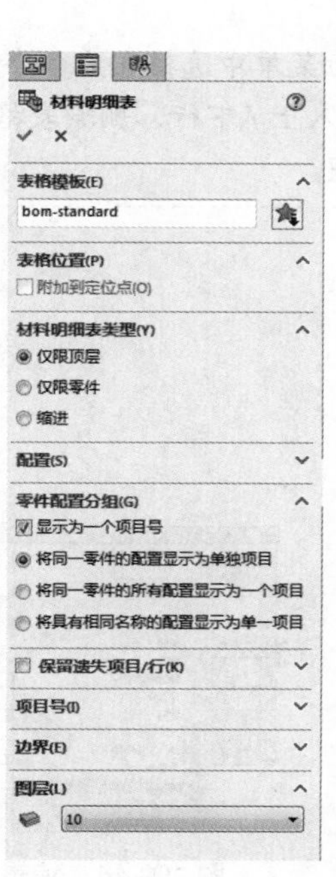

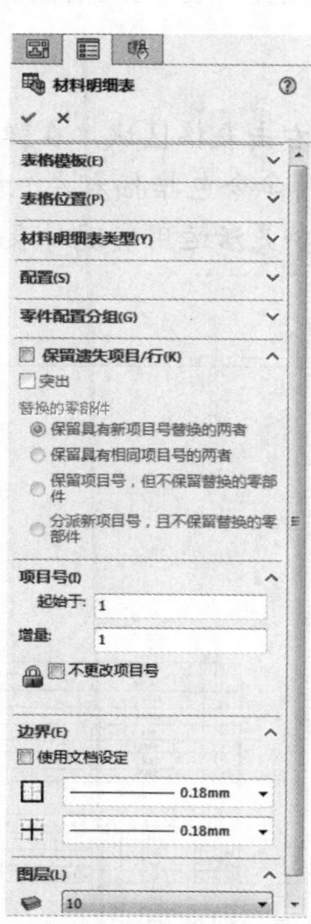

图 10-41 【材料明细表】面板

02 选择图纸中的一个视图生成材料明细表的指定模型，图形区域显示出材料明细表格，如图 10-42 所示。

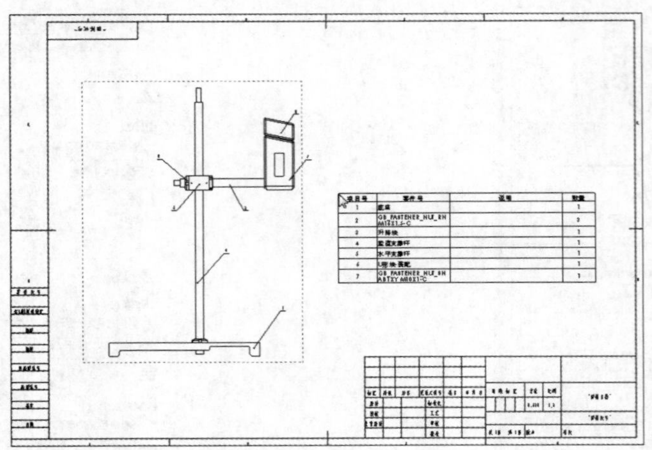

图 10-42 单击视图后预览材料明细表

03 指针移至合适位置单击放置材料明细表。通常需要将材料明细表与标题栏表格衔接，如图 10-43 所示。

04 编辑表格内容。在工程图中生成材料明细表后，用户可以双击材料明细表并编辑材料明细表内容。需要强调的是，由于材料明细表是参考装配体生成的，用户对材料明细表内容的更改将在重建时被覆盖。

技术要点

编辑表格格式——右击表格区域，在弹出的下拉菜单中选择相应命令对表格进行编辑，如图 10-44 所示。这些编辑命令包括插入左 / 右列、插入上 / 下行、删除表格、隐藏表格、格式化、排序等。通过对这些命令灵活运用实现对表格的处理。

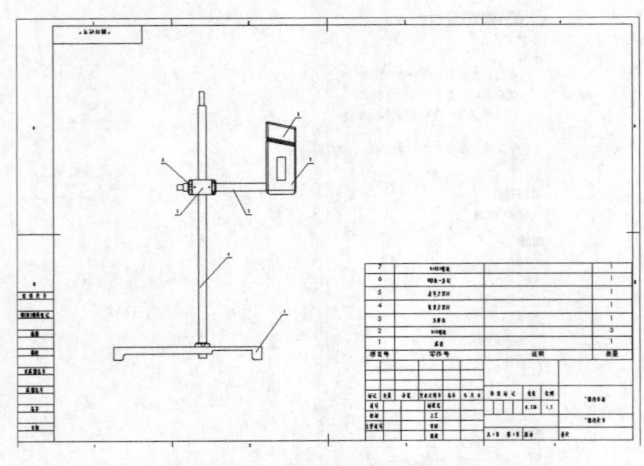

图 10-43 放置材料明细表

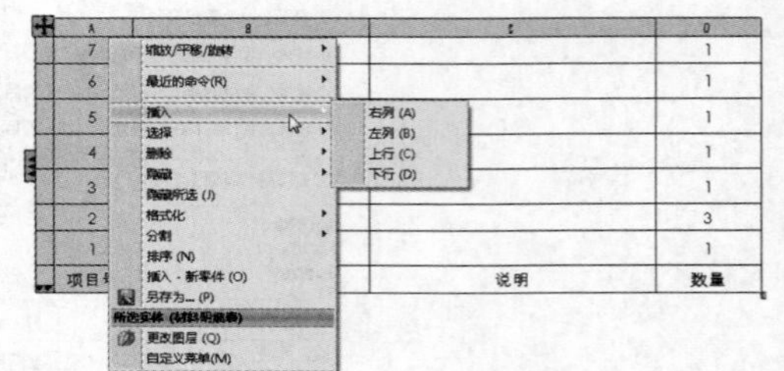

图 10-44 编辑材料明细表格式

技术要点

可以使用【表格标题在上】命令实现标题行转移到表格底部，如图 10-45 所示，并且零部件顺序由下至上编排，从而符合国标制图标准。

图 10-45 【表格标题在下】命令示例

05　设置完毕后，单击确认按钮✔。

2. 自定义材料明细表模板

系统所预设的材料明细表范本位置为：安装目录 SolidWorks\lang\chinese-simplified，用户可根据需要自定义模板，操作步骤如下。

01　打开 SolidWorks\lang\chinese-simplified\Bomtemp.xl 文件。

02　进行图 10-46 所示的设置：定义名称应与零件模型的自定义属性一致，以便在装配体工程图中自动插入明细表。

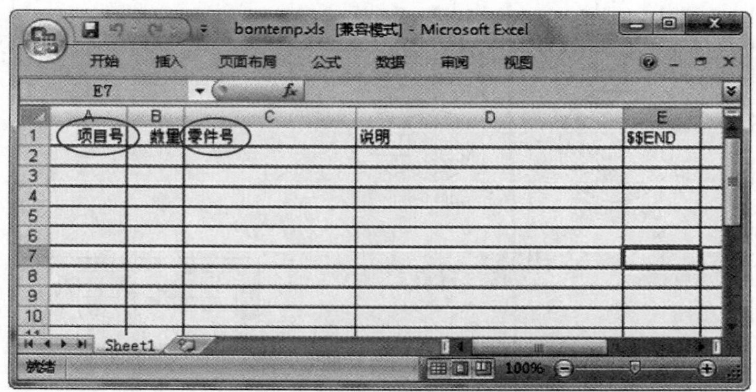

图 10-46　自定义材料明细表标题栏

03　将原 Excel 文件中的“项目号”改为“序号”，定义名称为 ItemNo。

04　在“数量”前插入两列，分别为【代号】和【名称】，定义名称分别为 DrawingNo 和 PartNo。

05　将“零件号”改为“材料”，定义名称为 Material。

06　在“说明”前插入两列，分别为“单重”和“总重”，定义名称分别为 Weight 和 TotalWeight。

07 将原 Excel 文件中的“说明”改为“备注”，定义名称为 Description。

08 在 Excel 文件编辑环境，逐步在 G 列中输入表达式“D2*F2、……、D12*F12”，以便在装配体的工程图中由装入零件的数量与重量乘积来自动计算所装入零件的重量。

09 依次执行【文件】/【另存为】命令，将文件命名为“BOM 表模板”进行保存，保存路径为 SolidWorks\lang\chinese-simplified。

自定义材料明细表模板文件成功后，新建工程图或在工程图中插入材料明细表时，均会按定制的选项执行，并且不需查找模板文件繁琐的放置路径。

技术要点

用户在尝试自定义材料明细表模版文件之前需要先对系统源文件进行备份，以备万一自定义材料明细表模板文件失败，而找不到源文件时方便恢复。

10.5 实战案例：阶梯轴工程图

阶梯轴的工程图包括一组视图、尺寸和尺寸公差、形位公差、表面粗糙度和一些必要的技术说明等。

本例练习阶梯轴的工程图绘制，阶梯轴工程图如图 10-47 所示。

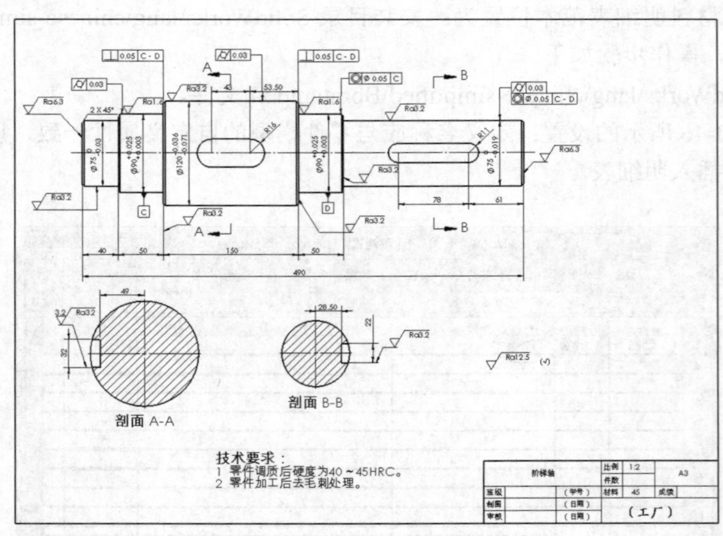

图 10-47 阶梯轴工程图

操作步骤

1. 生成新的工程图

01 单击【新建】按钮，在【新建 SOLIDWORKS 文件】对话框中单击【高级】按钮进入【模板】选项卡。

02 在【模板】选项卡中选择“gb_a3”横幅图纸模板，单击【确定】按钮加载图纸，如图 10-48

所示。

03　进入工程图环境后，指定图纸属性。在工程图图纸绘图区中单击鼠标右键，在弹出的快捷菜单中选择【属性】命令，在【图纸属性】对话框中进行设置，如图 10-49 所示，名称为“阶梯轴”，比例为 1∶2，选择【第一视角】投影类型。

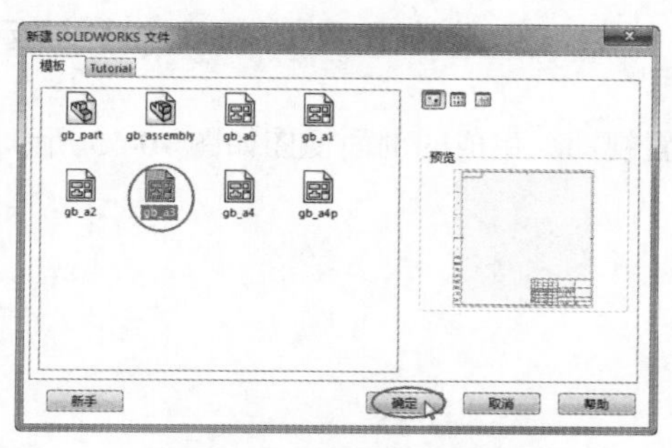

图 10–48　选择图纸模板

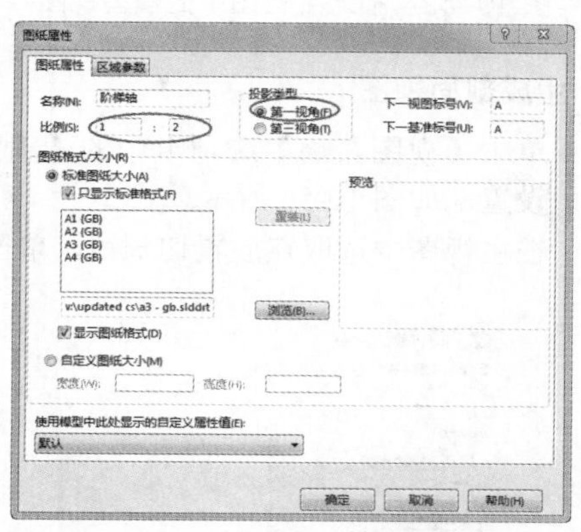

图 10–49 【图纸属性】对话框

2. 将模型视图插入工程图

01　单击【视图布局】选项卡中的【模型视图】按钮，在打开的【模型视图】面板中设定选项，如图 10-50 所示。

02　单击【下一步】按钮。在【模型视图】面板中设定额外选项，如图 10-51 所示。

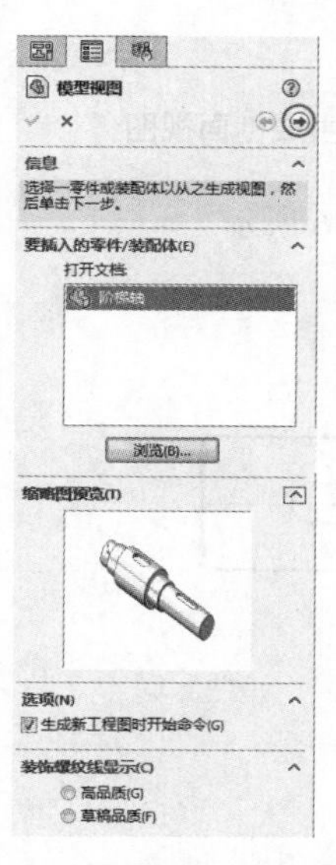

图 10–50　在【模型视图】面板中设定选项

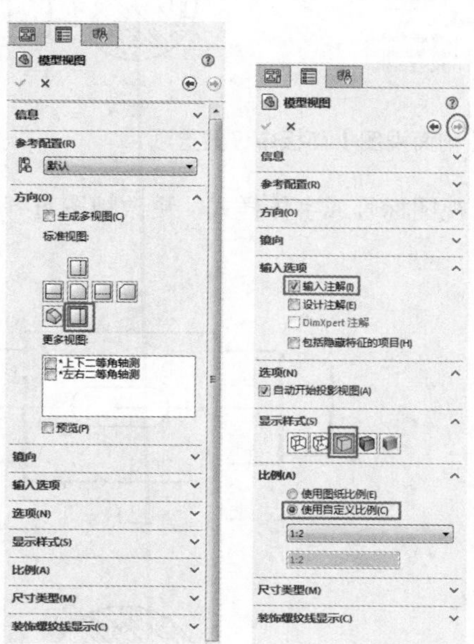

图 10–51　设定额外选项

03　单击【确定】按钮，将模型视图插入工程图，如图 10-52 所示。

04　添加中心线到视图中。单击【注解】选项卡中的【中心线】按钮，为插入中心线选择圆柱面生成中心线，如图 10-53 所示。

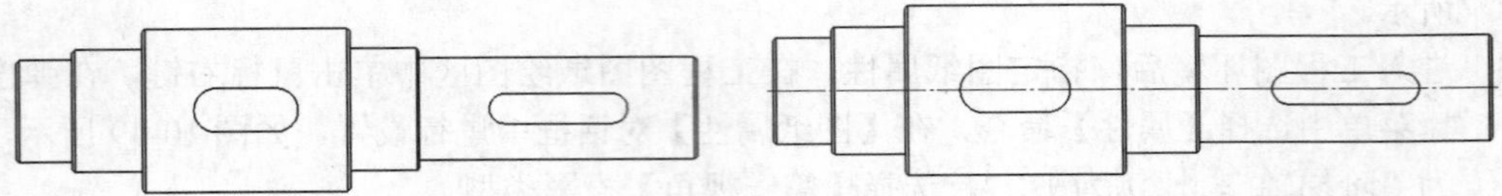

图 10-52　插入工程图中的模型视图　　图 10-53　生成中心线

3. 生成剖面视图

01　单击【视图布局】选项卡中的【剖面视图】按钮，在弹出的【剖面视图】面板中进行设置，如图 10-54 所示。

02　在主视图中选取点放置切割线，单击以放置视图。生成的剖面视图如图 10-55 所示。

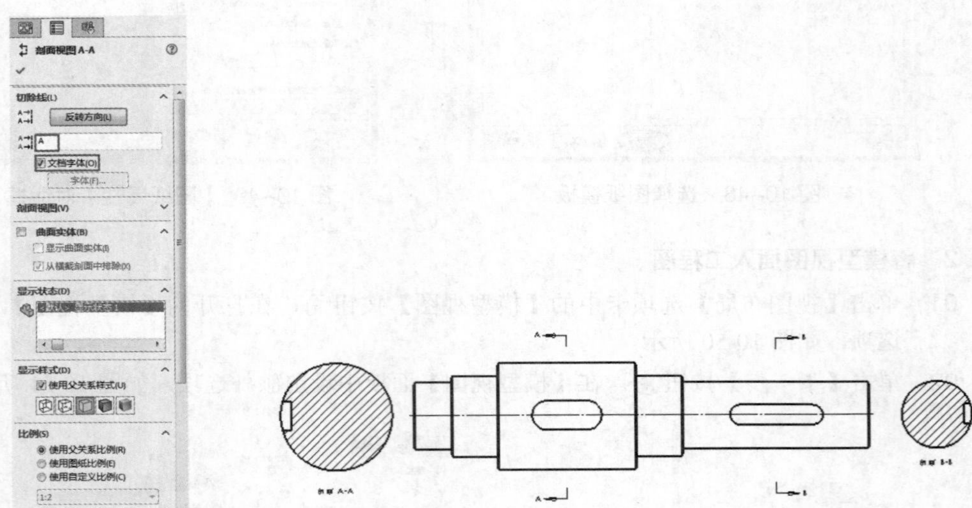

图 10-54　在【剖面视图】面板中设置选项　　图 10-55　生成剖面视图

03　编辑视图标号或字体样式，更改视图对齐关系，如图 10-56 所示。

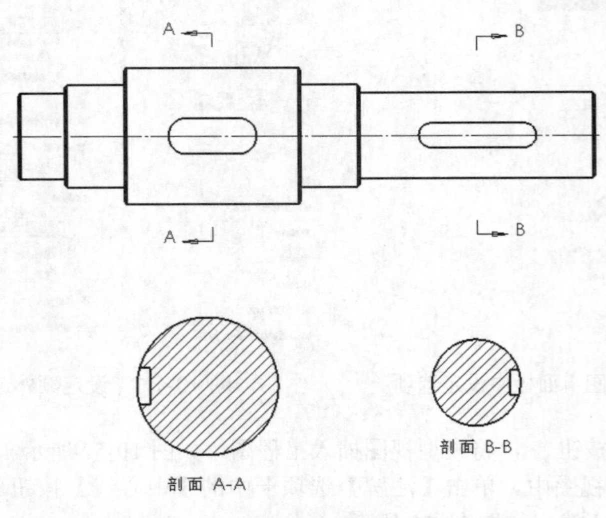

图 10-56　编辑剖面视图

04　在剖面视图中添加中心符号线。单击【注解】选项卡中的【中心符号线】按钮⊕，在弹出的【中心符号线】面板中进行设置，接着在剖面视图中生成中心符号线，如图 10-57 所示。

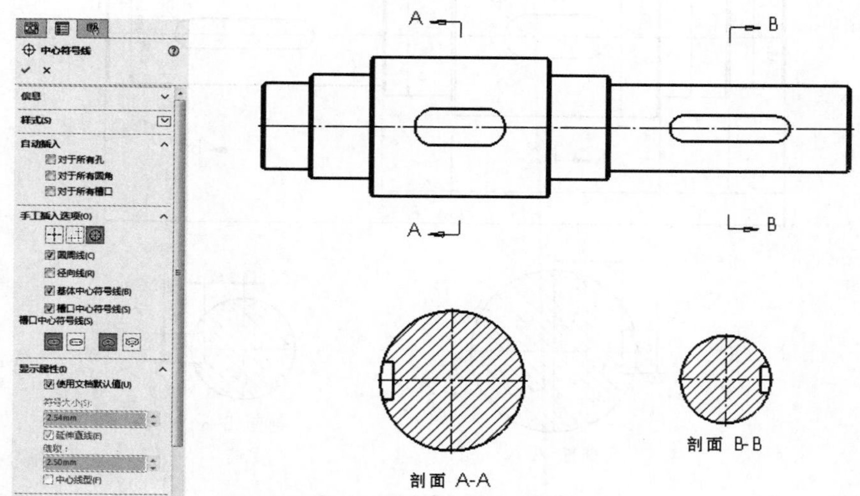

图 10–57　在剖面视图中生成中心符号线

4. 尺寸的标注

01　使用智能标注基本尺寸。单击选项卡中的【智能尺寸】按钮，在【智能尺寸】面板中设定选项，标注的工程图尺寸如图 10-58 所示。

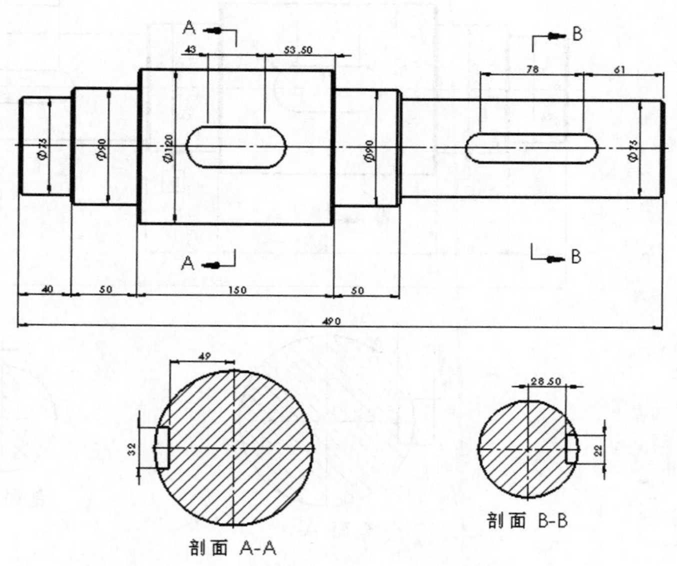

图 10–58　标注工程图尺寸

02　标注尺寸公差。单击需要标注公差的尺寸，进行尺寸公差标注，如图 10-59 所示。

5. 标注基准特征

01　单击【注解】选项卡中的【基准特征】按钮，在【基准特征】面板中设定选项。

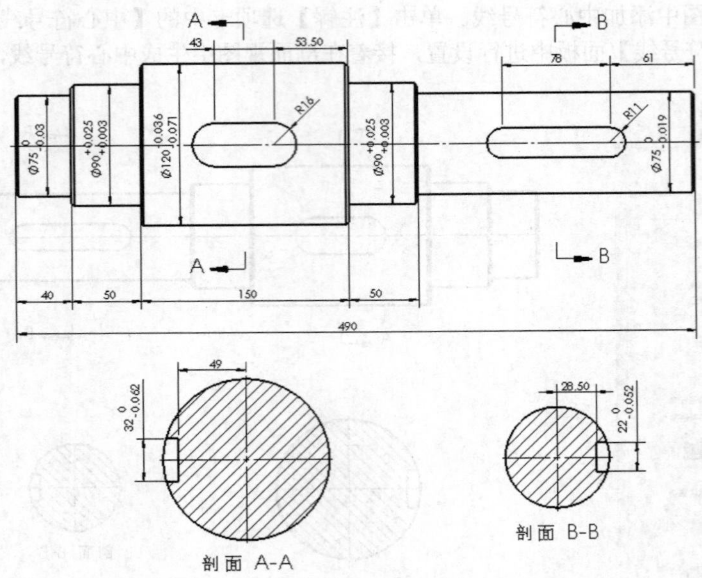

图 10-59　标注尺寸公差

02　在图形区域中单击以放置附加项然后放置该符号，根据需要继续插入基准特征符号，如图 10-60 所示。

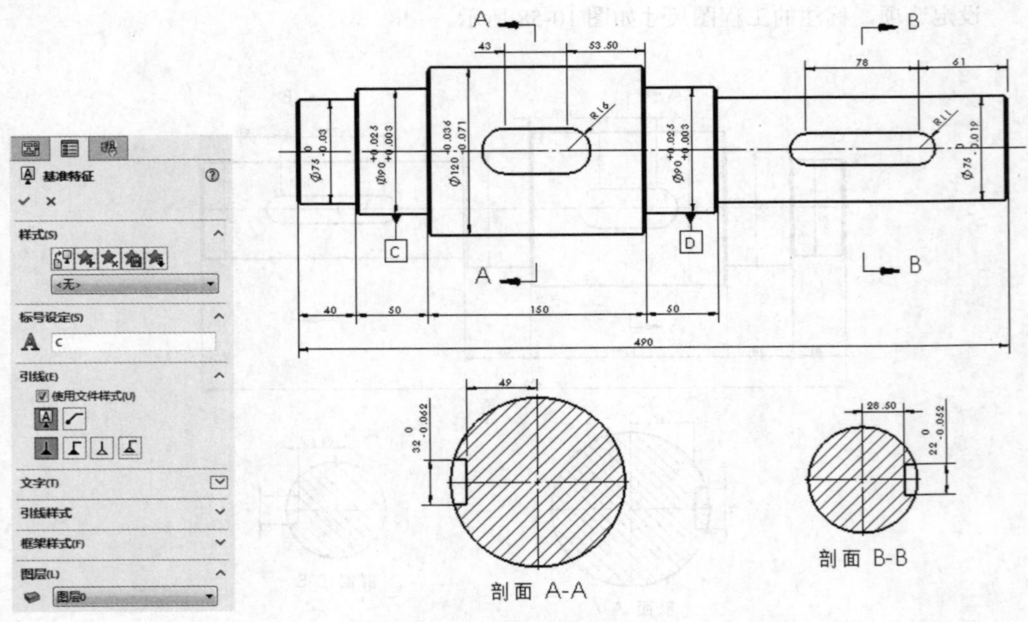

图 10-60　基准特征符号的标注

6. 标注形位公差

01　在【注解】选项卡中单击【形位公差】按钮，在【属性】对话框和【形位公差】面板中设定选项，如图 10-61 所示。

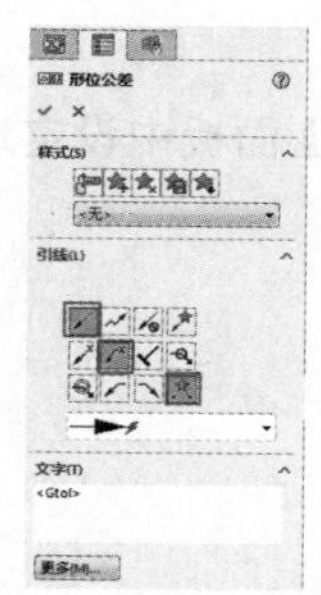
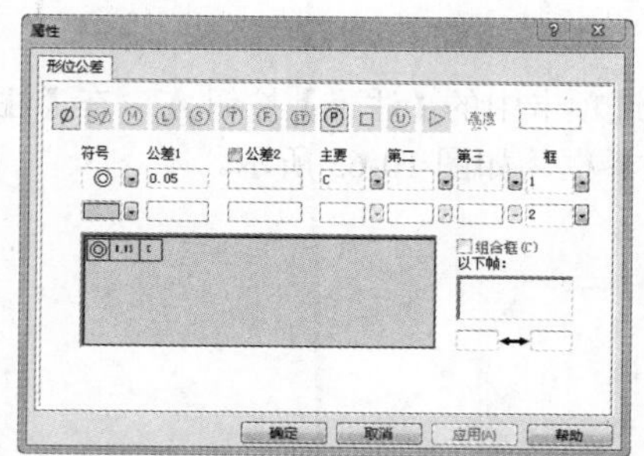

图 10-61　在【形位公差】面板和【属性】对话框中设定选项

02　单击以放置符号。工程图中标注的形位公差如图 10-62 所示。

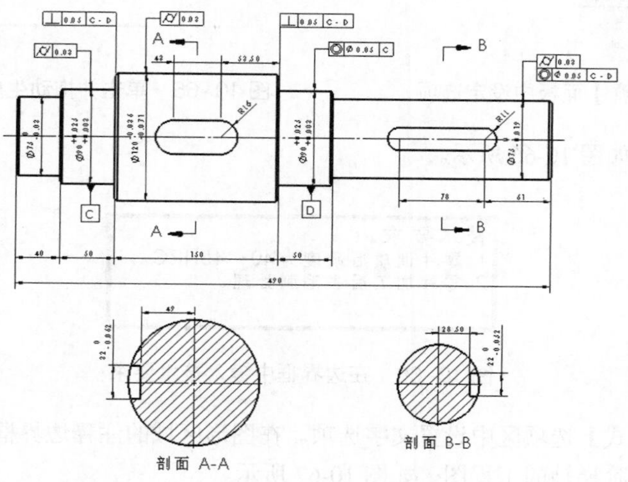

图 10-62　形位公差的标注

7. 标注表面粗糙度

01　单击【注解】选项卡中的【表面粗糙度】按钮，在面板中设定属性。

02　在图形区域中单击以放置符号。工程图中标注的表面粗糙度如图 10-63 所示。

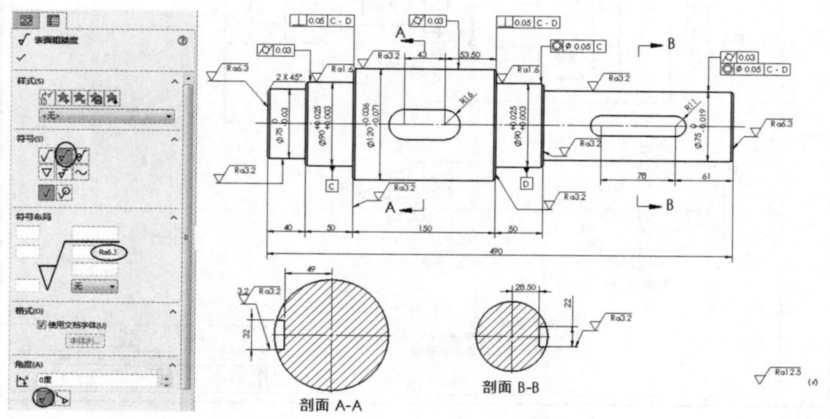

图 10-63　表面粗糙度的标注

8. 标注注释

01　单击【注解】选项卡中的【注释】按钮A，在【注释】面板中设定选项，如图 10-64 所示。

02　单击并拖动边界框，如图 10-65 所示。

注释
样式(S)
文字格式(T)
0.00度
使用文档字体(U)
字体(N)...
全部大写(P)

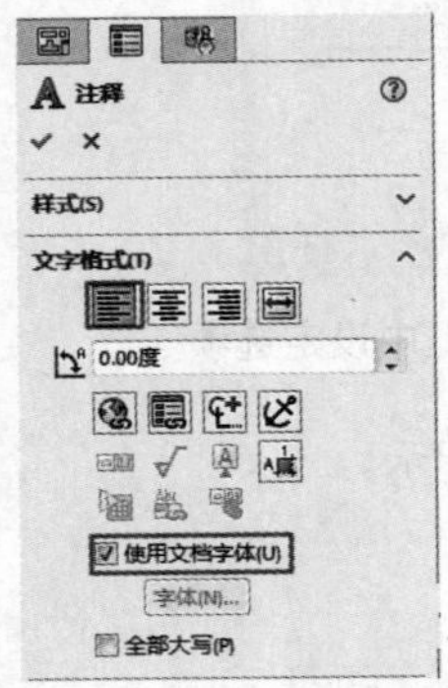

图 10-64　在【注释】面板中设定选项

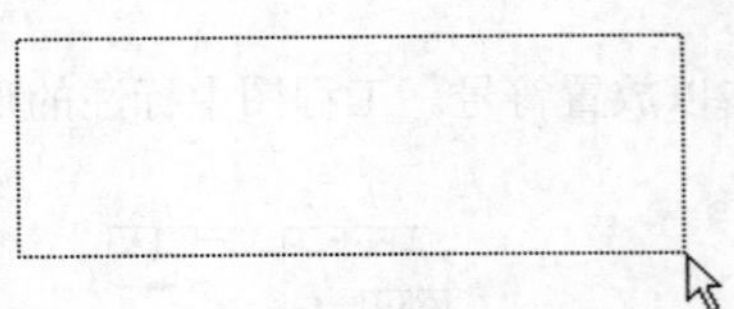

图 10-65　单击并拖动生成的边界框

03　键入文字，如图 10-66 所示。

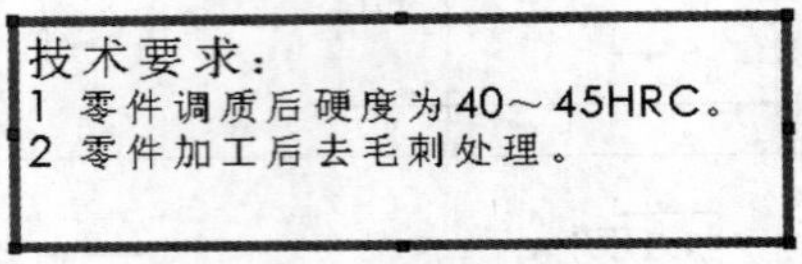

技术要求：
1 零件调质后硬度为40～45HRC。
2 零件加工后去毛刺处理。

图 10-66　在边界框中键入技术要求

04　在【文字格式】选项区中设置文字选项。在图形区域的注释边界框外单击来放置注释。

05　进一步完善阶梯轴的工程图，如图 10-67 所示。

剖面 A-A
剖面 B-B
技术要求：
1 零件调质后硬度为40～45HRC。
2 零件加工后去毛刺处理。
阶梯轴
(工厂)

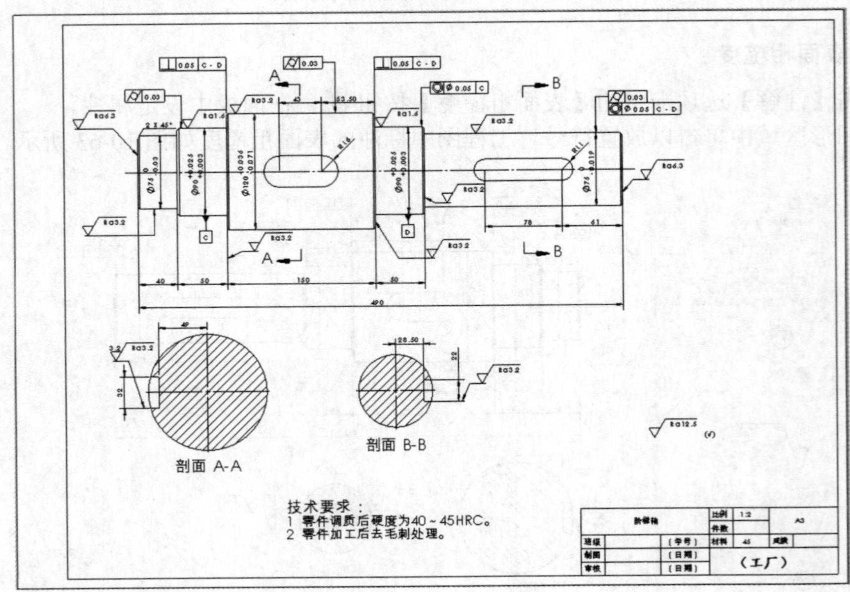

图 10-67　阶梯轴的工程图

扫码看视频

上机操作——保存文件	上机操作——打开文件	上机操作——管理功能区	上机操作——宏的录制与执行	上机操作——新建文件
上机操作——选项设置	上机操作——创建点	上机操作——创建基准面	上机操作——创建基准轴	上机操作——创建坐标系
上机操作——定义快捷键	上机操作——利用鼠标笔势绘制草图	上机操作——其他对象选择方法	上机操作——使用三重轴复制特征	上机操作——视图操作
上机操作——拖动控标创建零件拉伸	上机操作——选中并显示对象	上机操作——绘制拔叉草图	上机操作——绘制垫片草图	上机操作——绘制法兰草图
上机操作——绘制摇柄草图	案例二：绘制连接片草图	案例三：绘制机制夹具草图	案例一：绘制手柄支架草	上机操作——绘制草图时使用尺寸约束
上机操作——绘制草图时使用几何约束	上机操作——使用【扫描】工具创建麻花绳	上机操作——创建【封闭轮廓】的旋转特征	上机操作——创建【开放轮廓】的旋转薄壁特征	上机操作——机床工作台建模

上机操作——使用【边界凸台基体】工具创建边界凸台	上机操作——使用【放样】工具创建扁瓶	上机操作——使用【异型孔向导】创建螺纹孔	实战案例——机械零件建模	上机操作——滑轮设计
上机操作——螺母零件设计	上机操作——凸轮零件设计	上机操作——制作麻花钻头	实战案例——飞行器造型	上机操作——表格驱动的阵列
上机操作——镜像	上机操作——曲线驱动的阵列操作	上机操作——识别特征	上机操作——使用Instant3D编辑实体	上机操作——替换面
上机操作——填充阵列操作	上机操作——线性阵列	上机操作——圆周阵列	实战案例——十字改刀建模	上机操作——创建产品模具分型面
上机操作——金属汤勺造型	上机操作——塑胶小汤匙造型	上机操作——田螺造型	上机操作——修补产品破孔	实战案例：烟斗造型
自上而下——脚轮装配设计	自下而上——台虎钳装配设计	实战案例：阶梯轴工程图		